高职高专教育"十二五"规划特色教材
国家骨干高职院校建设项目成果

食品分析检验技术

钱志伟　袁贵英　主编

U0219127

中国农业大学出版社
·北京·

内 容 简 介

教材以项目引领、任务驱动,突出体现了高等职业教育的特色。所选内容与职业岗位结合紧密,可操作性强,在每个项目前都对学生应达到的知识目标和能力目标进行了要求,在每一个项目后都设置有技能训练内容,并附有技能标准和技能评价,通过"理论认知→技能训练→实训演练→岗位锻炼"等教学链条,融"教、学、做"为一体,强化职业素质与职业技能培养,逐步引导学生掌握扎实的基础理论和分析技能,提高综合分析与解决问题的能力。

本书可作为高等职业院校食品类专业的教学用书,也可供食品生产经营、食品质量监督、检验机构相关人员参考使用。

图书在版编目(CIP)数据

食品分析检验技术/钱志伟,袁贵英主编.—北京:中国农业大学出版社,2013.5(2016.7重印)

ISBN 978-7-5655-0740-3

Ⅰ.①食… Ⅱ.①钱…②袁… Ⅲ.①食品分析-教材②食品检验-教材 Ⅳ.①TS207.3

中国版本图书馆 CIP 数据核字(2013)第 134170 号

书　　名	食品分析检验技术
作　　者	钱志伟　袁贵英　主编

策划编辑	陈　阳 伍　斌	责任编辑	韩元凤
封面设计	郑　川	责任校对	陈　莹　王晓凤
出版发行	中国农业大学出版社		
社　　址	北京市海淀区圆明园西路 2 号	邮政编码	100193
电　　话	发行部 010-62818525,8625	读者服务部	010-62732336
	编辑部 010-62732617,2618	出 版 部	010-62733440
网　　址	http://www.cau.edu.cn/caup	e-mail:	cbsszs @ cau.edu.cn
经　　销	新华书店		
印　　刷	北京时代华都印刷有限公司		
版　　次	2013 年 5 月第 1 版　 2016 年 7 月第 2 次印刷		
规　　格	787×1 092　16 开本　 25 印张　 620 千字		
定　　价	42.00 元		

河南农业职业学院教材编审委员会

编 审 人 员

主　编　钱志伟(河南农业职业学院)
　　　　袁贵英(河南农业职业学院)

副主编　曹乐民(河南农业职业学院)
　　　　郭全友(中国水产科学研究院东海水产研究所)
　　　　侯晓东(广东省质量监督食品检验站(潮州))
　　　　郑其良(河南农业职业学院)

编　者　王彦平(河南农业职业学院)
　　　　张红霞(中牟县质量技术监督局)
　　　　张之宵(河南农业职业学院)
　　　　张庭静(河南农业职业学院)
　　　　郑其良(河南农业职业学院)
　　　　周志强(河南农业职业学院)
　　　　郭全友(中国水产科学研究院东海水产研究所)
　　　　侯晓东(广东省质量监督食品检验站(潮州))
　　　　钱志伟(河南农业职业学院)
　　　　袁贵英(河南农业职业学院)
　　　　曹乐民(河南农业职业学院)
　　　　曹　娅(河南农业职业学院)
　　　　谢克英(河南农业职业学院)

审　稿　彭亚锋(国家食品质量监督检验中心(上海))
　　　　王汉民(河南省农产品质量安全检测中心)

前　言

食品分析检验技术是食品类专业的核心课程。本教材以工学结合为切入点，以食品企业和相关检验机构的职业需求为导向，以最新食品安全国家标准为依据，以食品分析检验的工作流程为主线，以食品检验岗位的实际工作任务和常规检验项目为载体，以学生已有的知识、技能为起点，以食品检验员职业资格标准的要求为重点，以职业能力和素质培养为本位，以知识够用、适用、实用为原则，紧密围绕食品类相关专业的培养目标，吸纳具有丰富实践经验的企/行业专家，精选教材内容，全书分为食品分析检验准备、食品物性参数的测定、食品营养成分分析、食品添加剂的测定、食品中有毒有害物质的检验和综合实训 6 个模块，共 21 个项目 45 个工作任务 33 项技能训练和 3 个综合实训项目。

本教材是国家骨干高等职业院校——河南农业职业学院重点建设专业食品加工技术专业"食品分析检验技术"核心课程建设项目的主要成果。教材以项目引领、任务驱动，突出体现了职业教育的特色，所选内容与职业岗位结合紧密，可操作性强，在每个项目前都对学生应达到的知识目标和能力目标进行了要求，在每一个项目后都设置有技能训练内容并附有技能标准和技能评价，便于师生根据实际选择训练，实现教、学、做一体化。

本教材由河南农业职业学院钱志伟、袁贵英担任主编，并负责全书统稿。其中课程导论和模块一由钱志伟和侯晓东（广东省质量监督食品检验站（潮州））编写，模块二由郭全友（中国水产科学研究院东海水产研究所）编写，模块三的项目一由谢克英（河南农业职业学院）编写，模块三的项目三由郑其良（河南农业职业学院）编写，模块三的项目二、四由曹娅（河南农业职业学院）编写，模块三的项目五由王彦平（河南农业职业学院）编写，模块三的项目六、七、八由袁贵英（河南农业职业学院）编写，模块四由周志强（河南农业职业学院）和张庭静（河南农业职业学院）编写，模块五由王彦平（河南农业职业学院）和曹乐民（河南农业职业学院）编写，模块六由张之宵（河南农业职业学院）、张红霞（中牟县质量技术监督局）编写。

本教材在编写过程中得到河南农业职业学院各级领导和同行的大力支持和帮助，广东省质量监督食品检验站（潮州）侯晓东高级工程师、中牟县疾病控制中心检验科科长阎娇霞、河南众品食业股份有限公司高级工程师尚鹏宇为本书编写的整体架构和各项工作任务提供了基本资料，河南省农产品质量安全检测中心王汉民教授/研究员和上海市质量监督检验技术研究院/国家食品质量监督检验中心（上海）彭亚锋研究员对全书进行审阅，并提出了许多宝贵建议，在此表示衷心的感谢。

本书在编写过程中,参考和引用了大量文献资料,参考文献中仅列出了其中主要的部分,更多资料没能一一列举,在此谨向原作者表示感谢!

由于编写者水平有限,书中难免有疏漏和不妥之处,恳请同行及读者给予批评指正。

编　者

2013 年 1 月

目 录

1

课程导论

一、食品分析检验的任务和作用

1. 食品分析检验的概念

食品是指各种供人食用或者饮用的成品和原料以及按传统既是食品又是药品的物品,但是不包括以治疗为目的的物品。食品是人类赖以生存的物质基础,食品应当无毒、无害,符合人的营养要求,具有相应的色、香、味等感官性状,对人体健康不造成任何急性、亚急性或者慢性危害。

为了保证和不断提高食品质量,我国制订了各类食品质量标准,具体地规定了食品感官要求、营养质量要求和安全卫生限量要求。评定食品质量则必须进行食品分析检验。

食品分析检验技术是运用物理、化学、生物化学等学科的基本理论及基本方法,研究和评价食品质量及其变化的一门应用性学科,它是食品科学的一个重要分支,具有很强的技术性和实践性。

2. 食品分析检验的任务和作用

食品分析检验的主要任务是按照检测标准对食品工业生产中的原料、辅助材料、半成品及成品进行分析检验,保证食品的质量。

食品分析检验是食品生产、食品质量控制和食品研发的重要手段,是控制食品质量、改进生产工艺和食品质量管理的重要环节,它贯穿于产品开发、研制、生产、贮藏、运输、销售等整个过程的各个环节之中;在确保原材料供应方面起到保障的作用,在生产过程中起到"眼睛"的作用,在最终产品检验方面起到监督和标示作用。在保证食品安全、营养、卫生、防止食物中毒及食源性疾病,确保食品的品质及食用安全,研究食品污染来源、途径,以及控制污染等方面都有十分重要的意义。

通过对食品生产中的原料、辅助材料进行分析检验,可以了解这些原料是否符合生产的要求;通过对半成品和成品的检验,可以掌握生产过程的基本情况,及时发现生产中存在的问题,并采取相应的措施,减少产品的不合格率,从而减少经济损失;同时,这些检验数据为企业成本核算、制订生产计划提供基本数据。另外,在食品科学研究中,无论是新资源、新产品的开发,还是新工艺、新技术的研究及应用,都离不开分析检验。

《食品安全法》规定,食品生产经营企业应当设立专职食品检验人员,以加强对本企业所生产食品的检验。学习、掌握食品分析检验的基础知识与基本技能对提高就业质量具有重要的作用。

二、食品分析检验的内容

食品种类繁多,组成复杂,所以食品分析检验的内容广泛,主要有以下几个方面。

1. 食品的感官检验

感官检验是以正常人的感觉器官为依据,对食品的外观质量、气味、味道进行检验,并用文字叙述的方法表达出来,初步判定食品品质。各种食品都具有各自感官特征,如色、香、味等。液态食品还有澄清、透明等感官指标,固体食品还有软、硬、韧性、黏、滑、干燥等能为人体感官判定和接受的指标。食品安全标准中对每类食品都有相应的感官要求。

2. 食品营养成分分析

食品营养成分的分析是食品分析的经常性项目和主要内容。食品必须含有人体所需的各种营养成分,才能保证人体的营养需要,因此,必须对各种食物进行营养成分分析,根据食物中各种营养成分的含量,以营养学的观点来评价食品的营养价值,以便做到合理营养。此外,在食品工业生产中,对产品配方的确定、工艺合理性的鉴定、生产过程的控制及成品质量的监测等都离不开营养成分分析。食品中主要的营养成分分析包括常见的七大营养素,以及食品营养标签所要有的所有项目的检测。按照食品标签法规要求,所有食品商品标签上都应注明该食品的主要配料、营养要素和热量。对于保健食品,还须有功能成分的含量标示。

3. 食品添加剂分析

食品添加剂是指食品在生产、加工或保存过程中,为增强食品色、香、味或为防止食品腐败变质而添加的物质。食品添加剂多是化学合成的物质,如果使用的品种或数量不当,将会影响食品质量,甚至危害食用者的健康。因此,对食品添加剂的分析检测也具有十分重要的意义。

4. 食品中有害污染物质的分析

食品在生产、加工、包装、运输、贮藏、销售等各个环节中,常产生、引入或污染某些对人体有害的物质,按其性质分为化学性污染和生物性污染两大类。化学性污染的来源主要是环境污染造成的,有农药残留、重金属、亚硝胺、3,4-苯并芘等;此外,来源于包装材料中的有害物质,如聚氯乙烯单体、某些添加剂、印刷油墨中的多氯联苯、荧光增白剂等。生物性污染指微生物及其毒素,如黄曲霉毒素;有害生物如寄生虫及虫卵、蝇、蛾、螨等。

三、食品分析检验方法及检验标准

1. 食品分析检验方法

(1)感官分析法 通过人的感觉器官,对食品的色、香、味、形、口感等质量特征,及人们自身对食品的嗜好倾向做出评价,再根据统计学原理,以评价结果进行统计分析,从而得出结论。

(2)物理检验法 依据物理常数与食品的组成成分之间的关系,通过测定物理量,如对食品的密度、折光率、旋光度、沸点、凝固点、体积、气体分压等物理常数进行测定,从而了解食品的组成成分及其含量的检测方法。

(3)化学分析法 是以物质的化学反应为基础的分析方法,包括质量法及容量法。化学分析法是最基础的分析方法。

(4)仪器分析法 因必须借助分析仪器,故也称仪器分析法。是在物理、化学分析的基础上发展起来的一种分析方法。它是根据在化学变化中,样品中被测组分的某些物理性质与组分之间的关系(如可见光分光光度法是根据被测溶液的颜色深浅与浓度之间的关系),使用特殊的仪器进行鉴定或测定的分析方法。这种方法灵敏、快速、准确,尤其对微量成分分析所表现的优势是物理、化学分析无法比拟的,适用于生产过程的控制分析。

2. 食品分析检验标准

标准是为了在一定的范围内获得最佳秩序,经协商一致制定并由公认机构批准,共同使用的和重复使用的一种规范性文件。我国食品安全法规定,食品安全标准应当包括下列内容:①食品、食品相关产品中的致病性微生物、农药残留、兽药残留、重金属、污染物质以及其他危害人体健康物质的限量规定;②食品添加剂的品种、使用范围、用量;③专供婴幼儿和其他特定人群的主辅食品的营养成分要求;④对与食品安全、营养有关的标签、标识、说明书的要求;⑤食品生产经营过程的卫生要求;⑥与食品安全有关的质量要求;⑦食品检验方法与规程;⑧其他需要制定为食品安全标准的内容。食品安全标准是强制执行的标准。除食品安全标准外,不得制定其他的食品强制性标准。企业生产的食品没有食品安全国家标准或者地方标准的,应当制定企业标准,作为组织生产的依据。国家鼓励食品生产企业制定严于食品安全国家标准或者地方标准的企业标准。企业标准应当报省级卫生行政部门备案,在本企业内部适用。

为了保障公众身体健康,我国制定发布了大量的食品产品质量标准,对食品的产品分类、技术要求(感官要求、营养成分和安全卫生指标)、试验方法、检验规则以及标签与标志、包装、储存、运输等方面的要求作出了具体的规定。为统一检验方法与规程,我国还制定和发布了统一的食品分析检验方法标准,对各类食品的质量指标的测定、试验、计量作出明确的规定。

食品分析检验方法标准内容一般包括试样的采取或制备、试剂或标样、试验用仪器以及试验条件、程序、结果的计算和评定等。食品分析检验就是依照食品质量标准规定的检验方法和具体检测方法标准对食品质量安全指标进行分析检测的过程。食品分析检验首先采用国家标准、行业标准或地方标准。在无适用标准的情况下,可自行制定试验方法标准。企业为了满足生产需要,可制定快速分析方法,作为生产过程质量控制使用,如果要作为产品出厂检测的试验方法标准则必须有科学的检测对比资料证明其有效性和可行性,方可投入运行,但不能作为仲裁检验用。

四、课程学习目标和要求

(一)课程目标

掌握食品样品的处理方法及常用的分析方法,并对其原理有清楚的理解;能独立进行实验数据的计算和处理;正确使用和维护常规仪器;正确配制所需要的试剂;了解检测项目的卫生学意义;熟悉大型精密分析仪器的使用方法和工作原理。

通过本门课程的学习,培养学生的动手能力、独立思考能力、分析问题和解决问题的能力,提高学生的科学文化素质,为培养职业能力和适应工作后的继续学习奠定必要的基础。

(二)学习要求

食品分析检验技术课程是一门实践性较强的专业技术课程,虽然现代分析技术的发展给食品分析检验检测带来许多方便,尤其是计算机、自动化技术的广泛应用,有可能将科学工作者从烦闷的重复性、枯燥性工作中解放出来,让头脑有更多的时间和精力去思考深层的问题。但是现代分析仪器都是在经典的化学分析的基础上发展起来的。所以要求学生必须具备一般的化学分析基础;掌握各类食品分析检验前的样品处理及各种项目的常量、微量分析方法;熟练基本操作技能。在课堂学习过程中,对各种分析方法及其原理深刻理解、融会贯通,在实验课时,要做到课前预习,对实验项目、原理、所用的仪器和化学试剂、操作要点等有所了解,这样在实验的过程中才能真正做到把理论与实践相结合,正确掌握实验操作技能和方法。

1. 理论课要求

做好课堂笔记,按时完成作业,及时反馈信息。

2. 技能训练课要求

为了提高教学质量,保证训练顺利进行,课前应注意以下几点:

(1)认真预习训练内容,写出预习报告,理解检测原理,清楚操作步骤,做到心中有数。并在记录本上拟出简单的实验原理、主要仪器使用方法及操作时的注意事项。

(2)训练时如有问题发生,应首先用自己学过的知识,独立思考加以解决,努力培养独立分析问题和解决问题的能力,如自己不能解决可与指导老师共同讨论研究,提出解决问题的办法。

(3)仔细观察,细心操作。训练过程中,必须随时把观察到的现象和数据,如实地记录在记录本上,注意有效数字位数,不得记在散页纸上,要养成良好的作原始记录的习惯。

(4)环境和仪器的整齐摆放是搞好实验的重要条件,实验台面试剂药品架上必须保持整洁,仪器、药品要井然有序,所用的试剂,用完应立即盖严放回原处,注意瓶塞切勿张冠李戴。勿使试剂药品洒在实验台面和地上。

(5)技能训练完毕,要清理实验台面,将污物、废品放在指定的垃圾筒内。将药品试剂排列整齐,仪器设备要恢复原状。

(6)训练必须遵守如下规则:①实验室内不得高声谈笑,保持安静、有序、有条不紊的实验环境。②爱护仪器,节约试剂和水电,遵守实验室的安全措施。③公用仪器如有损坏,应自行登记,并立即向指导老师报告。④保持实验室的整齐清洁,个人所带与实验无关的东西,不得放在实验台上;滤纸、火柴棒、碎玻璃等应投入废物缸,切勿丢入水池内。⑤每次训练后由班长安排同学轮流值日,值日要负责当天实验室的卫生、安全和一些服务性工作,最后离开实验室时,应检查水、电、门窗等是否关闭。⑥对实验内容和安排不合理的地方可提出改进意见,对实验中出现的一切反常现象应进行讨论,并大胆提出自己的看法,做到生动活泼,主动学习。⑦实验室禁止吸烟、饮用食物。

五、食品检验员职业资格考核

(一)食品检验员职业资格的考核方法

食品检验员职业资格的考核内容包括食品微生物检测相关知识和食品感官检验及理化分析相关知识两部分内容。就考试方式来讲包括理论知识考核和实践操作技能考核两个方面。一般微生物检测部分占 40%,感官检验及理化分析部分占 60%。

实践操作技能部分对学生的考核分两个方面:一方面是对分析检验过程的考核;另一方面是对分析检验结果的考核。对分析检验过程的考核是对学生在操作过程中,掌握各种技能相关环节的完整程度、准确程度及熟练程度;对分析检验结果的考核是在分析检验结束后,根据学生操作技能所达到的结果与分析检验目标的吻合程度。教师根据学生以上两方面的考核结果、技能考核表中的得分进行综合评价。

（二）食品检验员实践操作技能考核标准

1. 基本分析检验技能评分标准（总分 70 分）

（1）玻璃仪器的洗涤（5 分）

序号	操作水平	扣分分值
1	直接用蒸馏水洗。	-1
2	用蒸馏水冲洗两次。	-2
3	洗后内壁挂水珠。	-3
4	洗涤液选用不正确（如全部用铬酸洗液）。	-2
5	洗刷不熟练。	-1

（2）实验台面（5 分）

序号	操作水平	扣分分值
1	桌面清洁,仪器、药品放置较乱（如盖子不盖）。	-2
2	桌面有很多水。	-2
3	桌面不清洁,药品、仪器不清洁,摆放混乱。	-5

（3）容量仪器使用（10 分）

序号	操作水平	扣分分值
1	滴定管选择错误。	-4
2	滴定管操作左右手不正确。	-3
3	移液管使用左右手不正确或用大拇指捏最上端。	-3
4	用错玻璃量器。	-5
5	容量瓶定容、混合摇动姿势不正确。	-4
6	将湿玻皿放在干燥器中。	-3
7	将移液管、容量瓶等玻璃容器放在烘箱内直接干燥。	-5
8	比色皿内壁用滤纸擦。	-3
9	其他错误。	-3

（4）滴定操作（5 分）

序号	操作水平	扣分分值
1	酸碱滴定管不能顺利控制滴定速度和滴定量大小。	-3
2	不能顺利地用移液管转移溶液。	-2
3	容量瓶定容不准确。	-2
4	酸碱滴定管使用前没有排气泡,或排气泡不完全。	-3
5	其他容器使用不熟练。	-2

（5）熟练程度（10 分）

序号	操作水平	扣分分值
1	不熟悉实验的操作步骤,经常看讲义。	−2
2	加沉淀剂与定容的顺序不正确。	−3
3	过滤与定容顺序错误。	−3
4	试剂加入顺序有错。	−3
5	其他顺序错误。	−3
6	滴定终点判断与控制不正确。	−5

（6）仪器使用（5分）

序号	操作水平	扣分分值
1	不会设置烘箱的温度。	−3
2	分光光度计使用方法不正确。	−4
3	不会正确控制水浴锅温度。	−3
4	以上仪器及其他仪器操作不熟练。	−2

（7）操作程序（5分）

序号	操作水平	扣分分值
1	不能正确安排操作顺序,拖延时间。	−2
2	操作程序不正确。	−5
3	不能事先准备好水浴锅、烘箱等,临用时才打开。	−2
4	不能事先准备好仪器,临用时才洗涤、烘干。	−2

（8）容量分析操作（10分）

序号	操作水平	扣分分值
1	配制溶液时,不能用正确的方法转移,直接到入容量瓶(如不用玻璃棒)或溶液转移不完全。	−3
2	转移时有溶液溢出。	−2
3	稀释操作时,至3/4体积时,没有将容量瓶摇动作初步混匀。	−1
4	过滤方法不正确,没有用玻璃棒。	−1
5	没有按实验要求进行过滤。	−2
6	称液管读数方法不准确(如弯腰、蹲下看)。	−3
7	其他读数方法(量筒、滴定管)不正确。	−3
8	滴定操作时,右手持三角瓶,做前后振动。	−3
9	滴定时三角瓶内液体溅出。	−1
10	使用移液管取试液时,移液管外的水没有用吸水纸擦干。	−2
11	移液管量取试液时,没有用待取试液先洗2～3次。	−3
12	过滤时漏斗的长颈接触过滤液面。	−1
13	分析操作不熟练。	−4
14	不能正确选择直接称量法和减量法。	−3

（9）称量操作（10分）

序号	操作水平	扣分分值
1	不能按实验要求选择称量仪器。	−2
2	调零点太慢，超过2 min者。	−3
3	分析天平称量时不关闭天平门。	−2
4	使用台式天平称量时，直接在称量盘内放物品。	−4
5	台式天平使用不熟练，称量慢。	−3
6	使用分析天平时不会调零点。	−5
7	在天平打开状态下加减物品和砝码。	−4
8	用机械加码装置加码时不会按照减半法加码。	−3
9	不能根据指针的偏转情况加减砝码。	−3
10	不能平稳开启天平，造成天平振动。	−2
11	开启天平用力过大，致使砝码脱落。	−2
12	不能熟练使用天平，称量时间超过5 min。	−2
13	不能熟练使用天平，称量时间超过了10 min。	−5
14	称量时，药品洒落在天平底座和称量盘上。	−2
15	天平使用后没有进行善后工作。	−4

（10）时间控制（5分）

序号	操作水平	扣分分值
1	超过规定时间3 min。	−3
2	超过规定时间5 min。	−5

2. 数据记录、处理与计算评分标准（总分30分）

（1）数据记录（7分）

序号	操作水平	扣分分值
1	滴定管没有记录到0.00 mL。	−2
2	分析天平没有记录到0.000 0 g	−2
3	1/100天平没有记录到0.00 g。	−2
4	量筒没有记录到0.0 mL。	−2
5	原始数据有部分未记入原始数据表内。	−1
6	原始数据记录繁琐。	−4

(2)数据处理(9分)

序号	操作水平	扣分分值
1	平行数据取舍不合理。	−4
2	计算平均值错误。	−4
3	计算中没有代入原始数据。	−3
4	数据处理栏中书写混乱、不详、潦草。	−4
5	数据处理栏个别数据书写混乱、不详。	−2

(3)结果和误差表示(9分)

序号	操作水平	扣分分值
1	计算错误。	−3
2	计算公式不正确。	−5
3	将原始数据平均值计算置于计算公式或报告结果栏中。	−2
4	没有把原始数据代入公式而直接得出结果。	−2
5	平行实验数据误差大于1%。	−4
6	结果误差大于一般允许的相对误差。	−6

(4)分析讨论是否正确合理(5分)

序号	操作水平	扣分分值
1	分析讨论中没有对分析结果进行评价。	−2
2	没有分析测定结果的误差原因。	−3
3	所分析的误差原因比较牵强。	−2
4	没有结合本实验分析产生误差的原因。	−3
5	能分析误差原因,但并非本实验的关键之处。	−2

模块一 食品分析检验准备

【模块提要】 食品分析检验准备,主要包括实验室用水的要求、化学试剂的分类、一般溶液与标准溶液的配制和标定以及样品的采集、制备和保存等。本模块主要介绍两个项目:项目一,溶液配制与数据处理;项目二,抽样与样品预处理。要求学生通过教师讲解及操作练习掌握食品分析用水及试剂的要求,熟练掌握溶液及标准溶液的配制与标定方法,掌握样品的采集、制备、保存、预处理及有关数据处理和检验报告填写等基础知识。

【学习目标】 通过本模块的学习,要求学生了解食品分析实验室用水的要求、掌握化学试剂的分类,能够正确识别不同规格的化学试剂。掌握一般试剂溶液和标准溶液的配制方法,样品的采集、制备、保存、预处理及误差控制和数据处理,能够正确进行检验数据的处理和误差分析,能正确、准确地填写检验报告单并对检验数据作出评价。

项目一 溶液配制与数据处理

【知识要求】

(1)熟悉食品分析用水的制备方法及要求;

(2)掌握化学试剂的分类及食品分析常用试剂的配制方法;

(3)掌握标准溶液配制、标定的基本方法并能计算准确浓度;

(4)理解误差、偏差、准确度和精密度的概念,能够正确进行数据的处理和误差的计算。

【能力要求】

(1)掌握常用试剂及标准溶液配制的基本技能操作;

(2)能对分析结果进行正确的数据处理;

(3)能正确分析技能操作中产生误差的原因;

(4)正确、规范填写检验报告单,并对检验数据做出评价。

任务一 食品分析实验室用水的制备

【知识准备】

一般天然水和自来水中常含有氯化物、碳酸盐、硫酸盐、泥沙等少量无机物和有机物,影响分析结果的准确度。作为分析用水,必须先经一定的方法制备,达到分析实验室用水规格后,方可使用。《分析实验室用水规格和试验方法》(GB/T 6682—2008)规定了分析用水的级别、规格、取样及贮存、试验方法,适用于化学分析和无机痕量分析等试验用水。

一、食品分析实验室用水的分类、制备与使用

GB/T 6682—2008 将分析实验室用水分为 3 个级别。其制备方法与使用范围见表 1-1。

表 1-1　各级分析实验室用水的制备方法、使用范围

级别	制备方法	使用范围
一级水	为超纯水,可用二级水经石英设备蒸馏或离子交换混合床处理后,再经 0.2 μm 微孔滤膜过滤制取。	用于有严格要求的分析实验,包括对颗粒有要求的试验,如制备标准水样、超痕量物质的分析和高效液相色谱分析。
二级水	可用三级水多次蒸馏、反渗透或去离子等方法制备。	用于无机痕量分析等试验,如原子吸收光谱分析用水。
三级水	可用蒸馏、反渗透、电渗析或去离子等方法制备。	一般化学分析试验。

二、食品分析实验室用水规格要求

(1)外观要求　目视观察应为无色透明液体,不得有肉眼可辨的颜色或杂质。

(2)规格要求　食品分析实验室用水的质量要求见表 1-2。

表 1-2　食品分析实验室用水的质量要求

名称	一级	二级	三级
pH 范围(25℃)	—	—	5.0～7.5
电导率(25℃)/(mS/m)	≤0.01	≤0.10	≤0.50
可氧化物质含量(以 O 计)/(mg/L)	—	≤0.08	≤0.40
吸光度(254 nm,1 cm 光程)	≤0.001	≤0.01	—
蒸发残渣(105±2)℃含量/(mg/L)	—	≤1.0	≤2.0
可溶性硅(以 SiO_2 计)含量/(mg/L)	≤0.01	≤0.02	—

注:①由于在一级水、二级水的纯度下,难于测定其真实的 pH,因此,对一级水、二级水的 pH 范围不做规定。

②一级水、二级水的电导率需用新制备的水"在线"测定。

③由于在一级水的纯度下,难于测定可氧化物质和蒸发残渣,对其限量不做规定,可用其他条件和制备方法来保证一级水的质量。

【技能培训】

　　制备食品分析实验室用水,应选取饮用水或适当纯度的水作为原料水。目前,制备分析实验室用水的工艺方法有蒸馏法、离子交换法、电渗析法、反渗透法、过滤法、吸附法、紫外氧化法等。由于制备方法不同,水中带有少量杂质种类大小也不同,如用铜蒸馏器蒸馏的水,则会含有微量的铜离子;而用玻璃蒸馏器蒸馏的水则会含有钠离子和硅酸根离子;用离子交换法制得的纯水,将会含有少量的有机物质、微生物等。一般制得的纯水由于空气中二氧化碳的影响,水的 pH 均小于7,为5~6。

一、蒸馏法制备分析用水

水经加热沸腾便汽化成蒸汽,蒸汽经冷凝液化得到的水叫蒸馏水。蒸馏水就是利用水与杂质沸点不同,用蒸馏的方法将自然水中含有的可溶性和不溶性、挥发性和不挥发性杂质与水分离。蒸馏法只能除去水中非挥发性的杂质,而溶解在水中的气体并不能除去,例如,二氧化碳及低沸物易挥发,随水蒸气带入蒸馏水中。另外,空气中少量液态水呈雾状飞出进入蒸馏水中,以及冷凝管材料中微量成分也带入蒸馏水中,使蒸馏水中仍带有杂质。一般分析工作用一次蒸馏水即可。但是在一次蒸馏水中由于部分杂质随蒸汽带入以及蒸馏容器、周围环境的污染限制了纯度进一步的提高。

为了提高蒸馏水的纯度,可以增加蒸馏次数,降低蒸馏速度,采用高纯材料(如石英)作蒸馏器、勤清洗蒸馏器来达到。此外,注意保持环境有尽可能高的清洁条件以减少污染,对提高蒸馏水的纯度都有好处。

蒸馏法按蒸馏次数可分为一次、二次和多次蒸馏法。如实验室制取二次蒸馏水时,采用硬质玻璃或石英蒸馏器,在 1 L 蒸馏水或去离子水中加入 50 mL 碱性高锰酸钾溶液(每升含 8 g $KMnO_4$ + 300 g KOH),进行二次蒸馏,弃去头和尾各 1/4 容器体积的二次蒸馏水,收集中段的二次蒸馏水。该方法可除去有机物,但不适宜作无机痕量分析用水。若再用二次蒸馏水制取三次蒸馏水时,蒸馏瓶中可不加 $KMnO_4$。

尽管蒸馏法能去除大部分污染物,但由于加热过程中还是有二氧化碳的溶入,所以水的电导率是很高的,一般为 0.02～0.1 mS/m,故蒸馏水只能满足普通分析实验室用水要求。其优点是易于操作,缺点是在加热过程中会产生二次污染,不易控制水质,水耗费较高。

二、离子交换法制备分析用水

(一)离子交换法制备分析用水的工作原理

用离子交换法制备的分析用水称为去离子水,多采用阴、阳离子交换树脂混合床装置来制备。离子交换树脂是一种具有离子交换能力的树脂状高分子化合物,具有网状结构,在网状结构的骨架上有许多可以与溶液中离子起交换作用的活性基团,这些活性基团虽然不能自由移动,但其离解的离子可以自由移动并可与周围溶液中离子相互交换。具有阳离子交换性能的叫阳离子交换树脂,具有阴离子交换性能的叫阴离子交换树脂。根据活性基团的不同,阳离子交换树脂可分为强酸性和弱酸性阳离子交换树脂,阴离子交换树脂可分为强碱性和弱碱性阴离子交换树脂。

离子交换法是利用阴、阳离子交换树脂上 OH^- 和 H^+ 可分别与天然水中其他阴、阳离子交换的能力制备纯水。当含有离子的天然水流过氢型的阳离子交换树脂后,则金属离子与树脂的 H^+ 进行交换,金属离子被吸附:

$$n\text{R}-\text{SO}_3^-\ \text{H}^+ + \text{Me}^{n+} = (\text{R}-\text{SO}^{3-})_n\text{Me}^{n+} + n\text{H}^+$$

流经氢氧离子交换树脂后,则阴离子(如 Cl^-)与 OH^- 交换,阴离子被吸附:

$$\text{R}-\text{N}^+(\text{CH}_3)_3\text{OH}^- + \text{Cl}^- = \text{R}-\text{N}^+(\text{CH}_3)_3\text{Cl}^- + \text{OH}^-$$

阳离子交换树脂交换下来的 H^+ 与阴离子交换下来的 OH^- 结合形成 H_2O,从而达到净化水的目的。

(二)离子交换法制备分析用水的操作要求

1. 树脂选择

阳离子交换树脂通常采用强酸性阳离子交换树脂,如上海树脂厂732型。阴离子交换树脂一般采用强碱性阴离子交换树脂,如上海树脂厂717型、711型。树脂粒度在16～50目。

2. 装柱

先将树脂用温水分别浸泡2～3 h,使其充分膨胀。在交换柱下部放上玻璃棉,将树脂注入(用水浸着不应有气泡)后,再放些玻璃棉。混合床的装柱是将阴、阳离子交换树脂装入交换柱中,同时注入水,然后从下部压入空气,使两种树脂混合均匀。再用水由下向上压入,排出柱中的空气。

树脂的装柱用量按体积计算,一般阴离子交换树脂为阳离子交换树脂的1.5～2倍。树脂的装柱高度相当于柱直径的4～5倍。

3. 树脂的浸提(化学处理)

市售的阳离子交换树脂一般为钠型(R—SO₃Na),阴离子交换树脂一般为氯型[R—N(CH₃)₃Cl],故使用前,用酸性树脂处理成氢型(R—SO₃H),用碱将氯型树脂处理成氢氧型[R—N(CH₃)₃OH]。

阳离子交换树脂柱:用 HCl 溶液(10%),以 1～2 mL/min 的流速洗提树脂至无 Fe^{3+} 为止,以保证钠型(市售强酸性阳离子交换树脂是钠型)树脂转化为所需要的 H^+ 型。

阴离子交换树脂柱:用 NaOH 溶液(10%),以 1～2 mL/min 的流速洗提树脂至无 Cl^- 为止,以保证使含氯型(市售强碱性阳离子交换树脂是氯型)树脂转化为所需要的 OH^- 型。

(1) Fe^{3+} 的检验　收集数毫升洗提液,滴加几滴 0.1 mol/L KSCN 溶液,不得产生淡红色现象,其反应式为:$Fe^{3+} + SCN^- \longrightarrow Fe(SCN)^{2+}$(淡红色)。

(2) Cl^- 的检验　收集数毫升洗提液,滴加硝酸(1+1)2～3 滴使呈酸性,滴加几滴 0.1 mol/L AgNO₃ 溶液,不得产生白色浑浊现象,其反应式为:$Ag^+ + Cl^- \longrightarrow AgCl\downarrow$(白色)。

4. 制备去离子水

可根据分析工作对水质的要求,按复床式、混床式或复床式-混合床式串联交换柱,接通水源,水从每个交换柱顶部注入,进行去离子水的生产。

(1)复床式　是将阳离子与阴离子交换树脂分装在两个交换柱内并相互串联起来(图1-1),水经过阳离子交换树脂除掉阳离子,水中阴离子再经过阴离子交换树脂除掉阴离子,流出的是纯水。

(2)混床式　是将阴离子、阳离子两种树脂混合于一个交换柱中,从而形成无限个复床装置(图1-2),所以它们交换能力最强,所制得的纯水质量也高。

(3)复床式-混合床式　采用阳离子交换树脂柱＋阴离子交换树脂柱＋混合离子交换树脂柱的方式连接生产去离子水(图1-3)。处理水时,先让水流过阳离子交换树脂柱和阴离子交换树脂柱,然后再流过阴、阳离子混合交换柱,以使水进一步纯化。

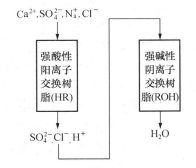

图 1-1　复床式制取纯水的示意图

注意用离子交换法制取时,一定是先让水流过阳离子交换柱,再流过阴离子交换柱。如果是先让水流过阴离子交换柱,则会有氢氧化物沉淀产生,无法得到纯水。

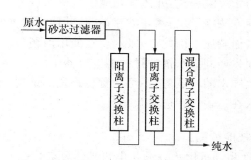

图 1-2　混床式制取纯水的示意图　　图 1-3　复床式-混合床式制取纯水示意图

　　离子交换水的质量与交换柱中树脂的质量、柱高、柱径以及水流量等因素都有关系。一般树脂量多、柱高和直径比适当、流速慢,交换效果好。

　　5.树脂的再生处理

　　离子交换树脂使用一段时间后,大部分树脂转变为钠型和氯型,离子交换树脂的交换能力下降,制备出来的水的电阻率下降,水质下降,这时分别为 5%～10% 的 HCl 和 NaOH 溶液处理阳离子和阴离子交换树脂,使其恢复离子交换能力,这叫做离子交换树脂的再生,即

$$R—SO_3Na \xrightarrow{再生} R—SO_3H \qquad R—N(CH_3)_3Cl \xrightarrow{再生} R—N(CH_3)_3OH$$

　　再生后的离子交换树脂可以重复使用。离子交换树脂一般可反复再生使用数年仍然有效,但使用树脂的温度不能超过 50℃,也不宜长时间与高浓度强氧化剂接触,否则会加速树脂的破坏,缩短树脂的使用时间。

　　离子交换法能有效地去除离子,可以获得电导率 0.005 5 mS/m 的去离子水,缺点是无法有效地去除大部分的有机物或微生物,在去离子的同时,再生的离子交换树脂可能会有树脂的颗粒溶出,污染水质,无机物含量较高,同时遭受破坏的树脂颗粒又成为了微生物滋生的温床,微生物可快速生长并产生热源,影响水质。因此,需配合其他的纯化方法(如反渗透法、过滤法和活性炭吸附法)组合使用。

三、常见技术问题处理

　　(1)由于分析任务、分析方法不同(如化学分析、仪器分析、常量分析和微量分析),食品分析对水的质量要求也就不同,应合理选用不同规格的分析用水。

　　(2)食品分析实验室制备分析用水应严格按照仪器说明操作,避免故障和危险发生。

　　(3)影响分析实验室用水质量的因素主要来自于空气中的气体、杂质和盛装容器成分的溶解。实验室制取的分析用水,一经放置,特别是接触空气,电导率会迅速下降,即水质下降。另外,贮存容器的材质对纯水的质量也有影响,如玻璃容器盛装纯水可溶出某些金属离子或硅酸盐,但有机物较少。聚乙烯容器盛装纯水所溶出的无机物较少,但有机物较多。

　　经过各种方法制取的不同级别的分析用水,如果贮存不当,引入杂质,对实验结果有很大的影响,因此,应根据不同分析方法的要求合理选择贮存容器和贮存方法。

　　贮存容器:各级用水均使用密闭的、专用聚乙烯容器。三级水也可使用密闭的、专用玻璃容器;新容器在使用前需用盐酸溶液(质量分数为 20%)浸泡 2～3 d,用自来水冲洗后,再用相

应级别的水反复冲洗,并注满相应级别的水浸泡 6 h 以上。

贮存方法:各级用水在贮存期间,其玷污的主要来源是容器可溶成分的溶解、空气中二氧化碳和其他杂质。因此,一级水要在使用前制备,不可贮存。二级水、三级水可适量制备,分别贮存在预先经同级水清洗过的相应容器中。

存放纯水的容器旁,不可放置易挥发的试剂,如浓盐酸、浓氨、溶硝酸或硫化氢、硫化铵等。各级用水在运输过程应避免玷污。

【知识与技能检测】

1. 食品分析用水分哪几类?具体要求什么?
2. 各级分析用水的使用范围和贮存要求是什么?
3. 制备食品分析用水常用的方法有哪些?

【超级链接】特殊分析用水的制备

1. 无氨纯水

(1)离子交换法　取 2 份强碱性阴离子交换树脂及 1 份强酸性阳离子交换树脂,依次填充于长 500 mm、内径 30 mm 的交换柱中,将水以 3～5 mL/min 的流速通过交换柱即可得到无氨的水。

(2)蒸馏法　向蒸馏水中加入硫酸至 pH<2,使水中各种形态的氨或胺最终转变成不挥发的盐类,再重蒸馏收集馏出液即可。

2. 无 CO_2 纯水

(1)煮沸法　将蒸馏水或去离子水煮沸至少 10 min,使水量蒸发 10％以上,隔离空气,冷却即可,其 pH 应为 7。

(2)曝气法　将惰性气体或纯氮通入蒸馏水或去离子水至饱和,即可得无 CO_2 水。制得的无 CO_2 纯水应贮存于连接碱石灰吸收管的瓶中。

3. 其他特殊分析用水

(1)无氯纯水　在硬质玻璃蒸馏器中将纯水煮沸蒸馏,收集中间馏出部分即可。

(2)无氧的水　将水注入烧瓶中,煮沸 1 h 后立即用装有玻璃导管的胶塞塞紧,导管与盛有焦性没食子酸碱性溶液(100 g/L)的洗瓶连接,冷却即可。

(3)无砷纯水　一般蒸馏水或去离子水多能达到基本无砷的要求,进行痕量砷的分析时,要避免使用软质玻璃(钠钙玻璃)制成的蒸馏器、树脂管和贮水瓶,故蒸馏法制备无砷纯水时需用石英蒸馏器,离子交换法制无砷水须采用聚乙烯材质的交换柱。贮水瓶也须是聚乙烯材质。

任务二　化学试剂与溶液配制

【知识准备】

一、化学试剂与管理

(一)化学试剂的规格等级及适用范围

试剂规格又称试剂级别或类别。一般按实际的用途或纯度、杂质含量来划分规格标准,我国的试剂规格基本上按纯度划分。国产化学试剂有统一的国家标准,对各种规格试剂的纯度含量和所允许的最高杂质含量有明确的规定,并在试剂的标签上予以注明。因此,化学试剂的纯度规格等级反映了试剂的质量。根据质量指标化学试剂主要分为一级品、二级品、三级品和四级品 4 个等级。除此之外,还根据纯度和使用的要求分为高纯(也称超纯、特纯)试剂、光谱纯试剂、色谱纯试剂、基准试剂。相应的等级及适用范围见表 1-3。

表 1-3　我国化学试剂的等级及适用范围

等级	名称及符号	标签颜色	适用范围
一级品	优级纯 G R (guaranteed reagent)	深绿色	试剂纯度很高,杂质含量低,又称保证试剂,适用于精密的分析和科学研究工作,在分析中用于直接法配制标准溶液或作标定标准溶液的标准物质用。
二级品	分析纯 A R (analytical reagent)	金光红色	试剂纯度较高,略低于优级纯标准,杂质含量略高,用于较精密的分析和科学研究工作,在分析中用于间接法配制标准溶液和配制定量分析中其他普通试剂。
三级品	化学纯 C P (chemical pure)	中蓝色	试剂纯度不高,低于分析纯标准,适用于实验室的一般分析研究,适用于工厂控制分析、教学实验,如用于配制半量或定性分析中的普通试液和清洁洗涤液等。
四级品	实验试剂 L R (laboratorial reagent)	除上述颜色以外的颜色	试剂纯度较差,低于化学纯标准,杂质含量更高,但比工业品纯度高,适用于作一般化学实验和无机制备及实验辅助试剂,如产生气体后吸收气体,配制洗液等。
特种试剂	生物试剂 B R 或 C R (biological reagent)	玫红色或其他颜色	
特种试剂	高纯试剂(超纯试剂) EP(extra pure)		试剂主成分含量高,杂质含量比优级纯试剂低,主要用于微量及痕量分析中试样的分析及试液的制备。
	光谱试剂纯 SP(spectrum pure)		试剂中杂质含量低于光谱分析法检出的量,主要用作光谱分析中的标准物质。
	色谱纯试剂		试剂用作色谱分析的标准物质,其杂质含量很低,要求杂质含量用色谱分析法检不出或低于某一限度。色谱分析纯度要求很高,价格也很贵。
	基准试剂	深绿色	主要成分含量在 $99.5\% \sim 100\%$,杂质含量低于一级品或与一级品相当,用于标定容量分析标准溶液的标准参考物质,可作为容量分析中基准物使用,也可精确称量直接配制标液。

(二)化学试剂的存放

一般化学试剂的储存要求通风良好、干净和干燥、远离火源、并防止污染。根据试剂的性质有不同的储存方法。

(1)存放容器　固体试剂应装在广口瓶中,液体试剂盛在细口瓶或滴瓶中;见光易分解的试剂($AgNO_3$、$KMnO_4$、$CHCl_3$、CCl_4 等)应盛放在棕色瓶中;容易侵蚀玻璃而影响试剂纯度的试剂(如氢氟酸、含氟盐、苛性碱等)应储存于塑料瓶中;盛碱的瓶子要用橡皮塞。

(2)存放环境　控制温度、湿度,避免阳光直射,严禁明火。贮藏室应是朝北的房间,避免阳光照射;室内温度不能过高,一般保持在 15～20℃,最高温度不超过 25℃,室内保持一定的湿度,40%～70%为宜,室内通风良好,严禁明火。

(3)安全控制　大部分化学试剂都具有一定的毒性,有的是易燃、易爆的危险品,较大量的化学药品应放在药品贮藏室内。管理人员要熟悉化学试剂的性质、用途、保管方式、方法。剧毒试剂(如氰化物、砒霜等)应按国家公安部规定,由专人保管。

(4)特种试剂存放　易受热分解的试剂必须存放在冰箱中;吸水性强的试剂(如无水碳酸钠、苛性碱、过氧化钠等),应严格用蜡密封瓶口。易吸湿或氧化的试剂则应储存于干燥器中;金属钠浸在煤油中;白磷要浸在水中等。

(三)化学试剂的选用

在分析过程中需加入各种试剂,如果在加入的试剂中含有被测成分或干扰物质,势必影响测定结果,即由于试剂不纯造成分析误差。试剂的选用应以实验条件、分析方法和对分析结果的准确度为依据。要求分析结果准确度高的,采用较纯的试剂,但是,也不能过分强调使用高纯度的试剂,因为化学试剂纯度规格与其价格关系很大,试剂纯度提高一级,价格可能相差几倍。试剂选用的原则是,在满足实验要求的前提下选用试剂的级别就低不就高。如化学分析中的一般试剂可使用分析纯试剂,标准用的标准物质必须使用基准试剂。工厂车间的控制分析可选用化学纯、分析纯试剂,但对分析结果准确度要求高的分析工作,如仲裁分析、进出口食品检验、试剂检验等,可选用优级纯、分析纯试剂。在痕量分析中需选用高纯或优级纯试剂,以降低空白值和避免杂质干扰,同时,对所用的纯水有相应要求(常用一级或二级水)。有些试剂由于试剂制造厂生产水平的缘故很难达到最高水平。虽然达到了一定品级规格,但不能满足分析要求,在使用时也应进行选择。

必须注意的是,有些试剂规格虽然合格,但由于包装不良或放置时间太久而使浓度降低或试剂吸收外界气体而变质,所以在使用前均应进行检查。

选用的试剂须有出厂试剂标签并标明品级、纯度(含主成分的百分比)和不纯物的最高含量等项目。试剂的化学组成是计算化学式量的依据,即计算试剂量时,必须以试剂标签的化学式为准。如试剂标签上标明 $Na_2C_2O_4$,分子式量为 134.0,当进行有关计算时,绝对不能依据操作规程或其他参考书中标明的分子式量(如草酸钠的组成形式 $Na_2C_2O_4 \cdot 2H_2O$)来代替。试剂纯度所引起的结果误差,对此应有足够的重视,要认真参照化学试剂纯度的分级标准规定中的用途选用。

二、溶液浓度的表示方法和食品理化分析的一般规则

(一)溶液浓度的表示方法

溶液浓度是指一定量的溶液中所含溶质的量。常见的溶液浓度表示方法有以下几种:

(1)物质的质量分数 物质的质量分数是指物质 B 的质量在溶液的总质量 m 中所占的百分数（w_B），即在 100 g 溶液中所含溶质的质量（g）的百分率。质量分数无量纲。

$$w_B = \frac{溶质\ B\ 的质量}{m} \times 100\%$$

(2)物质的质量浓度 通常用于表示溶质为固体的溶液浓度，指单位体积溶液中所含溶质的质量。常用单位为 g/L，也可采用 mg/L 或‰（即 100 mL 溶液中所含溶质的质量，g）表示。

(3)物质的体积分数 通常用于表示溶质为液体的溶液浓度，指溶质体积在溶液总体积中所占的分数，常以体积百分数（%）表示，即 100 mL 溶液中所含溶质的体积（以 mL 计）。

(4)体积比浓度 是指 A 体积溶质和 B 体积溶剂（多数情况下为水）相混合的体积比，表示溶液试剂相混合或用水稀释后的浓度。常以（$V_A + V_B$）或（$V_A : V_B$）表示。

(5)物质的量浓度 简称浓度，指单位体质溶液所含溶质物质的量（n_B）。物质 B 的物质的量浓度用符号 c_B 表示，即

$$c_B = \frac{n_B}{V}$$

式中：c_B——物质 B 的物质的量浓度，mol/L；

n_B——物质 B 的物质的量，mol；

V——溶液的体积，L。

物质 B 的物质的量 n_B、物质 B 的质量 m_B、摩尔质量 M_B 的关系为 $n_B = \frac{m_B}{M_B}$。

(6)滴定度 滴定度是滴定分析中的专用表示法，它是指每克标准溶液可滴定的或相当于可滴定的物质的质量，符号为 $T_{B/A}$，其中 A 为滴定剂，B 为被测物质，单位为 g/mL 或 mg/mL。如高锰酸钾标准溶液对铁的滴定度用 $T_{Fe/KMnO_4}$ 来表示，当 $T_{Fe/KMnO_4} = 0.005\ 682$ g/mL 时表示每毫升高锰酸钾标准溶液可以把 0.005 682 g 的 Fe^{2+} 滴定为 Fe^{3+}。滴定度的公式为：

$$T_{B/A} = \frac{m_B}{V_A}$$

式中：$T_{B/A}$——标准溶液相当于被测物质 B 的滴定度，g/mL；

m_B——待测组分的质量，g；

V_A——滴定时消耗标准溶液的体积，mL。

有时滴定度也可以用每毫升标准溶液中所含溶质的克数来表示，记为 T_m。

(二)食品理化分析的一般规则

1. 试剂的要求

(1)所涉及使用的水，在未注明其他要求时，均指纯度能满足检验要求的蒸馏水或去离子水。未指明溶液用何种溶剂配制时，均指水溶液；

(2)所介绍的试剂，除特别注明外，均为分析纯；

(3)所涉及使用的盐酸、硫酸、硝酸、磷酸、乙酸、氨水等液体化学试剂，未指明具体浓度时，均指市售试剂规格（详细情况参照表1-4）；

(4)液体的滴,系指蒸馏水自标准滴定管流下的一滴的量。在 20℃时,20 滴约相当于 1 mL。

表 1-4　常用酸碱浓度表(市售商品)

试剂名称	相对分子质量	含量(质量分数)/%	相对密度	浓度/(mol/L)
冰乙酸	60.05	99.5	1.05(约)	17(CH_3COOH)
乙酸	60.05	36	1.04	6.3(CH_3COOH)
甲酸	46.02	90	1.20	23(HCOOH)
盐酸	36.5	36～38	1.18(约)	12(HCl)
硝酸	63.02	65～68	1.4	16(HNO_3)
高氯酸	100.5	70	1.67	12($HClO_4$)
磷酸	98.0	85	1.70	15(H_3PO_4)
硫酸	98.1	96～98	1.84(约)	18(H_2SO_4)
氨水	17.0	25～28	0.8～8(约)	15($NH_3 \cdot H_2O$)

2. 仪器设备的要求

(1)玻璃量器　试验中所使用的玻璃量器、玻璃器皿须经彻底洗净后才可使用。检验中所用的滴定管、移液管、容量瓶、刻度吸管、比色管等玻璃量器均应按国家有关规定及规程进行检定校正后使用,所量取体积的准确度应符合国家标准对该体积玻璃量器的准确度要求。

(2)控温设备　检验中所使用的高温炉、干燥箱、恒温水浴锅等均应按国家有关规定及规程进行测试和校正。

(3)测量仪器　实验中所用的天平、酸度计、分光光度计、色谱仪等均应按国家有关规定及规程进行测试和校正。

各检验方法中所列仪器为该法所需要的主要仪器,一般实验室常用仪器不再列出。

3. 溶液浓度的表示方式

(1)几种固体试剂的混合质量份数或液体试剂的混合体积份数可表示为(1+1)、(4+2+1)等。

(2)溶液的浓度可以用质量分数或体积分数表示,其表示方法应是"质量(或体积)分数是 0.75"或"质量(或体积)分数是 75%"。

(3)溶液浓度可以用质量、容量单位表示,可表示为克每升或以其适当分倍数表示(g/L 或 mg/mL 等)。

(4)如果溶液由另一种特定溶液稀释配制,应按下列惯例表示:"稀释 $V_1 \rightarrow V_2$",表示将体积为 V_1 的特定溶液以某种方式稀释,最终混合物的总体积为 V_2。"稀释 $V_1 + V_2$",表示将体积为 V_1 的特定溶液加到体积为 V_2 的溶液中(1+1)、(1+2)等。

4. 温度和压力的表示

(1)温度一般以摄氏度表示,写作℃;或以开氏表示,写作 K(开氏度=摄氏度+273.15)。

（2）压力单位为帕斯卡，表示为 Pa（kPa、MPa）。1 atm＝760 mmHg＝101 325 Pa＝101.325 kPa＝0.101 325 MPa(atm 为标准大气压)。

5. 检验操作的基本要求

（1）称取：用天平进行的称量操作，其精度要求用数值的有效位数表示，如称"取20.0 g……"指称量准确至±0.1 g；"称取 20.00 g……"指称量准确至±0.01 g。

（2）准确称取：用精密天平进行的称量操作，其准确度为±0.000 1 g。

（3）恒量（恒重）：在规定的条件下，连续两次干燥或灼烧后称量的质量差异不超过规定的范围。

（4）量取：用量筒或量杯取液体物质的操作。

（5）吸取：用移液管、刻度吸量管取液体物质的操作。

（6）试验中所用的玻璃量器如滴定管、移液管、容量瓶、刻度吸管、比色管等所量取体积的准确度应符合国家标准对该体积玻璃量器的准确度要求。

（7）空白试验：除不加试样外，采用完全相同的分析步骤、试剂和用量（滴定法中标准滴定液的用量除外），进行平行操作所得的结果。用于扣除试样中试剂本底和计算检验方法的检出限。

三、溶液的配制与管理

在食品分析化验中，根据对溶液浓度准确性的要求不同，常将分析化学溶液分为一般溶液和标准溶液两种。正确配制、保存和使用试剂是食品分析工作的一项基本要求。

（一）配制溶液的要求

配制溶液时所使用的试剂和溶剂的纯度应符合分析项目的要求。应根据分析任务、分析方法、对分析结果准确度的要求等选用不同等级的化学试剂。一般试剂和提取用溶剂，可用化学纯（CP）；配制微量物质的标准溶液时，试剂纯度应在分析纯（AR）以上；标定标准溶液所用的基准物质，应选用优级纯（GR）；若试剂空白值较高或对测定发生干扰时，则需用纯度级别更高的试剂，或将试剂纯化处理后再用。试剂瓶使用硬质玻璃。一般试剂和金属试剂溶液用聚乙烯瓶存放，需避光试剂贮于棕色瓶中。

（二）一般溶液的配制

在食品分析中，作为条件试剂用的溶液称为一般溶液，也称辅助试剂溶液。这类试剂溶液用于控制反应条件，在样品的处理、分离、掩蔽、调节溶液的酸碱性等操作中使用。一般溶液的浓度不需要配制得十分准确，配制时应注意如下几个方面的问题：

（1）配制一般溶液时，固体试剂用托盘天平称量，液体试剂及溶剂用量筒、量杯或烧杯量取。配置指示剂溶液时，指示剂可用分析天平称量，但只要读取两位有效数字即可。要根据指示剂的性质采用合适的溶剂，必要时还要加入适量的稳定剂，并注意其保存期。配好的指示剂一般贮存于棕色瓶中。

（2）试剂瓶打开后，如非一次用完，应及时地予以封闭保存，尤其是对一些不稳定的并易受空气影响的试剂更需注意。取试剂用的匙和称取试剂用的器皿都应保持干燥、清洁，以免影响试剂的纯度。对已经从试剂瓶中取出的试剂，未用完的部分不可再放回原试剂瓶中，可分开保存。

（3）称出的固体试剂先于烧杯中用适量水溶解,再稀释至所需的体积。试剂溶解时若有放热现象或需加热溶解,应待冷却后,再转入试剂瓶中。配制硫酸、盐酸、硝酸溶液时,应把酸倒入水中。配制硫酸溶液时,应将硫酸分成小份慢慢倒入水中,边加入边搅拌,必要时以冷水冷却烧杯外壁。

（4）用有机溶剂配制溶液,不可直接加热,可在热水浴中温热溶液。易燃溶液使用时要远离明火。几乎所有有机溶剂都有毒性,应在通风橱内操作。

（5）经常并大量使用的溶液可先配制成浓度为所需浓度 10 倍的储备液,使用时取储备液直接稀释即可。

（6）溶液要用带塞的试剂瓶盛装。见光易分解的溶液要盛放于棕色瓶中。用易水解的盐配制溶液时,需加入适量的酸后再用水或稀酸稀释。有些易被氧化或还原的试剂,常在使用前临时配制,或采取措施防止氧化或还原。

（7）易侵蚀或腐蚀玻璃的溶液,不能盛放在玻璃瓶内,如氟化物、苛性碱应保存在聚乙烯瓶中。盛装苛性碱溶液的玻璃瓶应用橡皮塞。

（8）配好的试剂应立即贴上标签,标明名称、浓度、规格、配制日期,贴在试剂瓶的中上部。试剂瓶上的标签最好涂上石蜡保护,以防标签被试剂侵蚀而脱落。

（三）标准溶液的配制

标准溶液浓度要求准确,在滴定分析中常要求 4 位有效数字,在仪器分析中要求至少 3 位有效数字。标准溶液的配制方法有直接配制法和间接配制法两种。

1. 直接配制法

适合于用基准物质配制标准溶液。具体方法是准确称取一定量的基准物质于小烧杯中,溶解后定量转移到容量瓶中,用蒸馏水稀释至刻度,摇匀。根据称取物质的质量和容量瓶的体积,计算出该标准溶液的准确浓度。

$$c = \frac{m \times 1\,000}{MV}$$

式中:c——标准溶液的浓度,mol/L;

m——物质的质量,g;

M——物质的摩尔质量,g/mol;

V——标准溶液的体积,mL。

较稀的标准溶液可由标准溶液（储备液）稀释而成,原则上只稀释一次。稀释次数多积累误差大,影响分析结果的准确度。

基准物质必须具备以下条件:①试剂的纯度足够高（99.9% 以上,杂质含量低于 0.1%）,一般可以用基准试剂或优级纯试剂;②物质的组成与化学式完全相符（包括结晶水在内）;③试剂性质稳定,在空气中不吸湿,结晶水不易丢失,加热干燥时不易分解,不与空气中的水分和二氧化碳发生作用,不易被空气氧化;④摩尔质量尽可能大些,且易于溶解。

常用基准物质的干燥条件和应用见表 1-5。

2. 间接配制法

由于大多数物质不能满足基准物质的条件,可采用间接配制法。如氢氧化钠易吸收空气中的二氧化碳;盐酸易挥发,含量不准确;$KMnO_4$、$Na_2S_2O_3$ 含有杂质,不易提纯,在空气中不稳定。

表 1-5 常用基准物质的干燥条件和应用

基准物质名称	基准物质化学式	干燥条件	标定对象
无水碳酸钠	Na_2HCO_3	270～300℃	酸
硼砂	$Na_2B_4O_7 \cdot 10H_2O$	放在装有氯化钠和蔗糖饱和溶液的密封容器中。	酸
草酸	$H_2C_2O_4 \cdot 2H_2O$	室温、空气干燥。	碱或 $KMnO_4$
邻苯二甲酸氢钾	$KHC_8H_4O_4$	100～120℃	碱
重铬酸钾	$K_2Cr_2O_7$	140～150℃	$Na_2S_2O_3$
溴酸钾	$KBrO_3$	130℃	$Na_2S_2O_3$
碘酸钾	KIO_3	130℃	$Na_2S_2O_3$
三氧化二砷	As_2O_3	室温、干燥器中保存。	I_2
草酸钠	$Na_2C_2O_4$	130℃	$KMnO_4$
碳酸钙	$CaCO_3$	110℃	EDTA
锌	Zn	用 HCl(1＋3)、水、乙醇依次洗涤后,置于干燥器中保存 24 h 以上。	EDTA
氧化锌	ZnO	900～1 000℃	EDTA
氯化钠	$NaCl$	500～600℃	$AgNO_3$
氯化钾	KCl	500～600℃	$AgNO_3$
硝酸银	$AgNO_3$	110℃	NaCl

间接配制法就是先配制近似浓度的溶液然后再标定的方法。具体方法是粗略地称取一定量物质或量取一定体积溶液,配制成接近于所需要浓度的溶液,然后用基准物质或另一种物质的标准溶液通过滴定的方法来确定它的准确浓度。这种确定浓度的操作称为标定,故也称为"标定法"。

基准物质标定法比标准溶液标定法准确度高。在具体检验工作中,为了保证标准溶液浓度的准确性,标准溶液由企业中心实验室或标准溶液配制室统一配制、标定,然后分发给各车间使用。在实际工作中,特别是在工厂的试验室中,还常常采用"标准试样"来标定标准溶液的浓度。"标准试样"的含量是已知的,它的组成与被测物质相近。这样,标定标准溶液浓度与被测物质的条件相同,分析过程中的系统误差可以抵消,结果准确度较高。

(1)用基准物质标定 准确称取一定量的基准物质,溶解后用待标定的溶液进行滴定。然后根据基准物质的质量与消耗待标定溶液的体积,即可计算出待标定溶液的准确浓度。

$$c_待 = \frac{m_基 \times 1\,000}{M_基 \times V_待}$$

式中:$c_待$——待标定溶液的浓度,mol/L;

$m_基$——基准物质的质量,g;

$M_基$——基准物质的摩尔质量,g/mol;

$V_待$——标定时消耗待标定溶液的体积,mL。

(2)用标准溶液标定 用已知准确浓度的标准溶液与待标定溶液互相滴定。根据两种溶液所消耗的体积及标准溶液的浓度,可计算出待标定溶液的准确浓度。

$$c_待 = \frac{c_标 \times V_标}{V_待}$$

式中:$c_待$——待标定溶液的浓度,mol/L;

$c_标$——已知准确浓度的标准溶液的浓度,mol/L;

$V_待$——待标定溶液的体积,mL;

$V_标$——已知准确浓度的标准溶液的体积,mL。

(四)配制试剂的管理

配制后直接用于实验的各种浓度的试剂应采用下列措施进行管理:①毒性的试剂,不管浓度大小,用后剩余部分送危险品毒物贮藏室保管,或报请处理,如 KCN、NaCN、As_2O_3 等。②易光解的试剂装入棕色瓶中,其他试剂根据性质装入带塞试剂瓶中,碱类及盐类试剂不能装在磨口试剂瓶中,应用胶塞。需滴加的试剂及指示剂应装入滴瓶中,整齐排列在试剂架上。③废旧试剂不要直接倒入下水道,特别是易挥发、有毒的有机化学试剂更不能直接倒入下水道,应倒在专用的废液缸中,定期妥善处理。④装在敞口滴定管中的试剂,应用小烧杯或纸套盖上,防止灰尘落入。

【技能培训】

一、标准滴定溶液配制的一般规定

(1)除另有规定外,所用试剂的纯度应在分析纯以上,所用制剂及制品,应按 GB/T 603 的规定制备,实验用水应符合 GB/T 6682 中三级水的规格。

(2)标准滴定溶液的浓度,除高氯酸外,均指 20℃时的浓度。在标准滴定溶液标定、直接制备和使用时若温度有差异,应进行补正。标准滴定溶液标定、直接制备和使用时所用分析天平、砝码、滴定管、容量瓶、单标线吸管等均须定期校正。

(3)在标定和使用标准滴定溶液时,滴定速度一般应保持在 6~8 mL/min。

(4)称量工作基准试剂的质量的数值小于等于 0.5 g 时,按精确至 0.01 mg 称量;数值大于 0.5 g 时,按精确至 0.1 mg 称量。

(5)制备标准滴定溶液的浓度值应在规定浓度值的±5%范围以内。

(6)标定标准滴定溶液的浓度时,须两人进行实验,分别各做四平行,每人四平行测定结果极差的相对值不得大于重复性临界极差〔$C_rR_{95}(4)$〕的相对值 0.15%,两人共八平行测定结果极差的相对值不得大于重复性临界极差〔$C_rR_{95}(8)$〕的相对值 0.18%。取两人八平行测定结果的平均值为测定结果。在运算过程中保留 5 位有效数字,浓度值报出结果取 4 位有效数字。

极差的相对值是指测定结果的极差值与浓度平均值的比值,以%表示。

重复性临界极差〔$C_rR_{95}(n)$〕是指一个数值,在重复性条件下,几个测试结果的极差以95%的概率不超过此数。重复性临界极差的相对值是指重复性临界极差与浓度平均值的比值,以%表示。

(7)标准滴定溶液浓度平均值的扩展不确定度一般不应大于 0.2%。

(8)使用工作基准试剂标定标准滴定溶液的浓度。当对标准滴定溶液浓度值的准确度有更高要求时,可使用二级纯度标准物质或定值标准物质代替工作基准试剂进行标定或直接制备,并在计算标准滴定溶液浓度值时,将其质量分数代入计算式中。

(9)标准滴定溶液的浓度小于等于 0.02 mol/L 时,应于临用前将浓度高的标准滴定溶液用煮沸并冷却的水稀释,必要时重新标定。

(10)除另有规定外,标准滴定溶液在常温(15~25℃)下保存时间一般不超过 2 个月。当溶液出现浑浊、沉淀、颜色变化等现象时,应重新制备。

(11)贮存标准滴定溶液的容器,其材料不应与溶液起理化作用,壁厚最薄处不小于 0.5 mm。

二、标准滴定溶液的配制与标定

下述制备标准溶液所用溶液以％表示的均为质量分数,只有乙醇(95％)中的％为体积分数。

(一)盐酸标准滴定溶液的配制与标定

1. 配制

(1)盐酸标准溶液:按表 1-6 的规定量取盐酸,加适量水并稀释至 1 000 mL,摇匀。

表 1-6　盐酸标准滴液的配制

盐酸标准滴定溶液的浓度[c(HCl)]/(mol/L)	1	0.5	0.1
量取盐酸溶液的体积 V/mL	90	45	9
标定称取工作基准试剂无水碳酸钠的质量 m/ g	1.9	0.95	0.2

(2)溴甲酚绿-甲基红混合指示液:量取 30 mL 溴甲酚绿乙醇溶液(2 g/L),加入 20 mL 甲基红溶液(1 g/L),混匀。

2. 标定

按表 1-6 规定准确称取于 270~300℃高温炉中灼烧至恒重的基准无水碳酸钠,加 50 mL 水使之溶解,加 10 滴溴甲酚绿-甲基红混合指示液,用配好的盐酸溶液滴定至溶液由绿色变为紫红色,煮沸 2 min,冷却至室温,继续滴定至溶液再呈暗紫红色。同时做空白试验。

3. 计算

盐酸标准滴定溶液的浓度按下式进行计算:

$$c = \frac{m}{(V_1 - V_2) \times 0.053\,0}$$

式中: c——盐酸标准滴定溶液的实际浓度,mol/L;

m——基准无水碳酸钠的质量,g;

V_1——盐酸标准溶液用量,mL;

V_2——试剂空白试验中盐酸标准溶液用量,mL;

0.053 0——与 1.00 mL 盐酸标准滴定溶液[c(HCl)=1 mol/L]相当的基准无水碳酸钠的质量,g。

4. 说明

(1)市售盐酸密度为 1.19 g/cm³,含盐酸约 37％。物质的量浓度约为 12 mol/L,考虑到盐酸中盐酸的挥发性,配置时所取盐酸的量应适当多些。

（2）在良好保存条件下盐酸标准滴定溶液有效期为 2 个月，若发现溶液产生沉淀或者有霉菌应进行复查。

（3）盐酸标准滴定溶液[$c(HCl)=0.02$ mol/L、$c(HCl)=0.01$ mol/L]，临用前取盐酸标准溶液[$c(HCl)=0.1$ mol/L]加水稀释制，必要时重新标定浓度。

（二）硫酸标准滴定溶液的配制与标定

1. 配制

硫酸标准溶液：按表 1-7 的规定量取盐酸，缓缓注入适量水中，冷却至室温后用水稀释至 1 000 mL，摇匀。

表 1-7　硫酸标准溶液的配制

硫酸标准滴定溶液的浓度[$c\left(\frac{1}{2}H_2SO_4\right)$]/(mol/L)	1	0.5	0.1
量取硫酸铜溶液的体积 V/mL	30	15	3

2. 标定

按盐酸标准滴定溶液的标定方法依法操作。

3. 计算

硫酸标准滴定溶液的实际浓度按下式进行计算：

$$c\left(\frac{1}{2}H_2SO_4\right)=\frac{m}{(V_1-V_2)\times 0.053\ 0}$$

式中：　c——硫酸标准滴定溶液的实际浓度，mol/L；

　　　　m——基准无水碳酸钠的质量，g；

　　　　V_1——硫酸标准溶液用量，mL；

　　　　V_2——试剂空白试验中硫酸标准溶液用量，mL；

0.053 0——与 1.00 mL 硫酸标准滴定溶液[$c\left(\frac{1}{2}H_2SO_4\right)=1$ mol/L]相当的基准无水碳酸钠的质量，g。

（三）氢氧化钠标准滴定溶液的配制与标定

1. 配制

（1）氢氧化钠标准溶液：称取 110 g 氢氧化钠，加入 100 mL 无二氧化碳的水，振摇使之溶解成饱和溶液，冷却后置于聚乙烯塑料瓶中，密闭放置至数日，澄清后备用。按表 1-8 的规定，用塑料管量取上层清液，用无二氧化碳的水稀释至 1 000 mL，摇匀。

表 1-8　氢氧化钠标准溶液的配制

氢氧化钠标准滴定溶液的浓度[$c(NaOH)$]/(mol/L)	1	0.5	0.1
量取氢氧化钠溶液的体积 V/mL	54	27	5.4

（2）酚酞指示剂（10 g/L）：称取酚酞 1 g，溶于适量 95％乙醇中，再用乙醇 95％稀释至 100 mL。

2. 标定

按表1-9规定称取于105～110℃电烘箱中干燥至恒重的工作基准试剂邻苯二甲酸氢钾,加80 mL无二氧化碳的水,使之尽量溶解,加2滴酚酞指示液(10 g/L),用配制好的氢氧化钠溶液滴定至溶液呈粉红色,并保持30 s不褪色,同时做空白试验。

表1-9　氢氧化钠标准溶液的标定

氢氧化钠标准滴定溶液的浓度[$c(NaOH)$]/(mol/L)	1	0.5	0.1
工作基准试剂邻苯二甲酸氢钾的质量 m/g	7.5	3.6	0.75

3. 计算

氢氧化钠标准滴定溶液的浓度按下式进行计算:

$$c(NaOH) = \frac{m}{(V_1 - V_2) \times 0.204\,2}$$

式中:$c(NaOH)$——氢氧化钠标准溶液的实际浓度,mol/L;

　　　　m——基准邻苯二甲酸氢钾的质量,g;

　　　　V_1——标定用氢氧化钠标准溶液用量,mL;

　　　　V_2——空白试验中氢氧化钠标准溶液用量,mL;

　　　　0.204 2——与1.00 mL氢氧化钠标准滴定溶液[$c(NaOH)=1$ mol/L]相当的基准邻苯二甲酸氢钾的质量,g。

4. 说明

(1)氢氧化钠标准滴定溶液[$c(NaOH)=0.02$ mol/L、$c(NaOH)=0.01$ mol/L]临用前取氢氧化钠标准溶液[$c(NaOH)=0.1$ mol/L]加新煮沸过的冷水稀释制成。必要时用盐酸标准溶液[$c(HCl)=0.02$ mol/L、$c(HCl)=0.01$ mol/L]标定浓度。

(2)在氢氧化钠标准溶液配制过程中,氢氧化钠放置时会与空气中的CO_2结合成碳酸钠和碳酸氢钠。如果直接配制溶液,则氢氧化钠溶液中会含碳酸钠,用这样的氢氧化钠溶液滴定酸,所含的碳酸钠也会与所滴定的酸反应,从而影响滴定的准确度。为了消除影响,必须去除氢氧化钠中的碳酸钠和碳酸氢钠。因碳酸钠和碳酸氢钠在饱和的碳酸氢钠溶液中会沉淀,所以在配制氢氧化钠标准溶液时,先配成饱和溶液,使碳酸钠、碳酸氢钠沉淀滤出,再吸收清液才能配制出真正的氢氧化钠标准溶液。

(四)碘标准滴定溶液的配制与标定

1. 配制

(1)称取13 g碘及35 g碘化钾,溶于100 mL水中,稀释至1 000 mL,摇匀,贮存于棕色瓶中,置于阴凉处,密闭,避光保存。

(2)酚酞指示液(10 g/L):称取1 g酚酞用乙醇溶解并稀释至100 mL。

(3)淀粉指示液(10 g/L):配制同前。

2. 标定

(1)用二氧化二砷标定:称取0.18 g预先在硫酸干燥器中干燥至恒重的工作基准试剂二氧化二砷,置于碘量瓶中,加6 mL氢氧化钠标准滴定溶液[$c(NaOH)=1$ mol/L]溶解,加

50 mL 水,加 2 滴酚酞指示液(10 g/L),用硫酸标准滴定溶液$\left[c\left(\frac{1}{2}H_2SO_4\right)=1\ mol/L\right]$滴定至溶液无色,加 3 g 碳酸氢钠及 2 mL 淀粉指示液(10 g/L),用配制好的碘溶液滴定至溶液呈浅蓝色。同时做空白试验。

碘标准滴定溶液的浓度,按下式进行计算:

$$c\left(\frac{1}{2}I_2\right)=\frac{m}{(V_1-V_0)V\times0.049\ 46}$$

式中:$c\left(\frac{1}{2}I_2\right)$——碘标准滴定溶液的实际浓度,mol/L;

$\qquad m$——基准三氧化二砷的质量,g;

$\qquad V_1$——滴定用碘标准溶液用量,mL;

$\qquad V_0$——空白试验碘标准溶液用量,mL;

$\quad$ 0.049 46——与 0.100 mL 碘标准滴定溶液$\left[c\left(\frac{1}{2}I_2\right)=1.000\ mol/L\right]$相当的三氧化二砷的质量,g。

(2)用硫代硫酸钠标准溶液标定:量取 35.00～40.00 mL 配制好的碘溶液,置于碘量瓶中,加 150 mL 水(15～20℃),用硫代硫酸钠标准滴定溶液$[c(Na_2S_2O_3)=0.1\ mol/L]$滴定,近终点时加 2 mL 淀粉指示液(10 g/L),继续滴定至溶液蓝色消失。

同时做水所消耗碘的空白试验:取 250 mL 水(15～20℃),加 0.05～0.20 mL 配制好的碘溶液及 2 mL 淀粉指示液(10 g/L),用硫代硫酸钠标准滴定溶液$[c(Na_2S_2O_3)=0.1\ mol/L]$滴定至溶液蓝色消失。

碘标准滴定溶液的浓度按下式进行计算:

$$c\left(\frac{1}{2}I_2\right)=\frac{(V_1-V_2)\times c_1}{V_3-V_4}$$

式中:$c\left(\frac{1}{2}I_2\right)$——碘标准滴定溶液的实际浓度,mol/L;

$\qquad V_1$——硫代硫酸钠标准滴定溶液用量,mL;

$\qquad V_2$——空白试验硫代硫酸钠标准滴定溶液用量,mL;

$\qquad V_3$——碘标准滴定溶液体积的准确数值,mL;

$\qquad V_4$——空白试验中加入的碘标准溶液的体积,mL;

$\qquad c_1$——硫代硫酸钠标准滴定溶液的浓度的准确数值,mol/L。

(五)硫代硫酸钠标准滴定溶液的配制与标定

1. 配制

(1)称取 26 g 硫代硫酸钠($Na_2S_2O_3\cdot5H_2O$)(或 16 g 无水硫代硫酸钠)及 0.2 g 碳酸钠,加入适量新煮沸过的冷水使之溶解,并稀释至 1 000 mL,缓缓煮沸 10 min,混匀,放置 1 个月后过滤备用。

(2)淀粉指示液(10 g/L):同前。

(3)硫酸(1+8):吸取 10 mL 硫酸,慢慢倒入 80 mL 水中。

2. 标定

准确称取 0.15 g 在(120±2)℃干燥至恒重的基准重铬酸钾,置于 500 mL 碘量瓶中,加入 50 mL 水使之溶解。加入 2 g 碘化钾,轻轻振摇使之溶解。再加入 20 mL 硫酸(1+8),密塞,摇匀,放置暗处 10 min。加 250 mL 水(15~20℃)稀释,用配制好的硫代硫酸钠溶液滴定至溶液呈浅黄绿色,再加入 3 mL 淀粉指示液(10 g/L),继续滴定至蓝色消失而显亮绿色。反应液及稀释用水的温度不应高于 20℃。同时做试剂空白试验。

3. 计算

硫代硫酸钠标准滴定溶液的浓度按下式进行计算:

$$c(\mathrm{Na_2S_2O_3}) = \frac{m}{(V_1 - V_2) \times 0.049\,03}$$

式中:$c(\mathrm{Na_2S_2O_3})$——硫代硫酸钠标准滴定溶液的实际浓度,mol/L;

　　　　m——基准重铬酸钾的质量,g;

　　　　V_1——硫代硫酸钠标准滴定溶液用量,mL;

　　　　V_2——试剂空白试验中硫代硫酸钠标准溶液用量,mL;

　　0.049 03——与 1.00 mL 硫代硫酸钠标准滴定溶液[$c(\mathrm{Na_2S_2O_3 \cdot 5H_2O}) = 1.000$ mol/L]相当的重铬酸钾的质量,g。

4. 说明

硫代硫酸钠标准溶液[$c(\mathrm{Na_2S_2O_3 \cdot 5H_2O}) = 0.02$ mol/L、$c(\mathrm{Na_2S_2O_3 \cdot 5H_2O}) = 0.01$ mol/L],临用前取 0.10 mol/L 硫代硫酸钠标准溶液,加新煮沸过的冷水稀释制成。

三、常见技术问题处理

1. 其他化学试剂和标准溶液的配制

食品分析中其他化学试剂和标准溶液的配制方法可参考《化学试剂　标准滴定溶液的制备》(GB/T 601)、《化学试剂　试验方法中所用制剂及制品的制备》(GB/T 603)、《无机化工产品　化学分析用标准滴定溶液的制备》(HG/T 3696.1)、《无机化工产品　化学分析用制剂及制品的制备》(HG/T 3696.3)等相关标准。

2. 标准溶液参考有效期

(1)标准滴定溶液　标准滴定溶液常温保存,有效期为 2 个月,标准滴定溶液的浓度小于等于 0.02 mol/L 时,应在临用前稀释配制。

(2)农兽药标准溶液　用于农兽药残留检测的标准溶液一般配制成浓度为 0.5~1 mg/mL 的标准储备液,保存在 0℃左右的冰箱中,有效期为 6 个月;稀释成浓度为 0.5~1 μg/mL 或适当浓度的标准工作液,保存在 0~5℃的冰箱中,有效期为 2~3 周。

(3)元素标准溶液　元素标准溶液一般配制成浓度为 100 μg/mL 的标准储备液,保存在 0~5℃的冰箱中,有效期为 6 个月;稀释成浓度为 1~10 μg/mL 或适当浓度的标准工作液,保存在 0~5℃的冰箱中,有效期为 1 个月。

3. 标准溶液的管理

(1)实验室配制的标准溶液和工作溶液标签应规范统一,标准溶液的标签要注明名称、浓度、介质、配制日期、有效期限及配制人。

（2）标准溶液的配制应有逐级稀释记录,标准溶液的标定按相应标准操作,做双人复标每人四次平行标定。

（3）标准溶液有规定期限的,按规定的有效期使用,超过有效期的应重新配制。未明确有效期的可参见上述参考有效期,也可通过对规定环境下保存的不同浓度水平标准溶液的特性值进行持续测定来确定各浓度水平标准溶液的有效期。

（4）标准溶液存放的容器应符合规定,注意相溶性、吸附性、耐化学性、光稳定性和存放的环境温度。

（5）应经常检查标准溶液和工作溶液的变化迹象,观察有无变色、沉淀、分层等现象。

（6）当检测结果出现疑问时应核查所用标准溶液的配制和使用情况,必要时可重新配制并进行复测。

【知识与技能检测】

一、单项选择题

1. 化学试剂按纯度一般可分为（　　　）级。

A. 3　　　　　　　　B. 4　　　　　　　　C. 5　　　　　　　　D. 6

2. 按照我国现行规定,下列试剂规定等级和符号对应正确的是（　　　）。

A. 优级纯（CP）　　C. 分析纯（AR）　　C. 化学纯（LR）　　D. 实验试剂（GR）

3. 按照标准规定,我国的优级纯试剂用的标签是（　　　）。

A. 红色　　　　　　B. 蓝色　　　　　　C. 黄色　　　　　　D. 绿色

4. 各种试剂按纯度从高到低的代号是（　　　）。

A. GR＞AR＞CP　　　　　　　　　　　B. GR＞CP＞AR

C. AR＞CP＞GR　　　　　　　　　　　D. CP＞AR＞GR

5. 基准物质的 4 个必备条件是（　　　）。

A. 稳定,高纯度,易溶,摩尔质量大

B. 稳定,高纯度,摩尔质量大,化学组成与化学式完全符合

C. 易溶,高纯度,摩尔质量大,化学组成与化学式完全符合

D. 稳定,易溶,摩尔质量小,化学组成与化学式完全符合

6. 下列物质中,不能用做基准物质的是（　　　）。

A. 邻苯二甲酸氢钠　　B. 草酸　　　　　C. 氢氧化钠　　　　D. 高锰酸钾

7. 下列物质中不能在烘箱内烘干的是（　　　）。

A. 硼砂　　　　　B. 无水碳酸钠　　　　C. 重铬酸钾　　　　D. 邻苯二甲酸氢钾

8. 用于直接法配制标准溶液的试剂必须具备几个条件,不属于这些条件的是（　　　）。

A. 稳定　　　　　　　　　　　　　　　B. 纯度要合要求

C. 物质的组成与化学式应完全符合　　　D. 溶解性能好

9. 可用直接法配制成标准溶液的化合物是（　　　）。

A. 氢氧化钠　　　　　　　　　　　　　B. 氯化钠

C. 普通盐酸　　　　　　　　　　　　　D. 用于干燥的无水硫酸铜

10. 以下物质必须用间接法制备标准溶液的是（　　　）。

A. NaOH　　　　　　　　B. $K_2Cr_2O_7$　　　　　　C. Na_2CO_3　　　　　　D. ZnO

11. 下面有关移液管的洗涤,正确的是(　　)。

A. 用自来水洗净后即可移液　　　　　　B. 用蒸馏水洗净后即可移液

C. 用洗涤剂洗后即可移液　　　　　　　D. 用移取液润洗干净后即可移液

12. 有关容量瓶的使用,正确的是(　　)。

A. 通常可以用容量瓶代替试剂瓶使用

B. 先将固体药品转入容量瓶后加水溶解配制标准溶液

C. 用后洗净用烘箱烘干

D. 定容时,无色溶液弯月面下缘和标线相切即可

13. 下列容量瓶的使用,不正确的是(　　)。

A. 使用前应检查是否漏水　　　　　　　B. 瓶塞与瓶应配套使用

C. 使用前在烘箱中烘干　　　　　　　　D. 容量瓶不宜代替试剂瓶使用

14. 能准确量取一定量液体体积的仪器是(　　)。

A. 试剂瓶　　　　　B. 刻度烧杯　　　　　C. 吸量管　　　　　D. 量筒

15. 下面移液管的使用,正确的是(　　)。

A. 一般不必吹出残留液

B. 用蒸馏水淋洗后即可移液

C. 用后洗净,加热烘干后即可再用

D. 移液管只能粗略地量取一定量的液体体积

16. 不宜用碱式滴定管盛装的溶液是(　　)。

A. NH_4SCN　　　　　B. KOH　　　　　C. $KMnO_4$　　　　　D. NaCl

17. 有关滴定管的使用,错误的是(　　)。

A. 使用前应清洗干净,并检漏

B. 滴定前应保证尖嘴部分无气泡

C. 要求较高时,要进行体积校正

D. 为保证标准溶液浓度不变,使用前可加热烘干

18. 下列仪器不能加热的是(　　)。

A. 锥形瓶　　　　　B. 容量瓶　　　　　C. 坩埚　　　　　D. 试管

19. 用棕色滴定管盛装的标准溶液是(　　)。

A. NaCl　　　　　B. NaOH　　　　　C. $K_2Cr_2O_7$　　　　　D. $KMnO_4$

二、简答题

1. 实验室用水分为哪几级?

2. 用基准物质的干燥条件和要求是什么?

3. 滴定度与物质的量浓度之间有怎样的关系?

4. 标准溶液的标定可以采用哪些方法?

5. 配制好的溶液怎样保存?

6. 解释下列述语:①准确称取;②量取;③吸取;④空白实验;⑤恒量。

【超级链接】食品分析实验室的安全管理

1．防止中毒与污染

(1)对剧毒试剂(如氰化钾、砒霜等)及有毒菌种或毒株必须制订保管、使用登记制度,并由专人、专柜保管。

(2)有腐蚀、刺激及有毒气体的试剂或实验,必须在通风柜内进行工作,并有防护措施(如戴橡皮手套、口罩等)。

(3)一切盛装药品的试剂瓶,要有完整的标签。

(4)严禁用嘴吸吸管取试剂,或用手代替药匙取试剂。

(5)严禁在实验室内喝水、用餐及吸烟等。

(6)实验完毕要用肥皂洗手,再用水冲洗,并脱下工作服。

2．防止燃烧或爆炸

(1)妥善保存易燃、易爆、自燃、强氧化剂等试剂,严格遵守操作规程。对易燃气体(如甲烷、氢气等)钢瓶应放在安全无人进出的地方,绝不允许直接放于工作室内使用。严禁氧化剂与可燃物质一起研磨。爆炸性药品如苦味酸、高氯酸和高氯酸盐、过氧化氢以及高压气体等应放在低温处保管,不得与其他易燃物放在一起,移动时不得剧烈振动。

(2)实验过程中,如需加热蒸除易挥发和易燃的有机溶剂,应在水浴锅或密封式电热板上缓慢进行,严禁用火焰或电炉等明火直接加热,并保持实验室内通风良好。

(3)开启易挥发的试剂瓶时,不可使瓶口对着自己或他人的脸部,以免引起伤害事故。当室温较高时,打开密封的、盛装易挥发试剂瓶塞前,应先把试剂瓶放在冷水中冷却后再开。

(4)严格遵守安全用电规则,定期检验电器设备、电源线路,防止因电火花、短路、超负荷引起线路起火。

(5)室内必须配置灭火器材,并要定期检查其性能。实验室用水灭火应十分慎重,因有的有机溶剂比水轻,浮于水面,反而扩大火势;有的试剂与水反应,引起燃烧,甚至爆炸。

(6)离开实验室必须认真检查电源、煤气(天然气)、水源等,以确保安全。

3．"三废"处理与回收

食品检验过程中产生的废气(如 SO_2)、废液(如 KCN 溶液)、废渣(如 AFT)都是有害有毒的,其中有些是剧毒物质和致癌物质及致病菌,如直接排放会污染环境,损害人体健康与传染疾病。因此,对实验室产生的"三废"仍应认真处理后才能排放。对一些试剂(如有机溶剂、$AgNO_3$ 等)还可有进行回收,或再利用等。

有毒气体量少时可通过排风设备排出室外。毒气量大时须经吸收液吸收处理。如 SO_2、NO 等酸性气体可用碱溶液吸收,对废液按不同化学性质给予处理,如 KCN 废液集中后,先加强碱(NaOH 溶液)调 pH 为 10 以上,再加入 $KMnO_4$(以 3％计算加入量)使 CN^- 氧化分解。又如,受 AFT 污染的器皿、台面等,须经 5％$NaClO_4$ 溶液浸染或擦抹干净。

4．实验室常见意外事故处理

(1)盐酸、硝酸、硫酸以及氯溴灼伤 用大量水洗涤伤处后再用 5％$NaHCO_3$ 溶液洗涤。

(2)烧伤 大量水洗涤。

(3)眼睛灼伤 先用大量的流水洗涤眼睛,在被碱烧伤时,用 20％的硼酸溶液洗眼睛,而在被酸灼伤时,用 3％的 $NaHCO_3$ 溶液洗涤眼睛。

任务三　数据处理与质量控制

【知识准备】

　　食品分析的重要任务是准确测定试样中组分的含量。然而,在分析过程中许多因素都会影响到分析结果,如仪器的性能、玻璃量器的准确性、试剂的质量、分析测定的环境和条件、分析人员的素质和技术熟练程度、采样的代表性及选用的分析方法的灵敏度等。即使是同一样品,用同样的方法、同一操作人员,在不改变任何的条件下,进行平行实验,也难以获得相同的数据。因此说误差的存在是客观的。分析检验后必须对所测得的大量的实验数据进行归纳、取舍等一系列科学的处理,去伪存真,最后得到符合客观实际的正确结论。不同的分析任务,对准确度的要求不同,对分析结果的可靠性与精密度要做出合理的判断和正确的表述,为此分析检验人员应该掌握分析过程产生误差的原因及误差出现的规律,并采取相应措施减少误差,使分析结果尽量接近客观的真实值。

一、食品分析中误差与控制

(一)误差的分类和来源

　　分析结果与真实值之间的差值称为误差。根据误差产生的原因和性质,将误差分为系统误差和偶然误差两大类。

　　1. 系统误差

　　系统误差是由化验操作过程中某种固定原因造成的,按照某一确定的规律发生的误差。在每次测定时均重复出现,其大小在同一实验中是恒定的,或在实验条件改变时,按照某一确定规律变化。系统误差的来源可分为以下5种。

　　(1)方法误差　是由于分析方法本身所造成的。例如,在重量分析中,沉淀的溶解损失或吸附某些杂质而产生的误差;在滴定分析中,反应进行不完全,干扰离子的影响,滴定终点和等当点的不符合,以及其他副反应的发生等,都会系统地影响测定结果。

　　(2)仪器误差　主要是仪器本身不够准确或未经校准所引起的。如天平、砝码和量器刻度不够准确等,在使用过程中就会使测定结果产生误差。

　　(3)操作误差　主要是指在正常操作情况下,由于分析工作者掌握操作规程与正确控制条件稍有出入而引起的。例如,使用了缺乏代表性的试样,试样分解不完全或反应的某些条件控制不当等。

　　(4)个人误差　有些误差是由于分析者的主观因素造成的,称之为"个人误差"。例如,在读取滴定剂的体积时,有的人读数偏高,有的人读数偏低;在判断滴定终点颜色时,有的人对某种颜色的变化辨别不够敏锐,偏深或偏浅等所造成的误差。

　　(5)试剂误差　由于试剂不纯或蒸馏水中含有微量杂质所引起。

　　系统误差具有以下3个特点:①重复性。系统误差是由固定因素造成的,所以在多次测定中重复出现。②单向性。使测得结果偏高总是偏高,偏低总是偏低。当重复进行化验分析时会重复出现。③可测性。系统误差的大小基本是恒定不变,并可检定,故又称之为可测误差。系统误差的原因可以发现,其数值大小可以测定,因此是可以校正的。

2. 偶然误差

也称随机误差,是由某些难以控制、无法避免的偶然因素造成的,其大小与正负值都是不固定的。如操作中温度、湿度、灰尘或电压波动等的影响都会引起分析数值的波动,而使某次测量值异于正常值。

偶然误差的大小和正负都不固定,没有任何规律;但随着测定次数的增加偶然误差具有统计规律性,一般服从正态分布规律:①在一定的条件下,在有限次数测量值中,其误差的绝对值不会超过一定界限;②大小相等的正、负误差出现的几率相等;③小误差出现的机会多,大误差出现的机会少,特别大的正、负误差出现的几率非常小,故偶然误差出现的几率与其大小有关。为了减少偶然误差,应该重复多次平行实验并取结果的平均值。在消除了系统误差的条件下,多次测量结果的平均值可能更接近真实值。

(二)误差的控制方法

误差的大小,直接关系到分析结果的精密度与准确度。误差虽然不能完全消除,但是通过选择适当方法,采取必要处理措施,可以降低和减少误差的出现,使分析结果达到相应的准确度。为此在分析实验中,应注意以下几个方面。

1. 选择合适的分析方法

样品中待测成分的分析方法往往有多种,但各种分析方法的准确度和灵敏度是不同的。如质量分析及容量分析,虽然灵敏度不高,但对常量组分的测定,一般能得到比较满意的分析结果,相对误差在千分之几;相反,质量分析及容量分析对微量成分的检测却达不到要求。仪器分析方法灵敏度较高、绝对误差小,但相对误差较大,但微量或痕量组分的测定常允许有较大的相对误差,所以这时采用仪器分析是比较合适的。在选择分析方法时,需要了解不同方法的特点及适宜范围。要根据分析结果的要求、被测组分含量以及伴随物质等因素来选择适宜的分析方法。表1-10中列举了一般分析中允许相对误差的大致范围,供选择分析方法时参考。

表1-10　一般分析中允许相对误差　　　　　　　　　　　　%

含量	允许相对误差	含量	允许相对误差	含量	允许相对误差
80~90	0.4~0.1	10~20	1.2~1.0	0.1~1	20~5.0
40~80	0.6~0.4	5~10	1.6~1.2	0.01~0.1	50~20
20~40	1.0~0.6	1~5	5.0~1.6	0.001~0.01	100~50

2. 正确选取样品量

样品中待测组分的含量多少,决定了测定时所取样品的量,取样量多少会影响分析结果的准确度,同时也受测定方法灵敏度的影响。例如,比色分析中,样品中某待测组分与吸光度在某一范围内呈直线关系。所以只有正确选取样品的量,其待测组分含量在此直线关系范围内,并尽可能在仪器读数较灵敏的范围内,以提高准确度。这可以通过增减取样量或改变稀释倍数等来实现。

重量分析和滴定分析允许的相对误差不超过0.1%。

(1)减小称量误差　一般分析天平的绝对误差为±0.000 1 g,称取一份样品可能造成的最大误差是±0.000 2 g。因此,根据误差要求,称取样品的最低质量应该是 0.000 2 g/0.1%=0.2 g。

（2）减小体积测量误差　一般滴定管的度数误差为±0.01 mL,完成一次滴定可能造成的最大误差是±0.02 mL。因此,根据误差要求,用滴定管滴定时消耗滴定剂的最低用量是 0.02 mL/0.1％＝20 mL,一般控制在 20～40 mL。

3．增加平行测定次数

测定次数越多,其平均值就越接近真实值。并且偶然误差同时会降低或抵消。在食品检验中,一般试样的平均测定次数通常为 2～4 次。一般每个样品应平行测定 2 次,结果取平均值。如误差较大,则应增加 1 或 2 次。

4．消除测量中的系统误差

消除测量中系统误差的措施有如下几种:

（1）校正方法。有些方法可以用其他方法进行校正。例如,重量分析法未全沉淀出来的被测组分可以用其他方法(通常用仪器分析)测出,测出的这个结果加入重量分析结果中,即可得到可靠分析结果。

（2）检定、标定或校正计量器具、试剂、仪器。将计量器具、试剂、仪器等定期送计量管理部门检定,以保证仪器的灵敏度和准确性。用做标准容量的容器或移液管等,最好经过标定,按校正值使用。各种标准溶液应按规定定期标定。

（3）做对照实验。用含量已知的标准试样或纯物质以同一方法对其进行定量分析,由分析结果与已知含量的差值,求出分析结果的系统误差。以此误差对实际样品的定量结果进行校正,便可减免系统误差。

（4）做空白试验。在测定样品的同时进行空白试验,即在不加试样的情况下,按测定样品相同的条件(相同的方法,包括相同的操作条件、相同的试剂加入量)进行实验,获得空白值,在样品测定值中扣除空白值,这样可以消除由于试剂不纯或溶剂等干扰造成的系统误差。

（5）做回收实验。在样品中加入已知量的标准物质,然后进行对照实验,看加入的标准物质能否定量回收,根据回收率的高低可检验分析方法的准确度,并判断分析过程是否存在系统误差。

（6）标准曲线回归。在用比色、荧光、色谱等方法进行分析时,常配制一定浓度梯度的标准样品溶液,测定其参数（吸光度、荧光强度、峰高）,绘制参数与浓度之间的关系曲线,这种关系直线称为标准曲线。在正常情况下,标准曲线应是一条穿过原点的直线。但在实际工作中,常出现偏离直线的情况,此时可用回归法求出该直线方程,代表最合理的标准曲线。

用最小二乘法计算直线回归方程的公式如下:$y＝ax＋b$

$$a = \frac{\sum X^2 + (\sum Y) - (\sum X)(\sum XY)}{n\sum X^2 - (\sum X)^2} \qquad b = \frac{n(\sum XY) - (\sum X)(\sum Y)}{n\sum X^2 - (\sum X)^2}$$

$$r = \frac{n(\sum XY) - (\sum X)(\sum Y)}{\sqrt{\left[n\sum X^2 - (\sum X)^2\right]\left[n\sum Y^2 - (\sum Y)^2\right]}}$$

式中:X——自变量,为各点在标准曲线上横坐标值;

Y——因变量,为各点在标准曲线上纵坐标值;

a——直线的斜率;

b——直线在 Y 轴上的截距;

n——测定次数;

r——回归直线的相关系数。

二、分析结果的表述要求

（1）分析结果应报告平行样的测定值的算术平均值，并报告计算结果表示到小数点后的位数或有效位数，测定值的有效数的位数应能满足卫生标准的要求。

（2）样品测定值的单位应使用法定计量单位。

（3）如果分析结果在方法的检出限以下，可以用"未检出"表述分析结果，但应注明检出限数值。

（4）检验结果的表示应采用法定计量单位并尽量与食品标准一致。一般有以下几种表示方法。①百分含量（％）：以每百克（或每百毫升）样品所含被测组分的克数来表示。单位为 g/100 g 或 g/100 mL。食品中营养成分习惯用此法表示。②千分含量（‰）：以每千克（或每升）样品所含被测组分的克数来表示。单位是 g/kg 或 g/L。③百万分含量：以每千克（或每升）样品所含被测组分的毫克数来表示。单位是 mg/kg 或 mg/L。④十亿分含量：以每千克（或每升）样品所含被测组分的微克数来表示，或以每克（或每毫升）样品所含被测组分的纳克数来表示。单位是 $\mu g/kg$ 或 $\mu g/L$，ng/g 或 ng/mL。⑤国际单位（IU）：食品中常用来表示维生素 A、维生素 D 等剂量单位。如 1 IU 维生素 A 相当于 0.3 μg 维生素 A_1 或相当于 0.6 μg 胡萝卜素；1 IU 维生素 D 相当于 0.025 μg 胆钙化醇（维生素 D_3）。

【技能培训】

一、准确度和精密度的测定

（一）准确度的测定

准确度是指分析结果与真实值的符合程度。它主要反映测定系统中，存在的系统误差和偶然误差的综合性指标，它决定了检验结果的可靠程度。它的大小用绝对误差或相对误差表示。相对误差表示误差在测定结果中所占的百分率。分析结果的准确度常用相对误差表示。绝对误差和相对误差都有正值和负值。正值表示分析结果偏高，负值表示分析结果偏低。

对单次测定值：

$$绝对误差（E）= 测定值（x）- 真实值（x_t）$$

$$相对误差（E_r）= \frac{E}{x_t} \times 100\%$$

对一组测定值：对某一食品中蛋白质客观存在量为 x_t 的进行分析，得到 n 个测定值 x_1、x_2、$x_3 \cdots x_n$，对 n 个测定值进行平均，得到测定结果的平均值 $\bar{x}$，那么测定的绝对误差为：

$$E = \bar{x} - x_t$$

测定结果的相对误差为：$E_r = \frac{\bar{x} - x_t}{\bar{x}} \times 100\%$，其中 $\bar{x} = \frac{1}{n}\sum_{i=1}^{n} x_i$

式中：$\bar{x}$——多次测得的算术平均值；

n——测定次数；

x_i——各次测定值，$i = 1、2 \cdots n$。

真实值是客观存在的,但不可能直接测定,在食品分析中一般用试样多次测定值的平均值或标准样品配制实际值表示。

实验室常通过回收试验的方法确定准确度。多次回收试验还可以发现检验方法的系统误差。具体方法是某一稳定样品中加入不同水平已知量的标准物质(将标准物质的量作为真值)称加标样品,同时测定样品和加标样品,加标样品扣除样品值后与标准物质的误差即为该方法的准确度。

加入标准物质的回收率,可按下式计算:

$$P = \frac{x_i - x_0}{m} \times 100\%$$

式中:P——加入标准物质的回收率;

　　　x_0——加入标准物质的测定值;

　　　x_i——未知样品的测定值;

　　　m——加入标准物质的量。

(二)精密度的测定

1. 精密度

精密度指在一定的条件下,对同一样品进行多次平行测定时,每一次测定值相互接近的程度。精密度是由偶然误差造成的,它反映了分析方法的稳定性和重现性,体现一组平行测定数据之间的离散程度。精密度的高低可用偏差、相对平均偏差、标准偏差(标准差)、变异系数来表示。测定值越集中,偏差越小,精密度越高;反之,测定值越分散,偏差越大,精密度越低。

(1)绝对偏差　指测量值与平均值之差。绝对偏差越大,精密度越低。若令 $\bar{x}$ 代表一组平行测定的平均值,那么单个测量值 x_i 的绝对偏差 $d = x_i - \bar{x}$。

(2)相对偏差　指某一次测定值的绝对偏差与多次平行测定平均值之比值的百分比。

$$相对偏差 = \frac{x_i - \bar{x}}{\bar{x}} \times 100\%$$

(3)平均偏差　又称算术平均偏差,指各次测定偏差绝对值的平均值,用来表示一组数据的精密度。平均偏差计算简单,缺点是大偏差得不到应有反映。

$$\bar{d} = \frac{\sum\limits_{i=1}^{n} |x_i - \bar{x}|}{n}$$

(4)相对平均偏差　在一组平行测定中,平均偏差与平均值之比。

$$相对平均偏差 = \frac{\sum |x_i - \bar{x}|}{n\bar{x}} \times 100\%$$

(5)标准偏差　反映随机误差的大小,用标准差(S)表示,它比平均偏差更灵敏地反映出较大偏差的存在。

$$S = \sqrt{\frac{\sum\limits_{i=1}^{n} (x_i - \bar{x})^2}{n-1}} = \sqrt{\frac{\sum\limits_{i=1}^{n} x_i^2 - \left(\sum\limits_{i=1}^{n} x_i\right)^2 / n}{n-1}}$$

式中:$\bar{x}$——n 次重复测定结果的算术平均值;

n——重复测定次数;

x_i——n 次测定中第 i 个测定值;

S——标准差。

(6)相对标准偏差 又称变异系数(RSD),是指标准偏差在平均值 $\bar{x}$ 中所占的百分率。

$$RSD = \frac{S}{\bar{x}} \times 100\%$$

2. 准确度和精密度的关系

系统误差是定量分析中误差的主要来源,它影响分析结果的准确度;偶然误差影响分析结果的精密度。获得良好的精密度并不能说明准确度就高(只有在消除了系统误差之后,精密度好,准确度才高)。根据以上分析,我们可以知道:准确度高一定需要精密度好,但精密度好不一定准确度高。若精密度很差,说明所测结果不可靠,虽然由于测定的次数多可能使正负偏差相互抵消,但已失去衡量准确度的前提。因此,我们在评价分析结果的时候,还必须将系统误差和偶然误差的影响结合起来考虑,以提高分析结果的准确度。

二、原始数据的记录和计算

(一)原始数据的记录

食品分析过程中直接或间接测定所测得的一手数据称为原始数据,一般都用数字表示,但它与数学中的"数"不同,而仅仅表示实际上能测量到的量度的近似值。因此,原始数据要用有效数字表示。有效数字就是实际能测量到的数值,它表示了数字的有效意义和准确程度。有效数字通常包括全部准确数字和一位不确定的可疑数字。一般可理解为在可疑数字的位数上有 ±1 个单位,或在其下一位上有 ±5 个单位的误差。有效数字保留的位数与测量方法及仪器的准确度有关。

(1)记录测量数据时,只允许保留一位可疑数字。

(2)有效数字的位数反映了测量的相对误差,不能随意舍去或保留最后一位数字。如分析天平称量:1.212 3 g(万分之一);滴定管读数:23.26 mL。

(3)有效数字位数。①数据中的"0"作具体分析,数字中间的"0",如 2005 中"00"都是有效数字。数字前边的"0",如 0.012 kg,其中"0.0"都不是有效数字,它们只起定位作用。数字后边的"0",尤其是小数点后的"0",如 2.50 中"0"是有效数字,即 2.50 是 3 位有效数字。②在所有计算式中,常数、稀释倍数以及乘数等非测量所得数据,视为无限多位有效数字。③pH 等对数值,有效数字位数仅取决于小数部分数字的位数。如 pH=10.20,应为两位有效数值(pH=11.20 对应于 $[H^+]=6.3\times10^{-12}$)。

(二)有效数字的运算规则

(1)除有特殊规定外,一般可疑数表示末位 1 个单位的误差。

(2)复杂运算时,其中间过程多保留一位有效数,最后结果须取应有的位数。

(3)加减法计算的结果,其小数点以后保留的位数,应与参加运算各数中小数点后位数最少的相同(绝对误差最大,总绝对误差取决于绝对误差大的)。

(4)乘除法计算的结果,其有效数字保留的位数,应与参加运算各数中有效数字位数最少的相同(相对误差最大,总相对误差取决于相对误差大的)。

(5)乘方或开方时,结果有效数字位数不变。

(6)对数运算时,对数尾数的位数应与真数有效数字位数相同。

(7)在计算平均值时,若为≥4个数相平均时,则平均值的有效数字可增加一位。

(8)在所有计算式中,常数、稀释倍数以及乘数为1/2、1/4等的有效数字,可认为无限制。

(9)表示分析方法的准确度与精密度时大都取1~2位有效数字。

(10)方法测定中按其仪器精度确定有效数的位数后,先进行运算,运算后的数值再修约。

(11)表示分析方法的准确度与精密度时大都取1~2位有效数字。

(12)对常量组分测定一般要求分析结果为4位有效数字;对微量组分测定,一般要求分析结果为2位有效数字,通常以此报出分析结果。

(三)数字修约

(1)在拟舍弃的数字中,若左边第一个数字小于5(不包括5)时,则舍去,即所拟保留的末位数字不变。例如,将14.243 2修约到保留一位小数,修约后为14.2。

(2)在拟舍弃的数字中,若左边第一个数字大于5(不包括5)时,则进一,即所拟保留的末位数字加一。例如,将26.484 3修约到只保留一位小数,修约后为26.5。

(3)在拟舍弃的数字中,若左边第一位数字等于5,其右边的数字并非全部为零时,则进一,即所拟保留的末位数字加一。例如,将1.050 1修约到只保留一位小数,修约后为1.1。

(4)在拟舍弃的数字中,若左边第一个数字等于5,其右边的数字皆为零时,所拟保留的末位数字若为奇数则进一,若为偶数(包括"0")则不进。例如,将0.350 0、0.450 0、1.050 0修约到只保留一位小数,修约后分别为0.4、0.4、1.0。

(5)所拟舍弃的数字,若为两位以上数字时,不得连续进行多次修约,应根据所拟舍弃数字中左边第一个数字的大小,按上述规定一次修约出结果。例如,将15.454 6修约成整数,正确的做法是:修约前15.454 6;修约后15。不正确的做法是:一次修约为15.455、二次修约为15.46、三次修约为15.5、四次修约(结果)为16。

【知识与技能检测】

一、单项选择题

1. 滴定终点不在指示剂变色范围内,是属于下列哪种情况?(　　　)

A. 系统误差　　　　　B. 方法误差　　　　　C. 试剂误差　　　　　D. 随机误差

2. 滴定时,操作者无意从锥形瓶中溅失少许试液,属于下列哪种误差?(　　　)

A. 操作误差　　　　　B. 方法误差　　　　　C. 偶然误差　　　　　D. 过失误差

3. 下列关于偶然误差的叙述不正确的是(　　　)。

A. 小误差出现的概率小　　　　　　　　　　B. 正负误差出现的概率大致相等

C. 大误差出现的概率大　　　　　　　　　　D. 大小误差出现的概率大致相等

4. 消除检测过程中系统误差的方法有(　　　)。

A. 校准仪器　　　　　B. 对照试验　　　　　C. 空白试验　　　　　D. 回收率试验

5. 下列关于原始数据和有效数字的概念说法不正确的是(　　　)。

A. 有效数字与一般的数值一样,它表示实际能测量到的数字

B. 记录测量数据时,只允许保留一位可疑数字

C. 有效数字的位数反映了测量的相对误差,不能随意舍去或保留最后一位数字

D. 有效数字中只有最后一位数字是估计的,其余数字都是准确的

二、简答题

1. 准确度与紧密度有什么关系?

2. 说明下列各种误差是系统误差还是偶然误差。

(1)砝码被腐蚀;(2)容量瓶和移液管不配套;(3)在称量时试样吸收了少量水分;(4)试剂里含有微量的被测成分;(5)滴定管读数时,最后一位数字估计不准。

3. 要提高分析结果的准确度,应当采取哪些方法?所采用的方法中,哪些是消除系统误差的方法?哪些是减少偶然误差的方法?

三、计算题

1. 采用重量法测定脂肪的含量结果分别是 37.40%、37.20%、37.30%、37.50%、37.30%,请列式计算此组数据的相对平均偏差和绝对平均偏差。

2. 测定某样品含氮的质量分数,6 次平行测定的结果是 20.48%、20.55%、20.58%、20.60%、20.53%和 20.50%。要求:

(1)计算这组数据的平均值、平均偏差、标准偏差和变动系数。

(2)若此样品是标准样品,含氮的质量分数为 20.45%,计算以上结果的绝对误差和相对误差。

【超级链接】食品理化检测实验室常用仪器设备及计量周期

食品理化检测实验室常用仪器设备及计量周期见表 1-11、表 1-12。

表 1-11　食品理化检测实验室常用分析仪器设备及计量周期

序号	分析仪器名称	检定周期	备　注
1	气相色谱仪	2 年	配 FID,FPD,ECD,NPD,TCD 检测器。
2	液相色谱仪	2 年	配紫外-可见、荧光、示差折光、二极管阵列检测器,柱后衍生装置。
3	气相色谱-质谱联用仪	2 年	配 EI, NCI, PCI 离子源。
4	液相色谱-质谱联用仪	2 年	配 ESI, APCI 离子源。
5	紫外-可见分光光度计	1 年	
6	原子吸收分光光度计	2 年	配火焰、石墨炉、氢化物发生、冷原子发生原子化器。
7	原子荧光光度计	2 年	
8	等离子发射光谱仪	2 年	配氢化物发生器。
9	电位滴定仪	2 年	配各种阳离子和阴离子电极及参比电极。
10	酸度计	1 年	

表 1-12　食品理化检测实验室常用试样预处理设备及计量周期

序号	名称	检定周期	序号	名称	检定周期	序号	名称	检定周期
1	电子天平	1 年	4	水浴锅	3 年	7	移液管	3 年
2	干燥箱	2 年	5	温湿度计	3 年	8	容量瓶	3 年
3	高温电阻炉	2 年	6	滴定管	3 年	9	分样筛	3 年

技能训练 1　0.5 mol/L 氢氧化钠标准溶液的配制与标定

一、技能目标

(1)正确熟练地使用锥形瓶、容量瓶、刻度吸管、碱式滴定管等实验室常用玻璃器皿。

(2)严格按照程序操作,正确执行安全操作规程,操作现场整洁。

(3)实验数据真实,计算结果准确、合理。

二、所需试剂与仪器

按照配制 0.5 mol/L 氢氧化钠标准溶液的工作要求,请将所需仪器设备的名称、数量、规格和试剂的名称、规格级别记录于表 1-13 和表 1-14 中。

表 1-13　工作所需全部仪器设备一览表

序号	名称	规格要求
1	分析天平	感量为 0.1 mg
2		

表 1-14　工作所需全部化学试剂一览表

序号	名称	规格要求	配制方法
1	邻苯二甲酸氢钾	优级纯试剂	
2	酚酞指示剂	10 g/L	称取酚酞 1 g,溶于适量 95% 乙醇中,再用乙醇 95% 稀释至 100 mL。
3			

三、工作过程与标准要求

工作过程及标准要求见表 1-15。

表 1-15　工作过程与技能评价标准

工作过程	工作内容	技能标准
1. 准备工作	准备并检查训练材料与仪器。	(1)训练所需的所有试剂与仪器设备准备齐全。 (2)玻璃仪器的清洗、干燥。
2. 碱式滴定管及试剂的准备	使用前须充分洗涤干净,检查是否漏水。	(1)能正确操作碱式滴定管。 (2)能检查设备运行是否正常。
3. 配制 0.5 mol/L 的 NaOH 标准溶液	用小烧杯在台秤上称取 120 g 固体 NaOH,加 100 mL 水,振摇使之溶解成饱和溶液,冷却后注入聚乙烯塑料瓶中,密闭,放置数日,澄清后备用。准确吸取上述溶液的上层清液 5.4 mL 到 1 000 mL 无二氧化碳的蒸馏水中,摇匀,贴上标签。	(1)掌握 1～2 种称量方法。 (2)能按要求正确计算所需称量试剂量。 (3)能正确操作分析天平。
4. 标定 0.5 mol/L NaOH 标准溶液的	将基准邻苯二甲酸氢钾加入干燥的称量瓶内,于 105～110℃烘至恒重,用减量法准确称取邻苯二甲酸氢钾约 0.750 0 g,置于 250 mL 锥形瓶中,加 50 mL 无 CO_2 蒸馏水,温热使之溶解,冷却,加酚酞指示剂 2～3 滴,用欲标定的 0.1 mol/L NaOH 溶液滴定,直到溶液呈粉红色,30 s 不褪色。平行滴定 3 次。同时做空白试验。	(1)掌握溶液标定的方法。 (2)会正确使用称量瓶。 (3)能正确判断滴定终点。 (4)能解决滴定操作过程中出现的一般问题。

四、数据记录及处理

(1)数据的记录　将数据记录于表 1-16。

表 1-16　数据记录表

序号	称取 NaOH 的质量/g	称取邻苯二甲酸氢钾的质量/g	标定消耗的体积/mL	空白滴定的体积/mL
1				
2				

(2)结果计算　氢氧化钠标准滴定溶液的浓度按下式进行计算:

$$c(\mathrm{NaOH}) = \frac{m}{(V_1 - V_2) \times 0.204\,2}$$

式中:$c(\mathrm{NaOH})$——氢氧化钠标准溶液的实际浓度,mol /L;

　　　　m——基准邻苯二甲酸氢钾的质量,g;

　　　　V_1——标定用氢氧化钠标准溶液用量,mL;

　　　　V_2——空白试验中氢氧化钠标准溶液用量,mL;

0.204 2——与1.00 mL 氢氧化钠标准滴定溶液[$c(NaOH)=1$ mol/L]相当的基准邻苯二甲酸氢钾的质量,g。

五、技能评价

按照工作过程操作水平,由相关人员填写技能评价表(表1-17)。

表1-17　技能评价表

评价内容	满分值	学生自评	同伴互评	教师评价	综合评分
准备工作	10				
碱式滴定管及试样的准备	20				
称量操作	10				
滴定操作	30				
分析结果表述	15				
实训报告	15				
总分					

注:综合评分=学生自评分×20%+同伴互评分×30%+教师评价分×50%。

技能训练2　0.1 mol/L 盐酸标准溶液的配制及标定

一、技能目标

(1)正确熟练地使用锥形瓶、容量瓶、刻度吸管、酸式滴定管等实验室常用玻璃器皿。

(2)严格按照程序操作,正确执行安全操作规程,操作现场整洁。

(3)实验数据真实,计算结果准确、合理。

(4)掌握溴甲酚绿-甲基红混合指示剂的滴定终点的判断。

二、所需试剂与仪器

按照配制0.1 mol/L 盐酸标准溶液的工作要求,请将所需仪器设备的名称、数量、规格和试剂的名称、规格级别记录于表1-18和表1-19中。

表1-18　工作所需全部仪器设备一览表

序号	名称	规格要求
1	酸式滴定管	50 mL
2		

表 1-19　工作所需全部化学试剂一览表

序号	名　称	规格要求	配制方法
1	无水碳酸钠	优级纯试剂	
2	溴甲酚绿-甲基红混合指示剂	10 g/L	
3			

三、工作过程与标准要求

工作过程及标准要求见表 1-20。

表 1-20　工作过程与标准要求

工作过程	工作内容	技能标准
1. 准备工作	准备并检查训练材料与仪器。	(1)训练所需的所有试剂与仪器设备准备齐全。 (2)玻璃仪器的清洗、干燥。
2. 酸式滴定管及试剂的准备	使用前须充分洗涤干净,赶气泡,检漏。	(1)能正确操作酸式滴定管。 (2)能检查设备运行是否正常。
3. 配制 0.1 mol/L 的 HCl 标准溶液	量取 9 mL 浓盐酸注入 1 000 mL 水中,摇匀。	(1)掌握 1~2 种称量方法。 (2)能按要求正确计算所需称量试剂量。
4. 标定 0.1 mol/L HCl 标准溶液的	称取 0.2 g 在 270~300℃高温炉中灼烧至恒重的工作基准试剂无水碳酸钠,加 50 mL 水使之溶解,加 10 滴溴甲酚绿-甲基红混合指示液,用配制好的盐酸溶液滴定至溶液由绿色变为暗红色,煮沸 2 min,冷却后继续滴定至溶液再呈暗红色。平行滴定 3 次。同时做试剂空白试验。	(1)掌握溶液标定的方法。 (2)能正确判断滴定终点。 (3)能解决滴定操作过程中出现的一般问题。

四、数据记录及处理

(1)数据的记录　将数据记录于表 1-21 中。

表 1-21　数据记录表

序号	量取 HCl 体积/mL	称取基准无水碳酸钠的质量/g	标定消耗的体积/mL	空白滴定的体积/mL
1				
2				

(2)结果计算　盐酸标准滴定溶液的浓度按下式进行计算:

$$c = \frac{m}{(V_1 - V_2) \times 0.053\,0}$$

式中： c——盐酸标准滴定溶液的实际浓度，mol/L；

m——基准无水碳酸钠的质量，g；

V_1——盐酸标准溶液用量，mL；

V_2——试剂空白试验中盐酸标准溶液用量，mL；

0.053 0——与 1.00 mL 盐酸标准滴定溶液 $[c(\text{HCl}) = 1\ \text{mol/L}]$ 相当的基准无水碳酸钠的质量，g。

五、技能评价

按照工作过程操作水平，由相关人员填写技能评价表（表1-22）。

表 1-22　技能评价表

评价内容	满分值	学生自评	同伴互评	教师评价	综合评分
准备工作	10				
酸式滴定管及试样的准备	20				
称量操作	10				
滴定操作	30				
分析结果表述	15				
实训报告	15				
总分					

注：综合评分＝学生自评分×20％＋同伴互评分×30％＋教师评价分×50％。

项目二　抽样与样品预处理

【知识要求】

（1）理解抽样的意义和原理；

（2）掌握样品的制备方法；

（3）掌握正确采集样品的方法、样品的预处理方法及选择原则。

【能力要求】

（1）掌握抽样的方法；

（2）掌握样品预处理的方法。

任务一 样品的抽取、制备与保存

【知识准备】

食品检验必须按一定的程序进行,根据检测要求,应先感官检验,后理化分析及微生物检验,而实际上这3个检验过程往往是由各职能检测部门分别进行的。每一类检验过程,根据其检验目的、检验要求、检验方法的不同都有其相应的检测程序。

食品理化分析是指采取化学分析手段和装置从事食品的品质、安全检测,主要是一个定量的检测过程,整个检测程序的每一个环节都必须体现一个准确的量的概念,其过程主要包括受理申请、测试方法准备和确认、样品采集和处置、检测过程控制和结果的确认、报告等一系列过程。食品理化检测实验室工作流程如图1-4所示。

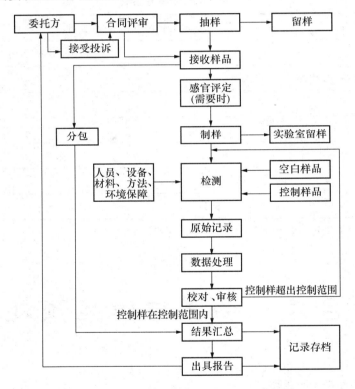

图1-4 食品理化检测实验室工作流程控制图

一、抽样

(一)抽样的一般程序

分析检测的第一步就是样品的采集。从大量分析对象中抽取一部分作为分析材料的过程,称为抽样。所采取的分析材料称为样品或试样。

食品的种类繁多,且食物的组成很不均匀,其所含成分的分布也不一致。每次测定都取得一个分析结果,从测定程序上来说,这个结果是表示所取试样中的组分含量,而我们希望这个结果能代表整批物品的情况,所以要采取平均样品——所取出的少量物料,其组分能代表全部物料的成分。这就要求在分析前采取有代表性的样品,在样品保存、制备和处理过程中保证样品不污染,组分不发生变化。因此抽样、样品制备、保存与预处理是保证分析结果可靠性的第一步。

要从一大批被测对象中,采取能代表整批被测物品质量的样品须遵从一定的抽样程序和原则,抽样的程序分为 3 步:

待检食品 —采样→ 检样 —混合→ 原始食品 —处理、缩分→ 平均样品 —→ 检验样品
                                                              —→ 复检样品
                                                              —→ 保留样品

(1)检样　先确定抽样点数,由整批待检食品的各个部分分别采取的少量样品称为检样。检样的多少,按该产品标准中检验规则所规定的抽样方法和数量执行。

(2)原始样品　从同种类、同批次食品中采集的许多份检样混合在一起,构成能代表该批食品的原始样品。原始样品的数量根据受检物品的特点、数量和满足检验的要求而定。

(3)平均样品　将原始样品经过粉碎、混合与缩分等处理,按一定的方法和程序抽取一部分作为最后的检测材料,称平均样品。应一式 3 份,分别供检验、复验及备查使用。每份样品数量一般不少于 0.5 kg。

(4)检验样品　由平均样品中分出,用于全部项目检验用的样品。

(5)复检样品　对检验结果有争议或分歧时,可根据具体情况进行复检,故必须有复检样品。

(6)保留样品　对某些样品,需封存保留一段时间,以备再次验证。

(二)抽样的方法

样品的采集分随机抽样和代表性取样两种方法。随机抽样,即按照随机原则,从大批物料中抽取部分样品。操作时,可用多点取样法,即从被检食品的不同部位、不同区域、不同深度,上、下、左、右、前、后多个地方采取样品的方法,使所有物料的各个部分都有机会被抽到。代表性取样,是用系统抽样法进行抽样,即已经了解样品随空间(位置)和时间而变化的规律,按此规律进行取样,以便采集的样品能代表其相应部分的组成和质量,如分层抽样,依生产程序流动定时抽样,按批次、件数抽样,定期抽取货架上陈列食品的抽样等。

随机抽样可以避免人为倾向因素的影响。但在某些情况下,某些难以混匀的食品(如果蔬、面点等),仅用随机抽样法是不够的,必须结合代表性取样,从有代表性的各个部分分别取样,才能保证样品的代表性,从而保证检测结果的正确性。

具体抽样的方法可因物料的品种或包装、分析对象的性质及检测项目要求不同。

1. 散装食品抽样方法

(1)液体、半液体样品　抽样前先检查样品的感官性状,然后将样品搅拌均匀后采用三层五点法抽样。对流动的液体样品,可定时定量从输出口取样后混合留取检验所需样品。

(2)散堆固体食品　采用三层五点法。首先根据一个检验单位的物料面积大小先划分为若干个方块,每块为一区,每区面积不超过 50 cm²。每区按上、中、下分 3 层,每层设中心、四角共 5 个点。按区按点,先上后下用取样器各取少量样品;将取得的检样混合在一起,得到原始样品。混合后得到的原始样品,按四分法对角取样,缩减至样品量不少于所有检测项目所需样品量总和的 2 倍,即得到平均样品。注意从各点采出的样品要做感官检查,感官性状基本一

致,可以混合成一个样本,如果感官性状明显不同,则不要混合,要分别盛装。

2.大包装食品抽样方法

(1)袋装粮食、砂糖、奶粉等均匀固体食品　首先按待检对象的总数量(袋、桶、箱、件)的1/2开平方,确定抽样件数,然后从样品堆放的不同部位,用双套回转取样器插入包装中,回转180°,取出样品,每一包装须由从上、中、下3层取出3份检样;把许多检样综合起来成为原始样品;用"四分法"将原始样品做成平均样品(图1-5)。

(2)大桶装、大罐或池(散)盛装液体物料(如植物油、鲜乳或酒等)　盛装容器不透明,很难看清楚容器内物质的实际情况,抽样前先充分搅拌混匀,用抽样管直通容器底部,采用虹吸法分层取样,每层500 mL左右,置于透明的玻璃样本容器内,作现场感官检查,检查液体是否均一,有无杂质和异味,然后将这些液体充分搅拌均匀,分取缩减到所需量即可。

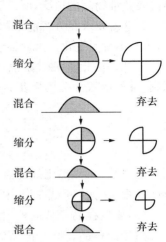

图1-5　四分法取样图解

(3)桶(罐、缸)装较液体物料和浓稠的半固体物料(如稀奶油、动物油脂、果酱等)　先按待检对象的总数量(袋、桶、箱、件)的1/2开平方,确定抽样件数。抽样前摇动或搅拌液体,尽量使其达到均质。开启包装后,用抽样器从各包装的上、中、下3层分别取样,然后混合分取缩减到所需数量的平均样品。

3.小包装食品抽样方法

(1)罐头、瓶装食品、袋或听装奶粉或其他小包装食品　应根据批号随机取样,同一批号取样件数,250 g以上的包装不得少于6件,250 g以下的包装不得少于10件,一般按班次或批号连同包装一起抽样。如果小包装外还有大包装,可按待检对象的总数量(袋、桶、箱、件)的1/2开平方,确定抽样件数。先抽取一定的大包装,再从中抽取小包装,混匀后,分取至所需的量。

(2)其他直接食用的小包装食品　可连同包装一起取样,直到检验前不要开封,以防止污染。一般抽样件数为总件数的1/1 000~1/3 000。

小包装食品,送验时应保持原包装的完整,并附上原包装上的一切商标及说明,供检验人员参考。

4.组成不匀的固体物料(如肉、鱼、果品、蔬菜等)抽样方法

这类食品其本身各部位极不均匀,个体大小及成熟程度差异很大,取样更应注意代表性。通常取样时,根据不同的分析目的和要求及分析对象形体大小而定。

(1)肉类　在同质的一批肉中,采用三层五点法;如品质不同,可将肉品分类后再分别取样。也可按分析项目的要求重点采取某一部位。

(2)鱼类　经感官检查质量相同的鱼采用三层五点法;大鱼可只割取其局部作为样品。

(3)烧烤熟肉(猪、鹅、鸭)　检查表面污染情况。抽样方法可用表面涂抹法。大块熟肉抽样,可在肉块四周外表均匀选择几个点。

(4)冷冻食品　对大块冷冻食品,应从几个不同部位抽样,在将样品检验前,要始终保持样品处于冷冻状态。样品一旦融化,不可使其再冻,保持冷却即可。

(5)果蔬类　体积较小的(如山楂、葡萄等),随机取若干个整体,切碎混匀,缩分到所需数

量。体积较大的（如西瓜、苹果、萝卜等），采取纵分缩剖的原则，即按成熟度及个体大小的组成比例，选取若干个体，对每个个体按生长轴纵剖分 4 份或 8 份，取对角线 2 份，切碎混匀，缩分到所需数量。体积蓬松的叶菜类（如菠菜、小白菜等），由多个包装（一筐、一捆）分别抽取一定数量，混合后捣碎、混匀、分取，缩减到所需数量。

各种各类食品采样的数量、采样的方法均有具体现定，可参照有关标准。

二、样品的制备与保存

（一）样品的制备

样品的制备是指对所采取的样品进行分取、粉碎、混匀的过程。制备的目的是保证样品十分均匀，在分析时取任何部分都能代表全部样品的成分。样品制备时，可以采取不同的方法进行，如摇动、搅拌、研磨、粉碎、捣碎、匀浆等。

1. 一般成分分析时样品的制备

（1）液体、浆体或悬浮液体　直接将样品搅拌、摇匀使其充分混匀。常用的搅拌工具是玻璃棒、搅拌器。

（2）互不相溶的液体　如油与水的混合物，分离后再分别抽样。

（3）固体样品　通过切分、粉碎、捣碎、研磨等方法将样品制成均匀可检状态。水分含量少、硬度较大的固体样品（如谷类）可用粉碎法；水分含量较高、质地软的样品（如果蔬）可用匀浆法；韧性较强的样品（如肉类）可用研磨法或捣碎法。常用的工具有粉碎机、组织匀浆机、研钵、组织捣碎机等。各种工具应尽量用惰性材料，如不锈钢、合金材料、玻璃、陶瓷、高强度塑料等。

为控制颗粒度均匀一致，符合测定要求，可采用标准筛过筛。标准筛为金属丝编制的不同孔径的配套过筛工具，可根据分析的要求选用。过筛时，要求全部样品都通过筛孔，未通过的部分应继续粉碎并过筛，直至全部样品都通过为止，切忌把未过筛的部分随意丢弃，否则将造成固体样品中的成分构成改变，从而影响样品的代表性。经过磨碎过筛的样品，必须进一步充分混匀。固体油脂应加热熔化后再混匀。

固体试样粒度的大小用试样通过的标准筛的筛号或筛孔直径表示，标准筛的筛号及筛孔直径的关系见表 1-23。

表 1-23　标准筛的筛号及孔径大小

筛号/目	3	6	10	20	40	60	80	100	120	140	200
筛孔直径/mm	6.72	3.36	2.00	0.83	0.42	0.25	0.177	0.149	0.125	0.105	0.074

（4）罐头　水果罐头在捣碎前须清除果核，肉禽罐头应预先清除骨头，鱼罐头要将调味品（葱、辣椒及其他）分出后再捣碎、混匀。

需要注意的是，样品在制备前，一定按当地人的饮食习惯，去掉不可食的部分，水果除去果皮、果核，鱼、肉类除去鳞、骨、毛、内脏等。

2. 测定农药残留量时样品的制备

（1）粮食类　充分混匀，用四分法取 200 g 粉碎，全部通过 40 目筛。

（2）果蔬类　先用水洗去泥沙，然后除去表面附着的水分。取可食部分沿纵轴剖开，各取 1/4 捣碎、混匀。

（3）肉类　除去皮和骨，将肥瘦肉混合取样。每份样品在检验农药残留量的同时，还应进行粗脂肪含量的测定，以便必要时分别计算农药在脂肪或瘦肉中的残留量。

（4）蛋类　去壳后全部混匀。

（5）禽类　去羽毛和内脏，洗净并除去表面附着的水分。纵剖后将半只去骨的禽肉绞成肉泥状，充分混匀。检验农药残留量的同时，还应进行粗脂肪的测定。

（6）鱼类　每份鱼样至少 3 条。去鳞、头、尾及内脏，洗净并除去表面附着的水分，取每条纵剖的一半，去骨刺后全部绞成肉泥，混匀即可。

(二)样品的保存

由于食品中含有丰富的营养物质，在合适的温度、湿度条件下，食品中微生物迅速生长繁殖，导致样品的腐败变质；同时，食品样品可能含易挥发、易氧化及热敏性物质，为了防止食品样品水分或挥发性成分散失以及其他待测成分含量的变化（如光解、高温分解、发酵等），样品采集后应尽快进行分析，否则应密塞加封，妥善保存。保存的原则是：干燥、低温、避光、密封。

制备好的样品应放在密封、洁净的容器内，置于阴暗处保存。对于易腐败变质的食品应保存在 0～5℃的冰箱里，以降低酶的活性及抑制微生物的生长繁殖，但保存时间也不宜过长。由于水分的含量直接影响样品中各物质的浓度和组成比例，对含水量多，一时又不能做完的样品，可先测其水分，保存烘干样品，分析结果可通过折算，换算为鲜样品中某物质的含量。有些成分如胡萝卜素、黄曲霉毒素 B_1、维生素 B_1 容易发生光解，以这些成分为分析项目的样品，必须在避光条件下保存；特殊情况下，样品中可加入适量的不影响分析结果的防腐剂，或将样品置于冷冻干燥器内进行升华干燥来保存。此外，样品保存环境要清洁干燥；存放的样品要按日期、批号、编号摆放以便查找。某些待测成分不够稳定（如维生素 C）或易挥发（如氰化物、有机磷农药），应结合分析方法，在采样时加入稳定剂，固定待测成分。

总之，采样后应尽快分析，对于不能及时分析的样品要采取适当的方法保存，在保存的过程中应避免样品受潮、风干、变质，保证样品的外观和化学组成不发生变化。

一般样品在检验结束后，应保留 1 个月，以备需要时复检。易变质食品不予保留，保存时应加封并尽量保持原状。检验取样一般皆系指取可食部分，以所检验的样品计算。

【技能培训】

一、食品分析抽样操作

1. 抽样方案制定

每类产品应根据其包装和规格的不同，分别制定抽样方案。抽样方案的内容至少包括：①检测批。同一检测批的样本应具有相同的包装、标记、产地、规格、等级等特征，确定不超过 N 件为一检测批。②抽样数。规定不同大小批量时的最低抽样数。③抽样方法。详细描述具体抽样步骤，包括工具、开启方法、采取操作、存样容器、注意事项等。④抽样量。规定每件至少取量和抽取的总量。

2. 田间、养殖场抽样

在不同场地取同种样品时，每一大样应取自同一地点。可采用以下方式取样：①二次相反方向绕树旋转，每次按四分圆随机采取；②在作物棵的行列两侧采取；③从若干个场所随机采取；④混合抽取的全部样品，从混样的不同位置采取。

3. 加工厂抽样

在加工厂车间或仓库内抽样,通常有以下方式:

(1)原材料抽样　原材料运达工厂时,每一作业班抽取若干个分样。

(2)大堆产品抽样　当产品存放在庞大容器或包装箱内,可在整堆产品的不同平面和位置随机抽取若干个分样。

(3)生产线上抽样　家禽、家畜等在屠宰线上,按一定时间或数量抽取若干个分样。罐头类等包装食品可在生产线上未封包装时抽取若干个分样。

4. 仓库、码头抽样

箱装或袋装等完整包装的货物,按货堆的上、中、下和四周的位置随机抽取若干个分样。散装货物在输送带上抓斗中抽取,按一定时间抽取若干个分样。

二、实验室样品的制备

(一)实验室样品的缩分

(1)将实验室样品混合后用四分法缩分,按以下方法预处理样品:①对于个体小的样品(如苹果、坚果、虾等),去掉蒂、皮、核、头、尾、壳等,取出可食部分;②对于个体大的基本均匀样品(如西瓜、干酪等),可在对称轴或对称面上分割或切成小块;③对于不均匀的个体样品(如鱼、菜等),可在不同部位切取小片或截取小段。

(2)对于苹果和果实等形状近似对称的样品进行分割时,应收集对角部位进行缩分。

(3)对于细长、扁平或组分含量在各部位有差异的样品,应间隔一定的距离取多份小块进行缩分。

(4)对于谷类和豆类等粒状、粉状或类似的样品,应使用圆锥四分法(堆成圆锥体—压成扁平圆形—划两条交叉直线分成四等份—取对角部分)进行缩分。

(5)经预处理的样品,用四分法缩分,分成3份,一份测试用,一份需要时复查或确证用,一份作留样备用。

(二)样品制备和保存

各类样品的制备方法、留样要求、盛装容器和保存条件见表1-24,当送样量不能满足留样要求时,在保证分析样用量后,全部用作留样。

表1-24　样品的制备和保存

样品类别	制样和留样	盛装容器	保存条件
粮谷、豆、烟叶、脱水蔬菜等干货类	用四分法缩分至约300 g,再用四分法分成两份,一份留样(>100 g),另一份用捣碎机捣碎混匀供分析用(>50 g)。	食品塑料袋、玻璃广口瓶	常温、通风良好
水果、蔬菜、蘑菇类	去皮、核、蒂、梗、籽、芯等,取可食部分,沿纵轴剖开成两半,截成4等份,每份取出部分样品,混匀,用四分法分成两份,一份留样(>100 g),另一份用捣碎机捣碎混匀供分析用(>50 g)。	食品塑料袋、玻璃广口瓶	—18℃以下的冰柜或冰箱冷冻室

续表 1-24

样品类别	制样和留样	盛装容器	保存条件
坚果类	去壳,取出果肉,混匀,用四分法分成两份,一份留样(>100 g),另一份用捣碎机捣碎混匀供分析用(>50 g)。	食品塑料袋、玻璃广口瓶	常温、通风良好、避光
饼干、糕点类	硬糕点用研钵粉碎,中等硬糕点用刀具、剪刀切细,软糕点按其形状进行分割,混匀,用四分法分成两份,一份留样(>100 g),另一份用捣碎机捣碎混匀供分析用(>50 g)。	食品塑料袋、玻璃广口瓶	常温、通风良好、避光
块冻虾仁类	将块样划成 4 等份,在每一份的中央部位钻孔取样,取出的样品四分法分成两份,一份留样(>100 g),另一份室温解冻后弃去解冻水,用捣碎机捣碎混匀供分析用(>50 g)。	食品塑料袋	−18℃ 以下的冰柜或冰箱冷冻室
单冻虾、小龙虾	室温解冻,弃去头尾和解冻水,用四分法缩分至约 300 g,再用四分法分成两份,一份留样(>100 g),另一份用捣碎机捣碎混匀供分析用(>50 g)。	食品塑料袋	−18℃ 以下的冰柜或冰箱冷冻室
蛋类	以全蛋作为分析对象时,磕碎蛋,除去蛋壳,充分搅拌;蛋白蛋黄分别分析时,按烹调方法将其分开,分别搅匀。称取分析试样后,其余部分留样(>100 g)。	玻璃广口瓶、塑料瓶	5℃ 以下的冰箱冷藏室
甲壳类	室温解冻,去壳和解冻水,四分法分成两份,一份留样(>100 g),另一份用捣碎机捣碎混匀供分析用(>50 g)。	食品塑料袋	−18℃ 以下的冰柜或冰箱冷冻室
鱼类	室温解冻,取出 1~3 条留样,另取鱼样的可食部分用捣碎机捣碎混匀供分析用(>50 g)。	食品塑料袋	−18℃ 以下的冰柜或冰箱冷冻室
蜂王浆	室温解冻至融化,用玻棒充分搅匀,称取分析试样后,其余部分留样(>100 g)。	塑料瓶	−18℃ 以下的冰柜或冰箱冷冻室
禽肉类	室温解冻,在每一块样上取出可食部分,四分法分成两份,一份留样(>100 g),另一份切细后用捣碎机捣碎混匀供分析用(>50 g)。	食品塑料袋	−18℃ 以下的冰柜或冰箱冷冻室
肠衣类	去掉附盐,沥净盐卤,将整条肠衣对切,一半部分留样(>100 g),从另一半部分的肠衣中逐一剪取试样并剪碎混匀供分析用(>50 g)。	食品塑料袋	−18℃ 以下的冰柜或冰箱冷冻室

续表1-24

样品类别	制样和留样	盛装容器	保存条件
蜂蜜、油脂、乳类	未结晶、结块样品直接在容器内搅拌均匀，称取分析试样后，其余部分留样（>100 g）；对有结晶析出或已结块的样品，盖紧瓶盖后，置于不超过60℃的水浴中温热，样品全部融化后搅匀，迅速盖紧瓶盖冷却至室温，称取分析试样后，其余部分留样（>100 g）。	玻璃广口瓶、原盛装瓶	蜂蜜常温，油脂、乳类5℃以下的冰箱冷藏室
酱油、醋、酒、饮料类	充分摇匀，称取分析试样后，其余部分留样（>100 g）。	玻璃瓶、原盛装瓶。酱油、醋不宜用塑料或金属容器。	常温
罐头食品类	取固形物或可食部分，酱类取全部，用捣碎机捣碎混匀供分析用（>50 g），其余部分留样（>100 g）。	玻璃广口瓶、原盛装罐头	5℃以下的冰箱冷藏室
保健品	用四分法缩分至约300 g，再用四分法分成两份，一份留样（>100 g），另一份用捣碎机捣碎混匀供分析用（>50 g）。	食品塑料袋、玻璃广口瓶	常温、通风良好

三、常见技术问题处理

1. 抽样注意事项

抽样是食品分析的关键环节，抽样必须遵循两个原则：首先，采集的样品要均匀，有代表性，能反映全部被检食品的组成、质量和卫生状况；其次，抽样过程中要确保原有的组分，防止成分逸散或带入杂质。此外抽样还要注意以下事项：

（1）抽样必须注意生产日期、批号、代表性和均匀性（掺伪食品和食物中毒样品除外）。采集的数量应能反映该食品的卫生质量和满足检验项目对样品量的需要，一式3份，供检验、复验、备查或仲裁使用。一般散装样品每份不少于0.5 kg。

（2）掺伪食品和食物中毒的样品采集，要具有典型性。如怀疑某种食物可能是食物中毒的原因食品，或者感官上已初步判定出该食品存在卫生质量问题，而进行有针对性地选择抽取样品。

（3）一切抽样器具、包装等都应清洁，不应将任何有害物质带入样品中。供微生物检验用的样品，应严格遵守无菌操作规程。选用硬质玻瓶或聚乙烯制品容器盛装抽取样品。

（4）外埠调入的食品应结合索取生产许可证或化验单，了解发货日期、来源地点、数量、品质及包装情况。在食品厂、仓库或商店抽样时，应了解食品的生产批号、生产日期、厂方检验记录及现场卫生情况，同时注意食品的运输、保存条件、外观、包装容器等情况。

（5）抽样后应认真填写抽样记录单，内容包括：样品名称、规格型号、等级、批号（或生产班

51

次)、抽样地点、日期、抽样方法、数量、检验目的和项目、生产厂家及详细通讯地址等内容,最后应签上抽样者姓名。装样品的容器上要贴牢标签。无抽样记录的样品不得接受检验。

(6)在抽样及样品制备过程中要设法保持原有的理化指标,避免预测组分发生化学变化或丢失。

(7)抽样、送检、留样和出具报告均按规定的程序进行,各阶段均应有完整的手续,交接清楚。

(8)感官不合格的产品不必进行理化检验,直接判为不合格产品。

(9)抽样时,检测及留样、复检应为同一份样品,即同一单位、同一品牌、同一规格、同一生产日期、同一批号。

(10)采样后应迅速送检验室检验,尽量避免样品在检验前发生变化,使其保持原来的理化状态。检验前不应发生污染、变质、成分逸散、水分变化及酶的影响等。

2. 抽样过程控制要求

(1)抽样程序 ①实验室应制定抽样过程控制程序,内容包括:目的、适用范围、名词术语或定义、职责、抽样过程(流程图)、抽样记录。②抽样人员应掌握抽样理论和抽样方案,具有相应商品知识和技术水平,在抽样过程中做好抽样记录。记录应包括抽样所代表的样本数量、重量、外观描述、包装方式、包装完好情况、抽样地点、日期、气候条件等。③因客户要求偏离、增加或删减文件化的抽样程序时,应详细记录,通知有关人员,并在检测报告上予以注明。

(2)抽样基本要求 ①抽样方案应建立在数理统计学的基础上,抽取的样品应具有代表性,以使对所取样品的测定能代表样本总体的特性。②抽样量应满足检测精度要求,能足够供分析、复查或确证、留样用。

(3)样品的缩分和包装 ①采取的大样经预处理后混匀,采用适当的方法进行缩分获取样品,样品份数一般应满足检测、需要时复查或确证、留样的需要。如需要进行测量不确定度评定的样品,应增加样品量。②在样品缩分过程中,应避免外来杂质的混入,防止因挥发、环境污染等因素使样品的特性值不能代表整批货物的品质。③应使用合适的洁净食品容器盛装样品,不可使用橡胶制品的包装容器。④每件样品都应有唯一性标识,注明品名、编号、抽样日期、抽样地点、抽样人等。

(4)样品的运送 ①送实验室的样品,其运输包装应坚实牢固,在运送过程中防止外包装受损伤而影响内容物。②运送样品时应采用适当的运输工具,保证样品不变质、挥发、分解或变化。

3. 样品的处置过程控制要求

(1)样品的处置原则 ①实验室应制定样品管理程序和作业指导书。②实验室应设样品管理员负责样品的接收、登记、制备、传递、保留、处置等工作。③在整个样品传递和处理过程中,应保证样品特性的原始性,保护实验室和客户的利益。

(2)样品接收 ①收样人应认真检查样品的包装和状态,若发现异常,应与客户达成处理决定。②客户若对样品在检测前有特殊的处理和制备要求时,应提供详细的书面说明。③送样量不能少于规定数量,送样量的多少应视样品检测项目的具体情况而定,至少不能少于测试用量的3倍,特殊情况送样量不足应在委托合同上注明。

样品接收时要充分考虑到检测方法对样品的技术要求,必要时,可编制作业指导书,对样品的数量,重量,形态,检测方法对样品的适用性、局限性做出相应的规定。

（3）样品标识 ①样品应编号登记,加施唯一性标识,标识的设计和使用应确保不会在样品或涉及的记录上产生混淆。②样品应有正确、清晰的状态标识,保证不同检测状态和传递过程中样品不被混淆。样品标识系统应包含物品群组的细分和物品在实验室内部和向外的传递过程的控制方法。

（4）样品制备、传递、保存和处置 ①样品应在完成感官评定后进行制样处理。样品制备应在独立区域进行,使用洁净的制样工具。制成样品应盛装在洁净的塑料袋或惰性容器中,立即闭口,加贴样品标识,将样品置于规定温度环境中保存。②检测人员应核对样品及标识,按委托项目进行检测。检测过程中的样品,不用时应始终保持闭口状态,并仍然置于规定温度环境中保存。应特别注意对检测不稳定项目样品的保护。③应对样品保存的环境条件进行控制、监测和记录。④样品管理应建立台账,记录相关信息。及时处理超过保存期的留样,做好处置记录。

【知识与技能检测】

一、填空题

1. 采样的方式有_____和_____,通常采用_____方式。抽样后,应在盛装样品容器上贴好标签,注明_____、_____、_____、_____、_____、_____、_____等项目内容。

2. 样品的制备是指_____,其目的是_____。

二、单项选择题

1. 对样品进行理化检验时,采集样品必须有（   ）。

A. 代表性　　　　　B. 典型性　　　　　C. 随意性　　　　　D. 实时性

2. 可用四分法制备平均样品的是（   ）。

A. 稻谷　　　　　　B. 蜂蜜　　　　　　C. 鲜乳　　　　　　D. 苹果

3. 采取的固体样品进行破碎时,应注意避免（   ）。

A. 用人工方法　　　B. 留有颗粒　　　　C. 破得太细　　　　D. 混入杂质

4. 物料量较大时最好的缩分物料的方法是（   ）。

A. 四分法　　　　　B. 使用分样器　　　C. 棋盘法　　　　　D. 用铁锹平分

5. 制得的分析样品应（   ）,供测定和保留存查。

A. 一样一份　　　　B. 一样二份　　　　C. 一样三份　　　　D. 一样多份

三、简答题

1. 什么是抽样? 抽样之前应做哪些准备工作? 如何才能做到正确抽样?

2. 抽样的方法和抽样的原则是什么? 抽样时应注意哪些问题?

3. 样品制备的目的和方法是什么?

4. 一般的样品应如何制备?

5. 样品保存的目的是什么? 如何保存好样品?

【超级链接】标准筛的筛号

标准筛的筛号常用"目"表示,"目"系指在筛面的 25.4 mm(1 英寸)长度上开有的孔数。

如开有 30 个孔,称 30 目筛,孔径大小是 25.4 mm/30 再减去筛绳的直径。所用筛绳的直径不同,筛孔大小也不同。因此必须注明筛孔尺寸。

任务二　样品的预处理

【知识准备】

一、分析样品预处理的目的与要求

食品分析是利用食品中待测组分与化学试剂发生某些特殊的可以观察到的物理反应或化学反应变化来判断被测组分的存在与否或含量多少。但是食品的成分比较复杂,既含有复杂的高分子物质,如蛋白质、碳水化合物、脂肪、纤维素及残留的农药等;也含有普通的无机元素成分,如钙、磷、钾、钠、铁、铜等。当以选定的方法对其中某种成分进行分析时,其他组分的存在就会产生干扰而影响被测组分的正确检出。因此,在分析之前,必须采取相应措施排除干扰因素。另外,对于复杂组成的样品,不经过预处理,任何一种现代化的分析仪器,也无法直接进行成功的测定。有些被测组分含量很低,如农药残留物、黄曲霉毒素等,若不进行分离浓缩,难以正常测定。为排除干扰因素,需要对样品进行不同程度的分解、分离、浓缩、提纯处理,这些操作过程统称为样品预处理。其目的是为了完整地保留待测的组分、消除干扰因素、使被测的组分得到浓缩或富集,保证样品分析工作的顺利进行,提高分析结果的准确性。所以说样品的预处理是食品分析中的一个重要环节,直接关系到分析测定的成败。

进行样品的预处理,要根据检测对象、检测项目选择合适的方法。总的原则是:排除干扰,完整保留被测组分并使之浓缩,以获得满意的分析结果。

二、样品的预处理的方法

(一)有机物破坏法

在测定食品中无机物含量时,常采用有机物破坏法。食品中的无机盐或金属离子,常与食品中的蛋白质等有机类物质结合,成为难溶、难离解的化合物,欲测定这些无机成分的含量,需要在测定前破坏这些有机结合体,释放出被测的组分,这一步骤称为样品的消化。通常采用高温或高温加氧化剂的方法,使试样中的有机物质彻底分解,其中碳、氢、氧元素生成二氧化碳和水呈气态逸散,无机物质被保留下来。根据操作方法不同,可分为干法灰化和湿法消化两大类。

1. 干法灰化

分为直接灰化法和加助灰化剂灰化法两种。

(1)直接灰化法　将样品置于坩埚中,先在电炉上小火炭化,除去水分、黑烟后,然后再置500~600℃高温炉中灼烧灰化至残灰为白色或浅灰色粉末。最后所得的残渣即为无机成分。取出残灰,冷却后用稀盐酸或稀硝酸溶解过滤,滤液定容后供分析测定用。

(2)加助灰化剂灰化法　利用助灰化剂-氧化剂与样品共热使有机物分解,促使灰化完全。常用的助灰化剂硝酸镁、氧化镁、硝酸铵等可提高无机物的熔点,使样品呈疏松状态,有利于氧化并促使灰化迅速进行。硝酸镁还可提高碱度,防止类金属元素砷形成酸性挥发物,避免灰化时砷的损失。

干法灰化的优点是有机物破坏彻底,操作简便,在处理样品过程基本不加或加入很少的试剂,故空白值较低。但此法所需要时间较长,并且在高温处理时可造成易挥发元素的损失(如汞、砷、铅等)。适用于大多数金属元素(除汞、砷、铅外)的测定。

操作中应注意几点:①灰化前样品应进行预炭化。这是因为不经炭化而直接将样品放入高温炉内进行灰化,会因急剧灼烧,一部分残灰将飞散,造成待测元素的损失。②高温炉内各区的温度有较大的差别,尤其是炉前面部分的温度要比设定的温度低,所以炉前面部分最好不使用。③采用瓷坩埚灰化时,不宜使用新的,因为新瓷坩埚要比使用过的坩埚更能吸附金属元素,造成实验误差。④湿润残渣时,不能将水直接洒在残渣上,否则会使残渣飞扬,应沿坩埚壁注入少量水,使残渣充分湿润,干燥后再移入高温炉内灰化。

2. 湿法消化

向样品中加入液态强氧化剂(如 H_2SO_4、HNO_3、$KMnO_4$、H_2O_2 等)并进行加热处理,使样品中的有机物质完全氧化、分解、呈气态逸出,待测成分以无机物状态保留在消化液中。用酸分解样品时因样品呈液体状态,故常称为湿式消化法。为了使有机物分解彻底,湿法消化常用几种强酸的混合物作为氧化剂,常见有硫酸-硝酸法、硫酸-高氯酸-硝酸法、高氯酸-硫酸法、硝酸-高氯酸法。

湿法消化的特点是有机物分解速度快,操作简便,所需时间短;由于消化过程在溶液中进行,且加热温度比干法低,可减少一些被测组分或元素的挥发损失。缺点是:①各种氧化性酸在消化中会受热分解,产生大量酸雾、氮和硫的氧化物等刺激性气体,并具有强烈的腐蚀性,对人体有毒害作用,因此操作过程需在通风橱内进行;②在消化反应时,有机物质的分解会出现大量泡沫外溢而使样品损失,所以需要操作人员随时看管;③试剂用量大,空白值较高。

(二)挥发分离法

挥发分离法是利用某些熏蒸药剂或它的反应产物可在加热或常温下通入空气或氮气吹出,用吸收液吸收固定下来,再用分光光度法、气相色谱法或其他方法进行分析。挥发分离法具有分离和净化的双重效果。常用挥发分离装置如图1-6所示,由蒸馏、吸收、洗气三部分组成。

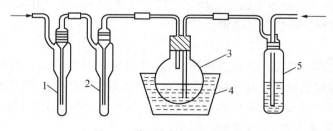

图 1-6　常用挥发分离装置图
1,2. 气体吸收管　3. 圆底烧瓶　4. 水浴　5. 洗气瓶

(三)蒸馏法

蒸馏法是利用液体混合物中各组分沸点的差异进行蒸馏分离的方法。蒸馏法既可用于干扰组分的分离,又可以使待测组分净化,具有分离、净化的双重功效,是使用广泛的样品处理方法。常见的蒸馏方式有常压蒸馏、减压蒸馏、水蒸气蒸馏。

1. 常压蒸馏

当共存成分不挥发或很难挥发,而待测成分沸点不是很高,并且受热不发生分解时,可用常压蒸馏的方法将待测组分蒸馏出来。常压蒸馏可以把两种或两种以上沸点相差较大(一般30℃以上)的液体分开。常压蒸馏装置如图1-7所示。蒸馏烧瓶采用圆底烧瓶。一般热浴的温度不能比蒸馏物沸点高出30℃。加热方式可根据被蒸馏物质的沸点和特性进行选择,被蒸馏物质的沸点不高于90℃,可用水浴;待测组分的沸点90～120℃,可用油浴,但要注意防火;待测组分的沸点200℃以上,采用沙浴或盐浴。如果被蒸馏物质不易爆炸或燃烧,可用电炉或酒精灯等直接加热,最好垫以石棉网。

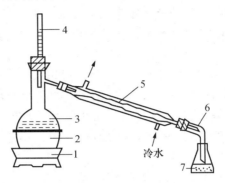

图1-7 常压蒸馏装置图

1. 电炉 2. 水浴锅 3. 蒸馏烧瓶
4. 温度计 5. 冷凝管 6. 接收管 7. 接收瓶

蒸馏时应注意控制蒸馏速度(以1～2滴/s为宜),以及冷却水温度及流速(沸点150℃以上的组分用空气冷凝管),防止暴沸(加入少量沸石)以及注意安全。

2. 减压蒸馏

液体的沸点是指它的蒸气压等于外界压力时的温度,因此液体的沸点是随外界压力的变化而变化的,当压力降低到1.3～2.0 kPa时,许多有机化合物的沸点可以比其常压下的沸点降低80～100℃。如果借助于真空泵降低系统内压力,就可以降低液体的沸点,这种在较低压力下进行蒸馏的操作称为减压蒸馏。适用于高沸点溶剂的去除以及在常压蒸馏时未达沸点即已受热分解、氧化或聚合的物质的蒸馏。

3. 水蒸气蒸馏

某些被测组分的沸点较高,直接加热蒸馏时,可因受热不均易引起局部炭化和发生分解。还有些被测成分,当加热到沸点时可能发生分解,对于这些具有一定蒸汽压的成分,常用水蒸气蒸馏法进行分离,即用水蒸气来加热混合液体,使具有一定挥发度的被测组分与水蒸气成比例地自样液中一起蒸馏出来(如挥发酸的测定)。

(1)水蒸气蒸馏的原理 两种互不相溶的液体混合物的蒸气压,等于两液体单独存在时的蒸汽压之和。当组成混合物的两液体的蒸汽压之和等于大气压力时,混合物就开始沸腾。不相溶的液体混合物的沸点,要比某一物质单独存在时的沸点低。因此,在不溶于水的有机物质中,通入水蒸气进行水蒸气蒸馏时,在比该物质的沸点低得多的温度就可使该物质蒸馏出来。

(2)适用范围 水蒸气蒸馏是分离和纯化与水不相混溶的挥发性有机物常用的方法。采用这种方法时,被分离或纯化的物质在100℃左右必须具有一定的蒸汽压力而且要求与水不相混溶。适用于:①从大量的树脂状或不挥发性的杂质中分离某种组分;②除去食品中不挥发性的有机杂质;③从固体多的反应混合物中分离被吸附的液体产物;④水蒸气蒸馏常用于蒸馏那些沸点很高且在接近或达到沸点温度时易分解、变色的挥发性液体或固体有机物,除去不挥发性的杂质。但是对于那些与水共沸腾时会发生化学反应的或在100℃左右时蒸汽压小于1.3 kPa 的物质,这一方法不适用。

(3)蒸馏装置　常用的水蒸气蒸馏装置(图1-8),它包括蒸馏、水蒸气发生器、冷凝管和接收器4个部分。水蒸气导出管与蒸馏部分导管之间由 T 形管相连接。T 形管用来除去水蒸气中冷凝下来的水,有时在操作发生不正常的情况下,可使水蒸气发生器与大气相通。蒸馏的液体量不能超过其容积的1/3。水蒸气导入管应正对烧瓶底中央,距瓶底 8～10 mm,导出管连接在一直形冷凝管上。

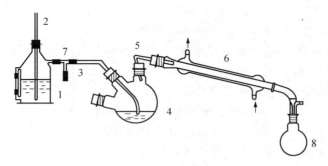

图 1-8　水蒸气蒸馏装置
1. 水蒸气发生器　2. 安全管　3. 水蒸气导管　4. 圆底烧瓶
5. 馏出液导管　6. 冷凝管　7. T 形管　8. 接收器

(4)蒸馏操作　在水蒸气发生瓶中,加入约占容器3/4 的水,待检查整个装置不漏气后,旋开 T 形管的螺旋夹,加热至沸腾。当有大量水蒸气产生并从 T 形管的支管冲出时,立即旋紧螺旋夹,水蒸气便进入蒸馏部分,开始蒸馏。在蒸馏过程中,通过水蒸气发生器安全管中水面的高低,可以判断水蒸气蒸馏系统是否畅通,若水平面上升很高,则说明某一部分被阻塞了,这时应立即旋开螺旋夹,然后移去热源,拆下装置进行检查(通常是由于水蒸气导入管被树脂状物质或焦油状物堵塞)和处理。如由于水蒸气的冷凝而使蒸馏瓶内液体量增加,可适当加热蒸馏瓶。但要控制蒸馏速度,以 2～3 滴为宜,以免发生意外。

当馏出液无明显油珠,澄清透明时,便可停止蒸馏。其顺序是先旋开螺旋夹,然后移去热源,否则可能发生倒吸现象。

(5)蒸馏操作注意事项　①蒸馏瓶中装入液体的体积不超过蒸馏瓶的2/3,同时加碎瓷片防止爆沸。水蒸气蒸馏时,水蒸气发生瓶也应加入碎瓷片或毛细管。②温度计插入高度适当,与通入冷凝器的支管在一个水平或略低一点为宜。③蒸馏有机溶剂的液体时应使用水浴,并注意安全。④冷凝器的冷凝水应由低向高逆流。

(四)溶剂提取法

利用混合物中各组分在某一溶剂中的溶解度不同,将样品中各组分完全或部分地分离的方法。根据样品的性质和采用的方法不同,溶剂提取法又分为浸泡提取法和溶剂萃取法。

1. 浸泡提取法

简称浸提法,又称液-固萃取法,用于从固体混合物或有机体中提取某种物质,所采用的提取剂,应既能大量溶解被提取的物质,又要不破坏被提取物质的性质。为了提高物质在溶剂中的溶解度,往往在浸提时加热。如索氏抽提法提取脂肪。

(1)溶剂的选择　浸提法的分离效果往往依赖于提取剂的选择。提取剂应根据被测提取物的性质来选择,提取效果遵从相似相溶的原则,可根据被提取成分的极性强弱选择提取剂。对极性较强的成分(如黄曲霉毒素)可用极性大的溶剂(如甲醇和水的混合液)提取;对极性较弱的成分(如有机氯农药)可用极性小的溶剂(如正己烷、石油醚)提取。选择的溶剂沸点应适当,太低易挥发,太高不易浓缩。为提高浸提效率,在浸泡过程中可进行加热和回流。

(2)浸提方法

①振荡浸提法　将样品切碎,加入适当的溶剂进行浸泡、振荡提取一定时间后,被测组分溶解在溶剂中;通过过滤即可使被测成分与杂质分离。滤渣再用溶剂洗涤提取,合并提取液后定容或浓缩、净化,一般情况下,震荡 20～30 min,重复 2～3 次。此法简便易行,但回收率低。

②索氏提取法　将一定量样品放入索氏提取器中,加入溶剂加热回流,经过一定时间,将被测成分提取出来。此法溶剂用量少提取率高,但操作麻烦费时。采用索氏提取法时,要充分考虑待测组分的热稳定性。

③组织捣碎法　是食品分析中最常用的一种提取方法。将切碎的样品与溶剂一起放入组织捣碎机中捣碎后离心过滤,使被测成分提取出来,本法提取速度快,回收率高。采用组织捣碎法每次提取的时间为 3～5 min,1～2 次。在操作时应注意试样和溶剂的总体积不应超过捣碎杯容积的 2/3,以免溅出;捣碎机的转速先慢后快;整个操作要在通风良好的环境下进行。

2. 溶剂萃取法

又称液-液萃取,其原理是利用某组分在两种互不相溶的溶剂中的分配系数不同,使其从一种溶剂中转移到另一种溶剂中,而与其他组分分离的方法。本法操作简单、快速,分离效果好,使用广泛;缺点是萃取剂常有毒。

(1)萃取剂的选择　应选择与原溶剂互不相溶,萃取后分层快,而且对被测组分应有最大的溶解度,对杂质溶解度最小。

(2)萃取仪器　萃取一般在分液漏斗中进行。一般需经 4～5 次萃取,以得到较高的提取率,常用方式有直接萃取和反萃取。物质从水相进入有机相的过程称为萃取;物质从有机相进入水相的过程称为反萃取。对组成简单、干扰成分少的样品,可通过分液漏斗直接萃取即可达到分离的目的。对成分较复杂的样品,特别是其中干扰成分不易除去的样品,单靠多次直接萃取很难有效,可采取适当的反萃取方法,来达到分离、排除干扰的效果。

(五)化学分离法

通过化学反应处理样品,以改变其中某些组分的亲水、亲脂及挥发性质,并利用改变的性质进行分离。

1. 磺化法和皂化法

磺化法和皂化法是去除油脂或含油脂样品经常使用的分离方法。例如,农药残留分析和脂溶性维生素测定中,油脂被浓硫酸磺化,或被碱皂化,由憎水性变成亲水性,使油脂中需检测的非极性物质能较容易地被非极性或弱极性溶剂提取出来。

(1)磺化法　是用浓硫酸处理样品提取液,有效地除去脂肪、色素等干扰杂质,同时可增加脂肪族、芳香族物质的水溶性。浓硫酸能使脂肪磺化,并与脂肪、色素中的不饱和键起加成作用,形成可溶于硫酸和水的强极性化合物,不再被弱极性的有机溶剂所溶解,从而达到分离、纯化的目的。此处理方法简单、快速、效果好，但只适用于对酸稳定的含农药样品的处理。

（2）皂化法　是用热碱溶液处理样品提取液，以除去脂肪等干扰杂质，达到净化目的。此法只适用于对碱稳定的含农药样品的处理。其原理是利用其氧化钾-乙醇溶液将脂肪等杂质皂化除去，达到净化目的。此方法仅适用于对碱稳定的农药（如狄氏剂、艾氏剂）提取液的净化。在用荧光光度法测定肉、鱼、禽类及其熏制品的 3,4-苯并芘时，也可使用皂化法（向样品中加入氢氧化钾皂化 2 h）除去样品中的脂肪。

2. 沉淀分离法

向样液中加入适当的沉淀剂，使被测组分沉淀下来或使干扰组分沉淀，再对沉淀进行过滤、洗涤而得到分离。如测定还原糖含量时，常用醋酸铅沉淀蛋白质，来消除其对糖测定的干扰。

3. 掩蔽法

在样品的分析过程中，往往会遇到某些物质对判定反应表现出可察觉的干扰影响。加入某种化学试剂与干扰成分作用，消除干扰因素，这个过程称为掩蔽，加入的化学试剂称为掩蔽剂。这种方法可不经过分离过程即可消除其干扰作用，简化分析步骤，因而在食品分析中应十分广泛，常用于金属元素的测定。如双硫腙比色法测定铅时，通过加入氰化钾、柠檬酸铵等掩蔽剂来消除 Cu^{2+}、Fe^{3+} 的干扰。

（六）色层分离法

色层分离法又称色谱分离法，是一种利用载体将样品中的组分进行分离的一系列方法。色层分离法是一种物理化学方法，它不仅分离效率高，应用广泛，而且分离的过程就是鉴定的过程。分离过程是由一种流动相带着被分离的物质流经固定相，由于各组分的物理化学性质的差异，受到两相的作用力不同，从而以不同的速度移动，达到分离的目的。根据分离机理不同，分为吸附色谱分离、分配色谱分离、离子交换色谱分离等。

（1）吸附色谱分离　利用经活化处理后的吸附剂，如聚酰胺、硅胶、硅藻土、氧化铝等所具有的吸附能力，对样品中被测成分或干扰组分选择性的吸附而使之分离的方法。例如，聚酰胺对色素有选择性吸附作用，在测定食品中色素含量时，利用聚酰胺吸附样液中的色素物质，经过滤洗涤，再用适当的溶剂解吸，可得到较纯的色素溶液供测定用。

（2）分配色谱分离　根据不同组分在两相中的分配比不同而进行的分离方法。两相中一相是流动的，称为流动相；另一相是固定的，称为固定相。被分离的组分在流动相沿着固定相移动的过程中，由于不同物质在两相具有不同的分配比，当溶剂渗透在固定相中并向上渗透扩展时，这些物质在两相中的分配作用反复进行从而进行分离。例如，多糖类样品的纸上层析。

（3）离子交换色谱分离　利用离子交换树脂与溶液中的离子之间所发生的离子交换反应来进行分离的方法。可分为阳离子交换和阴离子交换两种，其过程可用下列反应式表示：

$$阳离子交换：R—H+M^+X^- \rightleftharpoons R—M+HX$$
$$阴离子交换：R—OH+M^+X^- \rightleftharpoons R—X+MOH$$

式中：R——离子交换树脂的母体；

　　　MX——溶液中被交换的物质。

将被测离子溶液与离子交换树脂一起混合振荡或使样液缓缓通过用离子交换树脂填充的

离子交换柱时,被测离子(或干扰离子)即与离子交换树脂上的 H^+ 或 OH^- 发生交换,被测离子(或干扰离子)被留在离子交换树脂上,被交换出的 H^+ 或 OH^-,以及不发生交换反应的其他物质留在溶液内,从而达到分离的目的。在食品分析中,可应用该法进行水处理,如制备无氨水、无铅水等。离子交换分离法还可用于复杂样品中组分的分离。

(七)浓缩法

浓缩指通过减少样品溶液中的溶剂或水分而使组分的浓度升高;富集常指利用液-固萃取的方法浓缩某种组分。

在残留分析中,经过提取和净化后待测组分的存在状态经常不能满足检测仪器的要求,如经提取和纯化后的样品液,由于体积较大,其中被测成分的浓度往往较低,无法直接测定,如浓度低于检测器的响应范围、待测物的溶剂与液相色谱不兼容等。这时必须对组分进行浓缩和富集,使供测定的样品达到仪器能够检测的浓度,或进行溶剂转换。常用的浓缩方法有常压浓缩法和减压浓缩法两种。

(1)空气、气体浓缩法 此法常用于样液体积少,溶剂沸点低时样品溶液的浓缩。操作时将氮气吹入盛装样品溶液的容器中,对着液面吹气,使溶剂蒸发。如需在热水浴中加热促使溶剂蒸发,对于蒸气压较高的农药,必须在 50℃ 以下操作,最后残留的溶剂只能在室温下用缓和的氮气流除去,以免造成农药的损失。

(2)K-D 浓缩器浓缩法 K-D 浓缩器是一种专用全玻璃磨口减压浓缩装置,可以在通氮气流的条件下进行浓缩。这种浓缩设备具有浓缩过程温度低、迅速、损失少、容易控制浓缩至所需要的体积等优点。特别适用于对热不稳定的农药残留量分析中样品溶液的浓缩。

(3)旋转蒸发器浓缩法 旋转蒸发器是农药残留分析中最常用的浓缩装置,包括旋转烧瓶、冷凝器、溶剂接收瓶、真空设备、加热源等。工作时,蒸馏烧瓶缓缓转动,液体在瓶壁展开成膜,并在减压和加热条件下被迅速蒸发。旋转的烧瓶还可防止液体发生暴沸。该方法的浓缩速度快,而且溶剂可以回收。

旋转蒸发浓缩器,通过电子控制,使烧瓶在适宜的速度下恒速旋转以增大蒸发面积。浓缩时可通过真空泵使蒸发烧瓶处于负压状态。蒸发烧瓶(同时置于水浴锅中或油浴锅中加热)在旋转中蒸发烧瓶内的溶液黏附在内壁形成一层薄的液膜,进行扩散,增大了热交换面积;又由于在负压下浓缩,溶剂的沸点降低,相对挥发度增加,因而蒸发效率较一般蒸发装置蒸发效率成倍提高。并且还可以防止溶液暴沸,被测组分氧化分解。蒸发的溶剂在冷凝器中被冷凝,回流至溶剂接收瓶中,使回收溶剂十分方便。

【技能培训】

一、减压蒸馏操作技术

1. 减压蒸馏装置的组成

减压蒸馏装置如图 1-9 所示,由蒸馏装置、减压装置以及在它们之间的保护及测压装置 3 部分组成。

(1)蒸馏装置 蒸馏烧瓶上装置克氏蒸馏头 3,使用克氏蒸馏头的目的是为了避免减压蒸馏时液泛对蒸馏的影响,比常压蒸馏头多出的支管可以起到缓冲的作用。克氏蒸馏头上面的两个接口分别装置毛细管与温度计 4,毛细管下端距瓶底 1～2 mm。上端通过胶塞与克氏蒸

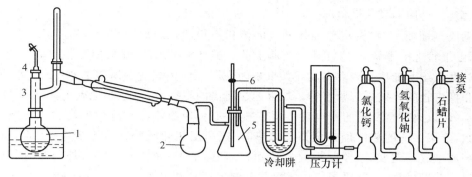

图 1-9　减压蒸馏装置
1. 热浴　2. 接收器　3. 克式蒸馏头　4. 毛细管与温度计　5. 安全瓶　6. 二通活塞

馏头密封,毛细管上端连有一段带螺旋夹的橡皮管。螺旋夹用以调节进入体系中空气的量,在减压状态下,持续进入体系的微小气泡可以作为液体沸腾的气化中心,使蒸馏平稳进行。在减压蒸馏操作中,一定不要引入沸石,沸石在减压条件下不但不能起到气化中心的作用,反而会引起液泛。

接收器可用蒸馏瓶或吸滤瓶 2,但不能使用平底烧瓶或锥形瓶,否则由于受力不均容易炸裂。蒸馏时可以使用多尾接液管,多尾接液管的几个分支管与多个圆底烧瓶连接起来。转动多尾接液管,就可使不同的馏分进入指定的接收瓶中。

减压蒸馏的热源最好用水浴或油浴,因为水或油具有一定的热容量,能够起到缓冲的作用,使烧瓶受热平稳。蒸馏时应控制热浴的温度,使它比液体的沸点高 $20 \sim 30℃$。如果蒸馏的少量液体沸点较高,特别是在蒸馏低熔点的固体时,可以不使用冷凝管。

(2)减压装置　实验室通常用水泵或油泵进行减压,水泵所能达到的最低压力为当时室温下水的蒸气压。例如,在水温为 $10℃$ 时,水蒸气压为 1.2 kPa;若水温为 $25℃$,则水蒸气压为 3.2 kPa 左右。如果气温较高,可以在循环真空水泵中加入适量冰块来降低水温,从而获得较高的真空度。如果要获得更高的真空度,就要使用油泵。油泵的效能决定于油泵的机械结构以及真空泵油的好坏。好的油泵能抽至真空度为 13.3 Pa,油泵结构较精密,蒸馏时要做好油泵的保护,如果有挥发性的有机溶剂、水或酸的蒸汽,都会损坏油泵。挥发性的有机溶剂蒸气被抽吸收后,就会增加油的蒸气压,影响真空度。而酸性蒸气会腐蚀油泵的机件。水蒸气凝结后与油形成浓稠的乳浊液,也能影响油泵的正常工作。

使用三相真空泵时要特别注意真空泵的转动方向。如果电机接线接错,会使泵反向转动,将导致泵油冲出,污染实验室,因此在连接三相泵时最好在专业电工指导下完成。

(3)保护及测压装置　当用油泵进行减压时,为了防止易挥发的有机溶剂、酸性物质和水汽对油泵的影响,必须在接收瓶与油泵之间顺次安装冷却阱和几种吸收塔,以免污染泵油,使真空度降低。冷却阱置于盛有冷却剂的广口保温瓶中,冷却剂的选择随需要而定,例如,可用冰-水、冰-盐、干冰与丙酮等。常用的吸收塔有无水氯化钙(或硅胶)吸收塔(用于吸收水分)、氢氧化钠吸收塔(用于吸收挥发酸)、石蜡片吸收塔(用于吸收烃类气体)。所有吸收塔都应采用粒状填充物,以减少压力损失。当然,根据被蒸馏液体性质的不同,也可以用其他形式的保护装置,如蒸馏苯胺时就可以用装有浓硫酸的洗气瓶作为保护装置。

2. 减压蒸馏操作

当被蒸馏物中含有低沸点的物质时,应先进行常压蒸馏,然后用水泵减压蒸去低沸点物质,冷至室温,再用油泵减压蒸馏。

在克氏蒸馏瓶中,放置待蒸馏的液体的体积不得超过烧瓶容积的1/2。按图1-9装好仪器,旋紧毛细管上的螺旋夹4,打开安全瓶上的二通活塞6,然后开泵抽气。逐渐关闭6,从压力计上观察系统所能达到的真空度。如果是因为漏气而不能达到所需的真空度,可检查各部分塞子和橡皮管的连接是否紧密等。如果超过所需的真空度,可小心地旋转活塞6,慢慢地引进少量空气,以调节至所需的真空度。调节螺旋夹4,使液体中有连续平稳的小气泡通过,开启冷凝水,选用合适的热浴加热蒸馏。加热时,蒸馏烧瓶的圆球部位至少应有2/3浸入浴液中。在浴液中放一温度计,控制浴温比待蒸馏液体的沸点高20~30℃,使每秒钟馏出1~2滴。在整个蒸馏过程中,都要密切注意瓶颈上的温度计和压力的读数。经常注意蒸馏情况和记录压力、沸点等数据。纯物质的沸点范围一般不超过1~2℃,假如起始蒸出的馏液比要收集物质的沸点低,则在蒸至接近预期的温度时转动多尾接液管,可收集不同馏分。

在蒸馏过程中如果要中断蒸馏,应先移去热源,取下热浴。待稍冷后,渐渐打开二通活塞,使系统与大气相通。打开活塞一定要慢慢地旋开,使压力计中的汞柱缓缓地恢复原状(否则,汞柱急速上升,有冲破压力计的危险),然后松开毛细管上的螺旋夹,放出吸入毛细管的液体。

蒸馏完毕先灭去火源,撤去热浴,待稍冷后缓缓解除真空,使系统内外压力平衡后,方可关闭油泵。

二、K-D浓缩器操作技术

1.K-D浓缩器构造

如图1-10所示,K-D浓缩器是由承接器、抽气管、冷凝器、分馏柱(又称斯萘德柱)、K-D瓶、尾管以及导气管等部件组成,各部位之间通过磨口连接。

(1)气管 在减压浓缩时将惰性气体(如氮气、二氧化碳)或小空气泡导入溶液中,使溶液均匀,勿沸腾,防止溶液暴沸和待测成分氧化损失,并在浓缩至接近所需体积时,在离液面约2 cm处,对着液面吹气,赶走多余的溶剂,至所需的体积。

(2)尾管 盛装浓缩液,下部有刻度(分刻度一般为0.1 mL),便于将溶液浓缩至所需体积。并附有磨口塞,浓缩后可加塞保存,避免体积发生变化。

(3)分馏柱 分馏柱起回流作用,防止溶液冲出。同时,一小部分冷却下来的溶剂又回流并洗净器壁上的被检物,使被检物随溶剂回到蒸馏瓶中,浓缩液在刻度尾管中。同时,可提高蒸馏的效率,增加液体和蒸气之间的接触,当蒸气在柱中上升时,与柱接触的蒸气中一些沸点较高的溶剂蒸气被冷凝下来,并从柱中流下,于是发生了平衡,结果使易挥发的溶剂得到了富集。被冷凝下来的溶剂将附着在K-D瓶壁上的被测物质冲洗下来,至尾管中,避免因器壁吸附而造成的损失;并可将溶剂从大量样液中浓缩分离。

2.K-D浓缩器安装

K-D器浓缩的部件多,而且部件之间都是通过磨口连接

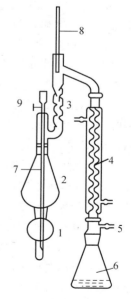

图1-10 全玻减压浓缩器

1.尾管 2.K-D瓶 3.斯萘德柱
4.冷凝管 5.抽气管 6.接收瓶
7.导气管 8.温度计 9.螺旋夹

的,安装和使用不注意,容易造成损坏。安装时,首先应选择 K-D 瓶的安装位置。用铁夹固定在铁架座上,然后套上尾管,在 K-D 瓶下部的挂钩和尾管上部的挂钩上套上橡皮筋;再将承接器、抽气管和冷凝管连接好;调节 K-D 瓶与冷凝管之间的距离与高度,再将分馏柱一端插入 K-D 瓶上口,另一端插入冷凝器上口,然后用铁夹固定好冷凝管(此后不得任意移动浓缩器,以免损坏仪器),插入导气管,将尾管浸入水浴中,水浴温度由温度计测量。抽气管用耐压橡皮管与抽气泵连接。冷凝管接通水源,安装完毕。

3. K-D 浓缩器操作

将样品溶液倒入 K-D 瓶(不得超过 K-D 瓶体积的 1/2),插入导气管,加热水浴至所需温度,减压浓缩,当浓缩接近所需体积时,旋转导气管上端橡皮管上的螺旋夹,调节进入尾管的氮气或空气量,吹去多余的溶剂至所需的体积。将导气管上螺旋夹完全旋开,关闭抽气泵,撤去水浴,取下尾管,塞好尾管塞备用。

三、旋转蒸发仪浓缩操作技术

1. 基本原理

旋转蒸发仪用于减压蒸馏时,其工作原理与普通减压蒸馏相类似,不同点就是蒸馏烧瓶是旋转的。蒸馏烧瓶是一个带有标准磨口的圆底烧瓶,通过冷凝器与减压泵相连,冷凝器开口处与磨口接收烧瓶相连,接收被蒸馏出来的有机溶剂。在冷凝器与减压泵之间有一个三通活塞,当体系与大气相通时,可以将蒸馏烧瓶、接收烧瓶取下,转移溶剂。当体系与减压泵相通时,则体系处于减压状态。旋转蒸发仪使用时,应先减压,再开动电动机转动蒸馏烧瓶;结束时,应先停机,再通气,以防蒸馏烧瓶在转动中脱落。

2. 旋转蒸发仪结构

旋转蒸发仪结构如图 1-11 所示,主要由旋转蒸发仪主机、冷凝器、旋转蒸发瓶、接收烧瓶、恒温水浴装置和真空泵组成。

3. 旋转蒸发仪的使用步骤

(1)按照图 1-11 将仪器各部分连接并固定好,检查装置是否漏气。

(2)将样品放入蒸馏瓶中,通过升降柄调节旋转蒸馏瓶的高度。

(3)通冷凝水后,开启真空泵,关闭放气阀,抽气 1~2 min,然后开启旋转蒸发仪,调节恒温水浴温度至所需温度。

(4)蒸发结束时,先停止加热,关闭旋转蒸发仪;再打开放气阀,关闭真空泵;取下接收烧瓶,回收蒸馏液。

4. 注意事项

(1)上述操作步骤顺序不要颠倒。

(2)磨口仪器安装前均匀涂少量真空脂,保证良好的气密性。

(3)实验过程中每隔一定时间要查看水

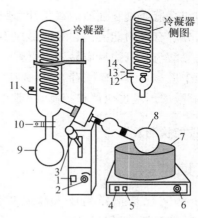

图 1-11　旋转蒸发仪

1. 电源　2. 转速调节旋钮　3. 升降柄　4. 恒温水浴电源

5. 指示灯　6. 温度调节旋钮　7. 恒温水浴槽

8. 旋转蒸馏瓶　9. 接收烧瓶　10. 固定夹

11. 放气阀　12. 真空泵接口　13. 冷凝

器进水口　14. 冷凝器出水口

浴锅中的水量,防止蒸干。

(4)实验结束后,关闭水电开关,清洗玻璃仪器。

四、常见技术问题处理

(一)硫酸-硝酸消化法

在酸性溶液中,试样与氧化剂(硝酸、硫酸)共热,硝酸和硫酸释放出新生态氧,将有机物分解,而金属元素则形成盐类,溶于溶液中,定容后,供分析检验用。

只用硝酸消化有时不够彻底,加入硫酸,是因硫酸沸点高(338℃),并具有强烈的氧化性和脱水能力,加强了氧化性,缩短了分解样品的时间,破坏较完全,可减少挥发性金属的损失以及吸附的损失。缺点是试剂消耗量大,空白值高。铅和一部分稀土金属盐的溶解度较小,其他的硫酸盐溶解度也比相应的硝酸盐或氯化物小,为此在铅的测定中大多避免使用硝酸。

操作注意事项:①试样消化时因作用剧烈,产生大量泡沫,为避免因泡沫外溢造成试样损失,加入硝酸、硫酸后,应小火缓缓加热,待反应平稳后方可大火加热。在消化过程中要防止炭化,炭化会使一些金属元素损失,使结果偏低,而且硝酸的消耗量大;消化时温度不宜太低,否则会使消化液形成胶状物,消化不完全,影响分析测定。②消化过程中若消化液颜色开始变深,应及时沿瓶壁补加硝酸,防止炭化现象发生。如发生了炭化现象,必须立即添加发烟硝酸。③消化过程中硝酸与硫酸(硫酸浓度在57.5%以上)能生成亚硝酰硫酸。亚硝酰硫酸能破坏有机显色剂,对测定有严重的干扰,在分析前需要将它除去。亚硝酰硫酸化学性质迟钝,在浓硫酸溶液中虽经高温亦不易分解。但若用水稀释即可水解生成亚硝酸和硫酸。所以消化液呈微黄色后需加水稀释,煮沸,以除去一部分残存的硝酸。

(二)硫酸-高氯酸-硝酸法

热的浓高氯酸具有强烈的氧化性和脱水能力。硝酸和高氯酸是一种强氧化介质,可以加速和提高分解有机物能力。它对能形成不溶性硫酸盐的铅等金属元素的回收特别有用。但是热的浓高氯酸与有机物反应易发生爆炸。操作时应先用浓硝酸分解有机物,然后加入高氯酸,消化过程中应有足够的硝酸存在,因此应不断补充硝酸,并且应在常温下才能将高氯酸加入样品中,高氯酸的用量也应严格控制,一般在5 mL以下。其他操作同硫酸-硝酸消化法。

【知识与技能检测】

一、填空题

1. 干法灰化是把样品放入高温灰化炉灼烧至_____。湿法消化是在样品中加入_____并加热消煮,使样品中_____物质分解、氧化,而使_____物质转化为无机状态存在于消化液中。

2. 溶剂萃取法是在样品液中加入一种_____溶剂,这种溶剂称为_____,使待测成分从_____中转移到_____中而得到分离。

3. 蒸馏法的蒸馏方式有_____、_____、_____等。

4. 化学分离法主要有_____、_____和_____。

5. 样品经处理后的处理液体积较大,待测试成分浓度太低,此时应进行浓缩,以提高被测组分的浓度,常用的浓缩方法有_____和_____。

二、单项选择题

1. 使空白测定值较低的样品处理方法是(　　)。
A. 湿法消化　　　　　B. 干法灰化　　　　　C. 萃取　　　　　D. 蒸馏

2. 常压干法灰化的温度一般是(　　)。
A. 100～150℃　　　B. 500～600℃　　　C. 200～300℃　　　D. 700～800℃

3. 湿法消化方法通常采用的消化剂是(　　)。
A. 强还原剂　　　　　B. 强萃取剂　　　　　C. 强氧化剂　　　　　D. 强吸附剂

4. 选择萃取的试剂时,萃取剂与原溶剂(　　)。
A. 以任意比混溶　　　　　　　　　B. 必须互不相溶
C. 能发生有效的络合反应　　　　　D. 能相溶

5. 当蒸馏物受热易分解或沸点太高时,可选用(　　)方法从样品中分离。
A. 常压蒸馏　　　　　B. 减压蒸馏　　　　　C. 高压蒸馏　　　D. 水蒸气蒸馏

6. 防止减压蒸馏暴沸现象产生的有效方法是(　　)。
A. 加入暴沸石　　　　　　　　　　B. 插入毛细管与大气相通
C. 加入干燥剂　　　　　　　　　　D. 加入分子筛

三、简答题

1. 什么是样品的预处理?为何要对样品进行预处理?选择预处理方法的原则是什么?
2. 预处理的方法有哪些?
3. 干法灰化与湿法消化的优缺点有哪些?
4. 简述溶剂提取法的分类与特点。
5. 简述蒸馏法的分类与使用范围。
6. 水蒸气蒸馏和普通蒸馏有什么区别和联系?

【超级链接】样品处理新技术

1. 高压密封消化罐法

又称高压溶样釜或高压密封溶样器,是在加压下对样品进行湿法消化的,容器内压力增大,提高了试剂分解有机质的效率,从而加速了试样的分解。此法可避免样品污染及挥散损失,破坏迅速彻底,加入试剂量少故空白值低,适合批量样品分析。但本法使用的设备较贵,每份样品量一般不能超过1 g,消化过程不能直接观察,容器有时发生泄漏、变形或样品分解不完全的现象,分解有机质时如使用高氯酸可能发性爆炸。所以每次使用前,要仔细检查消化罐的质量,密封操作不可过松过紧。加样量、加试剂量、加热温度和时间都应先作预试,以保证消化样品的有效性。

2. 微波炉消解法

在2 450 MHz的微波电磁场作用下,样品与酸的混合物通过吸收微波能量,使介质中的分子间相互摩擦,产生高热。同时,交变的电磁场使介质分子产生极化,由极化分子的快速排列引起张力。由于这两种作用,样品的表面层不断搅动破裂,产生新的表面与酸反应。由于溶液在瞬间吸收辐射能,消除了传统的分解方法所用的热传导过程,因而分解快速。特别是将微波水解法和密闭增压酸溶解法相结合的方法使两者的优点得到充分发挥。试样分解后的溶液经稀释后,可直接用于原子吸收光谱法或等离子体发射光谱法进行测定。微波消解法技术包括溶解、干燥、灰化、浸取等,适于处理大批量样品及萃取性与热不稳定的化合物。微波消解法以其快速、溶解用量少、节省能源、易于实现自动化等优点而广泛应用。

技能训练 凯氏定氮法测定乳粉中蛋白质含量样品前处理

一、技能目标

(1)查阅《食品安全国家标准 食品中蛋白质的测定》(GB 5009.5)制订作业程序。

(2)消化、称量、过滤、定容等基本操作技术熟练规范。

(3)正确执行安全操作规程。

二、所需试剂与仪器

按照《食品安全国家标准 食品中蛋白质的测定》(GB 5009.5)的规定,请将凯氏定氮法测定乳粉中蛋白质含量样品前处理所需仪器设备的名称、数量、规格和试剂的名称、规格级别记录于表1-25和表1-26中。

表1-25 工作所需全部仪器设备一览表

序号	名称	规格要求
1	凯氏烧瓶	250 mL
2		

表1-26 工作所需全部化学试剂一览表

序号	名称	规格要求	配制方法
1			
2			

三、工作过程与标准要求

工作过程及标准要求见表1-27。

表 1-27　工作过程与技能评价标准

工作过程	工作内容	技能标准
1. 制订工作方案	按照国家标准制订工作方案。	方案符合实际、科学合理、周密详细。
2. 试样抽取与制备	(1)随机从市场购买某品牌乳粉,记录其标识质量等级与具体蛋白质含量。 (2)将样品全部移入约 2 倍于样品体积的洁净干燥容器中,立即盖紧容器,反复旋转振荡,使样品彻底混合均匀。	抽取试样科学,混合充分,具有代表性。
3. 试剂与仪器准备	(1)称量仪器调试与检查。 (2)凯氏烧瓶清洗与干燥。	(1)所需的试剂与仪器设备全面详细。 (2)天平选择正确,凯氏烧瓶洁净干燥。
4. 样品称取与转移	称取 0.20～2.00 g 试样(相当氮 30～40 mg),用纸卷成筒状,小心无损地将试样移入洗净、烘干、编号的凯氏烧瓶内,加入 0.2 g 硫酸铜,6 g 硫酸钾及 20 mL 浓硫酸,加入 2～3 粒玻璃珠,在凯氏烧瓶的瓶口放一小漏斗。	(1)称量操作规范熟练。 (2)数据记录正确。 (3)样品转移全面无损。
5. 消化	将准备好的凯氏烧瓶以 45°斜放于温控电炉上(先垫上石棉网),开始用微火小心加热,(小心瓶内泡沫冲出而影响结果!),待内容物全部炭化,泡沫完全停止,瓶内有白烟冒出后,升至中温,白烟散尽后升至高温,加强火力,并保持瓶内液体微沸(为加快消化速度,可分数次加入 10 mL 30%过氧化氢溶液,但必须将烧瓶冷却数分钟以后加入!),经常转动烧瓶,观察瓶内溶液颜色的变化情况,当烧瓶内容物的颜色逐渐转化成透明的淡绿色时,继续消化 0.5～1 h(若凯氏烧瓶壁粘有炭化粒时,进行摇动或待瓶中内容物冷却数分钟后,用过氧化氢溶液冲下,继续消化至透明为止),然后取下并使之冷却。	(1)消解过程温度控制合理,无试样损失。 (2)加热设备使用、试剂添加符合安全操作要求。 (3)消化终点判定准确。 (4)统筹安排检测全过程。
6. 冷却与定容	将消化好并冷却至室温的样品消化液加入 20 mL 蒸馏水摇匀放冷,小心转移到 100 mL 容量瓶中,再用蒸馏水少量多次洗涤凯氏烧瓶,并将洗液一并转入容量瓶中,直至烧瓶洗至中性,表明铵盐无损地移入容量瓶中,充分摇匀后,加水至刻度线定容,静置至室温,混匀备用。同样条件下做一试剂空白试验。	(1)消化液转移充分。 (2)容量瓶使用操作规范熟练。 (3)空白试验正确。

四、数据记录及处理

数据的记录　将数据记录于表 1-28 中。

表 1-28　数据记录表

样品名称	样品质量/g

五、技能评价

按照工作过程操作水平,由相关人员填写技能评价表(表 1-29)。

表 1-29　技能评价表

评价内容	满分值	学生自评	同伴互评	教师评价	综合评分
1. 制订工作方案	10				
2. 试样抽取与制备	10				
3. 试剂与仪器准备	10				
4. 样品称取与转移	10				
5. 消化	20				
6. 冷却与定容	10				
7. 数据记录	5				
8. 实训报告	10				
9. 常见问题分析	15				
总分					

注:综合评分＝学生自评分×20％＋同伴互评分×30％＋教师评价分×50％。

模块二　食品物性参数的测定

【模块提要】　在食品检验中,根据食品的物性参数(如密度、相对密度、折射率、旋光度、黏度、色度、浊度等)与食品的组分及含量的关系进行检测,以评定食品质量,是食品分析及食品工业生产中常用的检测方法。这种检验方法也称为食品物理检验。食品物理检验有两种类型。

第一种类型是某些食品的一些物理常数,如密度、相对密度、折射率、旋光度等,与食品的组成成分及其含量之间存在着一定的数学关系,因此,可以通过物理常数的测定来间接地检测食品的组成成分及其含量。

第二种类型是某些食品的一些物理量,是该食品的质量指标的重要组成部分。如罐头的真空度;固体饮料的颗粒度、比体积;面包的比体积;液体的透明度、浊度、强度等。这一类的物理量可直接测定。

【学习目标】　通过本模块的学习,使学生了解密度计、折光仪、旋光仪的结构和工作原理;掌握常用密度计、折光仪、旋光仪及真空计、黏度计的使用技能;掌握食品的相对密度、可溶性固形物含量、真空度、黏度、色度等的测定方法。

项目一　相对密度的测定

【知识要求】

(1)了解密度、相对密度的概念;

(2)掌握密度瓶法测定液态食品相对密度的原理和方法;

(3)掌握密度计法测定液态食品相对密度的原理和方法。

【能力要求】

(1)熟悉分析天平、恒温水浴锅、密度计、密度瓶等各种仪器的正确使用方法;

(2)掌握密度瓶法、密度计法测定液态食品相对密度的基本技能操作;

(3)能正确分析相对密度测定过程中产生误差的原因及控制措施。

【知识准备】

一、密度与相对密度

密度是指在一定温度下单位体积中物质质量,单位为克每毫升(g/mL),以符号 ρ 表示。相对密度是指某一温度下物质的质量与同体积某一温度下纯水的质量的比值,用 d 表示,无量纲。

由于物质具有热胀冷缩的性质(水在 4℃ 以下是反常的),所以密度及相对密度值都会随温度的改变而改变(表 2-1),因此密度应标示出测定时物质的温度,表示为 ρ_t,如 ρ_{20},即物质在 20℃ 时的密度。相对密度应标示出测定时物质的温度及水的温度,表示为 $d_{t_2}^{t_1}$,其中 t_1 表示被测物质的温度,t_2 表示水的温度,如 d_4^{20},d_{20}^{20}。

表 2-1　水的密度与温度的关系

$t/℃$	密度/(g/cm³)	$t/℃$	密度/(g/cm³)	$t/℃$	密度/(g/cm³)	$t/℃$	密度/(g/cm³)
0	0.999 868	8	0.999 876	16	0.998 970	24	0.997 323
1	0.999 927	9	0.999 808	17	0.998 801	25	0.997 071
2	0.999 968	10	0.999 727	18	0.998 622	26	0.996 810
3	0.999 992	11	0.999 623	19	0.998 432	27	0.996 539
4	1.000 000	12	0.999 525	20	0.998 230	28	0.996 259
5	0.999 992	13	0.999 404	21	0.998 019	29	0.995 971
6	0.999 968	14	0.999 271	22	0.997 797	30	0.995 673
7	0.999 929	15	0.999 126	23	0.997 565	31	0.995 367

密度和相对密度的关系如下:

$$d_{t_1}^{t_2} = \frac{t_1 \text{ 温度下物质的密度}}{t_2 \text{ 温度下水的密度}}$$

因为水在 4℃ 时的密度为 1.000 g/cm³,所以物质在某温度下的密度 ρ_t 和物质在同一温度下对 4℃ 水的相对密度 d_4^t 在数值上相等,两者在数值上可以通用。故工业上为方便起见,常用 d_4^{20},即物质在 20℃ 时的质量与同体积 4℃ 水的质量之比来表示物质的相对密度,其数值与物质在 20℃ 时的密度 ρ_{20} 相等。

当用密度计或密度瓶测定液体的相对密度时,以测定溶液对同温度水的密度比较方便,通常测定液体在 20℃ 时对水在 20℃ 时的相对密度,以 d_{20}^{20} 表示。因为水在 4℃ 时的密度比水在 20℃ 时的密度大,对于同一溶液而言,$d_{20}^{20} > d_4^{20}$。

d_4^{20} 和 d_{20}^{20} 之间可用以下公式 $d_4^{20} = d_{20}^{20} \times 0.998\ 23$ 换算,式中 0.998 23 为 20℃ 时水的密度(g/cm³)。若测定时水的温度不在 20℃,而在 $t℃$ 时,d_t^{20} 可换算成 d_4^{20} 的数据;同理,若要将 $d_{t_2}^{t_1}$ 换算为 $d_4^{t_1}$,可按以下公式 $d_4^{t_1} = d_{t_2}^{t_1} \rho_{t_2}$ 进行,式中 ρ_{t_2} 为温度 t_2 时水的密度(g/cm³)。

二、液态食品的组成及其浓度与相对密度的关系

相对密度是物质重要的物理常数,各种液态食品都具有一定的相对密度,当其组成成分及浓度发生改变时,其相对密度往往也随之改变。因此,通过测定液态食品的相对密度,可以检验食品的纯度、质量浓度及判断食品的质量。

液态食品当其水分被完全蒸发、干燥至恒重时,所得到的剩余物称干物质或固形物。液态食品的相对密度与其固形物含量具有一定的数学关系,故测定液态食品相对密度即可求出固形物含量。如果汁、番茄制品等,测定其相对密度并通过换算或查专用经验表格可以确定可溶

性固形物或总固形物的含量。

　　蔗糖、酒精等溶液的相对密度随溶液浓度的增加而增高,通过实验已制定了溶液浓度与相对密度的对照表,只要测得了相对密度就可以由专用的表格上查出其对应的浓度。

　　正常的液态食品,其相对密度都在一定的范围内。例如,全脂牛奶的相对密度为 1.028～1.032,植物油(压榨法)相对密度为 0.909 0～0.929 5。当因掺杂、变质等原因引起这些液态食品的组成成分发生变化时,均可出现相对密度的变化。如牛乳的相对密度与其总乳固体含量、脂肪含量有关。脱脂后的牛乳的相对密度要比生牛乳高,掺水乳相对密度则比生牛乳低。油脂的相对密度与其脂肪酸的组成有关,不饱和脂肪酸含量越高,脂肪酸不饱和程度越高,脂肪的相对密度越高。游离脂肪酸含量越高,相对密度越低。油脂酸败后相对密度升高。因此,测定相对密度可初步判断食品的纯净程度以及是否正常。需要注意的是,当食品的相对密度异常时,可以肯定食品的质量有问题;当相对密度正常时,并不能肯定食品质量无问题,必须配合其他理化分析,才能确定食品的质量。总之,相对密度是食品生产过程中常用的工艺和质量控制指标。

三、液态食品相对密度的测定方法

　　根据 GB/T 5009.2,液态食品相对密度的测定方法有 3 种:密度瓶法、相对密度计(比重计)法和相对密度天平法,其中比较常用的是密度瓶法和密度计法。

【技能培训】

一、密度瓶法

(一)测定原理

　　密度瓶是测定液体相对密度的专用精密仪器,它是容积固定的玻璃称量瓶,其种类和规格有多种。常用的有带温度计的精密密度瓶和带毛细管的普通密度瓶,见图 2-1。容积有 20 mL、25 mL、50 mL、100 mL 4 种规格,但常用的是 25 mL 和 50 mL 两种。

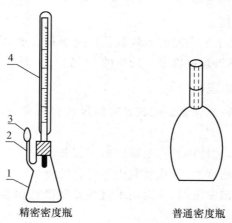

精密密度瓶　　　　　　　　普通密度瓶

图 2-1　密度瓶

1. 密度瓶　2. 支管标线　3. 支管帽　4. 附温度计的瓶盖

密度瓶的容积是一定的,在 20℃时分别测定充满同一密度瓶的水及试样的质量即可计算出相对密度,由水的质量可确定密度瓶的容积即试样的体积,根据试样的质量及体积即可计算密度。

(二)仪器

(1)恒温水浴锅。

(2)密度瓶:25 mL。

(3)天平:感量为 0.1 mg。

(三)操作技能

将密度瓶清洗干净,再依次用乙醇、乙醚洗涤数次,烘干并冷却至室温后准确称取质量。

将试样注入密度瓶并盖上瓶盖,置(20±1)℃恒温水浴中浸 0.5 h,至密度瓶温度计达 20℃并维持 30 min,使内容物的温度达到 20℃。盖上瓶盖,并用细滤纸条吸去支管标线上的试样,盖好小帽后取出,并用滤纸擦干密度瓶外壁的水后,置于天平室内 0.5 h,准确称取质量。

将试样倾出,洗净密度瓶,注入经煮沸 30 min 并冷却至 20℃以下的蒸馏水,按以上操作,测出 20℃时蒸馏水的质量。密度瓶内不能有气泡,天平室内温度不能超过 20℃,否则不能使用此法。

(四)分析结果的表述

试样在 20℃时的相对密度按下面公式进行计算:

$$d_{20}^{20} = \frac{m_1 - m_0}{m_2 - m_0} \qquad d_4^{20} = d_{20}^{20} \times 0.998\,23$$

式中:m_0——空密度瓶质量,g;

$\qquad m_1$——空密度瓶加试样的质量,g;

$\qquad m_2$——空密度瓶加水的质量,g;

0.998 23——20℃时水的密度。

计算结果表示到称量天平的精度的有效数位。要求精密度,在重复性条件下获得的两次独立测定结果的绝对差值不得超过算术平均值的 5%。

(五)常见技术问题处理

(1)本测定法适用于各种液体食品尤其是样品量较少的食品,对挥发性样品也适用,结果准确,但操作较繁琐。

(2)测定较黏稠样液时,宜使用具有毛细管的密度瓶。

(3)水及样品必须注满密度瓶,并注意瓶内不得有气泡。

(4)要小心从水浴中取出密度瓶,不得用手直接接触已达恒温的密度瓶球部,以免液体受热流出。

(5)水浴中的水必须清洁无油污,以防瓶外壁被污染。恒浴时要注意及时用小滤纸条吸去溢出的液体,不能让液体溢出到瓶壁上。

(6)天平室温度不得高于 20℃,以免液体膨胀流出。

二、相对密度计法

(一)相对密度计的结构

相对密度计(以下简称密度计)是根据阿基米德原理制成的,其种类很多,但结构和形式基本相同,都是由玻璃外壳制成。它由三部分组成,头部呈球形或圆锥形,里面灌有铅珠、水银或其他重金属,使其能直立于溶液中。中部是胖肚空腔,内有空气,故能浮起。尾部是一细长管,内附有刻度标签表示相对密度读数,刻度是利用各种不同密度的液体标度的。

(二)密度计的类型

食品工业常用的密度计按其标示的方法不同,分为普通密度计、锤度计、乳稠计、波美密度计和酒精计等,见图 2-2。

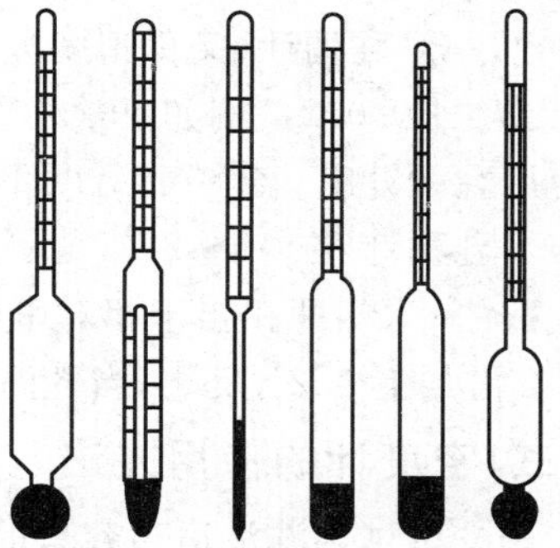

1. 普通密度计

普通密度计是直接以 20℃ 时的密度值为刻度的(因 d_4^{20} 与 ρ_{20} 在数值上相等,也可以说是以 d_4^{20} 为刻度的)。一套通常由几支组成,每支的刻度范围不同,刻度值小于 1 的(0.700~1.000)称为轻表,用于测量比水轻的液体;刻度值大于 1 的(1.000~2.000)称为重表,用来测量比水重的液体。

图 2-2 各种密度计

1. 普通密度计 2. 附有温度计的糖锤度计
3,4. 波美密度计 5. 酒精计 6. 乳稠计

2. 糖锤度计

糖锤度计是专门用于测定糖液浓度的密度计,它是以蔗糖溶液的质量百分浓度为刻度的,以符号°Bx 表示。其标度方法是以 20℃ 为标准温度,在蒸馏水中为 0°Bx,在 1% 的蔗糖溶液(即 100 g 蔗糖溶液中含 1 g 蔗糖)中为 1°Bx,依此类推。

锤度计常用的锤度刻度范围有:0~60°Bx、5~11°Bx、10~16°Bx、15~21°Bx、20~26°Bx 等。因为热膨胀原因,在较高的温度下,也就是说,超过 20℃ 时所得数值比应有读数低,反之低于 20℃ 时所得读数比应有读数高。所以,若样品(糖液)溶液测定温度不在标准温度(20℃),须根据"观测糖锤度温度浓度换算表"(见附表1)进行校正。

当温度低于 20℃ 时,糖液体积减小导致相对密度增大,即锤度升高,故应减去相应的温度校正值;反之则应加上相应的温度校正值。

3. 波美计

用于测定溶液中溶质的质量分数,以波美度(°Bé)表示。按标度方法的不同分为多种类型,常用的波美计的刻度方法是以 20℃ 为标准,在蒸馏水中为 0°Bé,在 15% 氯化钠溶液中为 15°Bé,在纯硫酸(相对密度为 1.842 7)中为 66°Bé,其余刻度等分。

波美计分为轻表和重表两种,分别用于测定相对密度小于 1 的和相对密度大于 1 的液体。对糖液而言,1°Bé 约相当于 18°Bx。波美度与溶液相对密度的换算按下式进行:

$$轻表:°Bé=\frac{145}{d_{20}^{20}}-145 \qquad 重表:°Bé=145-\frac{145}{d_{20}^{20}}$$

4. 酒精计

酒精计是用来测定酒精浓度的密度计,单位为"度"(°)。其标准刻度是用已知酒精浓度的

纯酒精溶液来标定的,20℃时在蒸馏水中读数为 0,在 1% 的酒精溶液中为 1,即 100 mL 酒精溶液中含乙醇 1 mL,故从酒精计上可直接读取酒精溶液的体积百分浓度。

若测定温度不在 20℃时,需根据酒精计温度浓度校正表,换算为 20℃酒精的实际浓度。

5. 乳稠计

乳稠计是专门用来测定牛乳相对密度的密度计,测量相对密度的范围为 1.015～1.045。它是将相对密度减去 1.000 后再乘以 1 000 作为刻度,以度(°)表示,其刻度范围为 15°～45°。使用时把测得的读数按上述关系可换算为相对密度值。

乳稠计按其标度方法不同分为两种:一种按 15℃/15℃标定(又称相对密度乳稠计),另一种为 20℃/4℃乳稠计(又称密度乳稠计),用两种乳稠计测定时,前者的读数为后者读数加 2,即 $d_{15}^{15}=d_4^{20}+0.002$。例如正常牛乳的相对密度 $d_4^{20}=1.030$,则 $d_{15}^{15}=1.032$。

使用乳稠计时,若测定温度不是标准温度,需将读数校正为标准温度下的读数。对于 20℃/4℃乳稠计,在 10～25℃范围内,温度每变化 1℃,相对密度值相差 0.000 2,即相当于乳稠计读数的 0.2°,即相当于相对密度值平均减小 0.000 2。故当乳温高于标准温度 20℃时,则每高 1℃需加上 0.2°,反之,当乳温低于 20℃时,每低 1℃需减去 0.2°。

(三)密度计的使用方法

先用少量试样洗涤适当容量的量筒内壁(一般用 250～500 mL 量筒),然后沿量筒内壁缓缓注入试样,注意避免产生泡沫。将密度计洗净,用滤纸擦干,慢慢垂直插入盛有待测试样的量筒中,勿使触及容器四周及底部,使其缓缓下沉直至稳定地悬浮在试样中,待其静止后,再将其轻轻按下少许,然后待其自然上升直至静止并无气泡冒出时,从水平位置读取与液平面相交处的刻度值,即为试样的相对密度。同时用温度计测量试样的温度,如测得温度不是标准温度,应对测得值加以校正。

(四)常见技术问题处理

(1)密度计法操作简便迅速,但准确性较差,需要试样多,不适用于极易挥发的样品。

(2)测定前应根据试样大概的密度范围选择量程合适的密度计,若选择不当,不仅无法读数,且有可能使密度计碰撞而损坏。

(3)量筒的选取要根据密度计的长度确定。向量筒注入试样时应缓慢注入,防止产生气泡而影响准确读数。

(4)测定时量筒应与桌面垂直,量筒须置于水平桌面上,注意不使密度计触及量筒筒壁及筒底。

(5)注意按密度计顺序读数(从下到上还是从上到下)。读数时视线保持水平,并以观察样液的弯月面下缘最低点为准,若液体颜色较深,不易看清弯月面下缘时,则以观察弯月面两侧高点为准。

(6)测定时若样液温度不是标准温度 20℃,应进行温度校正。

(7)密度计要轻拿轻放,非垂直状态下或倒立时不能手持尾部,以免折断密度计。

【知识与技能检测】

一、填空题

1. 密度是指_____,相对密度是指_____。

2. 测定食品相对密度常用的方法有＿＿＿＿＿＿法和＿＿＿＿＿＿法。

3. 食品物理检验常用的密度计有＿＿＿＿＿、＿＿＿＿＿、＿＿＿＿＿、＿＿＿＿＿等。

二、叙述题

1. 相对密度的测定在食品分析与检验中有何意义？

2. 如何用密度瓶测定溶液的相对密度？

3. 密度计有哪些类型？各有何用途？如何正确使用密度计？

4. 密度瓶法和密度计法测定液体食品的密度,各有何优缺点？

【超级链接】相对密度天平法测定相对密度

1. 测定原理

在 20℃时,分别测定玻锤在水及试样中的浮力,由于玻锤所排开的水的体积与排开的试样的体积相同,即可计算出试样的相对密度,根据水的密度及玻锤在水中与试样中的浮力,即可计算出试样的相对密度。

2. 仪器

韦氏相对密度天平如图 2-3 所示。横梁 5 的右端等分为 10 个刻度,玻锤 10 在空气中质量准确为 15.00 g,内附温度计,温度计上有一道红线或一道较粗的黑线用来表示在此温度玻锤能准确排开 5 g 水质量。此相对密度天平为水在该温度时的相对密度为 1。玻璃圆筒用来盛试样。砝码 11 的质量与玻锤相同,用来在空气中调节相对密度天平的零点。游码组 8 本身质量为 5 g、0.5 g、0.05 g、0.005 g,在放置相对密度天平横梁上时,表示质量的比例为 0.1、0.01、0.001、0.000 1。如 0.1 的放在相对密度天平横梁 8 处即表示 0.8,0.01 放在 9 处表示 0.09,其余类推。

3. 分析步骤

测定时将支架置于平面桌上,横梁架于刀口处,挂钩处挂上砝码,调节升降旋钮至适宜高度,旋转调零旋钮,使两指针吻合。然后取下砝码,挂上玻锤,将玻璃圆筒内加水至 4/5 处,使玻锤沉于玻璃圆筒内,调节水温至 20℃(即玻锤内温度计指示温度),试放 4 种游码,主横梁上两指针吻合,读数为 p_1,然后将玻锤取出擦干,加欲测试样于干净圆筒中,使玻锤浸入至以前相同的深度,保持试样温度在 20℃,试放 4 种游码,至横梁上两指针吻合,记录读数为 p_2。玻锤放入圆筒内时,勿使碰及圆筒四周及底部。

4. 分析结果的表述

试样在 20℃时的密度按式(1)进行计算。试样的相对密度按式(2)进行计算。

$$\rho_{20} = \frac{p_2}{p_1} \times \rho_0 \tag{1}$$

$$d = \frac{p_2}{p_1} \tag{2}$$

式中：ρ_{20}——试样在 20℃时的密度,g/mL；

p_1——浮锤浸入水中时游码的读数,g；

p_2——浮锤浸入试样中时游码的读数,g；

ρ_0——20℃时蒸馏水的密度(0.998 20 g/mL)；

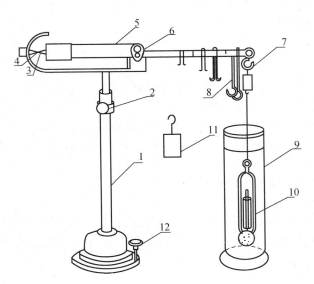

图 2-3　韦氏相对密度天平

1. 支架　2. 升降调节旋钮　3,4. 指针　5. 横梁　6. 刀口　7. 挂钩
8. 游码　9. 玻璃圆筒　10. 玻锤　11. 砝码　12. 调零旋钮

d——试样的相对密度。

计算结果表示到称量天平的精度的有效数位。在重复性条件下获得的两次独立测定结果的绝对差值不得超过算术平均值的 5%。

技能训练　生乳相对密度的测定

一、技能目标

(1)查阅《生乳相对密度的测定》(GB 5009.33),能正确制订作业程序。

(2)掌握密度计测定生乳相对密度的方法。

二、所需试剂与仪器

按照《生乳相对密度的测定》(GB 5009.33)的规定,请将生乳相对密度测定所需仪器设备的名称、数量、规格和试剂的名称、规格级别记录于表 2-2 中。

三、工作过程与标准要求

工作过程及标准要求见表 2-3。

表 2-2　工作所需全部仪器设备一览表

序号	名称	规格要求
规格要求	密度计	20℃/4℃
2	玻璃圆筒或量筒	玻璃圆:筒高度应大于密度计的长度,其直径大小应使在沉入密度计时其周边和圆筒内壁的距离不小于 5 mm。 量筒:200~250 mL。

表 2-3　工作过程与标准要求

工作过程	工作内容	技能标准
1. 制订工作方案	按照国家标准制订工作方案。	方案符合实际、科学合理、周密详细。
2. 试剂与仪器准备	密度计和量筒的洗涤和干燥。	洗净密度计和量筒,晾干备用。
3. 采样与处理	将样品混匀并调节温度为 1~25℃。	(1)均匀样品的制备。 (2)样品温度的调节。
4. 加注乳样与测温	将乳样小心地沿量筒壁注入 250 mL 量筒中,并测量试样温度。	(1)能正确向量筒加入乳样。 (2)温度测量方法正确。
5. 测定	利用密度计测定生乳相对密度。	(1)乳稠计使用方法正确。 (2)能正确地进行读数。

四、数据记录及处理

1. 数据的记录

将数据记录于表 2-4 中。

表 2-4　数据记录表

数据名称	
实测试样的读数 α	
测量时试样的温度 $t/℃$	
校正:	

2. 结果计算

相对密度(ρ_4^{20})与密度计刻度关系式见下式:

$$\rho_4^{20} = \frac{X}{1\,000} + 1.000$$

式中:ρ_4^{20}——相对密度;

　　X——密度计读数。

当用 20℃/4℃ 密度计,温度在 20℃ 时,将读数代入上式相对密度即可直接计算;不在 20℃ 时,要查密度计读数变为温度 20℃ 时的度数换算表 2-5 换算成 20℃ 时度数,然后再代入上式计算。

表 2-5　密度计读数变为温度 20℃ 时的度数换算表

密度计读数		25	26	27	28	29	30	31	32	33	34	35	36
生乳温度/℃	10	23.3	24.2	25.1	26.0	26.9	27.9	28.8	29.3	30.7	31.7	32.6	33.5
	11	23.5	24.4	25.3	26.1	27.1	28.1	28.0	30.0	30.8	31.9	32.8	33.8
	12	23.6	24.5	25.4	26.3	27.3	28.3	29.2	30.2	31.1	32.1	33.1	34.0
	13	23.7	24.7	25.6	26.5	27.5	28.5	29.4	30.4	31.2	32.3	33.3	34.3
	14	23.9	24.9	25.7	26.6	27.6	28.6	29.6	30.6	31.5	32.5	33.5	34.5
	15	24.0	25.0	25.9	26.8	27.8	28.8	29.8	30.7	31.7	32.7	33.7	34.7
	16	24.2	25.2	26.1	27.0	28.0	29.0	30.0	31.0	32.0	33.0	34.0	34.9
	17	24.4	25.4	26.3	27.3	28.3	29.3	30.3	31.2	32.2	33.2	34.2	35.2
	18	24.6	25.6	26.5	27.5	28.5	29.5	30.5	31.5	32.5	33.5	34.5	35.6
	19	24.8	25.8	26.8	27.8	28.8	29.8	30.8	31.8	32.8	33.8	34.7	35.7
	20	25.0	26.0	27.0	28.0	29.0	30.0	31.0	32.0	33.0	34.0	35.0	36.0
	21	25.2	26.2	27.2	28.2	29.2	30.2	31.2	32.2	34.3	35.3	36.2	
	22	25.4	26.4	27.5	28.5	29.5	30.5	31.5	32.5	33.5	34.4	35.5	36.5
	23	25.5	26.6	27.7	28.7	29.7	30.7	31.7	32.8	33.8	34.8	35.8	36.7
	24	25.8	26.8	27.9	29.0	30.0	31.0	32.0	33.0	34.1	35.1	36.1	37.0
	25	26.0	27.0	28.1	29.2	30.2	31.2	32.2	33.3	34.3	35.3	36.3	37.2

五、技能评价

按照工作过程操作水平,由相关人员填写技能评价表(表 2-6)。

表 2-6　技能评价表

评价内容	满分值	学生自评	同伴互评	教师评价	综合评分
1. 制订工作方案	10				
2. 准备工作	5				
3. 采样与处理	20				
4. 加注乳样与测温	10				
5. 样品测定	25				
6. 分析结果表述	15				
7. 实训报告	15				
总分					

注:综合评分＝学生自评分×20％＋同伴互评分×30％＋教师评价分×50％。

项目二　折射率的测定

【知识要求】

(1)了解光的折射与全反射现象;

(2)了解食品折射率的测定意义;

(3)了解并掌握阿贝折光仪的结构、测定原理和测定方法。

【能力要求】

(1)了解阿贝折光仪的结构;

(2)掌握使用阿贝折光仪测定食品折射率的基本技能操作;

(3)能正确分析折射率测定过程中产生误差的原因及控制措施。

【知识准备】

一、基本概念

通过测量物质的折射率来鉴别物质的组成,确定物质的纯度、浓度及判断物质的品质的分析方法称为折射检验法。

(一)光的反射现象与反射定律

一束光线照射在两种介质的分界面上时,要改变它的传播方向,但仍在原介质上传播,这种现象叫光的反射,见图 2-4。

光的反射遵守以下定律:①入射线(AO)、反射线(OB)和法线(OL)总是在同一平面内,入射线和反射线分居于法线的两侧。②入射角(α)等于反射角(β)。

(二)光的折射现象与折射定律

当光线从一种介质射到另一种介质时,在分界面上,光线的传播方向发生了改变,一部分光线进入第二种介质,这种现象称为折射现象。

光线从一种介质(如空气)射到另一种介质(如水)时,除了一部分光线反射回第一种介质外,另一部分进入第二种介质中并改变它的传播方向,这种现象叫光的折射,见图 2-5。

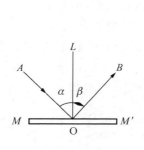

图 2-4　光的反射

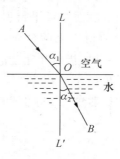

图 2-5　光的折射

79

光的折射遵守以下定律:

(1)入射线、法线和折射线在同一平面内,入射线和折射线分居法线的两侧。

(2)入射角无论怎样改变,入射角正弦与折射角正弦之比,恒等于光在两种介质中的传播速度之比。

$$\frac{\sin\alpha_1}{\sin\alpha_2} = \frac{v_1}{v_2}$$

式中:v_1——光在第一种介质中的传播速度;

$\quad\quad v_2$——光在第二种介质中的传播速度;

$\quad\quad \alpha_1$——入射角;

$\quad\quad \alpha_2$——折射角。

光在真空中的速度 c 和在介质中的速度 v 之比,叫做介质的绝对折射率(简称折射率、折光率),以 n 表示,即 $n=c/v$。

显然:$n_1=c/v_1$,$n_2=c/v_2$,$v_1=c/n_1$,$v_2=c/n_2$

式中 n_1 和 n_2 分别为第一介质和第二介质的绝对折射率。

故折射定律可表示为:

$$\frac{\sin\alpha_1}{\sin\alpha_2} = \frac{n_2}{n_1}$$

(三)全反射与临界角

1. 光密介质与光疏介质

两种介质相比较,光在其中传播速度较大的叫光疏介质,其折射率较小;反之叫光密介质,其折射率较大。

2. 全反射与临界角

当光线从光密介质进入光疏介质(如从棱镜射入样液)时,因 $n_1 > n_2$,折射角 α_2 恒大于入射角 α_1,即折射线偏离法线;反之,当光线从光疏介质进入光密介质(如从样液射入棱镜)时,因 $n_1 < n_2$,折射角 α_2 恒小于入射角 α_1,即折射线靠近法线。在前一种情况下如逐渐增大入射角,折射线会进一步偏离法线,当入射角增大到某一角度,如下图 2-6 中 4 的位置时,其折射线 $4'$ 恰好与 OM 重合,此时折射线不再进入光疏介质而是沿两介质的接触面 OM 平行射出,这种现象称为全反射。即光从光密介质射入光疏介质。当入射角增大到

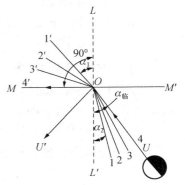

图 2-6　光的全反射

某一角度,使折射角达 90°时,折射光完全消失,只剩下反射光,这种现象称为全反射。发生全反射的入射角称为临界角。

因为发生全反射时折射角(α_1)等于 90°,$\sin 90°=1$,所以:

$$\frac{n_2}{n_1} = \frac{\sin\alpha_1}{\sin\alpha_2} = \frac{\sin 90°}{\sin\alpha_{临}}$$

即

$$n_1 = n_2 \sin\alpha_{临}$$

式中：n_1——样液的折射率；

　　　n_2——棱镜的折射率。

折光计(仪)就是根据这个原理来制造的。当使用折光计检测样品溶液时，其中 n_2 是折光计中棱镜的折射率为已知的，而临界角随样品溶液浓度大小而改变，可以通过棱镜的旋转，直到出现全反射的视野。读出棱镜的旋转角度，样品溶液的折射率 n_1 就可以求出。

二、折射率与食品组成及其浓度的关系

折射率是物质的一种物理性质，其大小取决于物质的性质，即每一种均一物质都有其固有的折射率。对于同一物质的溶液来说，其折射率的大小与其浓度(可溶性固形物)成正比。

折射率是食品生产中常用的工艺控制指标，通过测定液态食品的折射率，可以鉴别食品的组成、确定食品的浓度、判断食品的纯净程度及品质。

纯蔗糖溶液的折射率随浓度升高而升高，测定糖液的折射率即可确定糖液的质量浓度及饮料、糖水罐头等食品的糖度，还可测定以糖为主要成分的果汁、蜂蜜等食品的可溶性固形物的含量。

各种油脂具有其一定的脂肪酸构成，每种脂肪酸均有其特定的折射率。含碳原子数目相同时，不饱和脂肪酸的折射率比饱和脂肪酸的折射率大得多；不饱和脂肪酸分子量越大，折射率也越大；酸度高的油脂折射率低。因此测定折射率可以鉴别油脂的组成和品质。

正常情况下，食品的折射率均有一定的范围，如正常牛乳乳清的折射率在 1.341 99～1.342 75，当液态食品因掺杂、质量浓度或品种改变等原因引起食品品质发生了变化时，折射率会发生变化。所以，测定折射率可以初步判断某些食品是否正常。如牛乳掺水，其乳清折射率降低，故测定牛乳乳清的折射率可了解乳糖的含量，判断牛乳是否掺水。

必须指出的是，折射法测得的只是可溶性固形物含量，因为固体粒子不能在折光仪上反映出它的折射率。含有不溶性固形物的食品如果浆、果酱、果泥等，不能用折射法直接测出总固形物。但对于番茄酱等个别食品，已通过实验编制了总固形物与可溶性固形物关系表，可先用折光仪测定其可溶性固形物含量，再由表查出总固形物的含量。

【技能培训】

一、折光仪的操作与使用

折光仪是利用临界角原理测定物质折射率的仪器，大多数的折光仪是直接读取折射率，不必由临界角间接计算。除了折射率的刻度尺外，通常还有一个直接表示出折射率相当于可溶性固形物百分数的刻度尺，使用很方便。常用的折光仪有阿贝折光仪和手持式折光仪。

(一)手持式折光仪

手持式折光仪又称为手持糖度计，主要由折光棱镜、棱镜盖板、校准螺栓、目镜(视度调节手轮)组成(图2-7)。

手持式折光仪光线进行情况见图2-8。光线从棱镜 P 的侧孔射入糖液 S，光线 3 经折射后为盖板 D 所吸收，不能反射至目镜 K 中；光线 LO 射到糖液 S 时，∠LOO' 达到了临界角，引起了全反射，反射线 OL' 反射进目镜。同样，光线1、2均反射到目镜，于是视野中出现了明暗两

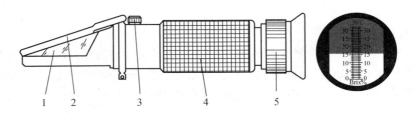

图 2-7 手持式折光仪原构图

1. 折光棱镜 2. 棱镜盖板 3. 校准螺栓 4. 光学系统管路 5. 目镜(视度调节手轮)

部分。从明暗分界线可读出相应糖量百分数。

(二)阿贝折光仪

1. 阿贝折光仪的结构及原理

阿贝折光仪的结构如图 2-9 所示。其光学系统(图 2-10)由观测系统和读数系统两部分组成。

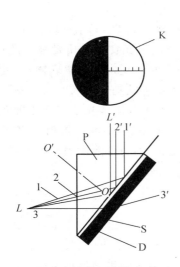

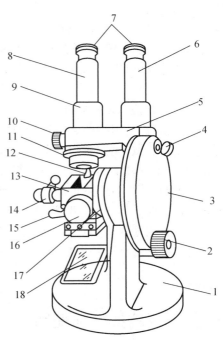

图 2-8 手持式折光仪光路图

P. 棱镜 D. 棱镜置板 S. 糖液 K. 目镜
L,1,2,3. 入射光 L',1',2',3'. 折射光
O'O. 法线

图 2-9 阿贝折光仪

1. 底座 2. 棱镜调节旋钮 3. 圆盘组(内有刻度板) 4. 小反光镜 5. 支架 6. 读数镜筒 7. 目镜 8. 观察镜筒 9. 分界线调节螺丝 10. 消色调节旋钮 11. 色散刻度尺 12. 棱镜锁紧扳手 13. 棱镜组 14. 温度计插座 15. 恒温器接头 16. 保护罩 17. 主轴 18. 反光镜

观测系统:光线由反光镜 1 反射,进入进光棱镜 2、折射棱镜 3 以及进光棱镜 2 和折射棱镜 3 之间的被测样品溶液薄层后射出。再经色散补偿器 4 消除由折射棱镜及被测样液产生的色散,然后由物镜 5 将明暗分界线成像于分划板 6 上,经目镜 7 和 8 放大后成像于观测者眼中。

读数系统:光线由小反光镜 14 反射,经毛玻璃 13 射到刻度盘 12 上,经转向棱镜 11 及物镜 10 将刻度成像于分划板 9 上,通过目镜 7 和 8 放大后成像于观测者眼中。当旋动棱镜调节旋钮 2 时,棱镜摆动,当视野内明暗分界线恰好通过十字交叉点时,表示光线从棱镜射入样液的入射角达到了临界角。由两镜筒中看到的图像如图 2-11 所示。此时即可从读数镜筒中读取样液的折射率或锤度值。由右图右边一行刻度线课读出样品的折射率 n,仪器的测定范围是 1.300～1.700。右图左边一行刻度线代表糖溶液的百分浓度,在测定糖溶液时可根据其折射率的变化直接确定溶液的含糖量。也就是说,当测定样液浓度不同时,折射率亦不相同,故临界角的数值亦有不同。在读数镜筒中即可读取折射率 n,或糖液浓度,或固形物的含量。

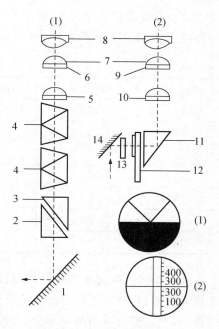

图 2-10　阿贝折光仪的光学系统

1. 反光镜　2. 进光棱镜　3. 折射棱镜
4. 色散补偿器　5,10. 物镜　6,9. 分划板
7,8. 目镜　11. 棱镜　12. 刻度盘
13. 毛玻璃　14. 小反光镜

阿贝折光仪的折光率刻度范围为 1.300 0～1.700 0,测量精确度为 ±0.000 3,可测量糖溶液的浓度范围为 0～95%(相当于折光率 1.333～1.531),测定温度为 10～50℃内的折光率。

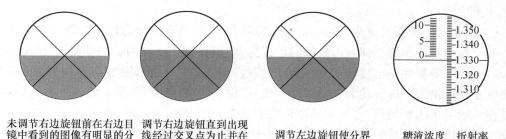

未调节右边旋钮前在右边目镜中看到的图像有明显的分界线为止此时颜色是散的

调节右边旋钮直到出现线经过交叉点为止并在左边目镜中读数

调节左边旋钮使分界

糖液浓度　折射率

图 2-11　阿贝折光仪的视场

2. 阿贝折光仪的使用

(1)准备　将阿贝折光仪置于靠窗的桌子上或白炽灯前,但应避免阳光的直接照射,以免液体试样受热迅速蒸发。与恒温水浴连接,通入所需温度的恒温水于两棱镜夹套中,棱镜上温度计应指示所需温度,否则应重新调节恒温水浴温度。光源对准反射镜,使通过目镜能在视野中看到虹彩和十字线,若看不清十字线,应调整至目镜清晰为止。

(2)校正　测量前要先做仪器校正。通常用测定蒸馏水折射率的方法进行校准,在标准温度(20℃)下折光仪应表示出折射率为 1.332 99 或可溶性固形物为 0。若校正时温度不是 20℃,应根据蒸馏水的折射率表(表 2-7)查出该温度下蒸馏水的折射率进行核准。

表 2-7　蒸馏水的折射率

温度/℃	折射率	温度/℃	折射率	温度/℃	折射率
10	1.333 71	17	1.333 24	24	1.332 63
11	1.333 63	18	1.333 16	25	1.332 53
12	1.333 59	19	1.333 07	26	1.332 42
13	1.333 53	20	1.332 99	27	1.332 31
14	1.333 46	21	1.332 90	28	1.332 20
15	1.333 39	22	1.332 81	29	1.332 08
16	1.333 32	23	1.332 72	30	1.331 96

打开折光计的进光棱镜和折射棱镜,用蒸馏水洗净并用滤纸吸干,然后滴 1～2 滴蒸馏水于镜面中央,将两棱镜闭合。调节反光镜及小反光镜,使镜筒视野明亮。由目镜观察,转动棱镜旋钮,至视野分成明暗两部分,再转动补偿器旋钮以消除色散,使视野产生明暗分界。旋动目镜使分界线、十字线明晰。旋动棱镜旋钮,使明暗分界线刚好在十字线交叉点上。从读数镜筒中读取折光率。在 20℃时蒸馏水的折光率为 1.333 0。如无恒温设备,可用蒸馏水在不同温度下的折光率来校正,校正完毕,在以后测定过程中,分界线调节旋钮不允许再动。

对于折射率较高的折光仪的校准,通常是用特制的具有一定折射率的标准玻璃块来校准。方法是先把进光棱镜打开,在标准玻璃抛光板面上加一滴折射率很高的溴化萘湿润之,然后将玻璃抛光板粘在折射棱镜表面上,使标准玻璃板抛光的一端向下,以便接受光线,测得的折射率应与标准玻璃板的折射率一致。如遇读数不正确时,可旋动仪器上特有的校正旋钮,将其调整到正确读数。

(3)测定　①旋开测量棱镜和辅助棱镜的闭合旋钮,打开棱镜,滴 1～2 滴丙酮在毛玻璃面上。合上两棱镜待镜面全部被丙酮湿润后再打开,用擦镜头纸将两棱镜面轻擦干净。②测量时,滴加 1～2 滴样品于毛玻璃面上,闭合两棱镜,旋紧锁钮。如样品很容易挥发,可用滴管从棱镜间小槽中滴入。③转动刻度盘罩外手柄(棱镜被转动),使刻度盘上的读数为最小,调节反射镜使入射光进入棱镜组,并从测量望远镜中观察,使视场最明亮。再调节目镜,使视场十字线交点最清晰。④再次转动罩外手柄,使刻度盘上的读数逐渐增大,直至观察到视场中出现半明半暗界线。旋转色散补偿器旋钮,使视场中呈现清晰的明暗临界线。然后继续转动罩外手柄使明暗界线正好与目镜中的十字线交点重合。从刻度盘上直接读取折射率,读数可至小数点后第四位,为减小测量误差,应重复测定 3 次,3 个读数中任意两个之差不大于 0.000 2,其平均值为该样品的折射率。⑤测定结束后,打开棱镜,若所测定的是水溶性样液,棱镜用脱脂棉吸水擦拭干净;若是油类样液,则用乙醇或乙醚、二甲苯等擦拭。同时,拆下连接恒温水的胶皮管,将棱镜恒温夹套内的水排尽。

3. 注意事项及维护

(1)折光仪上的刻度是在标准温度 20℃下刻制的,因此折射率测定最好在 20℃下进行。若测定温度不是 20℃,应对测定结果进行温度校正。因为温度升高溶液的折射率减小,温度降低折射率增大,因此,当测定温度高于 20℃时,应加上校正数;低于 20℃则减去校正数。例如,在 25℃下测得果汁的可溶性固形物含量为 15％,查糖液折光锤度温度改正表(表 2-8)得校正值为 0.37,则该果汁可溶性固形物的准确含量为 15％＋0.37％＝15.37％。

(2)仪器应放在干燥、空气流通的室内,防止受潮后光学零件发霉。

(3)仪器使用完毕须进行清洁并挥干后放入贮有干燥剂的箱内,防止湿气和灰尘侵入。

(4)要特别注意保护棱镜镜面,严禁油手或汗手触及光学零件,如光学零件不清洁,先用汽油后用二甲苯擦干净。切勿用硬质物料触及棱镜,以防损伤。

(5)仪器应避免强烈振动或撞击,以免光学零件损伤而影响精度。

(6)不能测量带有酸性、碱性或腐蚀性的液体。

二、食品中可溶性固形物含量测定(折光计法)

(一)测定原理

在 20℃用折光计测量待测样液的折光率,并用表 2-9(折光率与可溶性固形物含量的换算表)查得或折光计上直接读出可溶性固形物的含量。用折光计法测定的可溶性固形物含量,在规定的制备条件和温度下,水溶液中蔗糖的浓度和所分析的样品有相同的折光率,此浓度以质量分数表示。

(二)仪器和设备

(1)阿贝折光计或其他折光计:测量范围 0％～85％,精确度±0.1％。

(2)组织捣碎机。

(三)操作技能

1. 样液的制备

(1)透明液体制品　将试样充分混匀,直接测定。

(2)半黏稠制品(果浆、菜浆类)　将试样充分混匀,用 4 层纱布挤出滤液,弃去最初几滴,收集滤液供测试用。

(3)黏稠制品(果酱、果冻等)　称取适当量(40 g 以下,精确到 0.01 g)的待测样品至已称量的烧杯中,加入 100～150 mL 蒸馏水,加热至沸,用玻璃棒搅拌,并温和煮沸 2～3 min,冷却并充分混匀。20 min 后称量,精确到 0.01 g,然后用槽纹漏斗或布氏漏斗过滤至干燥容器内,取滤液用于测定。

(4)含悬浮物制品(果粒果汁类饮料)　将待测样品置于组织捣碎机中捣碎,用 4 层纱布挤出滤液,弃去最初几滴,收集滤液供测试用。

(5)固相和液相分开的制品　按固液相的比例,取一部分待测样品,然后用组织捣碎器捣碎,过滤(弃去初滤液),取滤液用于测定。

2. 分析步骤

以阿贝折光计为例,其他折光计按说明书操作。

(1)阿贝折光计的清洗　把折光仪放置在光线充足的位置,用橡皮管与超级恒温水浴连接,调节水的温度到(20±0.1)℃,分开折光计两面棱镜,用脱脂棉蘸乙醚或乙醇擦净,按说明书校正折光计。

(2)试样测定　用末端熔圆之玻璃棒蘸取制备好的样试液 2～3 滴,仔细滴于折光计棱镜面中央(注意勿使玻璃棒触及镜面)。迅速闭合棱镜,静置 1 min,使试液均匀无气泡,并充满视野。待棱镜温度计读数恢复到(20±0.1)℃时,对准光源,通过目镜观察接物镜。调节棱镜转动手轮,使视场分成明暗两部分,再旋转微调螺旋(补偿器旋钮)消除色散,并使明暗分界线清晰。继续调节棱镜转动手轮使明暗分界线在十字线上,并使其分界线恰在接物镜的十字交叉点上。读取目镜视场中的百分数或折光率,读准至小数点后第四位,并记录棱镜温度。

测定时温度最好控制在 20℃ 左右观测,尽可能缩小校正范围。同一个试验样品进行两次测定。

如折光计目镜读数标尺刻度为百分数,即为可溶性固形物含量(%),查表 2-8"可溶性固形物对温度校正表",换成 20℃ 时可溶性固形物含量(%)。

表 2-8　20℃ 时可溶性固形物含量对温度的校正表

温度/℃	可溶性固形物含量/%														
	0	5	10	15	20	25	30	35	40	45	50	55	60	65	70
应减去之校正值															
10	0.50	0.54	0.58	0.61	0.64	0.66	0.68	0.70	0.72	0.73	0.74	0.75	0.76	0.78	0.79
11	0.46	0.49	0.53	0.55	0.58	0.60	0.62	0.64	0.65	0.66	0.67	0.68	0.69	0.70	0.71
12	0.42	0.45	0.48	0.50	0.52	0.54	0.56	0.57	0.58	0.59	0.60	0.61	0.61	0.63	0.63
13	0.37	0.40	0.42	0.44	0.46	0.48	0.49	0.50	0.51	0.52	0.53	0.54	0.54	0.55	0.55
14	0.33	0.35	0.37	0.39	0.40	0.41	0.42	0.43	0.44	0.45	0.45	0.46	0.46	0.47	0.48
15	0.27	0.29	0.31	0.33	0.34	0.34	0.35	0.36	0.37	0.37	0.38	0.39	0.39	0.40	0.40
16	0.22	0.24	0.25	0.26	0.27	0.28	0.28	0.29	0.30	0.30	0.30	0.31	0.31	0.32	0.32
17	0.17	0.18	0.19	0.20	0.21	0.21	0.21	0.22	0.22	0.23	0.23	0.23	0.23	0.24	0.24
18	0.12	0.13	0.13	0.14	0.14	0.14	0.14	0.15	0.15	0.15	0.15	0.16	0.16	0.16	0.16
19	0.06	0.06	0.06	0.07	0.07	0.07	0.07	0.08	0.08	0.08	0.08	0.08	0.08	0.08	0.08
应加入之校正值															
21	0.06	0.07	0.07	0.07	0.07	0.08	0.08	0.08	0.08	0.08	0.08	0.08	0.08	0.08	0.08
22	0.13	0.13	0.14	0.14	0.15	0.15	0.15	0.15	0.15	0.16	0.16	0.16	0.16	0.16	0.16
23	0.19	0.20	0.21	0.22	0.22	0.23	0.23	0.23	0.23	0.24	0.24	0.24	0.24	0.24	0.24
24	0.26	0.27	0.28	0.29	0.30	0.30	0.31	0.31	0.31	0.31	0.31	0.32	0.32	0.32	0.32
25	0.33	0.35	0.36	0.37	0.38	0.38	0.39	0.40	0.40	0.40	0.40	0.40	0.40	0.40	0.40
26	0.40	0.42	0.43	0.44	0.45	0.46	0.47	0.48	0.48	0.48	0.48	0.48	0.48	0.48	0.48
27	0.48	0.50	0.52	0.53	0.54	0.55	0.55	0.56	0.56	0.56	0.56	0.56	0.56	0.56	0.56
28	0.56	0.57	0.60	0.61	0.62	0.63	0.63	0.63	0.64	0.64	0.64	0.64	0.64	0.64	0.64
29	0.64	0.66	0.68	0.69	0.71	0.72	0.72	0.73	0.73	0.73	0.73	0.73	0.73	0.73	0.73
30	0.72	0.74	0.77	0.78	0.79	0.80	0.80	0.81	0.81	0.81	0.81	0.81	0.81	0.81	0.81

如折光计目镜读数标尺刻度为折光率,可读出其折光率,然后查表 2-9"折光率与可溶性固形物换算表",查得样品中可溶性固形物含量(%),再查表 2-8,换算成 20℃ 时可溶性固形物

含量(%)。

表 2-9 20℃时折光率与可溶性固形物含量换算表 %

折光率	可溶性固形物	折光率	可溶性固形物	折光率	可溶性固形物	折光率	可溶性固形物	折光率	可溶性固形物	折光率	可溶性固形物
1.333 0	0.0	1.354 9	14.5	1.379 3	29.0	1.406 6	43.5	1.437 3	58.0	1.471 3	72.5
1.333 7	0.5	1.355 7	15.0	1.380 2	29.5	1.407 6	44.0	1.438 5	58.5	1.473 7	73.0
1.334 4	1.0	1.356 5	15.5	1.381 1	30.0	1.408 6	44.5	1.439 6	59.0	1.472 5	73.5
1.335 1	1.5	1.357 3	16.0	1.380 2	30.5	1.409 6	45.0	1.440 7	59.5	1.474 9	74.0
1.335 9	2.0	1.358 2	16.5	1.382 9	31.0	1.410 7	45.5	1.441 8	60.0	1.476 2	74.5
1.336 7	2.5	1.359 0	17.0	1.383 8	31.5	1.411 7	46.0	1.442 9	60.5	1.477 4	75.0
1.337 3	3.0	1.359 8	17.5	1.384 7	32.0	1.412 7	46.5	1.444 1	61.0	1.478 7	75.5
1.338 1	3.5	1.360 6	18.0	1.385 6	32.5	1.413 7	47.0	1.445 3	61.5	1.479 9	76.0
1.338 8	4.0	1.361 4	18.5	1.386 5	33.0	1.414 7	47.5	1.446 4	62.0	1.481 2	76.5
1.339 5	4.5	1.362 2	19.0	1.387 4	33.5	1.415 8	48.0	1.447 5	62.5	1.482 5	77.0
1.340 3	5.0	1.363 1	19.5	1.388 3	34.0	1.416 9	48.5	1.448 6	63.0	1.483 8	77.5
1.341 1	5.5	1.363 9	20.0	1.389 3	34.5	1.417 9	49.0	1.449 7	63.5	1.485 0	78.0
1.341 8	6.0	1.364 7	20.5	1.390 2	35.0	1.418 9	49.5	1.450 9	64.0	1.486 3	78.5
1.342 5	6.5	1.365 5	21.0	1.391 1	35.5	1.420 0	50.0	1.452 1	64.5	1.487 6	79.0
1.343 3	7.0	1.366 3	21.5	1.392 0	36.0	1.421 1	50.5	1.153 2	65.0	1.488 8	79.5
1.344 1	7.5	1.367 2	22.0	1.392 9	36.5	1.422 1	51.0	1.454 4	65.5	1.490 1	80.0
1.344 8	8.0	13.68 1	22.5	1.393 9	37.0	1.423 1	51.5	1.455 5	66.0	1.491 4	80.5
1.345 6	8.5	1.368 9	23.0	1.394 9	37.5	1.424 2	52.0	1.457 0	66.5	1.492 7	81.0
1.346 4	9.0	1.369 8	23.5	1.395 8	38.0	1.425 3	52.5	1.458 1	67.0	1.494 1	81.5
1.347 1	9.5	1.370 6	24.0	1.396 8	38.5	1.426 4	53.0	1.459 3	67.5	1.495 4	82.0
1.347 9	10.0	1.371 5	24.5	1.397 8	39.0	1.427 5	53.5	1.460 5	68.0	1.496 7	82.5
1.348 7	10.5	1.372 3	25.0	1.398 7	39.5	1.428 5	54.0	1.461 6	68.5	1.498 0	83.0
1.349 4	11.0	1.373 1	25.5	1.399 7	40.0	1.429 6	54.5	1.462 8	69.0	1.499 3	83.5
1.350 2	11.5	1.374 0	26.0	1.400 6	40.5	1.430 7	55.0	1.463 9	69.5	1.500 7	84.0
1.351 0	12.0	1.374 9	26.5	1.401 6	41.0	1.431 8	55.5	1.466 1	70.0	1.502 0	84.5
1.351 8	12.5	1.375 8	27.0	1.402 6	41.5	1.432 9	51.0	1.466 3	70.5	1.503 3	85.0
1.352 6	13.0	1.376 7	27.5	1.403 6	42.0	1.434 0	51.5	1.467 6	71.0		
1.353 3	13.5	1.377 5	28.0	1.404 6	42.5	1.435 1	52.0	1.468 8	71.5		
1.354 1	14.0	1.378 1	28.5	1.405 6	43.0	1.436 2	52.5	1.470 0	72.0		

3. 分析结果的表示法

如果是不经稀释的透明液体或半黏稠制品或固相和液相分开的制品,可溶性固形物含量与折光计上所读得的数相等。

如果是经稀释的黏稠制品,则可溶性固形物含量按下式计算:

$$X = \frac{D \times m_1}{m_0}$$

式中:X——可溶性固形物含量;

D——稀释溶液中可溶性固形物的质量分数,%;

m_1——稀释后的样品质量,g;

m_0——稀释前的样品质量,g。

同一样品两次测定值之差,不应大于 0.5%。取两次测定的算术平均值作为结果,精确到小数点后一位。

(四)常见技术问题处理

(1)本方法适用于透明液体,半黏稠、黏稠制品,含悬浮物质的制品及高浓度制品。如果此制品含有其他溶解性的物质,则测定结果仅是近似值,但为了方便,仍用此方法测定,习惯上可以认为是可溶性固形物的含量。

(2)每次测量后必须用洁净的软布揩拭棱镜表面,油类需用乙醇、乙醚或苯等轻轻揩拭干净。

(3)被测液体样品如果易挥发,加样要迅速,或先将两块棱镜闭合然后再用滴管从加液孔中注入样液,注意切勿将滴管折断在孔内。

(4)对颜色深的样品宜用反射光进行测定,以减少误差。可调整反光镜,使光线从进光棱镜射入,同时揭开折射棱镜的旁盖,使光线由折射棱镜的侧孔射入而观察。

(5)折射率通常规定在 20℃ 时测定,如测定温度不在 20℃,应按实际的测定温度进行校准。

【知识与技能检测】

一、填空题

1. 折光法是通过 _____ 的分析方法。它测得成分是 _____ 含量。常用的仪器有_____。

2. 绝对折光率是指_____。

二、问答题

1. 说明折光法在食品分析中的应用。折光法的基本原理是什么?如何使用折光仪?

2. 影响折射率的因素有哪些?

3. 试述阿贝折光仪的操作方法是什么?注意事项有哪些?

【超级链接】手持折光仪的操作与维护

1. 使用方法

(1)准备。将折光棱镜对准光亮方向,调节目镜视度调节手轮,直到标线清晰为止。

(2)调整基准。打开棱镜盖板,用擦镜纸仔细将折光棱镜擦净,取一滴蒸馏水置于棱镜上调节零点,用擦镜纸擦净。测定前首先使标准液(蒸馏水)、仪器及待测液体基于同一温度。掀开棱镜盖板,然后取 1~2 滴标准液滴于折光棱镜上,并用手轻轻按压棱镜盖板得出一条明暗分界线。将光窗对准光源,旋转校准螺栓使目镜视场中的明暗分界线与基准线重合(0%)。

(3)掀开盖板,用柔软绒布擦净棱镜表面,取 1~2 滴被测溶液滴于折光棱镜上,合上棱镜盖板轻轻按压,将光窗对准光源,调节目镜视度调节手轮,使视场内分界线清晰可见,读取明暗分界线的相应数值,即为被测液体的浓度值。

(4)测量完毕后,直接用潮湿绒布擦去棱镜表面及盖板上的附着物,待干燥后,妥善保存起来。

2. 测定范围

手持折光仪的测定范围通常为 0%~90%,分左右刻度,左刻度的刻度范围为 50%~90%,右刻度的刻度范围为 0%~50%。当被测糖液浓度低于 50% 时,旋转换挡旋钮,使目镜半圆视场中的"0~50"可见,即可观测读数;若被测糖液浓度高于 50% 时,旋转换挡旋钮,使目镜半圆视场中的"50~80"可见,即可观测读数。

测量时若温度不是 20℃,应进行数值校正。校正的情况分为以下两种。

(1)仪器在 20℃ 调零而在其他温度下进行测量时,应进行校正。校正的方法是:温度高于 20℃ 时,加上相应校正值,即为糖液的准确浓度数值;温度低于 20℃ 时,减去相应校正值,即为糖液的准确浓度数值。

(2)仪器在测定温度下调零则不需要校正。操作方法是:测试纯蒸馏水的折光率,看视场中的明暗分界线是否对正刻线 0%,若偏离,则可用小螺丝刀旋动校正螺钉,使分界线正确指示 0% 处,然后对糖液进行测定,读取的数值即为正确数值。

3. 注意事项及维护

(1)测量前将棱镜盖板、折光棱镜清洗干净并拭干。

(2)滴在折光棱镜面上的液体要均匀分布在棱镜面上,并保持水平状态合上盖板。

(3)要对仪器进行校正才能得到正确结果。

(4)使用换挡旋钮时应旋到位,以免影响读数。

(5)使用完毕后,严禁用自来水直接冲洗,避免光学系统管路进水。

(6)在使用与保养中应轻拿轻放,精心保养,光学零件表面不应碰伤划伤。

(7)仪器应在干燥、无尘、无腐蚀性气体的环境中保存,以免光学零件表面发霉。

技能训练 浓缩苹果汁中可溶性固形物的测定

一、技能目标

(1)查阅《饮料通用分析方法》(GB/T 12143)能正确制订作业程序。

(2)掌握阿贝折光仪测定物质折射率的原理及方法。

(3)掌握阿贝折光仪的使用和维护方法。

二、所需试剂与仪器

按照 GB/T 12143 的规定,请将浓缩苹果汁中可溶性固形物含量测定所需仪器设备的名称、数量、规格和试剂的名称、规格级别记录于表 2-10 和表 2-11 中。

表 2-10 工作所需全部仪器设备一览表

序号	名称	规格要求
1	阿贝折光仪	测量范围 0%～85%,精确度±0.1%
2		

表 2-11 工作所需全部化学试剂一览表

序号	名称	规格要求	配制方法
1			
2			

三、工作过程与标准要求

工作过程及标准要求见表 2-12。

表 2-12 工作过程与标准要求

工作过程	工作内容	技能标准
1. 制订工作方案	按照国家标准制订工作方案。	方案符合实际、科学合理、周密详细。
2. 试剂与仪器准备	准备并检查实训材料与仪器。	(1)准备本次实训所需的所有材料与仪器设备。 (2)试剂的配制和仪器的清洗、控干。 (3)检查设备运行是否正常。
3. 样品制备	匀样的制备。	均匀样品的制备。
4. 阿贝折光仪的安装与清洗	阿贝折光仪的安装与清洗。	能够按照要求正确地安装连接仪器并清洗仪器。
5. 阿贝折光仪的校正	阿贝折光仪的校正。	能正确地对阿贝折光仪进行校正。
6. 样品的测定	利用折光仪测定果汁的可溶性固形物含量,测定结果重复观察和记录两次;同一试样进行两次平行测定。	(1)折光仪使用方法正确、熟练。 (2)能正确地进行读数。

四、数据记录及处理

(1)数据的记录 将数记录于表 2-13 中。

表 2-13　数据记录表

平行测定	第一次读数	第二次读数	第三次读数	平均值
1				
2				

（2）结果计算　根据前述内容将检测结果换算成20℃时可溶性固形物含量（％）。

五、技能评价

按照工作过程操作水平，由相关人员填写技能评价表（表2-14）。

表 2-14　技能评价表

评价内容	满分值	学生自评	同伴互评	教师评价	综合评分
1. 制订工作方案	10				
2. 试剂与仪器准备	5				
3. 样品的制备	10				
4. 阿贝折光仪的安装与清洗	10				
5. 阿贝折光仪的矫正	15				
6. 样品测定	20				
7. 分析结果表述	15				
8. 实训报告	15				
总分					

注:综合评分＝学生自评分×20％＋同伴互评分×30％＋教师评价分×50％。

项目三　旋光度的测定

【知识要求】

（1）理解旋光度、比旋光度、变旋光作用的概念；

（2）了解旋光仪的结构和原理；

（3）掌握用旋光仪测定溶液或液体物质的旋光度的方法。

【能力要求】

（1）熟悉分析天平、电热恒温干燥箱、高温电炉（或电热套）等各种仪器的正确使用方法；

（2）掌握各种水分测定方法的基本技能操作；

（3）掌握样品预处理的方法；

（4）能正确分析水分含量测定过程中产生误差的原因及控制措施。

【知识准备】

一、偏振光与旋光活性

光是一种电磁波,光波的振动方向与其前进方向垂直。自然光是由不同波长的、在垂直于前进方向的各个平面内振动的光波所组成。如图 2-12 所示,中心圆点表示垂直于纸面的光的前进方向,双箭头表示光可能的振动方向。

如果使自然光通过尼可尔棱镜的晶体,由于这种晶体只能使在与棱镜的轴平行的平面内振动的光通过,所以通过尼可尔棱镜的光,其光波振动平面就只有一个和镜轴平行的平面。这种仅在某一平面上振动的光,就叫做平面偏振光,或简称偏振光,如图 2-13 所示。

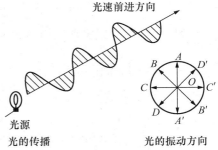

图 2-12 光的传播与振动

产生偏振光的方法很多,通常是用尼克尔棱镜或偏振片。尼克尔棱镜是把一块方解石的菱形六面体末端的表面磨光,使镜角等于 68°(∠BCD),将之对角切成两半,把切面磨成光学平面后,再用加拿大树胶粘起来形成的(图 2-14)。

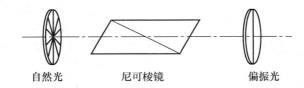

图 2-13 自然光通过尼可棱镜后产生偏振光

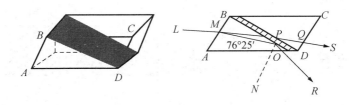

图 2-14 尼克尔棱镜示意图

利用偏振片也能产生偏振光。它是利用某些双折射镜体(如电气石)的二色性,即可选择性吸收寻常光线而让非常光线通过的特性,把自然光变成偏振光。

二、比旋光度及变旋光作用

(一)比旋光度

将两个尼可尔棱镜平行放置(两棱镜的晶轴平行)时,通过第一棱镜后的偏振光仍能通过第二棱镜,在第二棱镜后面看到最大强度的光。如果两个尼克尔棱镜垂直放置(两棱镜的晶轴相垂直)时,通过第一个棱镜的偏振光则不能通过第二个尼克尔棱镜,这时视野最暗,如图 2-15 所示。

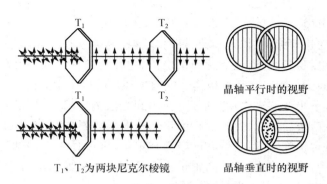

晶轴平行时的视野

晶轴垂直时的视野

T₁、T₂为两块尼克尔棱镜

图 2-15　偏振光通过尼克尔棱镜

　　如果在镜轴平行的两个尼可尔棱镜间,放置一支玻璃管,管中分别放入各种有机物的溶液,那么可以发现,光经过某些溶液(如酒精、丙酮)后,在第二棱镜后面仍可以观察到最大强度的光;而当光经过另一些溶液(如蔗糖、乳酸、酒石酸)后,在第二棱镜后面观察到的光的亮度就减弱了,但若将第二棱镜向左或向右旋转一定的角度后,在第二棱镜后面又可以观察到最大强度的光。这种现象是因为这些有机物质分子结构中有不对称碳原子,从而使偏振光的振动平面旋转了一定的角度所引起的。具有这种性质的物质,我们称其为"光学活性物质"。

　　偏振光通过光学活性物质的溶液时,其振动平面所旋转的角度叫做该物质溶液的"旋光度",以 α 表示。使偏振光振动平面向右旋转(顺时针方向)的称右旋,以符号"＋"表示,向左旋转(反时针方向)的称左旋,以符号"－"表示。

　　旋光度的大小,首先决定于物质的性质,也受光源的波长和测定时温度的影响。因此,在记录旋光度时,都应用符号把这些影响因素标明。例如,用"α_λ^t"表示旋光度时,把温度标在"α"的右上角,光的种类标在右下角。如:"α_D^{20}"表示 20℃时,用钠光源的旋光度。

　　在光源波长和温度一定的情况下,对同一物质来说,旋光度的大小与物质的浓度 c 和通过被测溶液的液层的厚度 L 成正比。即

$$\alpha = KcL$$

　　当旋光性物质的浓度为 1 g/mL 时,偏振光线通过此种溶液的液层厚度为 1 dm,所测得的旋光度称为该物质的比旋光度,以 $[\alpha]_\lambda^t$ 表示。由上式可知:

$$[\alpha]_\lambda^t = K \times 1 \times 1 = K \text{ 或} [\alpha]_\lambda^t = \frac{\alpha}{Lc}$$

式中:$[\alpha]_\lambda^t$——比旋光度,°;

　　　　t——温度,℃;

　　　　λ——光源波长,nm;

　　　　α——旋光度,°;

　　　　L——液层厚度或旋光管长度,dm;

　　　　c——溶液浓度,g/mL。

　　在一定条件下,某物质的比旋光度 $[\alpha]_\lambda^t$ 是已知的,L 是一定的,故测得了旋光度就可以计算出溶液的浓度 c。

93

(二)变旋光作用

具有光学活性的还原糖类(如葡萄糖、果糖、乳糖、麦芽糖等),在溶解之后,其旋光度起初迅速变化,然后渐渐变得较缓慢,最后达到恒定值,这种现象称为变旋光作用。这是由于有的糖存在比旋光度不同的 α 型和 β 型异构体。这两种环形结构及中间的开链结构在构成一个平衡体系过程中,即显示出变旋光作用。因此,在用旋光法测定蜂蜜、商品葡萄糖等含有还原糖的试样时,试样配成溶液后,宜放置过夜再测定。若需立即测定,可将中性溶液(pH 7)加热至沸,或加几滴氨水后再稀释定容;若溶液已经稀释定容,则可加入碳酸钠干粉至石蕊试纸刚显碱性。在碱性溶液中,变旋光作用迅速,很快达到平衡。但微碱性溶液中果糖易分解,故不可放置过久,温度也不宜过高,以免破坏果糖。

【技能培训】

测定物质旋光度的仪器称为旋光仪,又称旋光计,是一种能产生偏振光的仪器,可用来测定光学活性物质对偏振光旋转角度的方向和大小,从而进一步定性与定量。常用的旋光仪有WXG 型半影式旋光仪、WZB 自动旋光仪等。

一、普通旋光仪

(一)普通旋光仪的工作原理

普通旋光仪由一个光源和两个尼可尔棱镜组成(一个用于产生偏振光,称为起偏器;另一个用于检验偏振光振动平面被旋光质旋转的角度,称为检偏器)。当起偏器与检偏器光轴互相垂直时,即通过起偏器产生的偏振光的振动平面与检偏器光轴互相垂直时,偏振光通不过去,故视野最暗,此状态为仪器的零点。若在零点情况下,在起偏器和检偏器之间放入旋光质,则偏振光部分或全部地通过检偏器,结果视野明亮。此时若将检偏器旋转一角度使视野最暗,则所旋角度即为旋光物质的旋光度。实际上这种旋光计并无实用价值,因用肉眼难以判断什么是"最暗"状态。为克服这个缺点,通常在旋光计内设置一个小尼克尔棱镜,使视野分为明暗两半,这就是半影式旋光计。此仪器的终点不是视野最暗,而是视野两半圆的照度相等。由于肉眼较易识别视野两半圆光线强度的微弱差异,故能正确判断终点。常用的普通旋光仪为 WXG 型半影式旋光仪。

(二)WXG-1 型旋光仪的结构

WXG-1 型旋光仪的构造和光学系统见图 2-16 和图 2-17。

WXG-1 型旋光仪光学系统:光线从钠光源 1 射出,通过聚光镜 2、滤光片 3 经起偏镜 4 成为偏振光,在半荫片 5 处产生三分视场。当通过含有旋光性物质的旋光测定管 6 时,偏振光发生旋转。光线经检偏镜 7 及物镜、目镜组 8,通过聚焦手轮 9,可以观察到图 2-18 所示的 3 种情况。转动测量手轮

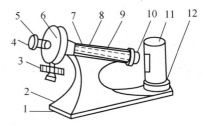

图 2-16　WXG-1 型旋光仪的构造

1. 底座　2. 电源开关　3. 度盘转动旋钮
4. 放大镜座　5. 视度调节螺旋　6. 度盘游表
7. 镜筒　8. 镜筒盖　9. 镜盖手柄
10. 镜盖连接圆　11. 灯罩　12. 灯座

12,带动读数盘 11 和检偏镜 7,直到视场亮度一致时为止,然后从放大镜中读出刻度盘旋转角度,即为样液的旋光度。只有在零度(旋光仪出厂前调整好)时视场中三部分亮度才一致(图

2-18B)。

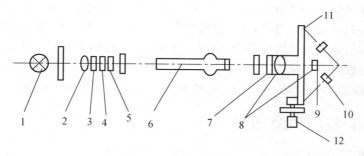

图 2-17　WXG-1 型旋光仪的光学系统

1. 钠光源　2. 聚光镜　3. 滤光片　4. 起偏器　5. 半荫片　6. 旋光测定管　7. 检偏镜
8. 物镜、目镜组　9. 聚焦手轮　10. 放大镜　11. 读数盘　12. 测量手轮

 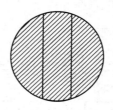 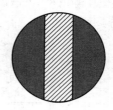

A. 大于(或小于)零度的视场　　B. 零度的视场　　C. 小于(或大于)零度的视场

图 2-18　旋光仪的三分视场

　　测定时,将被测液放入旋光管后,由于溶液具有旋光性,使偏振光旋转了一个角度,零点视场便发生了变化(图 2-18A 或图 2-18C),这时转动测量手轮及检偏镜至一定角度,能再次出现亮度一致的视场,这个转角就是溶液的旋光度,其读数可通过读数放大镜从读数盘中读出。测得溶液的旋光度后,就可以求出物质的比旋光度。根据比旋光度的大小,就能确定该物质的纯度和含量。

(三)使用方法

　　(1)准备　将旋光仪接于 220 V 交流电源。开启电源,约 5 min 后钠光灯发光正常,开始工作,从目镜中观察视野,如不清楚可调节目镜焦距。

　　(2)零点校正　取长度适宜的旋光管,洗净,充满蒸馏水(应无气泡),装上橡皮圈,旋上螺帽,直至不漏水为止。然后将旋光管两头残余溶液擦干,以免玷污仪器的样品室。将装满蒸馏水的旋光管放入样品室,旋转粗调旋钮和微调旋钮,直至目镜视野中三分视场明暗程度完全一致。记下读数盘读数,如此重复 5 次,取平均值,即为旋光仪的零点值。

　　(3)旋光度的测定　零点确定后,将样品管中蒸馏水换为待测溶液,按同样方法测定,记下读数盘读数,如此重复操作记录 5 次,取平均值,即为旋光度的观测值。由观测值减去零点值,即为样液的旋光度。

(四)注意事项及维护

　　(1)旋光仪是比较精密的光学仪器,使用时,仪器金属部分切忌沾污酸碱,防止腐蚀。光学镜片部分不能与硬物接触,以免损坏镜片。不能随便拆卸仪器,以免影响精度。旋光仪应放在通风干燥和温度适宜的地方,以免受潮发霉。

(2)旋光仪连续使用不宜超过 4 h。若使用时间较长,中间应关闭 10～15 min,待钠光灯冷却后再继续使用,或用电风扇吹,减小灯管受热程度,以免亮度下降和寿命降低。

(3)旋光管用后要及时将溶液倒出,用蒸馏水洗涤干净,擦干藏好。所有镜片均不能用手直接擦拭,应用柔软绒布擦拭。

(4)停用时,应将塑料套套上。装箱时,应按固定位置放入箱内并压紧。

二、WZZ-1 型自动旋光仪

(一)结构和工作原理

普通旋光计具有结构简单、价格低廉等优点,但也存在着以肉眼判断终点、有人为误差、灵敏度低及须在暗室工作等缺点。WZZ-1 型自动旋光仪(图 2-19)采用光电检测器及晶体管自动示数装置,具有体积小、灵敏度高、没有人为误差、读数方便、测定迅速等优点,目前在食品分析中应用十分广泛。

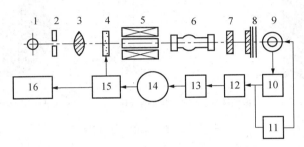

图 2-19 WZZ-1 型自动旋光仪工作原理

1. 光源 2. 小孔光栏 3. 物镜 4. 起偏器 5. 磁旋线圈 6. 观察管 7. 滤光片
8. 检偏器 9. 光电倍增管 10. 前置放大器 11. 自动高压 12. 选频放大器
13. 功率放大器 14. 伺服马达 15. 蜗轮蜗杆 16. 读数器

仪器采用 20 W 钠光灯 1 作光源,由小孔光栏 2 和物镜 3 组成一个简单的点光源平行光管,平行光经起偏器 4 变为平面偏振光,其振动平面为 OO,OO 为起偏器 4 的偏振轴,见图 2-20A。当偏振光经过有法拉第效应的磁旋线圈 5 时,其振动平面产生 50 Hz 的 β 角往复摆动,见图 2-20B,光线经过检偏器 8 投射到光电倍增管 9 上,产生交变的光电信号。

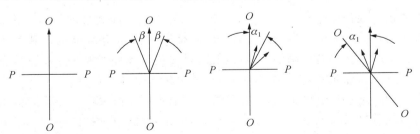

A.起偏器产生的偏振光在 OO 平面内振动

B.通过磁旋线圈后的偏振光振动面以 β 角摆动

C.通过样品后的偏振光振动面旋转 α_1

D.仪器示数平衡后起偏器反向转过 α_1,补偿了样品的旋光度

图 2-20 自动旋光仪中光的变化情况

起偏器与检偏器正交时(即 $OO\perp PP$，PP 为检偏器的偏振轴)，作为仪器零点。此时，偏振光的振动平面因磁旋光效应产生 β 角摆动，故经过检偏器后，光波振幅不等于零，因而在光电倍增管上产生微弱的电流。在此情况下，若在光路中放入旋光质，旋光质把偏振光振动平面旋转了 α_1 角，经检偏器后的光波振幅较大，在光电倍增管上产生的光电信号也较强，见图 2-20C，光电信号经前置选频功率放大器后放大后，使伺服电机转动，通过涡轮蜗杆把起偏器反向转动 α_1 角，使仪器又回到零点状态，见图 2-20D。起偏器旋转的角度即为旋光质的旋光度，可在读数器中直接显示出来。

(二)使用方法

1. 旋光度的测定

(1)操作前的准备

①测定条件:除另有规定外，测定温度为 20℃。对测定温度有严格要求的供试品，在测定前将仪器及供试品置规定环境温度的恒温室内至少 2 h。

②接通电源前检查样品室内应无异物，确定旋光仪光源开关置于"～"(交流)挡，电源开关和示数开关应放在关的位置(向下);检查仪器旋转位置是否合适，钠光灯启辉后，不得再搬动仪器，以免损坏钠光灯。

(2)接通电源

①将仪器电源插头插入 220 V 交流电源，要求使用交流电子稳压器并将接地脚可靠接地。

②开启电源开关，钠光灯经辉光放电，瞬间启辉点燃，但发光不稳，至少预热 20 min，待钠光灯呈现稳定的橙黄色后，将旋光仪光源开关扳至"—"(直流)挡。如钠光灯熄灭，可能是预热时间不够，可将光源开关上下重复扳动 1～2 次，使钠光灯在直流下点亮，为正常。测定时旋光仪光源开关应保持在"—"位置，即应使钠光灯在直流电下工作。

(3)测定操作

①开启示数开关(向上扳)，用调零手轮调节仪器的示数值为零点。反复按下复测键，使指示值偏离零点，放开复测键，示数盘应回到零处。示数盘上红色示值为左旋，黑色示值为右旋，如有偏离，可再用手轮调节，反复用复测按钮按放 3 次，使其偏离后再回至零点或停点，记录 3 次平均值即为仪器的零点。

②洗涤试样管，将试样管一端螺帽放上皮垫和盖玻片(盖玻片应紧靠试样管)拧紧。从另一端注满蒸馏水或其他空白溶剂，将另一盖玻片盖上，放上皮垫，拧紧螺帽。用软布或擦镜纸擦干两端盖玻片上的雾状水滴。如有气泡可摇动试样管使气泡浮入凸颈内。关闭示数开关(向下扳)，打开样品室盖，将试样管置于样品室内试样管槽上，关闭样品室盖，开启示数开关按上述测定零点或停点，如测定值为停点，则计算时应扣除停点的读数即为零点。试样管安放时应注意标记的位置和方向。

③关闭示数开关(向下扳)，取出试样管，倒出空白溶液，注入供试液少量，冲洗数次后装满供试品溶液，同上操作，取 3 次平均值再扣除水或溶剂的读数，即为供试品溶液的旋光度。示数盘上红色示值为左旋(一)黑色示值为右旋(十)。

④如旋光度超出仪器测量范围，仪器在 ±45°范围内来回振荡，此时取出试样管，按一下样品室内的复位开关按钮，仪器即能自动回零。此时可将试液稀释 1 倍再测。

⑤如直流供电产生故障，仪器钠光灯也可使用交流供电，但稳定性不好，仪器必须按规程

检定性能符合要求方可使用,如有异常现象,应随时检测。

⑥关机。测定结束后,应先将示数开关关闭,然后再关电源,取出试样管洗净,晾干,样品室内可放硅胶吸湿。

2. 测定浓度或含量

(1)先将已知纯度的标准品或参考样品按一定比例释成若干只不同浓度的试样,分别测出其旋光度。然后以横轴为浓度,纵轴为旋光度,绘成旋光曲线。一般地,旋光曲线均按算术插值法制成查对表形式。

(2)测定时,先测出样品的旋光度,根据旋光度从旋光曲线上查出该样品的浓度或含量。旋光曲线应用同一台仪器,同一支试管来做,测定时应予注意。

3. 测定比旋度纯度

先按标准规定的浓度配制好溶液,依法测出旋光度,然后按下列公式计算出比旋度(α):

$$(\alpha) = \frac{\alpha}{Lc}$$

式中:α——测得的旋光度,°;

  c——溶液的浓度,g/mL;

  L——溶液的长度,dm。

由测得的比旋度,可求得样品的纯度:

$$纯度 = \frac{实测比旋度}{理论比旋度}$$

4. 测定国际糖分度

根据国际糖度标准,规定用 26 g 纯度糖制成 100 mL 溶液,用 200 mm 试管,在 20℃用钠光测定,其旋光度为+34.626,其糖度为 100 糖分度。

(三)注意事项及保养

(1)仪器应放在干燥通风处,防止潮气侵蚀,尽可能在 20℃的工作环境中使用仪器,搬动仪器应小心轻放,避免震动。工作台应坚固稳定,不得有明显的冲击和振动,并不得有强烈电磁场的干扰。

(2)钠光灯有一定的使用寿命,连续使用一般不超过 4 h,并不得在瞬间反复开关。

(3)钠光灯启辉后至少 20 min 后发光才能稳定,测定或读数时应在钠光灯稳定后读取,测定时钠光灯应尽量使用直流电路供电。

(4)试样管两端的玻璃盖玻片应用软布或擦镜纸擦干,试样管两端的螺帽应旋至适中的位置,过紧容易产生应力损坏盖玻片,过松容易漏液。

(5)每次测定前应以溶剂做空白校正,测定后再校正一次,以确定在测定时零点有无变动;如第二次校正时发现零点有变动,则应重新测定供试品溶液的旋光度。

(6)测定零点或停点时,必须按动复测钮数次,使检偏镜分别向左或右偏离光学零位,减少仪器的机械误差,同时通过观察左右复测数次的停点,检查仪器的重复性和稳定性,必要时,也可用旋光标准石英管校正仪器的准确度。

(7)测定结束后,试样管必须洗净晾干,镜片应保持干燥清洁,防止灰尘和油污的污染。样品室内应保持干燥清洁,仪器不用期间可放置硅胶吸潮。

（8）供试的液体或固体物质的溶液应不显混浊或含有混悬的小粒。如有上述情形时,应预先滤过,并弃去初滤液。

（9）对见光后旋光度变化大的化合物必须避光操作,对旋光度随时间发生改变的化合物必须在规定的时间内完成旋光度测定。

（10）打开样品室盖前应关闭示数开关;关闭样品室盖后、测定前开启示数开关。

（11）光源(钠光灯)积灰或损坏,可打开机壳进行擦净或更换。

（12）机械部门摩擦阻力增大,可以打开后门板,在伞形齿轮,蜗轮蜗杆处加少许钟油。

【知识与技能检测】

一、填空题

1. 旋光法是利用_____测量旋光性物质的旋光度而确定被测成分含量的分析方法。

2. 当旋光物质溶液的质量浓度为 1 g/mL,$L＝1$ dm 时,所测得的旋光度为_____,用符号_____表示。

3. 比旋光度具有右旋性时,表示的符号为_____。具有左旋性时,表示的符号为_____。

二、简答题

1. 简述旋光度、比旋光度和变旋光作用的概念。

2. 影响旋光度的因素有哪些?

3. 旋光物质的左旋和右旋是如何定义和划分的?

【超级链接】浊度与色度检验

1. 浊度检验

浊度是指样品溶液的浑浊程度,它是衡量透明液体中不溶性悬浮物质、胶体物质、浮游微生物等所产生的光的散射或衰减程度的物理量,它反映了样品中所含这些悬浮颗粒物质的多少,即样品溶液的透明(浑浊)程度。浊度是衡量透明溶液质量良好程度的重要指标之一。

我国规定 1 L 蒸馏水中含有 1 mg 一定粒度的硅藻土(SiO_2)溶液的浊度为 1 度。现在越来越多采用稳定性、重现性更好的国际通用的度量单位 NTU 来表示。NTU 浊度标准液是由硫酸肼[$(NH_2)_2 \cdot H_2SO_4$]和六亚甲基四胺[$(CH_2)_6N_4$]反应配制而成的。制酒行业用 EBC单位,1 NTU＝4 EBC。我国饮用水卫生标准规定,饮用水的浊度不超过 1 NTU 单位,水源及净化技术限制时不超过 3 NTU。淡色啤酒在保质期内浊度标准是:优级≤0.9 EBC;一级≤1.2 EBC 单位。

浊度测定方法有目视比浊法和仪器分析法。仪器分析法包括分光光度法和浊度仪法等。《水质浊度的测定》(GB 11903)中规定了水质浊度测定的两种方法:目视比浊法和分光光度法。目视比浊法,适用于饮用水和水源水等低浊度的水,最低检测浊度为 1 度。分光光度法,适用于饮用水、天然水及高浊度水,最低检测浊度为 3 度。

《啤酒分析方法》(GB/T 4928—2008)规定了利用富尔马肼标准浊度溶液校正浊度计,直接测定啤酒样品的浊度以浊度单位表示。

2. 色度检验

色度是样品颜色的深浅程度。溶液色度与溶液中溶解物质或胶状物质有关。水的色度是指水中的溶解物质或胶状物质所呈现的类似黄色乃至黄褐色的程度。水中溶解状态的物质所产生的颜色称为"真色";由悬浮物质产生的颜色称为"假色"。色度单位用铂-钴色度单位表示,国标规定每 1 L 水含有 2 mg 六水合氯化钴(Ⅱ)和 1 mg 铂[以六氯铂(Ⅳ)酸的形式]所具有的颜色作为一个色度单位,称为 1 度。啤酒色度单位用 EBC 表示。

样品的色度与其类别及纯度有关。通过测定样品的色度可鉴别食品的质量。我国饮用水卫生标准规定,饮用水色度不超过 15 铂-钴色度单位。淡色啤酒色度应在 2～14 EBC,浓色啤酒色度应在 15～40 EBC,黑色啤酒色度应≥41 EBC。

色度的测定有多种方法,分目视比色法和仪器分析法。《水质色度的测定》(GB 11903)中规定水的色度用铂-钴比色法和稀释倍数法测定,属于目视比色法。仪器分析法包括分光光度法、光电比色法、EBC 比色计法等。《啤酒分析方法》(GB/T 4928—2008)规定啤酒色度的用比色计法和分光光度计法测定。

技能训练　味精纯度的测定

味精是以淀粉质、糖质为原料,经微生物(谷氨酸棒杆菌等)发酵,提取、中和、结晶精制而成的谷氨酸钠含量等于或大于 99.0%、具有特殊鲜味的白色结晶或粉末。谷氨酸钠分子结构中含有一个不对称碳原子,具有光学活性,能使偏振光面旋转一定角度。谷氨酸钠在 2 mol/L 盐酸溶液中以谷氨酸形式存在。谷氨酸的比旋光度$[\alpha]_D^{20} = +32.000$,在一定温度下测定样品的旋光度,与该温度下纯 L-谷氨酸的比旋光度比较,可计算出味精的纯度。

一、技能目标

(1)查阅《谷氨酸钠(味精)》(GB/T 8967)能正确制订作业程序。

(2)掌握旋光仪测定旋光度的基本原理和操作技能。

(3)掌握用旋光法测定味精纯度的方法和操作技术。

二、所需试剂与仪器

按照《谷氨酸钠(味精)》(GB/T 8967)的规定,请将味精纯度测定所需仪器设备的名称、数量、规格和试剂的名称、规格级别记录于表 2-15 和表 2-16 中。

表 2-15　工作所需全部仪器设备一览表

序号	名称	规格要求
1	旋光仪	精度±0.01°,备有钠光灯(钠光谱 D 线 589.3 nm)
2		

表 2-16　工作所需全部化学试剂一览表

序号	名称	规格要求	配制方法
1			
2			

三、工作过程与标准要求

工作过程及标准要求见表 2-17。

表 2-17　工作过程与标准要求

工作过程	工作内容	技能标准
1. 制订工作方案	按照国家标准制订工作方案。	方案符合实际、科学合理、周密详细。
2. 试剂与仪器准备	准备并检查实训材料与仪器。	(1)所需的材料与仪器设备齐备。 (2)仪器设备运行正常。
3. 味精溶液的配置	准确称取(98±1)℃干燥5 h的味精样品10 g(精确至0.1 mg),加20 mL蒸馏水溶解并转移至100 mL容量瓶中,搅拌均匀后加入40 mL浓盐酸(1＋1),使其全部溶解,混匀并冷却至20℃,定容摇匀备用。	(1)正确操作分析天平。 (2)熟练使用干燥箱。 (3)溶解、转移、定容操作规范。
4. 试样测定	(1)于20℃,用标准旋光角校正仪器。 (2)用少量味精溶液洗涤旋光管3次,然后注满旋光管,旋紧两端的螺帽(以不漏为准),把旋光管内的气泡排至旋光管的凸颈部分,擦干管外壁。 (3)打开电源,稳定后校正零点。 (4)将旋光管放入旋光仪内,观测其旋光度。 (5)记录旋光度的读数,并记录样液的温度。	(1)掌握旋光仪的校正方法。 (2)熟练使用旋光仪进行测定。 (3)准确记录结果。

四、数据记录及处理

(1)数据的记录　将数据记录于表 2-18 中。

表 2-18　数据记录表

数据名称	
称取谷氨酸钠样品的质量 m/g	
实测样液的旋光度 α/°	
测定时试液的温度 t/℃	
旋光管(液层厚度)的长度 L/dm	

（2）结果计算　样品中谷氨酸钠含量按下式计算，其数值以％表示。

$$X = \frac{\alpha \times 100}{[25.16 + 0.047 \times (20 - t)] \times L \times m} \times 100\%$$

式中：X——样品中谷氨酸钠含量，％；

　　α——实测试样液的旋光度，°；

　　L——旋光管（液层厚度）的长度，dm；

　　t——测定时试液的温度，℃；

　　m——称取谷氨酸钠样品的质量，g；

25.16——谷氨酸钠的比旋光度$[\alpha]_D^{20}$，°；

0.047——温度校正系数。

计算结果保留至小数点后第一位。同一样品测定结果，相对平均偏差不得超过 0.3％。

五、技能评价

按照工作过程操作水平，由相关人员填写技能评价表（表 2-19）。

表 2-19　技能评价表

评价内容	满分值	学生自评	同伴互评	教师评价	综合评分
准备工作	10				
味精溶液的配置	20				
试样的测定	30				
数据记录及结果	20				
实训报告	20				
总分					

注：综合评分＝学生自评分×20％＋同伴互评分×30％＋教师评价分×50％。

模块三 食品营养成分分析

【模块提要】 食品营养成分的分析是食品分析的常规检验项目和主要内容。食品中主要的营养成分分析包括常见的七大营养素以及食品营养标签所注明的所有项目的检测。本模块用8个项目介绍了食品主要营养成分的测定方法,分别是:项目一,食品中水分含量的测定;项目二,食品中灰分的测定;项目三,食品中矿质元素的测定;项目四,食品酸度的测定;项目五,食品中脂类的测定;项目六,食品中碳水化合物的测定;项目七,食品中蛋白质及氨基酸的测定;项目八,食品中维生素的测定。

【学习目标】 通过本模块的学习,使学生掌握食品中水分、灰分、酸度、脂类、碳水化合物、蛋白质及氨基酸、维生素的测定原理及操作技能;熟练掌握、正确使用各种仪器设备进行分析检验,能根据操作方法独立完成项目分析全过程,并规范填写分析报告。

项目一 食品中水分含量的测定

【知识要求】

(1)掌握食品中水分的存在形式特征;
(2)了解食品中水分含量测定的意义;
(3)掌握常见的水分含量测定方法的基本原理和操作方法;
(4)掌握干燥、蒸馏、恒重的概念和知识。

【能力要求】

(1)熟练掌握分析天平、电热恒温干燥箱、干燥器等仪器设备的使用技能;
(2)掌握干燥恒重的操作技能;
(3)熟练掌握直接干燥法测定食品中水分的操作技能;
(4)能正确分析水分含量测定过程中产生误差的原因及控制措施。

任务一 干燥法测定食品中水分

【知识准备】

一、概述

水是食品中的重要组成成分之一。不同种类的食品,含水量有较大的差别。如新鲜水果蔬菜含水分 80%～97%、乳类 87%～89%、蛋类 73%～75%、鱼类 67%～81%、猪肉 43%～59%。即使是干态食品,也含有少量水分,如面粉 12%～14%、饼干 3%～8%。

食品中水的含量、分布和存在状态对食品的结构、质地、外观、风味、新鲜程度及商品价值等许多方面都有着至为重要的关系,因而控制食品的水分含量,对于保持食品良好的感官性状,维持食品中各组分的平衡关系,保证食品具有一定的保存期等都起着重要作用,所以水分含量是食品的一个重要质量指标,测定食品中的水分含量是食品分析的重要检测项目之一;食品中的水分也是引起食品化学性及生物性变质的重要原因之一,因而直接关系到食品的储藏特性;水还是食品生产中的重要原料之一,食品加工用水的水质直接影响到食品品质和加工工艺。此外,测定生产原料中的水分含量,对于加工原料的品质和保存、生产成本的核算、提高经济效益等均有重大意义。

食品中水分的存在形式大致可以分为两类:自由水和结合水。自由水又称游离水,是指组织、细胞中容易结冰、也能溶解溶质的这一部分水。如润湿水分、渗透水分、毛细管水分等。此类水分和组织结合松散,所以很容易用干燥法从食品中分离出去。结合水又称束缚水,大部分的结合水以氢键的形式与蛋白质、碳水化合物等有机物的活性基团(—OH、=NH、—NH$_2$、—COOH、—CONH$_2$)相结合。此类水分不易结冰(冰点为 $-40℃$),不能作为溶质的溶剂,较难从食品中分离出去,如果将其强行除去,则会使食品质量发生变化,影响分析结果。

二、食品中水分含量的测定方法

食品中水分含量的测定方法很多,一般可以分为两大类:直接法和间接法。直接法是利用水分本身的物理化学性质来测定水分含量的方法,如干燥法、蒸馏法和卡尔·费休法;间接法一般不从试样中除去水分,而是利用食品的某些物理性质与水分含量之间存在的简单的函数关系来确定水分含量,如相对密度、折射率、电导率、介电常数等。

目前国家标准中测定食品中的水分含量的方法有直接干燥法、减压干燥法、蒸馏法和卡尔·费休法。

【技能培训】

一、直接干燥法

(一)测定原理

利用食品中水分的物理性质,在 101.3 kPa(一个大气压),温度 101～105℃下采用挥发方法测定样品中干燥减失的重量,包括吸湿水、部分结晶水和该条件下能挥发的物质,再通过干燥前后的称量数值计算出水分的含量。

(二)试剂和材料

(1)盐酸:优级纯。

(2)氢氧化钠:优级纯。

(3)盐酸溶液(6 mol/L):量取 50 mL 盐酸,加水稀释至 100 mL。

(4)氢氧化钠溶液(6 mol/L):称取 24 g 氢氧化钠,加水溶解并稀释至 100 mL。

(5)海砂:取用水洗去泥土的海砂或河砂,先用盐酸(6 mol/L)煮沸 0.5 h,用水洗至中性,再用氢氧化钠(6 mol/L)煮沸 0.5 h,用水洗至中性,经 105℃干燥备用。

(三)仪器和设备

(1)电热恒温干燥箱。

(2)天平:感量为 0.1 mg。

(3)扁形铝制或玻璃制称量瓶。

(4)干燥器:内附有效干燥剂。

(四)操作技能

1. 固体试样的测定

(1)称量瓶的准备　取洁净铝制或玻璃制的扁形称量瓶,置于 101～105℃ 干燥箱中,瓶盖斜支于瓶边,加热 1.0 h,取出盖好,置于干燥器内冷却 0.5 h,称量,并重复干燥至前后两次质量差不超过 2 mg,即为恒重。

(2)试样制备　将混合均匀的试样迅速磨细至颗粒小于 2 mm,不易研磨的样品应尽可能切碎。

(3)试样测定　称取 2～10 g 试样(精确至 0.000 1 g),放入干燥至恒重的称量瓶中,试样厚度不超过 5 mm,如为疏松试样,厚度不超过 10 mm,加盖,精密称量后,置 101～105℃ 干燥箱中,瓶盖斜支于瓶边,干燥 2～4 h 后,盖好取出,放入干燥器内冷却 0.5 h 后称量。然后再放入 101～105℃ 干燥箱中干燥 1 h 左右,取出,放入干燥器内冷却 0.5 h 后再称量。重复以上操作至前后两次质量差不超过 2 mg,即为恒重。

2. 半固体或液体试样的测定

(1)称量瓶的准备　取洁净的蒸发皿,内加 10 g 海砂及一根小玻棒,置于 101～105℃ 干燥箱中,干燥 1.0 h 后取出,放入干燥器内冷却 0.5 h 后称量,并重复干燥至恒重。

(2)试样制备　称取 5～10 g 试样(精确至 0.000 1 g),置于蒸发皿中,用小玻棒搅匀放在沸水浴上蒸干,并随时搅拌。

(3)试样测定　擦去皿底的水滴,置 101～105℃ 干燥箱中干燥 4 h 后盖好取出,放入干燥器内冷却 0.5 h 后称量。然后再放入 101～105℃ 干燥箱中干燥 1 h 左右,取出,放入干燥器内冷却 0.5 h 后再称量。重复以上操作至前后两次质量差不超过 2 mg,即为恒重。

(五)分析结果的表述

试样中水分含量按下式进行计算:

$$X = \frac{m_1 - m_2}{m_1 - m_3} \times 100$$

式中:X——试样中水分含量,g/100 g;

m_1——干燥前称量瓶(加海砂、玻棒)与样品质量,g;

m_2——干燥后称量瓶(加海砂、玻棒)与样品质量,g;

m_3——称量瓶(加海砂、玻棒)的质量,g。

(六)常见技术问题处理

1. 测定条件的选择

(1)适用范围　直接干燥法适用于在 101～105℃ 下,不含或含其他挥发性物质甚微的谷物及其制品、水产品、豆制品、乳制品、肉制品及卤菜制品等食品中水分的测定,不适用于水分含量小于 0.5 g/100 g 的样品。

（2）称样量　测定时称样量一般控制在其干燥后的残留物质量在 1.5～3 g 为宜。对于水分含量较低的固态、浓稠态食品，将称样数量控制在 3～5 g，而对于果汁、牛乳等液态食品，通常每份样量控制在 15～20 g 为宜。

（3）称量瓶规格　称量瓶分为玻璃称量瓶和铝质称量盒两种。前者能耐酸碱，不受样品性质的限制，故常用于干燥法。铝质称量盒质量轻，导热性强，但对酸性食品不适宜，常用于减压干燥法。称量瓶规格的选择，以样品置于其中平铺开后厚度不超过瓶高的 1/3 为宜。

（4）干燥设备　电热烘箱有各种形式，一般使用强力循环通风式，其风量较大，烘干大量试样时效率高，但质轻试样有时会飞散，若仅作测定水分含量用，最好采用风量可调节的烘箱。当风量减小时，烘箱上隔板 1/3～1/2 面积的温度能保持在规定温度 ±1℃ 的范围内，即符合测定使用要求。温度计通常处于离隔板 3 cm 的中心处，为保证测定温度较恒定，并减少取出过程中因吸湿而产生的误差，一批测定的称量瓶最好为 8～12 个，并排列在隔板的中心部位。

（5）干燥条件　温度一般控制在 101～105℃，对热稳定的谷物等，可提高到 120～130℃ 范围内进行干燥；对含还原糖较多的食品应先用低温（50～60℃）干燥 0.5 h，然后再用 101～105℃ 干燥。

（6）干燥时间　有两种确定方法，一种是干燥到恒重，另一种是规定一定的干燥时间。前者基本能保证水分蒸发完全，后者的准确度要求不高的样品。如各种饲料中水分含量的测定，可采用第二种方法进行。

2. 注意事项

（1）水果、蔬菜样品，应先洗去泥沙后，再用蒸馏水冲洗一次，然后用洁净纱布吸干表面的水分。

（2）在测定过程中，称量皿从烘箱中取出后，应迅速放入干燥器中进行冷却，否则不易达到恒重。

二、减压干燥法

（一）测定原理

利用食品中水分的物理性质，在达到 40～53 kPa 压力后加热至（60±5）℃，采用减压烘干方法除去试样中的水分，再通过烘干前后的称量数值计算出水分的含量。

（二）仪器和设备

（1）真空干燥箱：带真空泵、干燥瓶、安全瓶，见图 3-1。
（2）扁形铝制或玻璃制称量瓶。
（3）干燥器：内附有效干燥剂。
（4）天平：感量为 0.1 mg。

（三）操作技能

准确称取 2～10 g（精确至 0.000 1 g）试样于已烘干至恒重的称量瓶中，放入真空烘箱内。将真空干燥箱连接真空泵，抽出真空干燥箱内空气至所需压力（一般 40～53.3 kPa），并同时加热至（60±5）℃。关闭真空泵上的活塞，停止抽气，使真空干燥箱内保持一定的温度和压力。4 h 后，打开活塞，使空气经干燥装置缓缓通入真空干燥箱内，待压力恢复正常后，再打开取出

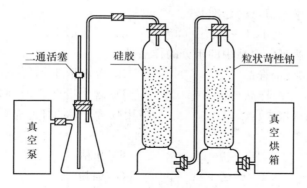

二通活塞　　硅胶　　　　　　　粒状苛性钠

真空泵　　　　　　　　　　　　真空烘箱

图 3-1　真空干燥工作流程图

称量皿,放入干燥器中冷却 0.5 h 后称量。重复以上操作至前后两次质量差不超过 2 mg,即为恒重。

(四)分析结果的表述

同直接干燥法。

(五)常见技术问题处理

(1)真空烘箱内各部位温度要求均匀一致,若干燥时间短时,更应严格控制。

(2)第一次使用的铝质称量瓶要反复烘干两次,每次置于调节到规定温度的干燥箱内烘 1~2 h,然后移至干燥器内冷却 45 min,称重(精确到 0.1 mg)。第二次以后使用时,通常可采用前一次的恒重值。试样为谷粒时,如小心使用可重复 20~30 次而质量不变。

(3)由于直读天平与被测量物之间的温度差会引起明显的误差,故在操作中应力求被称量物与天平的温度相同后再称重,一般冷却时间在 0.5~1 h 内。

(4)减压干燥时,自烘箱内部压力降至规定真空度时起计算烘干时间,一般每次烘干时间为 2 h,但有的样品需 5 h;恒重一般以减量不超过 0.5 mg 时为标准,但对受热后易分解的样品则可以不超过 1~3 mg 的减量值为恒重标准。

(5)本方法适用于加热易分解的食品中水分的测定,如糖浆、果糖、味精、麦乳精、高脂肪食品、果蔬及其制品等,不适用于添加了其他原料的糖果,如奶糖、软糖等试样测定,同时该法不适用于水分含量小于 0.5 g/100 g 的样品。

【知识与技能检测】

一、选择题

1. 哪类样品在干燥之前,应加入精制海砂?(　　　)

A. 固体样品　　　　　　B. 液体样品　　　　　　C. 浓稠态样品　　　　　　D. 气态样品

2. 常压干燥法一般使用的温度是(　　　)。

A. 101~105℃　　　　B. 120~130℃　　　　C. 500~600℃　　　　D. 300~400℃

3. 确定常压干燥法的时间方法是(　　　)。

A. 干燥到恒重　　　　　　　　　　　　B. 规定干燥一定时间

C. 101~105℃干燥 3~4 h　　　　　　　D. 101~105℃干燥 2 h

4. 水分测定中干燥到恒重的标准是（　　　）。

A. 1～3 mg　　　　　B. 1～3 g　　　　　C. 1～3 μg　　　　　D. 0.5 mg

5. 采用二次干燥法测定食品中的水分的样品是（　　　）。

A. 含水量大于 16% 的样品　　　　　B. 含水量在 14%～16%

C. 含水量小于 14% 的样品　　　　　D. 含水量小于 2% 的样品

6. 下列哪种样品可用常压干燥法？（　　　）应用减压干燥的样品是（　　　），应用蒸馏法测定水分的样品是（　　　）。

A. 饲料　　　　　B. 香料　　　　　C. 味精　　　　　D. 麦乳精

E. 八角　　　　　F. 柑橘　　　　　G. 面粉

7. 样品烘干后，正确的操作是（　　　）。

A. 从烘箱内取出，放在室内冷却后称重

B. 从烘箱内取出，放在干燥器内冷却后称量

C. 在烘箱内自然冷却后称重

8. 减压干燥装置中，真空泵和真空烘箱之间连接装有硅胶、苛性钠干燥其目的是（　　　）。

A. 用苛性钠吸收酸性气体，用硅胶吸收水分

B. 用硅胶吸收酸性气体，苛性钠吸收水分

C. 可确定干燥情况

D. 可使干燥箱快速冷却

9. 可直接将样品放入烘箱中进行常压干燥的样品是（　　　）。

A. 乳粉　　　　　B. 果汁　　　　　C. 糖浆　　　　　D. 酱油

二、简答题

1. 食品中水分含量的测定方法有哪些？

2. 干燥器有何作用？怎样正确地使用和维护干燥器？

3. 为什么经加热干燥的铝盒要迅速放入干燥器内？为什么要冷却后再称量？

4. 在水分测定过程中怎样进行恒重操作？

5. 如何制备海砂？

6. 在实验中观察干燥器中硅胶的颜色；若硅胶变红，说明什么？应如何处理？

7. 哪些食品应该用减压法来测水分？

8. 试写出直接干燥法测定饼干中水分含量的操作步骤。

三、计算题

1. 某检验员要测定某种面粉的水分含量，用干燥恒重为 24.360 8 g 的称量瓶称取样品 2.872 0 g，置于 105℃ 的恒温箱中干燥 3 h 后，置于干燥器内冷却称重为 27.032 8 g；重新置于 105℃ 的恒温箱中干燥 2 h，完毕后取出置于干燥器冷却后称重为 26.943 0 g；再置于 105℃ 的恒温箱中干燥 2 h，完毕后取出置于干燥器冷却后称重为 26.942 2 g。问被测定的面粉水分含量为多少？

2. 某检验员要测定某种奶粉的水分含量，用干燥恒重为 22.360 8 g 的称量瓶称取样品 2.672 0 g，置于 100℃ 的恒温箱中干燥 3 h 后，置于干燥器内冷却称重为 24.805 3 g；重新置于

100℃的恒温箱中干燥2 h,完毕后取出置于干燥器冷却后称重为24.762 8 g;再置于100℃的恒温箱中干燥2 h,完毕后取出置于干燥器冷却后称重为24.763 5 g。问被测定的奶粉水分含量为多少?

【超级链接】干燥器的使用方法

干燥器是具有磨口盖子的密闭厚壁玻璃器皿,常用以保存干坩埚、称量瓶、试样等物。它的磨口边缘涂有一层薄而均匀的凡士林,使之能与盖子密合。干燥器中部有一个有孔洞的活动瓷板,瓷板下放有无水氯化钙或硅胶等干燥剂,瓷板下放置需干燥或保持干燥的物品。

打开干燥器时,不能往上掀盖子,而应一只手扶住干燥器,另一只手从相对的水平方向小心移动盖子即可打开,并将其斜靠在干燥器旁,谨防滑动。取出物品后,按同样方法盖严,使盖子磨口边与干燥器吻合。搬动干燥器时,必须用两手的大拇指按住盖子,以防滑落而打碎。长期存放物品或在冬天,磨口上的凡士林可能凝固而难以打开,可以用热湿的毛巾温热一下或用电吹风热风吹干燥器的边缘,使凡士林熔化再打开盖。另外,不可将太热的物体放入干燥器中,灼烧或烘干后的坩埚和沉淀,在干燥器内不宜放置过久,否则会因吸收一些水分而使质量略有增加。因为干燥剂吸收水分的能力都是有一定限度的,干燥器中的空气并不是绝对干燥的,只是湿度较低而已。

任务二　蒸馏法测定食品中水分

【知识准备】

一、概述

蒸馏法是采用专门的水分蒸馏器,将食品中的水分与比水轻同水互不相溶的溶剂如甲苯(沸点110.7℃)、二甲苯(沸点140℃)、无水汽油(沸点95~120℃)等有机溶剂共同蒸出,冷凝并收集馏液,由于密度不同,馏出液在接收管中分层,根据馏出液中水的体积,计算样品中水分含量。此法设备简单,操作方便,现已广泛用于谷类、果蔬、油类香料等多种样品的水分测定,主要适用于含较多挥发性物质的食品如油脂、香辛料等水分的测定,不适用于水分含量小于1 g/100 g的样品。

蒸馏法与干燥法有较大的差别。干燥法是以经烘烤干燥后减失的质量为依据;而蒸馏法以蒸馏收集到的水量为准,避免了因挥发性物质减失的质量对水分测定的误差及脂肪氧化对水分测定的误差。因此,蒸馏法适用于含水较多又有较多挥发性成分的蔬菜、水果、发酵食品、油脂及香辛料等食品中水分含量的测定。特别是香辛料,蒸馏法是唯一公认的水分含量测定的标准分析法。

二、原理

利用食品中水分的物理化学性质,使用水分测定器将食品中的水分与甲苯或二甲苯共同蒸出,根据接收水的体积计算出试样中水分的含量。

【技能培训】

一、试剂和材料

甲苯或二甲苯(化学纯):取甲苯或二甲苯,先以水饱和后,分去水层,进行蒸馏,收集馏出液备用。

二、仪器和设备

(1)水分测定器:如图 3-2 所示(带可调电热套)。水分接收管容量 5 mL,最小刻度值 0.1 mL,容量误差小于 0.1 mL。

(2)天平:感量为 0.1 mg。

三、操作技能

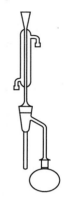

图 3-2　水分测定器

(1)准确称取适量试样(应使最终蒸出的水在 2~5 mL,但最多取样量不得超过蒸馏瓶的 2/3),放入水分测定器的 250 mL 蒸馏瓶中,加入新蒸馏的甲苯(或二甲苯)75 mL(以浸没样品为宜),连接冷凝管与水分接收管,从冷凝管顶端注入甲苯(或二甲苯),装满水分接收管。

(2)加热慢慢蒸馏,使每秒钟的馏出液为 2 滴,待大部分水分蒸出后,加速蒸馏约每秒钟 4 滴馏出液,当水分全部蒸出后,接收管内水分体积不再增加时,从冷凝管顶端注入少许甲苯(或二甲苯)冲洗。如发现冷凝管壁或接收管上部附有水滴,可用附用小橡皮头的铜丝擦下,再蒸馏片刻直至接收管上部及冷凝管壁无水滴附着,接收管水平面保持 10 min 不变为蒸馏终点,读取接收管水层的容积。

四、分析结果的表述

试样中水分的含量按下式进行计算:

$$X = \frac{V}{m} \times 100$$

式中:X——试样中水分的含量,mL/100 g(或按水在 20℃的密度 0.998 2 g/mL 计算质量);

$\quad V$——接收管内水的体积,mL;

$\quad m$——样品的质量,g。

五、常见技术问题处理

(1)样品为粉状或半流体时,先将瓶底铺满干洁海砂,再加入样品及甲苯(或二甲苯)。

(2)所用甲苯必须无水。可将甲苯经过氯化钙或无水硫酸钠吸水,过滤蒸馏,弃去最初馏液,收集澄清透明溶液即为无水甲苯。

(3)对不同品种的食品,可以选用不同的有机溶剂进行蒸馏。一般大多数香辛料用甲苯作蒸馏剂,辣椒类、葱类、大蒜和其他含大量糖的香辛料可用己烷测定水分含量;测定奶酪的含水量时用正戊醇-二甲苯(129~134℃)1+1 混合溶剂。

(4)一般加热温度不宜太高,温度太高时冷凝管上端水汽难以全部回收。加热过程中要严防有机溶剂泄露,否则遇到明火有燃烧或爆炸的危险。

（5）为避免接收器和冷凝管壁附着水珠,仪器必须洗涤干净。

【知识与技能检测】

一、选择题

1. 蒸馏法测定水分时常用的有机溶剂是（　　）。

A. 甲苯、二甲苯　　　　B. 乙醚、石油醚　　　　C. 氯仿、乙醇　　　　D. 四氯化碳、乙醚

2. 香料中水分的测定最好选用（　　）。

A. 蒸馏法　　　　　　　　　　　　　B. 常压干燥法

C. 卡尔·费休干燥法　　　　　　　　D. 真空干燥法

3. 蒸馏法操作时错误的是（　　）。

A. 在烧瓶内加数粒无氟小玻璃珠,防止液体暴沸

B. 加热速度宜慢不宜快

C. 用明火直接加热烧瓶

D. 烧瓶内液体不宜超过 1/2 体积

4. 干燥器内常放入的干燥剂是（　　）。

A. 硅胶　　　　　　　B. 助化剂　　　　　　C. 碱石灰　　　　　　D. 无水 Na_2SO_4

二、叙述题

试比较常压干燥法、减压干燥法、蒸馏法这 3 种方法的原理、仪器、使用范围。

【超级链接】食品中水分其他测定方法简介

水分测定方法有许多种,实际操作时可根据食品的性质来选择。除了上面介绍的测定方法外,还有化学干燥法、微波干燥法、红外吸收光谱法、气相色谱法、核磁共振波谱法、声波和超声波法、直流和交流电导率法等多种测定方法。

1. 化学干燥法

化学干燥法就是将某种对于水蒸气具有强烈吸附作用的化学药品与含水样品同装入一个干燥器（玻璃或真空干燥器）,通过等温扩散及吸附作用而使样品达到干燥恒重,然后根据干燥前后样品的失重即可计算出其水分含量。此法在室温下干燥,需要较长时间,几天、几十天甚至几个月。常用的干燥剂有五氧化二磷、氧化钡、高氯酸镁、氢氧化锌、硅胶、氧化氯等。该法适用于对热不稳定及含有易挥发组分的试样（如香料、茶叶）中的水分含量的测定。

2. 微波法

微波是指频率范围为 $1 \times 10^3 \sim 3 \times 10^5$ MHz 的电磁波。当微波通过含水样品时,因微波能把水分从样品中驱除而引起样品质量的损耗,在干燥前后用电子天平读数来测定失重,并且用数字百分读数的微处理机将失重换算成水分含量。

3. 红外吸收光谱法

红外线一般指波长 $0.75 \sim 1\,000\ \mu m$ 的光。红外波段可分三部分:近红外区 $0.75 \sim 2.5\ \mu m$;中红外区 $2.5 \sim 25\ \mu m$;远红外区 $25 \sim 1\,000\ \mu m$。

红外光谱法是根据水分对某一波长的红外光的吸收程度与其在样品中含量存在一定的关系的事实建立起来的一种水分测定方法。此法准确、快速、方便,现已应用于谷物、花生、牛乳、面粉等试样的水分测定,有广阔的研究和应用前景。

4. 红外线快速烘干法

红外线快速水分测定仪,采用热解重量原理设计的(烘箱干燥法),是一种新型快速水分检测仪器。水分测定仪在测量样品重量的同时,红外加热单元和水分蒸发通道快速干燥样品,在干燥过程中,水分仪持续测量并即时显示样品丢失的水分含量(%),干燥程序完成后,最终测定的水分含量值被锁定显示。与国际烘箱加热法相比,红外加热可以最短时间内达到最大加热功率,在高温下样品快速被干燥,其检测结果与国标烘箱法具有良好的一致性,具有可替代性,且检测效率远远高于烘箱法。一般样品只需几分钟即可完成测定。

任务三　卡尔·费休法测定食品中水分

【知识准备】

一、概述

卡尔·费休(Karl Fischer)法,简称费休法或 K-F 法,是在 1935 年由卡尔·费休提出的测定水分的容量方法,属于碘量法,对于测定水分最为专一,也是测定水分最为准确的化学方法,1977 年首次通过为 AOAC 方法。

费休法广泛地应用于各种液体、固体及一些气体样品中水分含量的测定,均能得到满意的结果。在很多场合,此法也常被作为水分特别是痕量水分的标准分析方法,用以校正其他测定方法。在食品分析中,凡是用常压干燥法易得到异常结果的样品或是以减压干燥法测定的样品,都可以用卡尔·费休法测定。现在此方法已应用于面粉、砂糖、人造奶油、可可粉、糖蜜、茶叶、乳粉、炼乳及香料等食品中的水分测定,结果的准确度优于直接干燥法,也是测定脂肪和油品中痕量水分的理想方法。

二、方法原理

利用 I_2 氧化 SO_2 时需要有一定的水参加反应(氧化还原反应)。

$$I_2 + SO_2 + 2H_2O \Longleftrightarrow H_2SO_4 + 2HI$$

此反应具有可逆性,当生成物 H_2SO_4 浓度>0.05% 时,即发生可逆反应,要使反应顺利向右进行,要加入适量的碱性物质以中和生成的酸。经实验证明,在体系中加入吡啶,这样就可使反应向右进行。

$$I_2 + SO_2 + 2H_2O + 3C_5H_5N \longrightarrow 2C_5H_5NHI + C_5H_5NSO_3$$
$$\text{吡啶} \qquad \text{氢碘酸吡啶} \quad \text{硫酸酐吡啶}$$

硫酸酐吡啶很不稳定,与水发生副反应,形成干扰。若有甲醇存在,则可生成稳定的化合物。

将 I_2、SO_2、C_5H_5N、CH_3OH 配在一起成为费休试剂。由此可见,滴定操作所用的标准溶

液是含有 I_2、SO_2、C_5H_5N 及 CH_3OH 的混合溶液,此溶液称为费休试剂。

费休法的滴定总反应式可写为:

$$I_2 + SO_2 + 3C_5H_5N + CH_3OH + H_2O \longrightarrow 2C_5H_5NHI + C_5H_5NHSO_4CH_3$$

从上式可以看到 1 mol 水需要与 1 mol 碘、1 mol 二氧化硫和 3 mol 吡啶及 1 mol 甲醇反应而产生 2 mol 氢碘酸吡啶和 1 mol 甲基硫酸氢吡啶(实际操作中各试剂用量摩尔比为 I_2 ∶ SO_2 ∶ C_5H_5N = 1 ∶ 3 ∶ 10)。

滴定操作中可用两种方法确定终点:一种是当用费休试剂滴定样品达到化学计量点时,再过量 1 滴费休试剂中的游离碘即会使体系呈现浅黄甚至棕黄色,据此即作为终点而停止滴定,此法又叫库仑法,适用于含有 1% 以上水分的样品,由其产生的终点误差不大;另一方法为双指示电极安培滴定法,也叫永停滴定法或容量法,其原理是将两枚相似的微铂电极插在被滴样品溶液中,给两电极间施加 10～25 mV 电压,在开始滴定直至化学计量点前,因体系中只存留碘化物而无游离碘,电极间的极化作用使外电路中无电流通过(即微安表指针始终不动),而当过量 1 滴费休试剂滴入体系后,由于游离碘的出现使体系变为去极化,则溶液开始导电,外路有电流通过,微安表指针偏转至一定刻度并稳定不变,即为终点,此法更适宜于测定深色样品及微量、痕量水分时采用。

【技能培训】

一、试剂和材料

(1)无水甲醇:要求其含水量在 0.05% 以下。量取甲醇约 200 mL 置干燥圆底烧瓶中,加光洁镁条 15 g 与碘 0.5 g,接上冷凝装置,冷凝管的顶端和接收器支管上要装上无水氯化钙干燥管,当加热回流至金属镁条溶解。分馏,用干燥的抽滤瓶作接收器,收集 64～650℃ 馏分备用。

(2)无水吡啶:要求其含水量在 0.1% 以下。

(3)碘:将固体碘置硫酸干燥器内干燥 48 h 以上。

(4)无水硫酸钠。

(5)硫酸。

(6)二氧化硫:采用钢瓶装的二氧化硫或用硫酸分解亚硫酸钠而制得。

(7)5A 分子筛。

(8)水-甲醇标准溶液:每毫升含 1 mg 水,准确吸取 1 mL 水注入预先干燥的 1 000 mL 容量瓶中,用无水甲醇稀释至刻度,摇匀备用。

(9)卡尔·费休试剂:称取 85 g 碘于干燥的 1 L 具塞的棕色玻璃试剂瓶中,加入 670 mL 无水甲醇,盖上瓶塞,摇动至碘全部溶解后,加入 270 mL 吡啶混匀,然后置于冰水浴中冷却,通入干燥的二氧化硫气体 60～70 g,通气完毕后塞上瓶塞,放置暗处至少 24 h 后使用。

二、仪器和设备

(1)卡尔·费休水分测定仪:主要部件包括反应瓶、自动注入式滴定管、磁力搅拌器及适合于永停测定终点的电位测定装置。

（2）天平：感量为 0.1 mg。

三、操作技能

1. 样品制备

可粉碎的固体样品要尽量粉碎，使之均匀。不易粉碎的样品可切碎。

2. 卡尔·费休试剂的标定

预先加入 50 mL 无水甲醇于水分测定仪的反应器中，接通仪器电源，启动电磁搅拌器，先用卡尔·费休试剂滴入甲醇中使其尚残留的痕量水分与试剂作用达到计量点，即为微安表的一定刻度值（45 μA 或 48 μA），并保持 1 min 内不变，不记录卡尔·费休试剂的消耗量。然后用 10 μL 蒸馏水（相当于 0.01 g 水，可先用天平称量校正，亦可用减量法滴瓶称取 0.01 g 水于反应器中），此时微安表指针偏向左边接近零点，用卡尔·费休试剂滴定至终点，记录卡尔·费休试剂消耗量。

卡尔·费休试剂对水的滴定度：

$$T = \frac{M \times 1\,000}{V}$$

式中：M——水的质量，g；

V——滴定消耗卡尔·费休试剂的体积，mL。

3. 试样中水分的测定

准确称取 0.3～0.5 g 样品置于称样瓶中（视各种样品含水量不同，一般每份被测样品中含水 20～40 mg 为宜）。

在水分测定仪的反应器中加入 50 mL 无水甲醇，使其完全淹没电极并用费休试剂滴定 50 mL 甲醇中的痕量水分，滴定至微安表指针的偏转程度与标定卡尔·费休试剂操作中的偏转情况相当并保持 1 min 不变时（不记录试剂用量），打开加料口迅速将称好的试样加入反应器中，立即塞上橡皮塞，开动电磁搅拌器使试样中的水分完全被甲醇所萃取，用卡尔·费休试剂滴定至原设定的终点并保持 1 min 不变，记录试剂的用量。

四、分析结果的表述

$$X = \frac{T \times V}{W \times 1\,000} \times 100 = \frac{T \times V}{10 \times W}$$

式中：X——试样中水分含量，g/100 g；

T——卡尔·费休试剂对水的滴定度，mg/mL；

V——滴定所消耗的卡尔·费休试剂体积，mL；

W——样品质量，g。

五、常见技术问题处理

（1）卡尔·费休容量法适用于水分含量大于 1.0×10^{-3} g/100 g 的样品。

（2）新配制的费休试剂不太稳定，混匀后需放置一段时间后再用，且每次用前都需标定。配制好的试剂应避光、密封，置于阴凉干燥处保存，以防止水分吸入。

（3）费休试剂的标定可用重蒸馏水进行标定,也可采用水合盐中的结晶水进行标定。

（4）样品粒度以 40 目为好。最好用破碎机处理而不用研磨机,以防止水分损失。

（5）卡尔·费休法不仅可测定样品中的自由水,而且还可测定样品中的结合水,所以此法所测结果能更客观地反映样品中总水分含量。

（6）滴定操作要求迅速,加试剂的间隔时间应尽可能短。对于某些需要较长时间滴定的试样,需要扣除其漂移量。

（7）对于不易溶解的试样,应采用对滴定杯进行加热或加入已测定水分的其他溶剂辅助溶解后用卡尔·费休试剂滴定至终点。

（8）对于含有强还原性物质(如维生素 C)的样品不宜采用此法测定。另外,如果食品中含有氧化剂、还原剂、碱性氧化物、氢氧化物、碳酸盐、硼酸等,都会与费休试剂所含组分反应,干扰测定。

【知识与技能检测】

1. 简述卡尔·费休法测定水分的原理。

2. 卡尔·费休法测定食品水分含量时应注意哪些事项?

【超级链接】食品的水分活度

食品中水分的各种测定方法定量地测定食品中水的总含量,但它并不能完全说明食品中水分的存在状态和被微生物利用的程度,对于食品的生产和贮藏均缺乏科学的指导作用。因此,为了表示食品中所含的水分作为微生物化学反应和微生物生长的可用价值,提出了水分活度概念。

水分活度(water activity)定义为在同一条件(温度、湿度和压力等)下,食品中水分所产生的蒸气压与纯水蒸气压之间的比值。用公式表示如下:

$$A_w = \frac{p}{p_0} = \frac{ERH}{100}$$

式中:A_w——水分活度;

P——食品中水蒸气分压;

P_0——同一温度下纯水的蒸气压;

ERH——平衡相对湿度(指样品放在空气中,不被干燥也不吸湿时的大气相对湿度)。

水分活度反映了食品与水亲和能力的程度。一般来说,食品的含水量越高,食品的水分活度就越大,但食品水分活度的高低是不能按其水分含量来考虑的,即二者之间不存在正比关系,按水分含量多少难以判断食品的保存性,只有测定并控制水分活度才对食品的贮藏性具有重要意义。另外,水分活度对于食品的色、香、味、组织结构也有重要的影响。所以,食品中水分活度的测定渐已成为食品分析的重要检测项目之一。

食品中水分活度的测定方法很多,如扩散法、水分活度测定仪法、溶剂萃取法、蒸气压法、电湿度计法、附感敏器的湿动仪法等。一般常用的是扩散法、水分活度测定仪法(A_w 测定仪法)和溶剂萃取法。

技能训练1　方便面中水分含量的测定

一、技能目标

(1)查阅《方便面卫生标准》(GB 17400—2003)及《食品中水分的测定》(GB 5009.3—2010)正确制订作业程序。

(2)掌握干燥箱、分析天平及干燥器等仪器设备的操作使用方法。

(3)掌握方便面中水分含量的测定原理及操作技能。

二、所需试剂与仪器

按照《食品中水分的测定》(GB 5009.3—2010)的规定,请将直接干燥法测定方便面中水分含量所需仪器设备的名称、数量、规格和试剂的名称、规格级别记录于表3-1和表3-2中。

表3-1　工作所需全部仪器设备一览表

序号	名称	规格要求
1	分析天平	感量为0.1 mg
2		

表3-2　工作所需全部化学试剂一览表

序号	名称	规格要求	配制方法
1			
2			

三、工作过程与标准要求

工作过程及标准要求见表3-3。

表3-3　工作过程与标准要求

工作过程	工作内容	技能标准
1. 制订工作方案	按照国家标准制订工作方案	方案符合实际、科学合理、周密详细。
2. 试剂与仪器准备	(1)称量仪器调试与检查。 (2)干燥设备的调试与检查。 (3)干燥剂的检查及处理。 (4)称量瓶的准备。	(1)所需的所有试剂与仪器设备全面详细。 (2)干燥条件选择正确,称量瓶洁净干燥至恒重。
3. 样品制备	取均匀样品,在研钵中研碎,过筛(20~40目)。	(1)能正确操作使用烘箱。 (2)能正确使用干燥器。 (3)能正确操作分析天平。
4. 称样	用纸带从干燥器中取出事先烘干至恒重的称量瓶(铝盒),记下瓶盖与瓶子的编号,称取空比重的质量 m_0。用铝盒准确称取样品3~5 g(精确至0.000 1 g),且使样品均匀平摊于铝盒内,记录样品＋铝盒重量 m_1。	(1)掌握1~2种称量方法。 (2)能按残留量要求正确计算所需称量样品量。

续表 3-3

工作过程	工作内容	技能标准
5. 测定	将称量瓶置烘箱第一格中间位置,瓶盖打开斜支与瓶体,101~105℃,干燥 2~4 h 后,盖好盖,取出铝质称量瓶,小心不要用手直接接触瓶体,置干燥器中冷却至室温,0.5 h 后称量,记录样品+铝盒重量 m_2。再放入 101~105℃烘箱中干燥 1 h 左右,取出,放入干燥器中冷却 0.5 h 后再称量。如此重复,至前后两次质量差不超过 2 mg 为恒重。	(1)掌握样品烘箱干燥的方法。 (2)能解决干燥过程中出现的一般问题。 (3)能正确判断样品干燥是否已至恒重。

四、数据记录及处理

(1)数据记录　将数据记录于表 3-4 中。

表 3-4　数据记录表

序号	烘干至恒重的空铝盒质量/g	干燥前铝盒与样品的总质量/g	干燥后铝盒与样品的总质量/g

(2)结果计算　按下式计算方便面中水分含量:

$$X = \frac{m_1 - m_2}{m_1 - m_0} \times 100$$

式中:X——试样中水分的含量,g/100 g;

m_0——铝盒的质量,g;

m_1——烘干前铝盒与样品的总质量,g;

m_2——烘干燥后样品与铝盒质量,g。

五、技能评价

按照工作过程操作水平,由相关人员填写技能评价表(表 3-5)。

表 3-5　技能评价表

评价内容	满分值	学生自评	同伴互评	教师评价	综合评分
1. 制订工作方案	15				
2. 试剂与仪器准备	10				
3. 样品制备	10				
4. 称样	10				
5. 样品测定	30				

续表 3-5

评价内容	满分值	学生自评	同伴互评	教师评价	综合评分
6. 数据记录及结果	15				
7. 实训报告	10				
总分					

注:综合评分=学生自评分×20%+同伴互评分×30%+教师评价分×50%。

技能训练2 香辛料中水分的测定

一、技能目标

(1)查阅《香辛料和调味品 水分含量的测定(蒸馏法)》(GB/T 12729.6—2008)能正确制订作业程序。

(2)掌握蒸馏装置使用操作技能。

(3)掌握香辛料中水分含量的测定方法和操作技能。

二、所需试剂与仪器

按照《香辛料和调味品 水分含量的测定(蒸馏法)》(GB/T 12729.6—2008)的规定,请将蒸馏法测定香辛料中水分含量所需仪器设备的名称、数量、规格和试剂的名称、规格级别记录于表 3-6 和表 3-7 中。

表 3-6 工作所需全部仪器设备一览表

序号	名称	规格要求
1	水分测定器	容量 5 mL,刻度 0.10 mL
2		

表 3-7 工作所需全部化学试剂一览表

序号	名称	规格要求	配制方法
1	甲苯	分析纯	用前加水饱和,振摇数分钟,分去水层,蒸馏,收集澄清透明的蒸馏液备用。
2			

三、工作过程与标准要求

工作过程及标准要求见表 3-8。

表 3-8　工作过程与标准要求

工作过程	工作内容	技能标准
1. 制订工作方案	按照国家标准制订工作方案。	方案符合实际、科学合理、周密详细。
2. 试剂与仪器准备	准备并检查实训材料与仪器。	(1)准备本次实训所需的所有材料与仪器设备。 (2)试剂的配制和仪器的清洗、控干。 (3)检查设备运行是否正常。
3. 样品制备	取具有代表性的均匀样品用粉碎机粉碎成 1 mm 大小的颗粒,弃去最初少量试样,收集粉碎试样,小心混匀,避免层化,装入样品容器中立即密封。	(1)能正确取样。 (2)能正确进行样品的制备。
4. 水分测定器的准备	使用前须用重铬酸钾-硫酸洗涤液充分洗涤,除净油污,烘干。	(1)能正确操作洗涤水分测定仪器。 (2)能正确使用水分测定仪器。 (3)能正确操作分析天平。
5. 称样	称取适量试样(水分含量 2.0~4.5 mL)精确至 0.01 g,置于水分测定器烧瓶中。	(1)掌握 1~2 种称量方法。 (2)能按残留量要求正确计算所需称量样品量。
6. 测定	取适量(约 75 mL)甲苯于水分测定器烧瓶中,将试样浸没,振摇混合。连接水分测定器各部分,从冷凝管上口注入甲苯,直至装满接收管并溢入烧瓶。在冷凝管上口塞少量脱脂棉或安装盛有氯化钙的干燥管,以减少大气中水分凝结。用石棉布将烧瓶和通到接收管的导管包紧。接通热源,缓慢蒸馏(蒸馏速度 2 滴/s)。当大部分水分已蒸出时,加快蒸馏速度(蒸馏速度 4 滴/s),直至冷凝管尖端无水滴。从冷凝管上口加入甲苯,将冷凝管内壁附着的水滴洗入接收器。继续蒸馏至接收器上部及冷凝管壁无水滴,且接收器中的水平面保持 30 min 不变,关闭热源。 取下接收管,冷却至室温。读取接收管中水的毫升数,精确至 0.05 mL。	(1)掌握仪器洗涤的方法。 (2)会正确使用水分测定仪器。 (3)能正确判断水分蒸馏是否完全。 (4)能解决蒸馏过程中出现的一般问题。

四、数据记录及处理

(1)数据记录　将数据记录于表 3-9 中。

表 3-9　数据记录表

序号	样品质量/g	接收瓶中水的 体积/mL	接收瓶中水的 温度/℃	接收瓶中水的 密度/(1 g/mL)

（2）结果计算　按下式计算香辛料中水分含量：

$$X = \frac{V}{m} \times 100$$

式中：X——水分含量，g/100 g；

V——接收管内水的体积，mL（一般采用 4℃时水的密度为 1 g/cm³）；

m——样品的质量，g。

五、技能评价

按照工作过程操作水平，由相关人员填写技能评价表（表 3-10）。

表 3-10　技能评价表

评价内容	满分值	学生自评	同伴互评	教师评价	综合评分
1. 制订工作方案	15				
2. 试剂与仪器准备	10				
3. 样品的准备	5				
4. 水分测定器的准备	5				
5. 称样	5				
6. 样品测定	30				
7. 数据记录及结果	15				
8. 实训报告	15				
总分					

注：综合评分＝学生自评分×20％＋同伴互评分×30％＋教师评价分×50％。

项目二　食品中灰分的测定

【知识要求】

（1）掌握灰分的概念和相关知识；

（2）掌握样品炭化、灰化、恒重的概念；

（3）掌握食品中总灰分测定的基本原理和操作方法。

【能力要求】

(1)熟练掌握样品炭化、灰化、恒重的操作技能；

(2)熟练掌握高温炉、坩埚的使用技能；

(3)熟练掌握食品中总灰分的操作技能。

任务一 一般食品中灰分的测定

【知识准备】

一、灰分的概念

食品中除含有大量有机物质外，还含有较丰富的无机成分。食品经高温（500~600℃）灼烧后所残留的无机物质称为灰分。灰分是标示食品中无机成分总量的一项指标。

但是，食品的灰分与食品中存在的无机成分在数量和组成上并不完全相同，这是因为：

(1)食品在灰化时，某些易挥发元素如氯、碘、铅等，会挥发散失，磷、硫等也能以含氧酸的形式挥发散失，使这些无机成分减少。

(2)某些金属氧化物会吸收有机物分解产生的二氧化碳而形成碳酸盐，又使无机成分增多。

因此，灰分并不能准确地表示食品中原来的无机成分的总量。从这种观点出发，通常把食品经高温灼烧后的残留物称为粗灰分（或总灰分），其中包括水溶性灰分、水不溶性灰分和酸不溶性灰分。水溶性灰分反映的是可溶性的钾、钠、钙、镁等的氧化物和盐类的含量。水不溶性灰分反映的是污染的灰尘、泥沙和铁、铝等氧化物及碱土金属的碱式磷酸盐的含量。酸不溶性灰分反映的是水不溶性灰分中一些含硅的物质。

二、灰分与食品质量

1. 食品中的灰分含量可以作为评判食品品质的重要依据

(1)无机盐是六大营养要素之一，是人类生命活动不可缺少的物质，要正确评价某食品的营养价值，其无机盐含量是一个评价指标。例如，黄豆是营养价值较高的食物，除富含蛋白质外，它的灰分含量高达 5.0%。故测定灰分总含量，在评价食品品质方面有其重要意义。

(2)生产果胶、明胶之类的胶质品时，灰分是这些制品的胶冻性能的标志。果胶分为 HM 和 LM 两种，HM 只要有糖、酸存在即能形成凝胶，而 LM 除糖、酸以外，还需要有金属离子，如 Ca^{2+}、Al^{3+}。

(3)食品的灰分含量是控制食品成品或半成品质量的重要依据。如水溶性灰分可以指示果酱、果冻制品中的果汁含量，而酸不溶性灰分中的大部分，是一些来自原料本身中的，或在加工过程中来自环境污染混入产品中的泥沙等机械污染物，另外还含有一些样品组织中的微量硅。

2. 食品中的灰分含量可以评判食品加工精度

例如，在面粉加工中，常以总灰分含量评定面粉等级，特制一等粉灰分含量<0.70%，特制二等粉<0.85%，标准粉<1.10%。一般地讲，加工精度越高面粉粉色越白，灰分含量越低。

3. 测定食品灰分可以判断食品受污染的程度

不同的食品,因所用原料、加工方法及测定条件的不同,各种灰分的组成和含量也不相同,但当这些条件确定后,某种食品的灰分常在一定范围内。如果灰分含量超过了正常范围,说明食品生产中使用了不合乎卫生标准要求的原料或食品添加剂,或食品在加工、贮运过程中受到了污染。因此,测定灰分可以判断食品受污染的程度。灰分是某些食品的重要的质量控制指标,也是食品常规检验的项目之一。

三、灰分的测定原理

把一定量的样品经炭化后放入高温炉内灼烧,使有机物质被氧化分解,以二氧化碳、氮的氧化物及水等形式逸出,而无机物质以硫酸盐、磷酸盐、碳酸盐、氯化物等无机盐和金属氧化物的形式残留下来,这些残留物即为灰分。称量残留物的质量即可计算出样品中总灰分的含量。

【技能培训】

一、仪器和设备

(1)马弗炉:温度≥600℃。

(2)天平:感量为 0.1 mg。

(3)石英坩埚或瓷坩埚。

(4)干燥器(内有干燥剂)。

(5)电热板。

(6)水浴锅。

二、操作技能

1. 坩埚的灼烧

取大小适宜的石英坩埚或瓷坩埚置马弗炉中,在(550±25)℃下灼烧 0.5 h,冷却至 200℃左右,取出,放入干燥器中冷却 30 min,准确称量。重复灼烧至前后两次称量相差不超过 0.5 mg 为恒重。

2. 称样

灰分＞10 g/100 g 试样称取 2～3 g,灰分＜10 g/100 g 试样称取 3～10 g(精确至 0.000 1 g)。

3. 测定

液体和半固体试样应先在沸水浴上蒸干。固体或蒸干后的试样,先在电热板上以小火加热使试样充分炭化至无烟,然后置于马弗炉中,在(550±25)℃灼烧 4 h。冷却至 200℃左右,取出,放入干燥器中冷却 30 min,称量前如发现灼烧残渣有炭粒时,应向试样中滴入少许水湿润,使结块松散,蒸干水分再次灼烧至无炭粒即表示灰化完全,方可称量。重复灼烧至前后两次称量相差不超过 0.5 mg 为恒重。

三、分析结果的表述

试样中灰分按下式进行计算:

$$X = \frac{m_1 - m_0}{m_2 - m_0} \times 100$$

式中:X——试样中灰分的含量,g/100 g;

　　m_0——坩埚的质量,g;

　　m_1——坩埚和灰分的质量,g;

　　m_2——坩埚和试样的质量,g。

试样中灰分含量≥10 g/100 g 时,保留三位有效数字;试样中灰分含量<10 g/100 g 时,保留两位有效数字。

四、常见技术问题处理

(一)测定条件的选择

1. 灰化容器

测定灰分通常以坩埚作为灰化容器,个别情况下也可使用蒸发皿。坩埚分素烧瓷坩埚、铂坩埚、石英坩埚等多种。

(1)素烧瓷坩埚　比较常用,内壁光滑,耐高温(1 200℃),耐稀酸,价格低廉,但耐碱性能较差,易发生破裂,当灰化碱性食品(如水果、蔬菜、豆类等)时,瓷坩埚内壁的釉层会部分溶解,反复多次使用后,往往难以得到恒重。需要经常更换新的瓷坩埚,或使用铂坩埚。

(2)铂坩埚　耐高温(1 773℃),能抗碱金属碳酸盐及氟化氢的腐蚀,导热性能好,吸湿性小,但价格昂贵,使用时应特别注意其性能和使用规则。

根据试样的性状来选用灰化容器的大小,需要前处理的液态样品、加热易膨胀的样品及灰分含量低、取样量较大的样品,需选用稍大些的坩埚,或选用蒸发皿,但灰化容器过大会使称量误差增大。

为了便于识别,所用的坩埚应做标记。用一般记号笔在坩埚上所做的标记在灰化过程中会消失。实验室现都采用钢针蘸上墨水在坩埚上刻上标记的方法,也可先用金钢刀琢刻,然后用 0.5 mol/L $FeCl_3$(20% HCl)溶液做标记,另外,将铁钉溶解在浓盐酸中可形成一种可作良好标记的褐色黏性物质。

2. 取样量

应根据试样种类和性状来决定,同时应考虑到称量误差。一般以灼烧后得到的灰分量为 10～100 mg 来决定取样量。通常情况如下:

(1)奶粉、麦乳精、大豆粉、调味料、鱼类及海产品等取 1～2 g。

(2)谷物及其制品、肉及其制品、糕点、牛乳等取 3～5 g。

(3)蔬菜及其制品、砂糖及其制品、淀粉及其制品、蜂蜜、奶油等取 5～10 g。

(4)水果及其制品取 20 g。

(5)油脂取 50 g。

3. 灰化温度

灰化温度对灰分测定结果影响很大,由于各种食品中无机成分的组成、性质及含量各不相同,灰分温度也应有所不同,一般为 500～550℃。

(1)过高,将引起钾、钠、氯等元素的挥发损失,而且磷酸盐、硅酸盐类也会熔融,将炭粒包藏起来,使炭粒无法氧化。

(2)过低,则灰化速度慢、时间长,不易灰化完全,也不利于除去过剩的碱(碱性食品)吸收的二氧化碳。

因此,必须根据食品的种类和性状兼顾各方面因素,选择合适的灰化温度,在保证灰化完全的前提下,尽可能减少无机成分的挥发损失和缩短灰化时间。如鱼类及海产品、谷类及其制品、乳制品≤550℃;果蔬及其制品、砂糖及其制品、肉制品≤525℃;个别样品(如谷类饲料)可以达到600℃。

(3)加热速度也不可太快,以防急剧干馏时灼热物的局部产生大量气体而使微粒飞失爆燃。

4. 灰化时间

一般以灼烧至灰分呈白色或浅灰色,无炭粒存在并达到恒重为止。灰化至达到恒重的时间因试样不同而异,一般需 2～5 h。通常根据经验灰化一定时间后,观察一次残灰的颜色,以确定第一次取出的时间,取出后冷却、称重,再放入炉中灼烧,直至达恒重。

应该指出的是,对有些样品,即使灰分完全,残灰也不一定呈白色或浅灰色,如铁含量高的食品,残灰呈褐色;锰、铜含量高的食品,残灰呈蓝绿色。有时即使灰的表面呈白色,内部仍残留有碳块。所以应根据样品的组成、性状注意观察残灰的颜色,正确判断灰化程度。

5. 加速灰化的方法

有些样品,如含磷较多的谷物及其制品,磷酸过剩于阳离子,随灰化的进行,磷酸将以磷酸二氢钾、磷酸二氢钠等形式存在,在比较低的温度下会熔融而包住炭粒,难以完全灰化,即使灰化相当长时间也达不到恒重。对这类难灰化的样品,可采用下述方法来加速灰化。

(1)改变操作方法。样品经初步灼烧后,取出冷却,从灰化容器边缘慢慢加入少量无离子水(不可直接洒在残灰上,以防残灰飞扬),使水溶性盐类溶解,被包住的炭粒暴露出来,在水浴上蒸发至干涸,置于 120～130℃ 烘箱中充分干燥(充分去除水分,以防再灰化时,因加热使残灰飞散),再灼烧到恒重。

(2)添加灰化助剂。硝酸、过氧化氢、碳酸铵,这类物质在灼烧后完全消失,不致增加残留灰分的重量。

经初步灼烧后,放冷,加入几滴硝酸或双氧水,蒸干后再灼烧至恒重,利用它们的氧化作用来加速炭粒的灰化。也可以加入 10% 碳酸铵等疏松剂,在灼烧时分解为气体逸出,使灰分呈松散状态,促进未灰化的炭粒灰化。这些物质经灼烧后完全消失,不增加残灰的质量。

(3)添加过氧化镁、碳酸钙等惰性不熔物质。这类物质的作用纯属机械性的,它们和灰分混杂在一起,使碳微粒不受覆盖。此法应同时作空白试验。

(二)注意事项

(1)样品炭化时要注意热源强度,防止产生大量泡沫溢出坩埚。

(2)把坩埚放入高温炉或从炉中取出时,要放在炉口停留片刻,使坩埚预热或冷却,防止因温度剧变而使坩埚破裂。

(3)灼烧后的坩埚应冷却到200℃以下再移入干燥器中,否则因热的对流作用,易造成残灰飞散,且冷却速度慢,冷却后干燥器内形成较大真空,盖子不易打开。

(4)从干燥器内取出坩埚时,因内部成真空,开盖恢复常压时,应注意使空气缓缓流入,以防残灰飞散。

(5)灰化后所得残渣可留作 Ca、P、Fe 等成分的分析。

(6)用过的坩埚经初步洗刷后,可用粗盐酸或废盐酸浸泡 10～20 min,再用水冲刷洁净。

(7)本方法适用于除淀粉及其衍生物之外的食品中灰分含量的测定。

【知识与技能检测】

一、填空题

1. 灰分是指＿＿＿＿＿＿。

2. 测定灰分时一般以灼烧后得到的灰分量为＿＿＿＿来决定取样量。

3. 灰分测定时恒重的标准是前后两次质量差不超过＿＿＿＿＿。

4. 水溶性灰分是指＿＿＿＿,水不溶性灰分是指＿＿＿＿,酸不溶性灰分是指＿＿＿＿。

二、选择题

1. 对食品灰分叙述正确的是(　　)。

A. 灰分中无机物含量与原样品无机物含量相同

B. 灰分是指样品经高温灼烧后的残留物

C. 灰分是指食品中含有的无机成分

D. 灰分是指样品经高温灼烧完全后的残留物

2. 耐碱性好的灰化容器是(　　)。

A. 瓷坩埚　　　　B. 蒸发皿　　　　C. 石英坩埚　　　　D. 铂坩埚

3. 正确判断灰化完全的方法是(　　)。

A. 一定要灰化至白色或浅灰色

B. 一定要高温炉温度达到 500～600℃时计算时间 5 h

C. 灼烧至灰分呈白色或浅灰色,无炭粒存在并达到恒重为止

D. 加入助灰剂使其达到白灰色为止

4. 富含脂肪的食品在测定灰分前应先除去脂肪的目的是(　　)。

A. 防止炭化时发生燃烧　　　　B. 防止炭化不完全

C. 防止脂肪包裹炭粒　　　　D. 防止脂肪挥发

5. 固体食品应粉碎后再进行炭化的目的是(　　)。

A. 使炭化过程更易进行、更完全　　　　B. 使炭化过程中易于搅拌

C. 使炭化时燃烧完全　　　　D. 使炭化时容易观察

6. 炭化高糖食品时,加入的消泡剂是(　　)。

A. 辛醇　　　　B. 双氧化

C. 硝酸镁　　　　D. 硫酸

三、简答题

1. 为什么将食品经高温灼烧后的残留物称为粗灰分?

2. 试样在灰化前为什么要进行炭化?

3. 对于难灰化的样品可采用什么方法加速灰化?

4. 在食品灰分测定操作中应注意哪些问题?

【超级链接】马弗炉的使用及注意事项

马弗炉常用于质量分析中灼烧沉淀、测定灰分等工作。电阻丝结构的高温马弗炉,最高使用温度为950℃,短时间可以用到1 000℃。马弗炉的使用和维护注意事项:

(1)当马弗炉第一次使用或长期停用后再次使用时,必须进行烘炉。烘炉的时间为室温200℃ 4 h,200~600℃4 h。马弗炉最好在低于最高温度50℃以下工作,炉温最高不得超过额定温度,禁止向炉内灌注各种液体及易溶解的金属。

(2)马弗炉和控制器必须在相对湿度不超过85%、环境温度0~40℃、没有导电尘埃、爆炸性气体或腐蚀性气体的场所工作。

(3)加热元件的工作寿命取决于其表面的氧化层,破坏氧化层会缩短加热元件的寿命,而每次停机都会对氧化层有所损害,因此开机后应避免停机。

(4)在做灰化试验时,一定要先将样品在电炉上充分炭化后再放入马弗炉中,以防碳的积累损坏加热元件。

(5)几次循环加热后,炉子的绝缘材料可能出现裂纹,这是由热膨胀引起的,对炉子的质量没有影响。

(6)马弗炉使用时要经常照看,晚间无人时,切勿使用,防止自控失灵造成事故。使用完毕,应切断电源,使用其自然降温,不应立即打开炉门,以免炉膛突然受冷碎裂。还应注意安全,谨防烫伤。

(7)样品一定要用洁净的坩埚盛放,不得污染炉膛。至少1个月清洁一次炉膛,检测一次按钮。

(8)为确保使用安全,必须加装地线,并良好接地。

(9)在炉膛内取放样品时,应先关断电源,并轻拿轻放,以保证安全和避免损坏炉膛。使用炉门时要轻关轻开,以防损坏机件。

(10)为延长使用寿命和保证安全,在设备使用结束之后要及时从炉膛内取出样品,退出加热并关掉电源。

任务二　含磷量较高的豆类及其制品、肉禽制品、蛋制品、水产品、乳及乳制品中灰分的测定

【知识准备】

含磷量较高的肉禽制品、蛋制品、水产品、乳及乳制品、豆类及其制品等,灰化过程中磷酸盐会熔融而包裹炭粒,难以完全灰化,可加入乙酸镁、硝酸镁等灰化助剂,这类镁盐随着灰化的进行而分解,与过剩的磷酸结合,残灰不会发生熔融而呈松散状态,避免炭粒被包裹,可缩短灰化时间。但应做空白试验,以校正加入的镁盐灼烧后分解产生氧化镁的量。

【技能培训】

一、试剂和材料

(1)乙酸镁 $[(CH_3COO)_2 Mg \cdot 4H_2O]$：分析纯。

(2)乙酸镁溶液(80 g/L)：称取 8.0 g 乙酸镁加水溶解并定容至 100 mL,混匀。

(3)乙酸镁溶液(240 g/L)：称取 24.0 g 乙酸镁加水溶解并定容至 100 mL,混匀。

二、仪器和设备

(1)马弗炉：温度≥600℃。

(2)天平：感量为 0.1 mg。

(3)石英坩埚或瓷坩埚。

(4)干燥器(内有干燥剂)。

(5)电热板。

(6)水浴锅。

三、操作技能

1. 坩埚的灼烧

取大小适宜的石英坩埚或瓷坩埚置马弗炉中,在(550±25)℃下灼烧 0.5 h ,冷却至 200℃左右,取出,放入干燥器中冷却 30 min,准确称量。重复灼烧至前后两次称量相差不超过 0.5 mg 为恒重。

2. 称样

灰分大于 10 g/100 g 的试样称取 2～3 g(精确至 0.000 1 g)；灰分小于 10 g/100 g 的试样称取 3～10 g(精确至 0.000 1 g)。

3. 测定

称取试样后,加入 1.00 mL 80 g/L 的乙酸镁溶液或 3.00 mL 240 g/L 的乙酸镁溶液,使试样完全润湿。放置 10 min 后,在水浴上将水分蒸干,先在电热板上以小火加热使试样充分炭化至无烟,然后置于马弗炉中,在(550±25)℃灼烧 4 h。冷却至 200℃左右,取出,放入干燥器中冷却 30 min,称量前如发现灼烧残渣有炭粒时,应向试样中滴入少许水湿润,使结块松散,蒸干水分再次灼烧至无炭粒即表示灰化完全,方可称量。重复灼烧至前后两次称量相差不超过 0.5 mg 为恒重。

吸取 3 份与上述操作时相同浓度和体积的乙酸镁溶液,做 3 次试剂空白试验。当 3 次试验结果的标准偏差小于 0.003 g 时,取算术平均值作为空白值。若标准偏差超过 0.003 g 时,应重新做空白值试验。

四、分析结果的表述

试样中灰分按下式进行计算：

$$X = \frac{m_1 - m_0 - m_3}{m_2 - m_0} \times 100$$

式中:X——试样中灰分的含量,g/100 g;

m_0——坩埚的质量,g;

m_1——坩埚和灰分的质量,g;

m_2——坩埚和试样的质量,g;

m_3——氧化镁(乙酸镁灼烧后生成物)的质量,g。

试样中灰分含量≥10 g/100 g 时,保留三位有效数字;试样中灰分含量<10 g/100 g 时,保留两位有效数字。

【知识与技能检测】

1. 简述含磷量较高的豆类及其制品、肉禽制品、蛋制品、水产品、乳及乳制品中灰分的测定的原理及操作要点。

2. 灰分测定与水分测定中的恒重操作过程有何不同? 应如何正确进行?

3. 现要测定某种食品的灰分含量,称取样品 3.976 0 g,置于干燥恒重为 45.358 5 g 的坩埚中,小心炭化完毕,再于 550℃ 的高温炉中灰化 5 h 后,置于干燥器内冷却称重为 45.384 1 g;重新置于 550℃ 高温炉中灰化 1 h,完毕后取出置于干燥器冷却后称重为 45.382 6 g;再置于 550℃ 高温炉中灰化 1 h,完毕后取出置于干燥器冷却后称重为 45.382 5 g。问被测定的食品灰分含量为多少?

【超级链接】灰分测定的其他国家标准简介

GB/T 22427.8—2008《淀粉及其衍生物硫酸化灰分测定》中规定了淀粉及其衍生物中灰分的测定方法,是在样品中加入硫酸再进行炭化和灰化。硫酸的作用是有助于破坏有机物和避免氯化物的挥发而造成的损失。所测得的灰分称为硫酸化灰分。

GB/T 9695.18—2008《肉与肉制品 总灰分测定》专门规定了适用于肉和肉制品中总灰分的测定方法,而 GB/T 24872—2010《粮油检验 小麦粉灰分含量测定》则规定了近红外分析方法测定小麦粉中灰分含量的术语、定义、原理、仪器设备、测定、结果处理和表示、异常样品的确认和处理、准确性和精密度及测试报告的要求,是一种适用于小麦粉中灰分的快速测定,但不能用于仲裁检验。

技能训练 茶叶中总灰分的测定

一、技能目标

(1)查阅《茶 总灰分的测定》(GB/T 8306—2002)能正确制订作业程序。

(2)掌握茶叶中总灰分的测定方法和操作技能。

(3)掌握马弗炉的使用、坩埚的处理、样品的炭化、灰化等基本操作技能。

二、所需试剂与仪器

按照《茶 总灰分的测定》(GB/T 8306—2002)的规定,请将茶叶中总灰分测定所需仪器设备的名称、数量、规格和试剂的名称、规格级别记录于表 3-11 和表 3-12 中。

表 3-11 工作所需全部仪器设备一览表

序号	名称	规格要求	序号	名称	规格要求
1	坩埚	瓷质、高型、容量 30 mL	3	分析天平	感量 0.001 g
2	高温电炉	(525±25)℃	4		

表 3-12 工作所需全部化学试剂一览表

序号	名称	规格要求	配制方法
1			
2			

三、工作过程与标准要求

工作过程及标准要求见表 3-13。

表 3-13 工作过程与标准要求

工作过程	工作内容	技能标准
1. 制订工作方案	按照国家标准制订工作方案。	方案符合实际、科学合理、周密详细。
2. 试剂与仪器准备	准备并检查实训材料与仪器。	(1)准备本次实训所需的所有材料与仪器设备。 (2)试剂的配制和仪器的清洗、控干。 (3)检查设备运行是否正常。
3. 试样制备	按 GB/T 8302 的规定取样后,先用磨碎机将少量试样磨碎,弃去,再磨碎其余部分,使磨碎样品能完全通过孔径为 600～1 000 μm 的筛。	(1)能按规定正确取样。 (2)能正确操作使用磨碎机。
4. 坩埚的准备	将洁净的坩埚置于(525±25)℃高温炉中,灼烧 1 h,待炉温降至 300℃ 左右时取出,放入干燥器中冷却至室温,称量(准备至 0.001 g)。重复灼烧至前后两次称量相差不超过 0.5 mg 为恒重。	(1)能正确操作使用高温炉。 (2)能熟练使用坩埚钳。 (3)能正确使用干燥器。 (4)能正确操作分析天平。
5. 试样测定	称取混匀的磨碎试样 2 g(准备至 0.001 g)于坩埚内,在电炉上以小火加热炭化至无烟,然后置于高温炉中,在(525±25)℃灼烧至无炭粒(不少于 2 h)。冷却至 300℃ 以下后取出,放入干燥器中冷却至室温,称量。重复灼烧至前后两次称量相差不超过 0.001 g 为止。以最小称量为准。	(1)掌握样品炭化的方法。 (2)能解决炭化过程中出现的一般问题。 (3)能正确判断灰化是否完全。 (4)会正确使用所用到的仪器设备。 (5)能解决灰化过程中出现的一般问题。

四、数据记录及处理

(1)数据的记录　将数据记录于表 3-14 中。

表 3-14　数据记录表

序号	坩埚质量/g	灼烧前坩埚加样品质量/g	灼烧后坩埚加样品质量/g

(2)结果计算　面粉中灰分含量按下式计算：

$$X = \frac{m_1 - m_0}{m_2 - m_0} \times 100$$

式中：X——试样中灰分的含量，g/100 g；

m_0——坩埚的质量，g；

m_1——坩埚和灰分的质量，g；

m_2——坩埚和试样的质量，g。

同一样品的两次测定值之差，每 100 g 试样不得超过 0.2 g。

五、技能评价

按照工作过程操作水平，由相关人员填写技能评价表（表 3-15）。

表 3-15　技能评价表

评价内容	满分值	学生自评	同伴互评	教师评价	综合评分
1. 制订工作方案	15				
2. 试剂与仪器准备	5				
3. 试样制备	10				
4. 坩埚的准备	15				
5. 试样测定	30				
6. 数据记录及结果	15				
7. 实训报告	10				
总分					

注：综合评分＝学生自评分×20％＋同伴互评分×30％＋教师评价分×50％。

项目三　食品中矿质元素的测定

【知识要求】

(1)了解微量元素测定的意义；

(2)明确主要微量元素的测定原理；

(3)掌握食品中钙、锌、铁的分析技术；

(4)掌握分光光度法及原子分光光度法的基本原理。

【能力要求】

(1)掌握样品预处理的操作方法；

(2)掌握分光光度计的正确使用方法；

(3)掌握比色法测定的原理、过程及结果计算方法能。

任务一 食品中钙的测定

【知识准备】

构成食品的所有元素中,除去 C、H、O、N 4 种构成水分和有机物质的元素外,其余的统称为矿物质元素。食品中的矿物质元素约有 80 种,根据其含量的多少分为常量元素和微量元素两类。常量元素是指含量>0.01%以上的元素,主要有钾、钠、钙、镁、硫、磷、氯等,约占矿物质总量的 80%。微量元素(痕量元素)是指含量<0.01%以下的元素,主要有铁、钴、镍、锌、铜、铝、锰、硒、碘、铬、锡、硅、氟、铅、汞等。

矿物质元素中有些元素属于人体所需要的营养成分,常被称为营养元素或必需元素。这些元素对人体具有十分重要的生理功能,其含量多少往往是评价某些食品营养价值的重要指标,所以测定其含量可以评价食品的营养价值,也可以作为强化食品、营养食品的重要依据,如钙、铁、锌等。

钙是人体最重要的营养元素之一,是构成骨骼和牙齿的主要成分,长期缺乏会影响骨骼和牙齿的生长发育,严重时产生骨质疏松,发生软骨病。钙还在维持人体循环、呼吸、神经、内分泌、消化、血液、肌肉活性、免疫、泌尿等各系统正常生理功能中起重要调节作用。中国营养学会推荐的每日膳食中钙的供给量为 800~1 000 mg,但现在我国人均不足 500 mg,所以钙也常作为食品营养强化剂和食品改良剂在食品中使用,对食品中钙进行定量分析具有重要意义。

测定钙的国家标准方法有原子吸收分光光度法、EDTA 络合滴定法,另外还有高锰酸钾滴定法等,目前应用广泛的是原子吸收分光光度法和 EDTA 络合滴定法。

【技能培训】

一、原子吸收分光光度法

(一)测定原理

样品经处理后制备成溶液,以锶或镧溶液消除阴离子效应,导入原子吸收分光光度计中原子化后,在 422.7 nm 处测定吸光度,其吸光度与钙的浓度成正比,与标准系列比较测定钙的含量。

(二)试剂和材料

(1)盐酸(优级纯)。

（2）氧化镧溶液（100 g/L）：称取氧化镧（优级纯）11.76 g，加 20 mL 水浸湿，加 50 mL 6 mol/L 盐酸溶液加热溶解，冷却后用 1 mol/L 盐酸溶液稀释至 100 mL。

（3）标准贮备液（1 mg/mL）：准确称取在 110℃ 干燥过的优级纯碳酸钙 2.497 3 g，溶解在 20 mL 3 mol/L 盐酸中，于电热板上加热至沸 5 min，驱除溶液中的二氧化碳，取下稍冷，用水稀释至 1 000 mL。

（4）钙标准使用液（100 μg/mL）：准确吸取 10.00 mL 钙标准贮备液于 100 mL 容量瓶中，用 0.1 mol/L 盐酸定容。

（三）仪器和设备

原子吸收分光光度计，附钙空心阴极灯。

（四）操作技能

1. 样品处理

精确称取 2.00～15.00 g（准确至 0.01 g，称样量视样品含钙量而定）样品，置于石英坩埚中加热烘干水分后低温炭化。炭化后移入 550℃ 马弗炉中灰化完全。取出坩埚，冷却后，用 5 mL 盐酸（1+1）溶解灰分，并移入 25 mL 容量瓶中。加 2.5 mL 100 g/L 的氧化镧溶液，用水稀释至刻度，摇匀。同时做空白试验。

2. 标准曲线绘制

吸取钙标准工作液 0、0.50 mL、1.00 mL、1.50 mL、2.00 mL 和 2.50 mL，分别置于 25 mL 容量瓶中，加 2.5 mL 100 g/L 的氧化镧溶液，用 0.1 mol/L 盐酸定容至刻度，摇匀。按测定步骤测定吸光度，并以浓度为横坐标，吸光度为纵坐标，绘制标准曲线。

3. 测定条件的选择

用空气-乙炔火焰测定钙元素，测定波长 422.7 nm，灯电流、狭缝宽度、空气及乙炔流量、火焰高度等条件，均按使用的仪器说明调至最佳工作状态。

4. 测定

将标准系列分别导入火焰进行测量，得到吸光度值，绘制标准曲线。然后将空白试液和样品溶液导入火焰进行测量。

（五）分析结果的表述

样品中钙的含量可由下式求得：

$$X = \frac{(c - c_0)V}{m \times 1\,000} \times 100$$

式中：X——样品中钙的含量，mg/100 g；

$\quad\quad c$——测定用样品中钙的浓度，μg/mL；

$\quad\quad c_0$——试剂空白液中钙的浓度，μg/mL；

$\quad\quad V$——样品定容体积，mL；

$\quad\quad m$——样品的质量，g。

（六）常见技术问题处理

（1）所用玻璃仪器均以硫酸-重铬酸钾洗涤浸泡数小时，再清洗干净，烘干后方可使用。

（2）试样制备时，要用玻璃或聚乙烯制品容器。粉碎试样时不得用石磨研碎。

二、EDTA 络合滴定法

(一)测定原理

钙与氨羧络合剂能定量地形成金属络合物,其稳定性较钙与指示剂所形成的络合物为强。在适当的 pH 值范围内,以氨羧络合剂 EDTA 滴定,在达到当量点时,EDTA 就自指示剂络合物中夺取钙离子,使溶液呈现游离指示剂的颜色(终点)。根据 EDTA 络合剂用量,可计算钙的含量。

(二)试剂和材料

要求使用去离子水,优级纯试剂。

(1)1.25 mol/L 氢氧化钾溶液:精确称取 70.13 g 氢氧化钾,用水稀释至 1 000 mL。

(2)10 g/L 氰化钠溶液:称取 1.0 g 氰化钠,用去水稀释至 100 mL。

(3)0.05 mol/L 柠檬酸钠溶液:称取 14.7 g 柠檬酸钠,用水稀释至 1 000 mL。

(4)混合酸消化液:硝酸+高氯酸=4+1。

(5)EDTA 溶液:精确称取 4.50 g EDTA(乙二胺四乙酸二钠),用水稀释至 1 000 mL,贮存于聚乙烯瓶中,4℃保存。使用时稀释 10 倍即可。

(6)钙标准溶液:精确称取 0.124 8 g 碳酸钙(纯度大于 99.99%,105～110℃烘干 2 h),加 20 mL 水及 3 mL 0.5 mol/L 盐酸溶解,移入 500 mL 容量瓶中,加水稀释至刻度,贮存于聚乙烯瓶中,4℃保存。此溶液每毫升相当于 100 μg 钙。

(7)钙红指示剂:称取 0.1 g 钙红指示剂,用水稀释至 100 mL,溶解后即可使用,贮存于冰箱中可保持一个半月以上。

(三)仪器和设备

所有玻璃仪器均以硫酸-重铬酸钾洗液浸泡数小时,再用洗衣粉充分洗刷,后用水反复冲洗,最后用去离子水冲洗晒干或烘干,方可使用。

(1)实验室常用玻璃仪器:高型烧杯(250 mL),微量滴定管(1 mL 或 2 mL),碱式滴定管(50 mL),刻度吸管(0.5～1 mL),试管等。

(2)电热板:1 000～3 000 W。

(四)操作技能

1. 试样处理

精确称取均匀样品干样 0.5～1.5 g(湿样 2.0～4.0 g,饮料等液体样品 5.0～10.0 g)于 250 mL 高型烧杯中,加混合酸消化液 20～30 mL,上盖表面皿。置于电热板上加热消化。如未消化好而酸液过少时,再补加几毫升混合酸消化液,继续加热消化,直至无色透明为止。加几毫升去离子水,加热以除去多余的硝酸。待烧杯中的液体接近 2～3 mL 时,取下冷却。用 20 g/L 氧化镧溶液洗涤并转入 10 mL 刻度试管中,并定容至刻度。

取与消化样品相同量的混合酸消化液,按上述操作做试剂空白试验。

2. 测定

(1)标定 EDTA 浓度 吸取 0.5 mL 钙标准溶液,以 EDTA 滴定,标定其 EDTA 的浓度,根据滴定结果计算出每毫升 EDTA 相当于钙的毫克数,即滴定度(T)。

(2)试样及空白滴定 分别吸取 0.1～0.5 mL(根据钙的含量而定)试样消化液及空白于

试管中,加 1 滴氰化钠溶液和 0.1 mL 柠檬酸钠溶液,用滴定管加 1.5 mL 1.25 mol/L 氢氧化钾溶液,加 3 滴钙红指示剂,立即以稀释 10 倍 EDTA 溶液滴定,至指示剂由紫红色变纯蓝色为终点,记录 EDTA 标准溶液的用量。

(五)分析结果的表述

试样中钙含量按下式进行计算:

$$X = \frac{T \times (V - V_0) \times f \times 100}{m}$$

式中:X——试样中钙的含量,mg/100 g;

T——EDTA 滴定度,mg/mL;

V——滴定试样时所用 EDTA 量,mL;

V_0——滴定空白时所用 EDTA 量,mL;

f——样品稀释倍数;

m——样品称重量,g。

计算结果表示到小数点后两位。

(六)常见技术问题处理

(1)加指示剂后最好立即滴定,放置太久会造成终点不明显。

(2)加氰化钠和柠檬酸钠是为了除去其他离子的干扰。氰化钾能配合锌、铜、镍和镉等干扰离子,但不与钙、镁配合;加柠檬酸钠是防止钙和磷结合形成磷酸钙沉淀。

(3)加氢氧化钠的目的是控制体系的 pH。滴定时 pH 为 12~14。

(4)在重复条件下获得的两次测定结果的绝对差值不得超过算术平均值的 10%。

(5)本方法线性范围为 5~50 μg。

【知识与技能检测】

1. 查阅国家标准,简述原子吸收分光光度法测定食品中钙含量的简要过程。

2. EDTA 滴定法测定钙时,为什么要加氰化钠和柠檬酸钠?

【超级链接】钙的其他测定标准简介

GB/T 5009.92—2003 食品中钙的测定国家标准中测定钙的第一方法为原子吸收分光光度法。该方法是将试样经湿法消化后,导入原子吸收分光光度计中,经火焰原子化后,吸收 422.7 nm 的共振线,其吸收量与钙的含量成正比,然后与标准系列比较定量。此方法检出限为 0.1 μg,线性范围为 0.5~2.5 μg,测定结果准确,灵敏度较高,测定低含量钙制品效果较滴定法好,但受仪器价格昂贵等因素的影响,使应用受到限制。

具体产品中钙含量的测定可参考相应国标,如 GB/T 14610—2008 规定了谷物及谷物制品中钙的测定方法;GB/T 9695.13—2009 规定了肉与肉制品中钙含量的测定方法;GB/T 18932 中规定了蜂蜜中钙含量的原子吸收光谱法及电感耦合等离子体原子发射光谱(ICP-AES)法等测定方法。

任务二 食品中锌的测定

【知识准备】

锌是人体不可缺少的微量元素,有着重要的生理功能。锌是人体中 100 多种酶的组成部分,对于调节机体代谢,维护免疫功能,促进溃疡愈合,促进儿童的正常发育发挥着重要作用。1986 年卫生部已批准锌可作为营养强化剂使用,被添加入奶粉、保健食品中。但过度强化锌的食品易引起与锌相拮抗的其他营养素如钙、磷、铁的缺乏,也可能导致慢性中毒。近年来的研究表明,锌还有强的致畸胎作用。在我国卫生标准中也明确规定各类食品中锌的最大允许量及强化食品中锌含量。因此,正确判断食品中锌的含量,合理地补锌和控制锌的摄入量必须综合考虑,全面评价。

食品中锌的测定方法主要有原子吸收分光光度法、双硫腙比色法、极谱法等。在这些方法中,常用的是原子吸收分光光度法和双硫腙比色法。前者灵敏度高,干扰元素少而且简便快速;后者作为标准方法,其条件要求严格。

【技能培训】

一、原子吸收光谱法

（一）测定原理

原子吸收光谱法是将样品经处理后,导入原子吸收分光光度计中,经火焰原子化后,吸收 213.8 nm 共振线,其吸收值与锌含量成正比,然后与标准系列比较定量。

（二）试剂和材料

要求使用去离子水,优级纯或高纯试剂。

(1)4-甲基-2-戊酮(MIBK,又名甲基异丁酮)。

(2)磷酸(1+10)。

(3)盐酸(1+11)。

(4)混合酸:硝酸与高氯酸按 3∶1 混合。

(5)锌标准贮备液:准确称取 0.500 0 g 金属锌(99.99%),溶于 10 mL 盐酸中,然后在水浴上蒸发至近干,用少量水溶液后移入 1 000 mL 容量瓶中,以水稀释至刻度。贮于聚乙烯瓶中,此溶液每毫升相当于 0.5 mg 锌。

(6)锌标准使用液:吸取 10.0 mL 锌标准溶液,置于 50 mL 容量瓶中,以 0.1 mol/L 盐酸稀释至刻度,此溶液每毫升相当于 100 μg 锌。

（三）仪器和设备

原子吸收分光光度计(附锌空心阴极灯)。

（四）操作技能

1. 试样处理

(1)谷类 去除其中的杂物及尘土,必要时除去外壳,碾碎,过 40 目筛,混匀。称取

5.00～10.00 g,置于 50 mL 瓷坩埚中,小火炭化至无烟后移入马弗炉中,(500±25)℃以下灰化约 8 h 后,取出坩埚,放冷后再加少量混合酸,小火加热,不使干涸,必要时再加少量混合酸,如此反复处理,直至残渣中无炭粒,待坩埚稍冷,加 10 mL 1 mol/L 盐酸,溶解残渣并移入 50 mL 溶量瓶中,再用盐酸(1+11)反复洗涤坩埚,洗液并入容量瓶中,并稀释至刻度,混匀备用。

取与处理样品相同量的混合酸和盐酸(1+11),按同一操作方法做试剂空白试验。

(2)蔬菜、瓜果及豆类 取可食部分洗净晾干,充分切碎或打碎混匀。称取 10.00～20.00 g,置于瓷坩埚中,加 1 mL 磷酸(1+10),小火炭化,以下按谷类样品自"小火炭化至无烟后移入马弗炉中"起,依法操作。

(3)禽、蛋、水产及乳制品 取可食部分充分混匀。称取 5.00～10.00 g,置于瓷坩埚中,小火炭化,以下按谷类样品自"小火炭化至无烟后移入马弗炉中"起,依法操作。

乳类经混匀后,量取 50 mL,置于瓷坩埚中,加 1 mL 磷酸(1+10),在水浴上蒸干,再小火炭化,以下按谷类样品自"小火炭化至无烟后移入马弗炉中"起,依法操作。

2. 测定

吸取 0、0.10 mL、0.20 mL、0.40 mL、0.60 mL、0.80 mL 锌标准使用液,分别置于 50 mL 容量瓶中,以(1+11)盐酸稀释至刻度,混匀(各容量瓶中每毫升分别相当于 0、0.2 μg、0.4 μg、0.8 μg、1.2 μg、1.6 μg 锌)。

将处理后的样液、试剂空白液和各容量瓶中锌标准液分别导入调整最佳条件的火焰原子化器进行测定。

测定条件:灯电流 6 mA,波长 213.8 nm,狭缝 0.38 nm,空气流量 10 L/min,乙炔流量 2.3 L/min,灯头高度 3 mm,氘灯背景校正(也可根据仪器型号,调至最佳条件),以锌含量对应浓度吸光度,绘制标准曲线或计算直线回归议程。

试样吸光度值与曲线比较或代入方程求出含量。

(五)分析结果的表述

试样中锌含量按下式进行计算:

$$X = \frac{(A_1 - A_2) \times V \times 1\,000}{m \times 1\,000}$$

式中:X——样品中锌的含量,mg/kg 或,mg/L;

A_1——测定用样品液中锌的含量,μg/mL;

A_2——试剂空白液中锌的含量,μg/mL;

m——样品质量(体积),g(mL);

V——样品处理液的总体积,mL。

计算结果保留两位有效数字。

(六)常见技术问题处理

(1)一般食品通过样品处理后的试样水溶液直接喷雾进行原子吸收测定即可得出准确的结果,但是当食盐、碱金属、碱土金属以及磷酸盐大量存在时,需用溶剂萃取法将提取出来,排除共存盐类的影响。对含锌较低的样品如蔬菜、水果等,也可采用萃取法将锌浓缩,以提高测定灵敏度。

(2)制备锌的标准贮备液的过程中,将高纯度锌溶于盐酸溶液中时,要用表面皿覆盖在烧杯上,以防产生氢气使溶液飞溅损失,反应后要用水洗涤表面皿,洗液也并入容量瓶中。

(3)干法灰化法处理样品时,锌的分析结果低于湿法处理。锌的损失程度与样品的性质、锌的形态及阴离子有密切关系。

(4)所用水、试剂及玻璃器皿均可能被锌污染,因此实验前要检查,每次都应使空白值达到稳定之后,才能进行标准曲线和样液的测定。

(5)本方法中锌的最低检出限为 0.4 mg/kg。

二、双硫腙比色法

(一)测定原理

样品经消化后,在 pH4.0～5.5 时,锌离子与双硫腙形成紫红色配合物,溶于四氯化碳,加入硫代硫酸钠,防止铜、汞、铅、铋、银和镉等离子干扰,与标准系列比较定量。

(二)试剂和材料

(1)2 mol/L 乙酸溶液:量取 10 mL 冰乙酸,用水稀释至 85 mL。

(2)2 mol/L 乙酸钠溶液:称取 68 g 三水合乙酸钠,溶解于水中,用水稀释至 250 mL。

(3)乙酸-乙酸钠缓冲溶液:将上述两种溶液等体积混合(pH 约为 4.7),用双硫腙-四氯化碳溶液(0.1 g/L)提取数次,每次 10 mL,除去其中的锌,至四氯化碳层绿色不变为止。弃去四氯化碳层,再用四氯化碳提取乙酸-乙酸钠缓冲液中过剩的双硫腙,至四氯化碳层无色,弃去四氯化碳层。

(4)双硫腙-四氯化碳溶液(0.1 g/L)。

(5)氨水(1+1)。

(6)2 mol/L 盐酸溶液:量取 10 mL 盐酸,加水至 60 mL。

(7)0.02 mol/L 盐酸溶液:量取 1 mL 盐酸(2 mol/L),加水稀释至 100 mL。

(8)200 g/L 盐酸羟胺溶液:称取 20 g 盐酸羟胺,加 60 mL 水,滴加氨水(1+1),调节 pH 至 4.0～5.5,按(3)的方法除去其中的锌。

(9)250 g/L 硫代硫酸钠溶液:用乙酸(2 mol/L)调节 pH 4.0～5.5,以下按(3)的方法除去其中的锌。

(10)双硫腙使用液:吸取 1.0 mL 双硫腙-四氯化碳溶液(0.1 g/L),加四氯化碳至 10.0 mL,混匀。用 1 cm 比色皿,以四氯化碳调节零点,于波长 530 nm 处测吸光度(A)。用下列公式计算出配制 100 mL 双硫腙使用(57%透光率)所需的双硫腙-四氯化碳溶液(0.1 g/L)毫升数(V)。

$$V = \frac{10 \times (2 - \lg 57)}{A} = \frac{2.44}{A}$$

(11)锌标准储备液:准确称取 0.100 0 g 锌,加 10 mL 盐酸(2 mol/L),溶解后移入 1 000 mL 容量瓶中,加水稀释至刻度。此溶液每毫升相当于 100 μg 锌。

(12)锌标准使用液:吸取 1.0 mL 锌标准贮备液,置于 100 mL 容量瓶中,加 1 mL 盐酸(2 mol/L),以水稀释至刻度,此溶液每毫升相当于 1 μg 锌。

(13)1 g/L 酚红指示液:称取 0.1 g 酚红,用乙醇溶解解至 100 mL。

(三)仪器和设备

分光光度计。

(四)操作技能

1. 样品处理

根据样品含水分的多少确定不同的取样量。对含水分较少的固体食品取 5.0～10.0 g 的粉碎样品;对酱类食品称取 10.0～20.0 g 样品;对含水分较高的果蔬称取 25.0～50.0 g 洗净打成匀浆的样品;对饮料可吸取 10.0～20.0 mL。将试样置于 250～500 mL 凯氏烧瓶中,对干燥的试样可加少许水润湿,加数粒玻璃珠,10～15 mL 硝酸,放置片刻,小火缓缓加热,待作用缓和,放冷。沿瓶壁加入 5 mL 或 10 mL 硫酸,在加热至瓶中液体开始变成棕色时,不断沿瓶壁加硝酸至有机质分解完全。加大火力,至产生白烟,溶液应澄清无色或微带黄色,放冷。在消化过程中应注意热源强度。

加 20 mL 水煮沸,除去残余的硝酸至产生白烟为止,如此处理 2 次,放冷。将冷却后的溶液移入 50 mL 或 100 mL 容量瓶中,用水洗涤凯氏烧瓶,洗液并入容量瓶中,放冷,加水至刻度,摇匀。

取与消化样品相同量的硝酸和硫酸,按同一方法做试剂空白试验。

2. 样品测定

吸取 5.0～10.0 mL 定容后的样品溶液和同量的试剂空白液,分别置于 125 mL 分液漏斗中,加水 5 mL,盐酸羟胺溶液 0.5 mL,摇匀后再加酚红指示剂 2 滴,用氨水(1+1)调至红色,再多加 2 滴。然后加 5 mL 双硫腙-四氯化碳溶液(0.1 g/L),剧烈振摇 2 min。静置分层后,将四氯化碳层移入另一分液漏斗中,水层再用少量双硫腙-四氯化碳溶液振摇提取,每次用量 2～3 mL,直至双硫腙-四氯化碳层绿色不变为止。合并提取液,用 5 mL 水洗涤,四氯化碳层用 0.02 mol/L 盐酸溶液提取两次,每次用量 10 mL,提取时剧烈振摇 2 min。合并盐酸提取液,用少量四氯化碳洗去残留的双硫腙。

准确吸取锌标准使用液 0、1.0 mL、2.0 mL、3.0 mL、4.0 mL、5.0 mL (相当于 0、1 μg、2 μg、3 μg、4 μg、5 μg 锌),分别置于 125 mL 分液漏斗中,各加 0.02 mol/L 盐酸溶液至 20 mL。

于样品消化液、试剂空白和锌标准溶液各分液漏斗中,加乙酸-乙酸钠缓冲液 10 mL,硫代硫酸钠溶液 1 mL,摇匀,再各加入双硫腙使用液 10.0 mL,剧烈振摇 2 min。静置分层后,将四氯化碳层经脱脂棉滤入 1 cm 比色皿中,以零管调节零点,于波长 530 nm 处测定吸光度,绘制标准曲线进行比较。

(五)分析结果的表述

试样中锌的含量用下式进行计算:

$$X = \frac{(m_1 - m_0) \times 1\,000}{m \times \dfrac{V_2}{V_1} \times 1\,000}$$

式中:X——样品中锌的含量,mg/kg 或 mg/L;

m_1——测定用样品消化液中锌的含量,μg;

m_0——试剂空白液中锌的含量,μg;

m——样品质量(或体积),g(或 mL);

V_1——样品消化液的总体积,mL;

V_2——测定用样品消化液的体积,mL。

(六)常见技术问题处理

(1)测定时所用的玻璃仪器需用 10%～20% HNO_3 浸泡 24 h 以上,并用不含锌的蒸馏水冲洗干净。

(2)加入硫代硫酸钠可防止铜、汞、铋、银、镉等金属离子的干扰,但硫代硫酸钠也能络合锌,所以其用量不能任意增加,否则会使测定结果偏低。

(3)萃取时振荡时间必须充分,以保证锌离子转变为络合物,且要求各管的振摇时间、强度、次数一致。

【知识与技能检测】

1. 简述原子吸收光谱法测定食品中锌含量的原理及操作要点。

2. 查阅国家标准,说明双硫腙比色法测定食品中锌含量的简要过程。

【超级链接】原子吸收光谱法基本原理

原子吸收光谱法又称原子吸收分光光度法,是基于蒸汽相中待测元素的基态原子对其共振辐射的吸收强度来测定试样中该元素含量的一种分析方法。其基本原理是基于每种原子对不同波长的光都有一定的吸收,但是吸收程度随波长的不同而不同。其中吸收最强的光对应的波长就是该种原子的特征谱线。不同的原子特种谱线的波长一般是不同的。

原子吸收分光光度计就是利用基态原子在吸收其相应的特征谱线波长的光子能量后,原子外层电子受激,跃迁到能量最低的第一激发态,同时由于基态原子对光的吸收,使入射光强度减弱。而光强度的减弱程度与基态原子浓度成正比,即:$A = k \times c$(A 是测得的吸光度,k 是比例系数,c 是被测试样的浓度)。通过测定试样对入射光的吸收值就可以测出试样的浓度了。

任务三　食品中铁的测定

【知识准备】

铁是人体必需的微量元素,也是体内含量最多的微量元素,在机体中通过血红蛋白的形式,参与血液中氧的运输、交换和组织呼吸过程,缺乏铁会引起缺铁性贫血;铁还是体内多种酶(细胞色素氧化酶、过氧化物酶、过氧化氢酶)的组成成分,还能促进脂肪氧化。中国居民膳食中铁的推荐摄入量(RNI)为:成年男子 12 mg,女子 18 mg。测定食品中铁的含量,对于合理安排膳食,避免缺铁性贫血是非常重要的。食品在贮藏、加工过程中铁的含量会发生变化,二价铁容易引起食品褐色或氧化影响食品的质量;食品在贮存过程中也会由于污染了大量的铁而产生金属味。所以食品中铁的测定不但具有营养学意义,还可鉴别食品的铁质污染等卫生学意义。

食品中铁的测定方法有原子吸收分光光度法、邻二氮菲分光光度法、硫氰酸盐分光光度法、磺基水杨酸比色法和三吡啶均三嗪比色法(AOAC 法)等。

【技能培训】

一、原子吸收分光光度法

(一)测定原理

样品经湿法消化后,导入原子吸收分光光度计中,经火焰原子化后,以共振线248.3 nm 为吸收谱线,其吸收量与浓度成正比,与标准系列比较定量。

(二)试剂和材料

(1)盐酸。

(2)硝酸。

(3)高氯酸。

(4)混合酸:硝酸与高氯酸比为 4∶1。

(5)硝酸溶液[$c(HNO_3)=0.5$ mol/L]:量取 45 mL 硝酸,加去离子水并稀释至 1 000 mL。

(6)铁标准贮备液:精确称取铁(浓度大于 99.99%)1.000 0 g,加硝酸溶解,移入 1 000 mL 容量瓶中,用 0.5 mol/L 硝酸溶液稀释至刻度,贮存于聚乙烯瓶内,4℃保存。此溶液每毫升相当于 1 mg 铁。

(7)铁标准使用液:吸取标准贮备液 10.0 mL 置于 100 mL 容量瓶中,用 0.5 mol/L 硝酸溶液稀释至刻度。贮存于聚乙烯瓶内,4℃保存。此溶液每毫升相当于 100 μg 铁。

(三)仪器和设备

(1)原子吸收分光光度计(附铁空心阴极灯)。

(2)电热板。

(四)操作技能

1. 样液制备

精确称取均匀样品(干样 0.5~1.5 g,湿样 2.0~4.0 g,饮料等液体样品 5.0~10.0 g)于 250 mL 高型烧杯中,加混合酸 20~30 mL,盖上表面皿。置于电热板上加热消化,直至无色透明为止(如未消化好而酸液过少时,再补加几毫升混合酸继续消化)。取下放冷后,加约 10 mL 去离子水,继续加热至冒白烟为止。待烧杯中液体接近 2~3 mL 时,取下冷却。用去离子水洗入 50 mL 容量瓶中,定容至刻度。

同时做试剂空白试验。

2. 铁标准系列溶液制备

吸取 0.5 mL、1.0 mL、2.0 mL、3.0 mL、4.0 mL 铁标准使用液,分别置于 100 mL 容量瓶中,以 0.5 mol/L 硝酸溶液稀释至刻度,混匀。此标准系列溶液每毫升含铁分别为 0.5 μg、1.0 μg、2.0 μg、3.0 μg,4.0 μg。

3. 测定

(1)工作条件选择　用空气-乙炔火焰测定,测定波长为 248.3 nm,灯电流、狭缝宽度、空气及乙炔流量、火焰高度等条件,均按使用仪器说明调至最佳工作状态。

(2)测量　将消化好的样液、试剂空白及标准系列溶液分别导入火焰进行测量,记录吸光度值,与标准曲线比较定量。

（五）分析结果的表述

试样中铁的含量按下式进行计算：

$$X = \frac{(c_1 - c_0) \times V}{m}$$

式中：X——样品中铁的含量，mg/kg；

c_1——从标准曲线上查出测定用样品液中铁的含量，μg/mL；

c_0——从标准曲线上查出试剂空白液中铁的含量，μg/mL；

V——样品处理液的总体积，mL；

m——样品质量，g。

二、邻二氮菲分光光度法

（一）测定原理

在 pH 为 2～9 的溶液中，二价铁离子与邻二氮菲生成稳定的橙红色化合物，在 510 nm 处有最大吸收，其吸光度与铁含量成正比。可用比色法测定。

（二）试剂和材料

（1）盐酸羟胺溶液：100 g/L；

（2）邻二氮菲溶液：1.2 g/L（新鲜配制）；

（3）1 mol/L 醋酸钠溶液；

（4）2 mol/L 盐酸溶液；

（5）铁标准溶液：准确称取 0.351 1 g 硫酸亚铁铵 $[(NH_4)_2Fe(SO_4)_2 \cdot 6H_2O]$，用盐酸溶液 15 mL 溶解，移至 500 mL 容量瓶中，用水稀释至刻度，摇匀，得标准贮备液，此液浓度为 100 μg/mL。取铁标准贮备液 10 mL 于 100 mL 容量瓶中，加水至刻度，混匀，得标准使用液，此液浓度为 10 μg /mL。

（三）仪器和设备

分光光度计。

（四）操作技能

1. 样品处理

称取均匀样品 10.0 g，干法灰化后，加入 2 mL（1＋1）盐酸，在水浴上蒸干，再加入 5 mL 水，加热煮沸，冷却后移入 100 mL 容量瓶中，用水稀释至刻度，摇匀。

2. 标准曲线的绘制

吸取 10 μg/mL 铁标准使用液 0、1.0 mL、2.0 mL、3.0 mL、4.0 mL、5.0 mL 分别置于 50 mL容量瓶中，各加入 1 mL 盐酸羟胺，2 mL 邻二氮菲，5 mL 醋酸钠溶液，每加入一种试剂都要摇匀。然后用水稀释至刻度，摇匀。10 min 后，以不加铁的试剂空白作参比液，在 510 nm 波长处，用 1 cm 比色皿测吸光度，以含铁量为横坐标，吸光度值为纵坐标，绘制标准曲线。

3. 样品测定

准确吸取适量样液（视铁含量高低而定）于 50 mL 容量瓶中，以下按标准曲线绘制操作，测定吸光度，在标准曲线上查出相对应的含铁量（μg）。

（五）分析结果的表述

样品铁的含量按下式进行计算：

$$X = \frac{m_1}{m \times \frac{V_1}{V_2}} \times 100$$

式中：X——样品中铁的含量，$\mu g /100\ g$；

　　m_1——从标准曲线上查得测定用样液相应的铁含量，μg；

　　V_1——测定用样液体积，mL；

　　V_2——样液定容总体积，mL；

　　m——样品质量，g。

（六）常见技术问题处理

（1）Cu^{2+}、Ni^{2+}、Co^{2+}、Zn^{2+}、Hg^{2+}、Cd^{2+}、Mn^{2+}等离子，也能与邻二氮菲生成有颜色的化合物，量少时不影响测定，量大时可通过加 EDTA 掩蔽或预先分离。

（2）加入试剂的顺序不能任意改变，否则会因 Fe^{3+} 水解等原因造成较大误差。

三、硫氰酸钾比色法

（一）测定原理

在酸性条件下，三价铁离子与硫氰酸钾作用，生成血红色的硫氰酸铁络合物，溶液颜色的深浅与铁离子的浓度成正比，于 485 nm 波长处测溶液的吸光度，与标准曲线比较进行定量。其反应式如下：

$$Fe_2(SO_4)_3 + 6KCNS \longrightarrow 2Fe(CNS)_3 + 3K_2SO_4$$

通常情况下，铁以二价或三价形态存在，因此在测定时，要加入高锰酸钾或过硫酸钾作为氧化剂，使所有的铁都以三价形态存在。

（二）试剂和材料

（1）2％高锰酸钾溶液。

（2）20％的硫氰酸钾溶液。

（3）2％过硫酸钾溶液。

（4）浓硫酸溶液。

（5）盐酸溶液（1＋1）。

（6）铁标准贮备液：准确称取 0.497 9 g 硫酸亚铁（$FeSO_4 \cdot H_2O$）溶于 100 mL 水中，加入 5 mL 浓硫酸，微热，溶解即滴加 2％高锰酸钾溶液，至产生红色且不褪为止，用水定容至 1 000 mL，摇匀，得到标准贮备液，此溶液浓度为 100 $\mu g/mL$。

（7）铁标准使用液：取铁的标准贮备液 10 mL 于 100 mL 容量瓶中，加水至刻度，混匀，得到标准使用液。1 mL 此溶液含 Fe^{3+} 10 μg。

（三）仪器和设备

（1）高温炉。

(2)分析天平。

(3)荧光分光光度计。

(四)操作技能

1. 样品的处理

称取均匀样品 10～20 g(精确至 0.01 g)于坩埚中,加热烘干水分后,再于电炉上炭化,然后将其小心移入 550℃ 高温炉中灰化完全,冷却后取出。

干法灰化后,向灰分中加入 2 mL 盐酸溶液(1＋1),在水浴上蒸干,再加入 5 mL 蒸馏水,加热煮沸后移入 100 mL 容量瓶中,加水定容,混匀备用。

2. 标准曲线的绘制

准确吸取上述铁标准使用液(10 μg/mL)0、0.20 mL、0.40 mL、0.60 mL、0.80 mL、1.00 mL,分别移入 25 mL 容量瓶或比色管中,各加入 5 mL 水、0.5 mL 浓硫酸、0.2 mL 2％的过硫酸钾及 2 mL 20％的硫氰酸钾,混匀后稀释至刻度。在 485 nm 处,用 1 cm 比色皿,以试剂空白作为参比液,测定各溶液的吸光度。以铁的含量(μg)为横坐标,以吸光度为纵坐标,绘制标准曲线。

3. 样液测定

准确吸取 5～10 mL 样液,置于 25 mL 容量瓶或比色管中,然后按步骤 2,测定其吸光度,再从标准曲线上查出铁的含量。

(五)分析结果的表述

试样中铁含量按下式进行计算:

$$X = \frac{m_1}{m \times \dfrac{V_1}{V_2}} \times 100$$

式中:X——样品中铁的含量,$\mu g /100$ g;

$\qquad m_1$——由标准曲线查得的测定用样液中铁的含量,μg;

$\qquad V_1$——测定用样品稀释液的体积,mL;

$\qquad V_2$——样品稀释液的总体积,mL;

$\qquad m$——样品的质量,g。

(六)常见技术问题处理

(1)测定过程中加入过硫酸钾是作为氧化剂,以防止三价铁转变为二价铁。

(2)硫氰酸铁稳定性差,如时间稍长,红色便会逐渐消褪,因此应在规定时间内完成比色。

(3)随硫氰酸根浓度增加,Fe^{3+} 可与之形成 $FeCNS^{2+}$,直至 $Fe(SCN)_6^{3-}$ 等一系列化合物,溶液颜色由橙黄色至血红色,影响测定,因此应严格控制硫氰酸钾的用量。

【知识与技能检测】

1. 硫氰酸钾比色法测定食品中铁含量的原理是什么?

2. 本法中加入高锰酸钾、过硫酸钾的目的分别是什么?

3. 在测定时应注意哪些事项?

【超级链接】食品中矿质元素测定的相关标准和方法

食品中矿物质元素含量非常丰富,测定方法也很多,最常用的是可见分光光度法、比色法及原子吸收分光光度法等。如 GB/T 5009.11~18 分别规定了食品中砷、铅、铜、锌、镉、锡、汞及氟的测定方法;GB/T 5009.90~93 分别规定了食品中铁、镁、锰、钾、钠、钙、硒的测定;GB/T 5009.137~138 规定了食品中锑、镍的测定方法;GB/T 5009.182 则规定了面制食品中铝的测定方法。

技能训练 1   乳粉中钙含量的测定

一、技能目标

(1)查阅《食品中钙的测定》(GB/T 5009.92)能正确制订作业程序。

(2)掌握 EDTA 络合滴定法测定乳粉中钙含量的操作技能。

(3)熟练掌握样品预处理的操作技能。

二、所需试剂与仪器

请将 EDTA 络合滴定法测定乳粉中钙含量所需仪器设备的名称、数量、规格和试剂的名称、规格级别记录于表 3-16 和表 3-17 中。

表 3-16   工作所需全部仪器设备一览表

序号	名称	规格要求
1	高型烧杯	250 mL
2		

表 3-17   工作所需全部化学试剂一览表

序号	名称	规格要求	配制方法
1			
2			

三、工作过程与标准要求

工作过程及标准要求见表 3-18。

表 3-18   工作过程与标准要求

工作过程	工作内容	技能标准
1. 制订工作方案	按照国家标准制订工作方案。	方案符合实际、科学合理、周密详细。
2. 试剂与仪器准备	准备并检查实训材料与仪器。	(1)准备本次实训所需的所有材料与仪器设备。 (2)试剂的配制和仪器的清洗、控干。 (3)检查设备运行是否正常。

续表 3-18

工作过程	工作内容	技能标准
3. 样品处理	精确称取均匀样品干样 0.5～1.5 g(湿样 2.0～4.0 g,饮料等液体样品 5.0～10.0 g)于 250 mL 高型烧杯中,加混合酸消化液 20～30 mL,上盖表面皿。置于电热板上加热消化。如未消化好而酸液过少时,再补加几毫升混合酸消化液,继续加热消化,直至无色透明为止。加几毫升去离子水,加热以除去多余的硝酸。待烧杯中的液体接近 2～3 mL 时,取下冷却。用 20 g/L 氧化镧溶液洗涤并转入 10 mL 刻度试管中,并定容至刻度。 取与消化样品相同量的混合酸消化液,按上述操作做试剂空白试验。	(1)能熟练正确量取消化液。 (2)能正确规范进行消化操作。 (3)能正确判断消化终点。 (4)能正确进行空白试验操作。
4. 标定 EDTA 浓度	吸取 0.5 mL 钙标准溶液,以 EDTA 滴定,标定其 EDTA 的浓度,根据滴定结果计算出每毫升 EDTA 相当于钙的毫克数,即滴定度(T)。	能准确进行 EDTA 浓度的标定。
5. 试样及空白滴定	分别吸取 0.1～0.5 mL(根据钙的含量而定)试样消化液及空白于试管中,加 1 滴氰化钠溶液和 0.1 mL 柠檬酸钠溶液,用滴定管加 1.5 mL 1.25 mol/L氢氧化钾溶液,加 3 滴钙红指示剂,立即以稀释 10 倍 EDTA 溶液滴定,至指示剂由紫红色变纯蓝色为终点,记录 EDTA 标准溶液的用量。	(1)能正确进行滴定操作。 (2)能正确判断滴定终点。 (3)能进行正确的数据记录。 (4)能正确操作试剂空白试验。

四、数据记录及处理

(1)数据记录　将数据记录于表 3-19 中。

表 3-19　数据记录表

测定次数	1	2	空白
样品质量/g			
样品处理液的体积/mL			
用于滴定的样品液体积/mL			
样液消耗 EDTA 标准溶液的体积/mL			
样品中钙的含量/(mg/100 g)			

(2)结果计算　乳粉中钙的含量按下式进行计算:

$$X = \frac{T \times (V - V_0)}{m \times \frac{V_1}{V_2}} \times 100$$

式中：X——试样中钙的含量，mg/100 g；

T——EDTA滴定度，mg/mL；

V——滴定试样时所用EDTA量，mL；

V_0——滴定空白时所用EDTA量，mL；

V_1——用于滴定的样品液体积，mL；

V_2——样品处理液的总体积，mL；

m——样品称重量，g。

计算结果表示到小数点后两位。

五、技能评价

按照工作过程操作水平，由相关人员填写技能评价表（表3-20）。

表3-20　技能评价表

评价内容	满分值	学生自评	同伴互评	教师评价	综合评分
1. 制订工作方案	10				
2. 试剂与仪器准备	5				
3. 样品处理	20				
4. 标定EDTA浓度	15				
5. 试样及空白滴定	20				
6. 数据记录及结果	15				
7. 实训报告	15				
总分					

注：综合评分＝学生自评分×20％＋同伴互评分×30％＋教师评价分×50％。

技能训练2　味精中锌含量的测定

一、技能目标

（1）查阅《味精卫生标准》（GB 2720）和《食品中锌的测定》（GB/T 5009.14）能正确制订作业程序。

（2）掌握可见分光光度计的工作原理及仪器操作技能。

（3）掌握味精中锌含量的测定原理及操作技能。

二、所需试剂与仪器

按照《味精卫生标准》（GB 2720）和《食品中锌的测定》（GB/T 5009.14）的规定，请将味精中锌含量的测定所需仪器设备的名称、数量、规格和试剂的名称、规格级别记录于表 3-21 和表 3-22 中。

表 3-21　工作所需全部仪器设备一览表

序号	名称	规格要求
1	可见分光光度计	
2		

表 3-22　工作所需全部化学试剂一览表

序号	名称	规格要求	配制方法
1			
2			

三、工作过程与标准要求

工作过程及标准要求见表 3-23。

表 3-23　工作过程与标准要求

工作过程	工作内容	技能标准
1. 制订工作方案	按照国家标准制订工作方案。	方案符合实际、科学合理、周密详细。
2. 试剂与仪器准备	准备并检查实训材料与仪器。	(1)准备本次实训所需的所有材料与仪器设备。 (2)试剂的配制和仪器的清洗、控干。 (3)检查设备运行是否正常。
3. 样品预处理	称取 10 g 或 20 g 样品,置于 250~500 mL 定氮瓶中,加数粒玻璃珠,加入 5~10 mL 硝酸,放置片刻,小火缓缓加热,待作用缓和后,放置冷却。沿瓶壁加入 5 mL 或 10 mL 硫酸,再加热至瓶中液体开始变成棕色时,不断沿壁滴加硝酸至有机物分解完全。加大火力,至产生白烟,溶液应无色或微黄色澄清透明,放置冷却。加 20 mL 水,煮沸,除去残余的硝酸,至产生白烟为止。如此处理 2 次,放置冷却,移入 50 mL 或 100 mL 容量瓶中,用水洗涤定氮瓶,洗液并入容量瓶中,冷却后加水稀释至刻度,摇匀。 取与消化样品用量相同的硝酸、硫酸,按同一方法做试剂空白试验。	(1)能熟练进行移液操作。 (2)能熟练进行定容操作。 (3)能正确操作玻璃砂芯漏斗。
4. 标准曲线绘制	吸取 0、1.0 mL、2.0 mL、3.0 mL、4.0 mL、5.0 mL 锌标准使用液(相当于 0、1.0 μg、2.0 μg、3.0 μg、4.0 μg、5.0 μg 锌),分别置于 125 mL 分液漏斗中,各加水至 10 mL。 于各锌标准液中各加 1 滴甲基橙指示液,用氨水调至由红变黄,再各加 5 mL 乙酸-乙酸钠缓冲液及 1 mL 250 g/L 硫代硫酸钠溶液混匀后,各加 10.0 mL 0.1 g/L 双硫腙-四氯化碳溶液,剧烈振摇 4 min,静置分层,收集四氯化碳层于 1 cm 比色皿中,以零管调节零点,于 530 nm 处测吸光度,以各标准溶液中锌的质量为横坐标,各标准溶液的吸光度为纵坐标,绘制标准曲线。	

续表 3-23

工作过程	工作内容	技能标准
5. 样液及空白液的测定	(1)吸取 5.0～10.0 mL 样品消化液和相同量的试剂空白液,分别置于 125 mL 分液漏斗中,各加水至 10 mL。 (2)于样品消化液和试剂空白液中各滴加 1 滴甲基橙指示液,从"用氨水调至由红变黄"以下同标准曲线操作。	(1)能正确进行系列标准使用液的配制操作。 (2)掌握原子分光光度计的基本原理。 (3)掌握原子分光光度计的基本操作方法。 (4)会绘制标准曲线。

四、数据记录及处理

(1)数据记录　将数据记录于表 3-24 中。

表 3-24　数据记录表

	标准溶液						样品溶液	空白溶液
样品质量/g								
配制各溶液的体积/mL								
吸取锌标准使用液体积/mL	0	1.0	2.0	3.0	4.0	5.0		
各溶液中锌的质量/μg	0	1.0	2.0	3.0	4.0	5.0		
测得各溶液的吸光度(A)								

(2)结果计算　试样中锌的含量按下式计算

$$X = \frac{(m_1 - m_2) \times 1\,000}{m \times \dfrac{V_1}{V_0} \times 1\,000}$$

式中:X——样品中锌的含量,mg/kg;

$\quad m_1$——从标准曲线上查出测定用样品液中锌的质量,μg;

$\quad m_2$——从标准曲线上查出试剂空白液中锌的质量,μg;

$\quad m$——样品质量,g;

$\quad V_1$——测定用样品液的体积,mL;

$\quad V_0$——样品处理液的总体积,mL。

五、技能评价

按照工作过程操作水平,由相关人员填写技能评价表(表 3-25)。

表 3-25　技能评价表

评价内容	满分值	学生自评	同伴互评	教师评价	综合评分
1. 制订工作方案	15				
2. 试剂与仪器准备	5				
3. 样品预处理	15				
4. 标准曲线绘制	25				
5. 样液及空白液的测定	15				
6. 数据记录及结果	15				
7. 实训报告	10				
总分					

注:综合评分＝学生自评分×20％＋同伴互评分×30％＋教师评价分×50％。

技能训练 3　葡萄酒中铁含量的测定

一、技能目标

(1)查阅中华人民共和国国家标准《葡萄酒》(GB 15037)和《葡萄酒、果酒通用分析方法》(GB/T 15038)能正确制订作业程序。

(2)掌握可见分光光度计的操作技能。

(3)掌握葡萄酒中铁含量的测定原理及操作技能。

二、所需试剂与仪器

按照《葡萄酒、果酒通用分析方法》(GB/T 15038)的规定,请将葡萄酒中铁含量的测定所需仪器设备的名称、数量、规格和试剂的名称、规格级别记录于表 3-26 和表 3-27 中。

表 3-26　工作所需全部仪器设备一览表

序号	名称	规格要求
1	可见分光光度计	
2		

表 3-27　工作所需全部化学试剂一览表

序号	名称	规格要求	配制方法
1			
2			

三、工作过程与标准要求

工作过程及标准要求见表 3-28。

表 3-28　工作过程与标准要求

工作过程	工作内容	技能标准
1. 制订工作方案	按照国家标准制订工作方案。	方案符合实际、科学合理、周密详细。
2. 试剂与仪器准备	准备并检查实训材料与仪器。	(1)准备本次实训所需的所有材料与仪器设备。 (2)试剂的配制和仪器的清洗、控干。 (3)检查设备运行是否正常。
3. 样品处理	吸取酒样 1.00 mL 于 10 mL 凯氏烧瓶内,置电炉上缓缓蒸发至近干,取下稍冷后,加 1 mL 浓硫酸(根据含糖量增减)、1 mL 过氧化氢,于通风橱内加热消化。 如果消化液颜色较深,继续滴加过氧化氢溶液,直至消化液无色透明。稍冷,加 10 mL 水微火煮沸 3~5 min,取下冷却。同时做空白试验。	(1)能熟练进行移液操作。 (2)能正确进行消化操作。 (3)能熟练进行定容操作。
4. 标准曲线绘制	(1)精确吸取 10 mg/L 铁标准溶液 0、0.20 mL、0.40 mL、0.60 mL、1.00 mL、1.40 mL 分别于 25 mL 比色管中,加水 5 mL,加盐酸羟胺0.5 mL,摇匀。放置 5 min 后,加邻菲啰啉溶液 1 mL,再加水至刻度,放置 30 min。 (2)在 480 nm 波长处,用 1 cm 比色杯测定标准系列溶液吸光度。 (3)以测得的吸光度为纵坐标,铁含量为横坐标,绘制标准曲线。	(1)能正确进行标准系列溶液的吸取及配制操作。 (2)掌握分光光度计的基本原理。 (3)掌握分光光度计的基本操作方法。 (4)会绘制标准曲线。
5. 样液的测定	样品与空白消化液分别用氨水或乙酸-醋酸钠溶液调整 pH 为 4~5,小心将此液移入 25 mL 比色管中,以少量水洗涤凯氏烧瓶多次,洗液并入同一比色管中。加盐酸羟胺 0.5 mL,摇匀。放置 5 min 后,加邻菲啰啉溶液 1 mL,再加水至刻度,放置 30 min。 在分光光度计上于 480 nm 波长处,用 1 cm 比色杯测定其吸光度。	(1)能正确进行溶液的转移及定容操作。 (2)能熟练进行分光光度计的操作。

四、数据记录及处理

(1)数据记录　将数据记录于表 3-29 中。

表 3-29　数据记录表

	标准溶液						样品溶液		空白溶液
吸取样品的体积/mL	—						1.0	1.0	—
吸取铁标准使用液体积/mL	0	0.20	0.40	0.60	1.00	1.40	—	—	—
配制各溶液的体积/mL	25						25		25
各溶液中铁的质量/mg	0	2.0	4.0	6.0	10.0	14.0			
测得各溶液的吸光度(A)									

（2）结果计算　试样中铁的含量按下式计算：

$$X = \frac{(m_1 - m_0) \times 1\,000}{V}$$

式中：X——样品中锌的含量，mg/L；

　　m_1——从标准曲线上查出样品溶液中铁的质量，mg；

　　m_0——从标准曲线上查出空白溶液中铁的质量，mg；

　　V——样品溶液的体积，mL。

五、技能评价

工作过程及标准要求见表 3-30。

表 3-30　技能评价表

评价内容	满分值	学生自评	同伴互评	教师评价	综合评分
1. 制订工作方案	15				
2. 试剂与仪器准备	10				
3. 样品处理	15				
4. 标准曲线绘制	20				
5. 样液的测定	15				
6. 数据记录及结果	10				
7. 实训报告	15				
总分					

注：综合评分＝学生自评分×20％＋同伴互评分×30％＋教师评价分×50％。

项目四　食品酸度的测定

【知识要求】

（1）掌握各种酸度的概念；

（2）掌握酸类物质的存在状态、pH、酸碱滴定的相关知识；

（3）熟练掌握食品中总酸度的测定方法和氢氧化钠标准溶液的配制及标定方法。

（4）了解酸度计的基本原理。

【能力要求】

（1）熟练掌握氢氧化钠标准溶液的配制及标定操作；

（2）熟练掌握食品中总酸度的测定操作技能；

（3）掌握酸度计的使用方法和有效酸度的测定操作技能；

（4）掌握挥发酸测定时样品蒸馏处理操作。

任务一　总酸度的测定

【知识准备】

一、酸度的概念

食品中酸的量用酸度表示。食品的酸度不仅反映了酸味强度，也反映了其中酸性物质的含量或浓度。酸度又可分为总酸度（滴定酸度）、有效酸度（pH）和挥发酸。

总酸度是指食品中所有酸性成分的总量。它包括已离解的酸的浓度和未离解的酸的浓度，其大小可借标准碱溶液滴定来测定，并以样品中主要代表酸的含量或质量分数表示，故总酸度也称可滴定酸度。

有效酸度是指被测溶液中 H^+ 的浓度（严格地说应该是 H^+ 的活度），所反映的是已解离的那部分酸的浓度，常用 pH 表示。其大小可通过酸度计或 pH 试纸来测定。

挥发酸是指食品中易挥发的有机酸，如醋酸、甲酸及丁酸等低碳链的直链脂肪酸。其大小可通过水蒸气蒸馏法分离挥发酸，然后再通过标准碱溶液滴定来测定。

二、测定食品酸度的意义

食品中的酸不仅作为酸味成分，而且在食品的加工、贮运及质量管理等方面都起很重要的作用，所以测定食品中的酸度具有非常重要的意义。

1. 通过测定酸度，可以鉴定某些食品的质量

例如，挥发酸含量的高低，是衡量水果发酵制品质量好坏的一项重要指标，当果产品中醋酸含量在 0.1% 以上时，就说明制品已腐败；牛乳及其制品、番茄制品、啤酒、饮料类食品当总酸含量过高时，亦说明这些制品已酸败；在油脂工业中，通过测定油脂酸度（以酸价表示），可以鉴别油脂的品质和新鲜程度；对鲜肉中有效酸度的测定，可以判断肉的品质。如新鲜肉的 pH 值为 5.7～6.2，若 pH＞6.7，则说明肉已变质。

2. 食品的 pH 对其色泽及稳定性有一定的影响，降低 pH 可抑制酶的活性和微生物的生长

例如，当 pH＜2.5 时，一般除霉菌外，大部分微生物的生长都受到抑制；在水果加工过程中，降低介质的 pH 可以抑制水果的酶促褐变，从而保持水果的本色。

3. 测定果蔬酸度可以判断果蔬的成熟度,确定加工产品的配方及工艺条件

有机酸在果蔬中的含量,因其成熟度及生长条件不同而异,一般随成熟度的提高,有机酸含量下降,而糖含量增加,糖酸比增大。故测定酸度可判断某些果蔬的成熟度,对于确定果蔬收获期及加工工艺条件有指导意义。

三、食品中有机酸种类及分布

食品中酸的种类很多,可分为有机酸和无机酸两类,但主要是有机酸,而无机酸含量很少。常见的有机酸有柠檬酸、苹果酸、酒石酸、草酸、琥珀酸、乳酸及醋酸等。这些酸有的是食品固有的,如果蔬及制品中的有机酸;有的是在生产、加工、贮藏过程中产生的,如酸奶、食醋中的有机酸;有的是加工过程中人为添加进去的,如饮料中的柠檬酸等。

有机酸在食品中的分布是极不均衡的,果蔬中所含有机酸种类较多,酿造食品(如酱油、果酒、食醋)中也含多种有机酸,动物性食品原料中可以检出的有机酸较少,但大多数的新鲜肉及其制品中均发现游离存在的乳酸。

在同一个样品中,往往几种有机酸同时存在。但在计算有机酸含量时,以主要有机酸为计算标准。通常柑橘类及其制品以柠檬酸计算;仁果、核果类果实及其制品以苹果酸计算;葡萄及其制品以酒石酸计算;肉、鱼、乳及其制品用乳酸计算;酒类、调味品用乙酸计算。

四、总酸度的测定原理

根据酸碱中和原理,用碱标准溶液滴定试样液中的有机酸,以酚酞为指示剂,滴定至溶液呈淡红色,30 s不褪色为终点。根据滴定时消耗标准碱溶液的体积,计算样品中总酸度含量。其反应式如下:

$$RCOOH + NaOH \longrightarrow RCOONa + H_2O$$

【技能培训】(直接滴定法)

一、试剂和材料

(1)酚酞指示剂(10 g/L):称取1 g酚酞,溶于60 mL 95％乙醇中,用水稀释至100 mL。

(2)0.1 mol/L氢氧化钠标准滴定溶液。

(3)0.01 mol/L氢氧化钠标准滴定溶液:量取100 mL 0.1 mol/L氢氧化钠标准滴定溶液稀释到1 000 mL(用时当天稀释)。

(4)0.05 mol/L氢氧化钠标准滴定溶液:量取100 mL 0.1 mol/L氢氧化钠标准滴定溶液稀释到200 mL(用时当天稀释)。

二、仪器和设备

(1)组织捣碎机。

(2)研钵。

(3)水浴锅。

(4)电炉。

三、操作技能

1. 样品的制备

（1）液体样品 不含二氧化碳的样品：充分混合均匀，置于密闭玻璃容器内。含 CO_2 的样品：至少取 200 g 充分混匀的样品于 500 mL 烧杯中，置于电炉上，边搅拌边加热至微沸腾，保持 2 min，称量，用煮沸过的水补充至煮沸前的质量，置于密闭玻璃容器内冷却后备用。

（2）固体样品 取有代表性的样品至少 200 g，置于研钵或组织捣碎机中，加入与试样等量的煮沸过的水，研碎或捣碎，混匀后置于密闭玻璃容器内。

（3）固、液体样品 按样品的固、液体比例至少取 200 g，用研钵或组织捣碎机研碎或捣碎，混匀后置于密闭玻璃容器内。

2. 样液的制备

取 10～50 g 上述试样，精确至 0.001 g，置于 100 mL 烧杯中。用约 80℃ 煮沸过的水将烧杯中的内容物转移到 250 mL 容量瓶中（总体积约 150 mL）。置于沸水浴中 30 min（摇动 2～3 次，使试样中的有机酸全部溶解于溶液中），取出，冷却至室温（约 20℃），用煮沸过的水定容至 250 mL。用快速滤纸或脱脂棉过滤，收集滤液备用。

总酸含量低于 4 g/kg 的液体样品，混匀后可直接取样测定。

3. 样液的测定

（1）取 25.00～50.00 mL 的上述样液，使之含 0.035～0.070 g 酸，置于 250 mL 三角瓶中。加 40～60 mL 水及 0.2 mL 1% 酚酞指示剂，用 0.1 mol/L 氢氧化钠标准滴定溶液（如样品酸度较低，可用 0.01 mol/L 或 0.05 mol/L 氢氧化钠标准滴定溶液）滴定至微红色 30 s 不褪色。记录消耗 0.1 mol/L 氢氧化钠标准滴定溶液的毫升数（V_1）。

同一被测样品须测定两次。

（2）空白试验。用水代替样液，按上述操作步骤操作。记录消耗 0.1 mol/L 氢氧化钠标准滴定溶液的毫升数（V_2）。

四、分析结果的表述

食品中总酸的含量按下式计算：

$$X = \frac{c(V_1 - V_2) \times K \times F}{m} \times 100$$

式中：X——样品中总酸度，g/100 g 或 g/100 mL；

c——NaOH 标准滴定溶液的浓度，mol/L；

V_1——滴定样液时消耗 NaOH 标准滴定溶液的体积，mL；

V_2——空白试验时消耗 NaOH 标准滴定溶液的体积，mL；

F——样液的稀释倍数；

m——试样的质量（或体积），g 或 mL；

K——酸的换算系数，即 1 mmol NaOH 所相当于主要酸的克数。苹果酸为 0.067，酒石酸为 0.075，乙酸为 0.060，草酸为 0.045，乳酸为 0.090，柠檬酸为 0.064，柠檬酸（含 1 分子结晶水）为 0.070，盐酸为 0.036。

计算要求:①计算结果精确到小数点后第 2 位。②如两次测定结果差在允许范围内,则取两次测定结果的算术平均值报告结果。③同一样品的两次测定值之差,不得超过两次测定平均值的 2%。

五、常见技术问题处理

(1)本方法适合于各类浅色食品中总酸度的测定。

(2)样品浸渍、稀释用蒸馏水不能含有 CO_2,因为 CO_2 溶于水会生成酸性的 H_2CO_3 形式,影响滴定终点时酚酞颜色变化。

无 CO_2 的蒸馏水的制备方法为:将蒸馏水煮沸 20 min 后,用碱石灰保护冷却;或将蒸馏水在使用前煮沸 15 min 并迅速冷却备用。必要时须经碱液抽真空处理。

(3)样品中 CO_2 对测定也有干扰,故对含有 CO_2 饮料、啤酒等样品在测定之前须除去 CO_2。

(4)试液稀释之用水量应根据样品中总酸含量来慎重选择,为使误差不超过允许范围,一般要求滴定时消耗 0.1 mol/L NaOH 标准溶液不得少于 5 mL,最好在 10~15 mL。

(5)由于食品中有机酸均为弱酸,在用强碱(NaOH)滴定时,其滴定终点偏碱,一般在 pH 8.2 左右,故可选用酚酞做终点指示剂。

(6)若样液有颜色(如带色果汁等),则在滴定前用与样液同体积的不含 CO_2 蒸馏水稀释之或采用试验滴定法,即对有色样液,用适量无 CO_2 蒸馏水稀释,并按 100 mL 样液加入 0.3 mL 酚酞比例加入酚酞指示剂,用标准 NaOH 滴定近终点时,取此溶液 2~3 mL 移入盛有 20 mL 无 CO_2 蒸馏水中(此时,样液颜色相当浅,易观察酚酞的颜色),若实验表明还没有达到终点时,将特别稀释的样液倒回原样液中,继续滴定直至终点出现为止。用这种在小烧杯中特别稀释的办法,能观察几滴 0.1 mol/L NaOH 滴液所产生的酚酞颜色差别。若样液颜色过深或浑浊,则宜用电位滴定法。

(7)因食品中含有多种有机酸,总酸度测定结果通常以样品中含量最多的那种酸表示。一般分析葡萄及其制品时,用酒石酸表示,其 $K=0.075$;分析柑橘类果实及其制品时,用柠檬酸表示,$K=0.06$ 或 0.070(带一分子结晶水);分析苹果、核桃类果实及其制品时,用苹果酸表示,$K=0.067$;分析乳品、肉类、水产品及其制品时,用乳酸表示,$K=0.090$;分析酒类、调味品时,用乙酸表示,$K=0.060$。

(8)各类食品的酸度都以主要酸表示,但是有些食品(如乳品,面包等)亦可用中和 100 g(mL)样品所需 0.1 mol/L(乳品)或 1 mol/L(面包)NaOH 溶液毫升数表示,符号为°T。鲜牛乳的酸度为 16~18°T,面包酸度一般为 3~9°T。

【知识与技能检测】

一、真空题

1. 食品的总酸度是指_____,它的大小可用_____来测定;有效酸度是指_____,其大小可用_____来测定;挥发酸是指_____,其大小可用_____来测定;牛乳酸度是指_____,其大小可用_____来测定。

2. 牛乳酸度为 16.52°T 表示_____。

3. 在测定样品的酸度时,所使用的蒸馏水不能含有 CO_2,因为_____。

4. 测定葡萄的总酸度,其测定结果一般以_____来表示。

二、简答题

1. 食品的酸度有哪几种表示方法?它们之间有什么关系?

2. 对于颜色较深的一些样品,在测定其酸度时,如何排除干扰,以保证测定的准确度?

三、计算题

称取 120 g 固体 NaOH(AR),100 mL 水溶解冷却后置于聚乙烯塑料瓶中,密封数日澄清后,取上层清液 5.60 mL,用煮沸过并冷却的蒸馏水定容至 1 000 mL。然后称取 0.300 0 g 邻苯二甲酸氢钾放入锥形瓶中,用 50 mL 水溶解后,加入酚酞指示剂后用上述氢氧化钠溶液滴定至终点耗去 15.00 mL。现用此氢氧化钠标准液测定健力宝饮料的总酸度。先将饮料中的色素用活性炭脱色后,再加热除去 CO_2,取饮料 10.00 mL,用稀释 10 倍标准碱液滴定至终点耗去 12.25 mL,问健力宝饮料的总酸度(以柠檬酸计 $K=0.070$)为多少?

【超级链接】乳和乳制品酸度的测定

食品安全国家标准 GB 5413.34—2010《乳和乳制品酸度测定》规定了乳粉、巴氏杀菌乳、灭菌乳、生乳、发酵乳、炼乳、奶油及干酪素酸度的测定方法。第一法中给出了基准法和常规法两种方法,适用于乳粉酸度的测定;第二法适用于巴氏杀菌乳、灭菌乳、生乳、发酵乳、炼乳、奶油及干酪素酸度的测定。

任务二 有效酸度的测定

【知识准备】

一、概述

有效酸度(pH)是指被测溶液中 H^+ 的浓度,所反映的是已离解酸的浓度,常用 pH 表示。pH 是溶液中 H^+ 活度(近似认为浓度)的负对数,其大小说明了食品介质的酸碱性。

食品的 pH 和总酸度之间没有严格的比例关系,其大小不仅取决于酸的数量和性质,而且还受食品中缓冲物质的影响。食品由于原料品种、成熟度及加工方法的不同,pH 的变动范围很大。在食品酸度测定中,有效酸度 pH 的测定往往比测定总酸度更具有实际意义,更能说明问题。如人的味觉只对 H^+ 有感觉,食品总酸度高,口感不一定酸。一般食品在 pH<3.0,难以适口;pH<4.5 为酸性食品;pH 5~6 无酸味感觉。

常用 pH 测定方法有试纸法、比色法和电位法等,其中以电位法(pH 计法)的操作简便且结果准确,是最常用的方法。

二、电位法测定 pH 的原理

酸度计(pH 计)以玻璃电极为指示电极,饱和甘汞电极为参比电极,插入待测溶液中组成

原电池。在一定条件下,该电池电动势 E 大小与溶液 pH 呈线性关系:

$$E = E_0 - 0.059\,1\,\text{pH}\,(25℃)$$

即在 25℃ 时,每相差一个 pH 单位,就产生 59.1 mV 的电池电动势,通过酸度计测定电动势并直接以 pH 表示出来,就可以从酸度计表头上读出样品溶液的 pH。

【技能培训】

一、试剂

(1)pH＝1.68(25℃)标准缓冲溶液:精密称取在(54±3)℃ 干燥 4～5 h 的优级纯草酸三氢钾［$KH_3(C_2O_4)_2 \cdot 2H_2O$］12.61 g,用无 CO_2 蒸馏水溶解,转移到 1 000 mL 的容量瓶中,并稀释到刻度,充分混合。

(2)pH＝4.00(25℃)标准缓冲溶液:称取 10.12 g 于 110℃ 干燥 2 h 并已冷却的邻苯二甲酸氢钾,用无 CO_2 蒸馏水溶解并稀释至 1 000 mL。

(3)pH＝6.86(25℃)标准缓冲溶液:称取(115±5)℃ 下干燥 2 h 并已冷却的优级纯磷酸二氢钾 KH_2PO_4 3.387 g 和优级纯无水磷酸氢二钠 Na_2HPO_4 3.533 g,用无 CO_2 蒸馏水溶解并稀释至 1 000 mL。

(4)pH＝9.18(25℃)标准缓冲溶液:精密称取优级硼砂($Na_2B_4O_7 \cdot 10H_2O$)3.80 g,用无 CO_2 蒸馏水溶解并稀释到 1 000 mL。

标准缓冲溶液通常能保存 2～3 个月,但发现有混浊、发霉或沉淀等现象时,不能继续使用。

二、仪器和设备

(1)酸度计。
(2)231 型玻璃电极及 232 型甘汞电极或 E-201-C 型复合电极。
(3)电磁搅拌器(带磁性搅拌棒)。
(4)高速组织捣碎机。

三、操作技能

(一)样品处理

(1)一般液体样品(如牛乳、不含 CO_2 的果汁、酒等样品)　摇匀后可直接取样测定。

(2)含 CO_2 的液体样品(如碳酸饮料、啤酒等)　同"总酸度测定"方法排出 CO_2 后再测定。

(3)果蔬样品　将果蔬样品榨汁后,取其汁液直接进行 pH 测定。对于果蔬干制品,可取适量样品,并加数倍的无 CO_2 蒸馏水,于水浴上加热 30 min,再捣碎、过滤取滤液测定。

(4)肉类制品　称取 10 g 已除去油脂并捣碎的样品,加入 100 mL 无 CO_2 蒸馏水,浸泡 15 min 并随时摇动,过滤后取其滤液测定。

(5)鱼类等水产品　称取 10 g 切碎样品,加无 CO_2 蒸馏水 100 mL 浸泡 30 min(随时摇动),过滤后取滤液测定。

(6)皮蛋等蛋制品　取皮蛋数个,洗净剥壳,按皮蛋:水为 2:1 的比例加入无 CO_2 蒸馏水,于组织捣碎机捣成匀浆。再称取 15 g 匀浆(相当于 10 g 样品),加无 CO_2 蒸馏水至 150 mL,搅匀,纱布过滤后称取滤液测定。

(7)罐头制品(液固混合样品)　先将样品沥汁液,取浆汁液测定;或将液固混合捣碎成浆状后,取浆状物测定。若有油脂,则应先分离出油脂。

(8)含油或油浸样品　先分离出油脂,再把固形物经组织捣碎机捣成浆状,必要时加少量无 CO_2 蒸馏水(20 mL/100 g 样品)搅匀后进行 pH 测定。

(二)样品测定

1. 酸度计的校正

(1)酸度计接通电源,预热 30 min。

(2)将 pH-mV 开关置于 pH 位置。

(3)将温度补偿旋钮调到与标准缓冲溶液的温度一致。

(4)将斜率调节旋钮调至 100% 位置。

(5)用标准缓冲溶液校正仪器显示值与标准缓冲溶液的 pH 相符。

2. 样品溶液的测定

(1)将电极用新蒸馏水洗净并用滤纸吸干,再用待测溶液冲洗电极。

(2)当被测溶液与定位标准缓冲溶液的温度不同时,将温度补偿旋钮调到被测溶液的温度。

(3)将电极插入待测溶液中,仪器所示值即为待测溶液的 pH。

(4)测定完毕,清洗电极,妥善保存。

四、常见技术问题处理

(1)所用酸度计型号不同时,操作方法略有不同,应按说明书严格操作。

(2)新电极或很久未使用的干燥电极,必须预先浸在 3 mol/L 氯化钾溶液中浸泡 24 h 以上。

(3)取下电极套后,切忌电极的玻璃泡与硬物接触。

(4)电极不用时,及时套上电极套,套内放少量 3 mol/L 氯化钾溶液以保持电极湿润。

(5)标准缓冲溶液的配制、保存、使用应严格按规定进行。

(6)每换一次样液,需将电极用蒸馏水清洗一次,擦干再用。

【知识与技能检测】

一、填空题

1. 用酸度计测定溶液的 pH 可准确到_____。

2. 新电极或很久未用的干燥电极,在使用前必须用_____浸泡_____h 以上,其目的是_____。

3. 酸度计的指示电极是_____。

二、简答题

1. 写出标定 0.1 mL/L NaOH 标准溶液的原理、操作步骤及注意问题。

2. 酸度计的测定原理是什么?

3. 在食品的 pH 测定中必须注意哪些问题?

4. 有一葡萄酒样,欲测试其总酸,因终点难以判断,拟采用电位滴定法,请问应如何进行?请写出操作步骤。

【超级链接】电位分析法简介

电位分析法是将一支电极电位与被测物质活度(浓度)有关的电极(称指示电极)和另一支电位已知且保持恒定的电极(称参比电极)插入待测溶液中组成一个化学电池,在零电流的条件下,通过测定电池电动势或其变化从而直接或间接求得溶液中待测组分含量的一种分析方法。电位分析法包括直接电位法和电位滴定法。

直接电位法是选用适当的指示电极浸入被测试液,测量其相对于一个参比电极的电位。根据测出的电位数值,直接求出被测物质的浓度。

电位滴定法是向试液中滴加能与被测物质发生化学反应的已知浓度的试剂。观察滴定过程中指示电极电位的变化,以确定滴定的终点。根据所需滴定试剂的量计算出被测物质的含量。这一方法与一般滴定分析相似,只是以电位的突变来取代化学指示剂的颜色变化来确定滴定终点。

任务三 挥发酸度的测定

【知识准备】

一、概述

食品中的挥发酸主要是指乙酸和微量的甲酸、丁酸等,但不包括可用水蒸气蒸馏的乳酸、琥珀酸、山梨酸以及 CO_2、SO_2 等。正常生产的食品中挥发酸的含量较稳定,如果生产中使用了不合格的原料或违反正常的工艺操作,都会由于糖的发酵而使挥发酸含量增加,降低食品的品质。另外,贮藏不当也会造成食品的挥发酸含量增加。因此,挥发酸的含量是某些食品的一项重要质量控制指标。

测定挥发酸的方法有直接法和间接法。直接法是用蒸馏或溶剂萃取把挥发酸分离出来,再用标准碱液直接滴定;间接法是先将挥发酸蒸馏除去后,再用标准碱滴定残留的不挥发酸,然后由总酸减去不挥发酸,即可求得挥发酸含量。直接法操作方便,并不受样品成分影响,比较常用,适用于挥发酸含量比较高的样品。若蒸馏液有所损失或被污染,或样品中挥发酸含量较低时,应选用间接法。由于挥发酸呈游离态和结合态两部分,前者在蒸馏时较易挥发,后者则比较困难,为了准确地测出挥发酸的含量,在食品分析中,常用水蒸气蒸馏法来测定挥发酸的含量。

二、测定原理

样品经适当处理后,加入适量的磷酸使结合态的挥发酸游离出来,用水蒸气蒸馏分离出总挥发酸,经冷凝收集,用标准碱液滴定,根据消耗标准碱液的浓度和体积,可计算样品中挥发酸含量。

【技能培训】

一、试剂与材料

(1)酚酞指示剂（10 g/L）。

(2)氢氧化钠标准溶液(0.1 mol/L)。

(3)磷酸溶液（100 g/L）:称取 10.0 g 磷酸,用无 CO_2 蒸馏水溶解并稀释至 100 mL。

二、仪器与设备

(1)水蒸气蒸馏装置,见图 3-3。

(2)碱式滴定管。

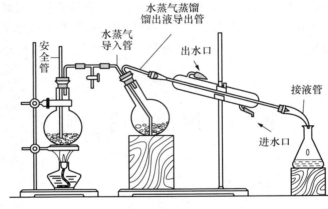

图 3-3　水蒸气蒸馏

三、操作技能

1. 样品处理

(1)一般果蔬及饮料可直接取样测定。

(2)含 CO_2 的饮料或发酵酒类,须将称取的样品除去 CO_2 后再测定。

(3)对固体样品可加入适量无 CO_2 蒸馏水后,用组织捣碎机捣成浆状,加水定容后取样。

2. 测定

准确称取经上述处理的样品 2～3 g(液体取 25 mL),置于蒸馏瓶中,加入 25 mL 无 CO_2 蒸馏水和 10％的磷酸溶液 1 mL,连接水蒸气装置,加热蒸馏,至馏出液达 300 mL 为止。

将馏出液加热至 60～65℃,加入 3 滴酚酞指示剂,用 0.1 mol/L NaOH 标准溶液滴定至微红色 30 s 不褪色即为终点,记录消耗的 0.1 mol/L NaOH 标准溶液的体积。用相同的条件做空白试验。

四、分析结果的表述

试样中挥发酸的含量按下式进行计算:

$$X = \frac{c(V_1 - V_0) \times 0.06}{m} \times 100$$

式中:X——试样中挥发酸含量(以醋酸计),g/100 g(或 g/100 L);

$\quad c$——NaOH 标准溶液的浓度,mol/L;

$\quad V_1$——滴定样液消耗 NaOH 标准溶液的体积,mL;

$\quad V_0$——滴定空白消耗 NaOH 标准溶液的体积,mL;

$\quad m$——样品的质量(或体积),g 或 mL;

0.06——换算为醋酸的系数,即 1 mmol NaOH 相当于醋酸的克数。

五、常见技术问题处理

(1)水蒸气发生器内的水在蒸馏前须预先煮沸 10 min,以除去 CO_2。

(2)滴定前将馏出液加热至 60~65℃,能加速反应速度,缩短滴定时间,减少溶液与空气的接触,提高测定精度。

(3)试样中加入磷酸,主要作用是促使结合态的挥发酸变成游离态而易于蒸馏出。

(4)若试样中含 SO_2,则要去除它对测定的干扰。方法是:在已用标准碱液滴定过的蒸馏液中加入 5 mL 25% H_2SO_4 酸化,以淀粉溶液作指示剂,用 0.02 mol/L I_2 液滴定至蓝色,10 s 不褪色为终点。从计算结果中扣除此滴定量(以醋酸计)。

【知识与技能检测】

1. 食品中的挥发酸主要有哪些成分?如何测定挥发酸的含量?

2. 用水蒸气蒸馏测定挥发酸时,加入 10% 磷酸的作用是什么?

3. 挥发酸测定中应注意哪些问题?

【超级链接】油脂酸度的测定

油脂酸度通常以酸值来表示,GB/T 5530—2005《动植物油脂 酸值和酸度的测定》中规定酸值以中和 1 g 油脂中游离脂肪酸所需氢氧化钾的毫克数来表示。该标准中规定了测定动植物油脂中酸度的两种滴定法和一种电位法,其中热乙醇测定法为参考方法,冷溶剂适用于浅色油脂酸度的测定。

技能训练 1　食醋中总酸的测定

一、技能目标

(1)查阅《酿造食醋》(GB 18187)和《食醋卫生标准的分析方法》(GB/T 5009.41)能正确制订作业程序。

(2)掌握电位滴定法测定总酸的原理及操作技能。

(3)掌握 pH 计的维护和使用方法。

二、所需试剂与仪器

按照《酿造食醋》(GB 18187)和《食醋卫生标准的分析方法》(GB/T 5009.41)的规定,请将食醋中总醋测定所需仪器设备的名称、数量、规格和试剂的名称、规格级别记录于表 3-31 和表 3-32 中。

表 3-31　工作所需全部仪器设备一览表

序号	名称	规格要求
1	酸度计	
2		

表 3-32　工作所需全部化学试剂一览表

序号	名称	规格要求	配制方法
1			
2			

三、工作过程与标准要求

工作过程及标准要求见表 3-33。

表 3-33　工作过程与标准要求

工作过程	工作内容	技能标准
1. 制订工作方案	按照国家标准制订工作方案。	方案符合实际、科学合理、周密详细。
2. 试剂与仪器准备	准备并检查实训材料与仪器。	(1)准备本次实训所需的所有材料与仪器设备。 (2)试剂的配制和仪器的清洗、控干。 (3)检查设备运行是否正常。
3. 样液制备	吸取 10 mL 样品于 100 mL 容量瓶中,加水至刻度,混匀备用。	(1)能规范熟练使用移液管。 (2)能正确熟练转移溶液。 (3)能正确规范进行定容操作。
4. 样液测定	准确吸取上述制备液 20.00 mL 置于 200 mL 烧杯中,加入 60 mL 水,开动磁力搅拌器,用 0.05 mol/L NaOH 标准溶液滴定至酸度计指示 pH 8.2 为终点。记录消耗的 NaOH 标准溶液的体积。同时做试剂空白试验。	(1)能正确熟练使用移液管。 (2)能熟练规范进行滴定操作。 (3)能规范正确进行滴定读数和数据记录。 (4)能正确使用酸度计。

四、数据记录及处理

(1)数据记录　将数据记录于表 3-34 中。

表 3-34　数据记录表

测定次数	样品体积/mL	$c(NaOH)/$ (mol/L)	样品滴定消耗 NaOH 标准溶液的体积/mL	空白滴定消耗 NaOH 标准溶液的体积/mL

（2）结果计算　食醋中总酸（以乙酸计）的含量按下式进行计算：

$$X = \frac{c(V_1 - V_2) \times 0.060}{V \times \frac{20}{100}} \times 100$$

式中：X——酒样中总酸的含量，（g/100 mL）；

　　　c——NaOH 标准溶液的浓度，mol/L；

　　　V_1——滴定样液时消耗 NaOH 标准溶液的体积，mL；

　　　V_2——空白试验时消耗 NaOH 标准溶液的体积，mL；

　　　V——样品的体积，mL。

五、技能评价

按照工作过程操作水平，由相关人员填写技能评价表（表3-35）。

表 3-35　技能评价表

评价内容	满分值	学生自评	同伴互评	教师评价	综合评分
1. 制订工作方案	15				
2. 试剂与仪器准备	10				
3. 样液制备	20				
4. 样液测定	25				
5. 数据记录及结果	15				
6. 实训报告	15				
总分					

注：综合评分＝学生自评分×20％＋同伴互评分×30％＋教师评价分×50％。

技能训练 2　果酒中挥发酸的测定

一、技能目标

（1）查阅《葡萄酒、果酒通用分析方法》（GB/T 15038）能正确制订作业程序。

（2）掌握水蒸气蒸馏法测定挥发酸的原理及操作技能。

（3）掌握果酒中挥发酸的测定方法和操作技能。

二、所需试剂与仪器

按照《葡萄酒、果酒通用分析方法》（GB/T 15038）的规定，请将果酒中挥发酸的测定所需仪器设备的名称、数量、规格和试剂的名称、规格级别记录于表3-36和表3-37中。

表 3-36　工作所需全部仪器设备一览表

序号	名称	规格要求
1	水蒸气蒸馏装置	
2		

表 3-37　工作所需全部化学试剂一览表

序号	名称	规格要求	配制方法
1			
2			

三、工作过程与标准要求

工作过程及标准要求见表 3-38。

表 3-38　工作过程与标准要求

工作过程	工作内容	技能标准
1. 制订工作方案	按照国家标准制订工作方案。	方案符合实际、科学合理、周密详细。
2. 试剂与仪器准备	准备并检查实训材料与仪器。	(1)准备本次实训所需的所有材料与仪器设备。 (2)试剂的配制和仪器的清洗、控干。 (3)检查设备运行是否正常。
3. 样液制备	吸取酒样 25 mL 置于 250 mL 烧瓶中,加 1 mL 磷酸(100 g/L),连接水蒸气蒸馏装置,加热蒸馏至馏出液达 300 mL。	(1)能规范熟练使用移液管。 (2)能正确熟练转移溶液。 (3)能正确规范进行蒸馏操作。
4. 样液测定	将馏出液加热至 60～65℃,加酚酞指示剂 3 滴,用 0.1 mol/L NaOH 标准溶液滴定至微红色 30 s 不褪色终点。记录消耗的 NaOH 标准溶液的体积。同时做试剂空白试验。	(1)能熟练规范进行滴定操作。 (2)能规范正确进行滴定读数和数据记录。 (3)能正确进行空白试验操作。

四、数据记录及处理

(1)数据的记录　将数据记录于表 3-39 中。

表 3-39　数据记录表

测定次数	样品体积/mL	$c(NaOH)/$ (mol/L)	样品滴定消耗 NaOH 标准溶液的体积/mL	空白滴定消耗 NaOH 标准溶液的体积/mL
1				
2				

(2)结果计算　果酒中挥发酸(以醋酸计)的含量按下式进行计算:

$$X = \frac{c(V_1 - V_2) \times 0.060}{V} \times 100$$

式中:X——酒样中挥发酸的含量(以醋酸计),g/100 mL;

    c——NaOH 标准溶液的浓度,mol/L;

    V_1——样品滴定时消耗 NaOH 标准溶液的体积,mL;

    V_2——空白滴定时消耗 NaOH 标准溶液的体积,mL;

    V——样品的体积,mL。

五、技能评价

按照工作过程操作水平,由相关人员填写技能评价表(表 3-40)。

表 3-40 技能评价表

评价内容	满分值	学生自评	同伴互评	教师评价	综合评分
1. 制订工作方案	15				
2. 试剂与仪器准备	10				
3. 样液制备	25				
4. 样液测定	20				
5. 数据记录及结果	15				
6. 实训报告	15				
总分					

注:综合评分＝学生自评分×20％＋同伴互评分×30％＋教师评价分×50％。

项目五　食品中脂类的测定

【知识要求】

(1)了解脂肪的存在状态,常用有机溶剂的特点;

(2)掌握粗脂肪的概念;

(3)掌握各类脂肪测定方法的原理和适用范围;

(4)掌握索氏抽提法的测定原理及测定方法。

【能力要求】

(1)熟练掌握索氏抽提法的检测技能;

(2)熟练掌握乙醚、石油醚等有机溶剂的安全使用方法;

(3)掌握有机溶剂提取、回流、回收、分离技术操作;

(4)掌握挥发酸测定时样品蒸馏处理操作。

任务一 食品中脂肪的测定

【知识准备】

一、脂肪测定的意义

大多数动物性食品及某些植物性食品(如种子、果实、果仁)都含有天然脂肪或类脂化合物。在食用油脂中,脂肪(甘油三酸酯)大约占 90%,另外还包括一些类脂,如脂肪酸、磷脂、糖脂、甾醇、脂溶性维生素、蜡等。脂肪是食品中具有最高能量的营养素,为人体提供必需的脂肪酸——亚油酸及脂溶性维生素,其含量是衡量食品营养价值的指标之一。

脂肪是人们膳食的重要组成部分之一,脂肪可延长食物在胃肠中的时间,过量摄入脂肪,对人体将产生不良影响。分析食品中脂肪含量,不仅表明食品的质量,也是为了改善人体膳食,合理利用食品,达到科学调配膳食效果。

在食品加工过程中,食品原料、半成品、成品的脂类含量对产品的风味、组织结构、品质、外观、口感等都有直接的影响。所以食品中脂类的含量是食品质量管理中的一项重要指标。

另外,含有油脂的食品在存放期间,由于存放的条件不适宜或保存不当,易发生水解、氧化及酸败,产生苦味、臭味等,造成营养价值降低。因此,有必要进行油脂的检验来评价含油脂食品的品质。

测定食品的脂肪含量,对于评价食品的品质,衡量食品的营养价值,研究食品的贮藏方式是否恰当以及食品质量管理等方面都具有重要的意义。

二、脂肪的测定原理

天然的脂肪并不是单纯的甘油三酸酯,而是各种甘油三酸酯的混合物。它们由于脂肪酸的不饱和性、脂肪酸的碳链长度、脂肪酸的结构以及甘油三酸酯的分子构型等的不同而结构各异,而且具有不同的生物功能。但脂肪酸也有共性。各种脂肪酸都存在非极性的长碳链,与烃性质相似,易溶于非极性有机溶剂,如乙醚、石油醚、氯仿、热酒精、苯、四氯化碳、丙酮等(但也有例外,如卵磷脂微溶于水而不溶于丙酮),一般较难溶于水等极性溶剂。所以,测定脂类大多采用低沸点的有机溶剂萃取的方法。常用的提取剂有乙醚、石油醚、氯仿-甲醇混合溶剂等。

乙醚的沸点低(34.6℃),溶解脂肪的能力强,应用最多,几乎现有的食品脂肪含量的标准分析法都采用乙醚作提取剂。但乙醚约可饱和 2% 的水分,含水乙醚会将水溶性的糖分等非脂成分同时提出,使结果不准,而且可使抽提的效率降低,因为水分会阻止乙醚渗入食品组织内部。所以,在试样中脂类提取时,必须采用无水乙醚作提取剂,而且被测样品必须事先烘干。

石油醚使用时一般选用沸程为 30~60℃的。它溶解脂肪的能力比乙醚弱些,但石油醚不溶于水,因此使用时允许试样中含有微量水分。石油醚没有胶溶现象,不会夹带胶态的淀粉、蛋白质等物质,因此石油醚的抽提物较接近于真实的脂类。

乙醚和石油醚只能直接提取游离脂肪,对于结合态脂类,必须先用酸或碱破坏脂和非脂成分的结合才能提取。因为二者各有特点,所以常混合使用。

氯仿-甲醇是另一种有效的提取剂。它对于脂蛋白、磷脂的提取效率较高,特别适用于水产品、家禽、蛋制品等脂类的提取,但其价格高、毒性强。

用溶剂提取食品中的脂类时,要根据食品种类、性状及所选取的分析方法,在测定之前对样品进行预处理。有时需将样品粉碎、切碎、碾磨等;有时需将样品烘干;有的样品易结块,可加入 4~6 倍量的海砂;有的样品含水量较高,可加入适量无水硫酸钠,样品成粒状。以上的处理目的都是为了增加样品的表面积,减少样品含水量,使有机溶剂更有效地提取出脂类。

三、脂肪的测定方法

脂肪常用的测定方法有索氏抽提法、酸水解法、氯仿-甲醇提取法、盖勃氏法、巴布克科法等。应根据不同类型的食品试样,采用不同的法定方法。如测定坚果及其制品、谷物油炸制品、中西工糕点等中的脂肪含量时,因其脂肪含量高,且结合脂少,主要为游离的甘油三酯,能烘干磨细,故可用索氏抽提法测定;而对于易结块的或不易除去水分的样品,可采用酸水解法测定;氯仿-甲醇提取法适合于鱼类、蛋类等结合脂多的食品脂类的测定对于脂蛋白、磷脂含量较高的高水分生物样品更为有效。

【技能培训】

一、索氏抽提法(GB/T 5009.6—2003)

(一)试剂与材料

(1)无水乙醚或石油醚。

(2)海砂:取用洗去泥土的海砂或河砂,先用盐酸(1+1)煮沸 0.5 h,用水洗至中性,再用氢氧化钠溶液(240 g/L)煮沸 0.5 h,用水洗至中性,经(100±5)℃干燥备用。

(二)仪器与设备

(1)索氏提取器。

(2)电热水浴锅。

(3)电热恒温箱。

(三)操作技能

1. 试样处理

(1)固体试样 谷物或干燥制品用粉碎机粉碎过 40 目筛;肉用绞肉机绞两次;一般用组织捣碎机捣碎后,称取 2.00~5.00 g(可取测定水分后的试样),必要时拌以海砂,全部移入滤纸筒内,上加盖棉花,用棉线扎好。

(2)液体或半固体试样 称取 5.00~10.00 g,置于蒸发皿中,加入约 20 g 海砂于沸水浴上蒸干后,在(100±5)℃干燥,研细,全部移入滤纸筒内。蒸发皿及附有试样的玻棒,均用蘸有乙醚的脱脂棉擦净,并将棉花放入滤纸筒内。

2. 抽提

将滤纸筒放入脂肪抽提器的抽提筒内,连接已干燥至恒量的接收瓶,由抽提器冷凝管上端加入无水乙醚或石油醚至接收瓶内容积的 2/3 处,于水浴上加热,使乙醚或石油醚不断回流提取(6~8 次/h),一般抽提 6~12 h。视试样含油量高低而定,可用滤纸或毛玻璃由抽提管下口滴下的乙醚滴在滤纸或玻璃上,挥发后不留下痕迹为抽提完全。

3. 回收溶剂与称量

取下接收瓶,回收乙醚或石油醚,待接收瓶内乙醚剩 1~2 mL 时,在水浴上蒸干残留乙醚,再于 (100 ± 5)℃干燥 2 h,放干燥器内冷却 0.5 h 后并称量,重复以上操作直至恒量。

(四)分析结果的表述

样品中脂肪含量按下式进行计算:

$$X = \frac{m_1 - m_0}{m_2} \times 100$$

式中:X——试样中粗脂肪的含量,g/100 g;

m_1——接收瓶和粗脂肪的质量,g;

m_0——接收瓶的质量,g;

m_2——试样的质量(如是测定水分后的试样,按测定水分前的质量计),g。

计算结果表示到小数点后一位。

(五)常见技术问题处理

(1)此法原则上应用于风干或经干燥处理的试样,但某些湿润、黏稠状态的食品,添加无水硫酸钠混合分散后也可设法使用索氏提取法。

(2)若试样颗粒太大或含水过多,有机溶剂不易穿透,试样脂肪往往提取不完全。同时,试样中含水分,加热干燥时会由于水分蒸发而减少质量。

(3)样品滤纸包必须包裹严密,松紧适度,其高度不得超过虹吸管高度的 2/3,否则因上部脂肪不能提净而影响测定结果。

(4)乙醚中不得有过氧化物、水分或醇类。含水分或醇可以提取出试样中的糖和无机盐等水溶性物质,含有过氧化物可氧化脂肪,使质量增加,而且在烘烤中接收瓶时,易发生爆炸事故。

(5)乙醚和石油醚都是易燃易爆且挥发性强的物质,因此加热提取时用水浴。乙醚回收后,烧瓶中稍残留乙醚,放入烘箱中有发生爆炸的危险,故需在水浴上彻底挥净,另外,注意实验室内通风换气,仪器周围不要有明火。

(6)提取过程中若有溶剂蒸发损耗太多,可适当从冷凝器上口小心加入(用漏斗)适量新溶剂补充。

(7)试样和醚浸出物在烘箱中干燥的时间不能过长,反复加热会因脂类氧化而增重。重量增加时,以增重前的重量作为恒重。为避免脂肪氧化找成的误差,对富含脂肪的食品,应在真空干燥箱中干燥。

(8)乙醚若放置时间过长,会产生过氧化物,且极不稳定,蒸馏或干燥时易发生爆炸,故使用前应严格检查,并除去过氧化物。

检查方法:取 5 mL 乙醚于试管中,加 1 mL 10%的碘化钾溶液,用力振摇 1 min,静置分层。若有过氧化物则放出游离碘,水层出现黄色(加几滴淀粉指示剂显蓝色),则证明有过氧化物存在,应另选乙醚或处理后再用。

去除过氧化物的方法:将乙醚倒入蒸馏瓶中,加一段无锈铁丝或铝丝,收集重蒸馏乙醚。

(9)本法所测得的结果为粗脂肪,因为除脂肪外,还含色素及挥发油、蜡、树脂等物质。

(10)本法抽提所得的脂肪为游离脂肪,若测定游离脂肪及结合脂肪总量可采用酸水解法。

（11）此法适用于脂类含量较高，结合态的脂类含量较少，能烘干磨细，不易吸湿结块的样品的测定。

二、酸水解法

（一）试剂与材料

（1）盐酸。

（2）95％乙醇。

（3）乙醚（不含过氧化物）。

（4）石油醚（30～60℃沸程）。

（二）仪器与设备

（1）100 mL 具塞刻度量筒。

（2）恒温水浴锅。

（三）操作技能

1. 试样处理

（1）固体试样 称取样品（处理方法同索氏抽提法）约 2.00 g，置于 50 mL 大试管内，加 8 mL 水，混匀后再加 10 mL 盐酸。

（2）液体试样 称取 10.00 g，置于 50 mL 大试管内，加 10 mL 盐酸。

2. 水解

将试管放入 70～80℃水浴中，每隔 5～10 min 以玻璃棒搅拌一次，至试样消化完全为止，40～50 min。

3. 提取

取出试管，加入 10 mL 乙醇，混合。冷却后将混合物移于 100 mL 具塞量筒中，以 25 mL 乙醚分次洗试管，一并倒入量筒中。待乙醚全部倒入量筒后，加塞振摇 1 min，小心开塞，放出气体，再塞好，静置 12 min，小心开塞，并用石油醚-乙醚等量混合液冲洗塞及筒口附着的脂肪。静置 10～20 min，待上部液体清晰，吸出上清液于已恒量的锥形瓶内，再加 5 mL 乙醚于具塞量筒内，振摇，静置后，仍将上层乙醚吸出，放入原锥形瓶内。

4. 回收溶剂、烘干、称重

将锥形瓶置水浴上蒸干，置（100±5）℃烘箱中干燥 2 h，取出放干燥器内冷却 0.5 h 后称量，重复以上操作直至恒重。

（四）分析结果的表述

同索氏抽提法。

（五）常见技术问题处理

（1）固体试样必须充分磨细，液体试样必须充分混匀以便充分水解，否则结合性脂肪不能完全游离而使结果偏低。

（2）开始加入 8 mL 水是为防止加盐酸时干试样固化。水解后加入乙醇可使蛋白质沉淀，降低表面张力，促进脂肪球聚合，同时溶解一些碳水化合物如糖、有机酸等。后面用乙醚提取脂肪时因乙醇可溶于乙醚，故需加入石油醚，以降低乙醇在乙醚中的溶解度，使乙醇溶解物残留在水层,使分层清晰。

（3）挥干溶液后残留物中若有黑色焦油状杂质,是分解物与水一同混入所致,会使测定值增大造成误差,可用等量的乙醚及石油溶解后过滤,再次进行挥干溶剂的操作。

（4）水解时应防止大量水分损失,使酸浓度升高。

（5）本法使用于各类食品总脂肪的测定,特别对于易吸潮、结块、难以干燥的食品应用本法测定效果较好,但此法不宜用高糖类食品,因糖类食品遇强酸易炭化而影响测定效果。

（6）应用此法时,脂类中的磷脂在水解条件下将几乎完全分解为脂肪酸及碱,故当用于测定含大量磷脂的食品时,测定值将偏低。所以,对于含较多磷脂的蛋及其制品、鱼类及其制品,不适宜用此法。

三、氯仿-甲醇提取法

索氏抽提法只能提取游离态的脂肪,而对包含在组织内部的脂类及磷脂等结合态的脂肪不能完全提取出来,酸水解法常使磷脂分解而损失。而在一定水分存在下,极性的甲醇与非极性的氯仿混合溶液与试样中的水形成三元提取体系,可以将包括结合脂在内的全部脂类提取出来。此法适合于鱼类、蛋类等结合脂多的样品脂类的测定,对于干燥样品可先在试样中加入一定量的水分,使组织膨润后再提取。

（一）试剂与材料

（1）氯仿。

（2）甲醇。

（3）氯仿-甲醇混合液:按 2∶1 体积比混合。

（4）石油醚。

（5）无水硫酸钠:在 120～135℃ 干燥箱中干燥 1～2 h。

（二）仪器与设备

（1）具塞三角瓶。

（2）电热恒温水浴锅:50～100℃。

（3）提取装置:见图 3-4。

（4）布氏漏斗:11G-3、过滤板直径 40 mm,容量 60～100 mL。

（5）具塞离心管。

（6）离心机:3 000 r/min。

图 3-4 提取装置

（三）操作技能

1. 提取

准确称取均匀样品 5 g,置于 200 mL 具塞三角瓶内(高水分样品可加适量硅藻土使其分散,而干燥样品则要加入 2～3 mL 水使组织膨润),加 60 mL 氯仿-甲醇混合液,连接提取装置,于 65℃ 水浴中加热,从微沸开始计时提取 1 h。

2. 回收溶剂

提取结束后,取下三角瓶,用布氏漏斗过滤,滤液收集于另一具塞三角瓶内,用 40～50 mL 氯仿-甲醇混合液分次洗涤原三角瓶、过滤器及试样残渣,洗液并入滤液中,置于 65～70℃ 水浴中蒸馏回收溶剂,至三角瓶内物料呈浓稠状(不能干涸),冷却。

3. 萃取、定量

用移液管向以上锥形瓶中加入 25 mL 石油醚,再加入 15 g 无水硫酸钠,立即加塞振摇 1 min,将醚层移入具塞离心沉淀管中,以 3 000 r/min 的速度离心 5 min。用移液管迅速吸取 10 mL 离心管中澄清后的醚层于已恒重的称量瓶内,蒸发除去石油醚后于 100～105℃ 的干燥箱中干燥 30 min,置干燥器内冷却后称重。

(四)分析结果的表述

样品中脂肪含量按下式进行计算:

$$X = \frac{(m_2 - m_1) \times 2.5}{m} \times 100$$

式中:X——脂类的含量,g/100 g;

m——样品质量,g;

m_2——称量瓶与脂类质量,g;

m_1——称量瓶质量,g;

2.5——从 25 mL 石油醚中取 10 mL 进行干燥,故乘以 2.5。

(五)常见技术问题处理

(1)过滤时不能使用滤纸,因为磷脂会被吸收到滤纸上。

(2)蒸馏回收溶剂时,不能完全干涸,否则脂类难以溶解于石油醚中而致结果偏低。

(3)无水硫酸钠必须在石油醚之后加入,以免影响石油醚对脂肪的溶解。

【知识与技能检测】

一、填空题

1. 索氏提取法提取脂肪主要是依据脂肪的_____特性。用该法检验样品的脂肪含量前一定要对样品进行_____处理,才能得到较好的结果。

2. 索氏提取法测定脂肪含量时,如果有水或醇存在,会使测定结果偏(高或低或不变),这是因为_____。

3. 索氏提取法常用的溶剂有_____。

4. 用乙醚提取脂肪时,所用的加热方法应_____。

二、简述题

1. 测定脂肪的方法有哪些?各自的适用范围如何?

2. 常用测定脂肪的溶剂有哪些?各自有何优缺点?

3. 使用乙醚作提取剂时应注意哪些问题?

4. 索氏抽提装置由哪几部分组成?提取的原理是什么?适用于哪些试样?

5. 测定食品中脂肪含量有何意义?

三、计算题

某检验员对花生仁样品中的粗脂肪含量进行检测,操作如下:

（1）已干燥恒重的接收瓶质量为 45.385 7 g；

（2）均匀的花生仁 3.265 6 g，用滤纸严密包裹好后，放入抽提筒内；

（3）干燥恒重的接收瓶中注入 2/3 的无水乙醚，并安装好的装置，在 45～50℃ 的水浴中抽提 5 h，检查证明抽提完全。

（4）接收瓶取下，并与蒸馏装置连接，水浴蒸馏回收至无乙醚滴出后，取下接收瓶充分挥干乙醚，置于 105℃ 烘箱内干燥 2 h，取出冷却至室温称重为 46.758 8 g，第 2 次同样干燥后称重为 46.702 0 g，第 3 次同样干燥后称重为 46.701 0 g，第 4 次同样干燥后称重为 46.701 8 g。

请根据该检验员的数据计算被检花生仁的粗脂肪含量。

【超级链接】脂肪测定标准简介

GB/T 14772—2008《食品中粗脂肪的测定》中规定了索氏提取法测定食品中粗脂肪的分析步骤，主要是将试样干燥后用无水乙醚或石油醚提取，除去乙醚或石油醚后的残留物即为粗脂肪。该方法主要适用于肉制品、豆制品、坚果制品、谷物油炸制品、糕点等食品中粗脂肪的测定。

任务二　婴幼儿食品和乳品中脂肪的测定

【知识准备】

一、概述

牛乳中的脂类并不呈溶解状态，而是以脂肪球状态分散于乳浆中形成乳浊液。脂肪球周围有一层膜，使脂肪球得以在乳中保持乳浊液的稳定性，即使因重力作用使脂肪球上浮分层，仍能保持脂肪球的分散状态。脂肪球膜是由蛋白质、磷脂等复杂化合物有层次地定向排列于脂肪球与乳浆界面上形成了由脂相到水相的过渡。所以在乳脂类的测定中，用有机溶剂不能直接提取，而必须先行破坏胶体状态，进而破坏脂肪球膜，使脂肪游离出来，再用有机溶剂进行提取、定量。

【技能培训】

一、抽提物质量测定法

（一）原理

用乙醚和石油醚抽提样品的碱水解液，通过蒸馏或蒸发去除溶剂，测定溶于溶剂中的抽提物的质量。

（二）试剂和材料

（1）淀粉酶：酶活力 ≥1.5 U/mg。

（2）氨水（NH_4OH）：质量分数约 25%。也可使用比此浓度更高的氨水。

（3）乙醇（C_2H_5OH）：体积分数至少为 95％。

（4）乙醚（$C_4H_{10}O$）：不含过氧化物，不含抗氧化剂，并满足试验的要求。

（5）石油醚（C_nH_{2n+2}）：沸程 30～60℃。

（6）混合溶剂：等体积混合乙醚和石油醚，使用前制备。

（7）碘溶液（I_2）：约 0.1 mol/L。

（8）刚果红溶液（$C_{32}H_{22}N_6Na_2O_6S_2$）：将 1 g 刚果红溶于水中，稀释至 100 mL。

可选择性地使用。刚果红溶液可使溶剂和水相界面清晰，也可使用其他能使水相染色而不影响测定结果的溶液。

（9）盐酸（6 mol/L）：量取 50 mL 盐酸（12 mol/L）缓慢倒入 40 mL 水中，定容至 100 mL，混匀。

（三）仪器和设备

（1）分析天平：感量为 0.1 mg。

（2）离心机：可用于放置抽脂瓶或管，转速为 500～600 r/min，可在抽脂瓶外端产生 80～90 g 的重力场。

（3）烘箱。

（4）水浴。

（5）抽脂瓶：抽脂瓶应带有软木塞或其他不影响溶剂使用的瓶塞（如硅胶或聚四氟乙烯）。软木塞应先浸于乙醚中，后放入 60℃或 60℃以上的水中保持至少 15 min，冷却后使用。不用时需浸泡在水中，浸泡用水每天更换 1 次。

（四）操作技能

1. 用于脂肪收集的容器（脂肪收集瓶）的准备

于干燥的脂肪收集瓶中加入几粒沸石，放入烘箱中干燥 1 h。使脂肪收集瓶冷却至室温，称量，精确至 0.1 mg（脂肪收集瓶可根据实际需要自行选择）。

2. 空白试验

空白试验与样品检验同时进行，使用相同步骤和相同试剂，但用 10 mL 水代替试样。

3. 测定

（1）巴氏杀菌乳、灭菌乳、生乳、发酵乳、调制乳　称取充分混匀试样 10 g（精确至 0.000 1 g）于抽脂瓶中。

①加入 2.0 mL 25％氨水，充分混合后立即将抽脂瓶放入（65±5）℃的水浴中，加热 15～20 min，不时取出振荡。取出后，冷却至室温。静止 30 s 后可进行下一步骤。

②加入 10 mL 乙醇，缓和但彻底地进行混合，避免液体太接近瓶颈。如果需要，可加入 2 滴刚果红溶液。

③加入 25 mL 乙醚，塞上瓶塞，将抽脂瓶保持在水平位置，小球的延伸部分朝上夹到摇混器上，按约 100 次/min 振荡 1 min，也可采用手动振摇方式。但均应注意避免形成持久乳化液。

抽脂瓶冷却后小心地打开塞子，用少量的混合溶剂冲洗塞子和瓶颈，使冲洗液流入抽脂瓶。

④加入 25 mL 石油醚，塞上重新润湿的塞子，将抽脂瓶保持在水平位置，小球的延伸部分

朝上夹到摇混器上,按约 100 次/min 振荡 1 min,轻轻振荡 30 s。

⑤将加塞的抽脂瓶放入离心机中,在 500～600 r/min 下离心 5 min。否则将抽脂瓶静止至少 30 min,直到上层液澄清,并明显与水相分离。

⑥小心地打开瓶塞,用少量的混合溶剂(乙醚∶石油醚＝1∶1)冲洗塞子和瓶颈内壁,使冲洗液流入抽脂瓶。

如果两相界面低于小球与瓶身相接处,则沿瓶壁边缘慢慢地加入水,使液面高于小球和瓶身相接处(图 3-5),以便于倾倒。

⑦将上层液尽可能地倒入已准备好的加入沸石的脂肪收集瓶中,避免倒出水层(图 3-6)。

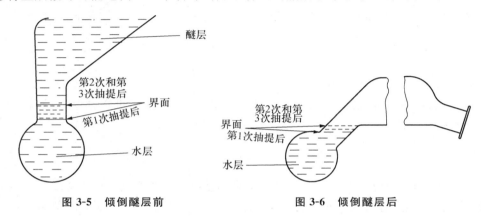

图 3-5　倾倒醚层前　　　　　　　　　　图 3-6　倾倒醚层后

⑧用少量混合溶剂冲洗瓶颈外部,冲洗液收集在脂肪收集瓶中。要防止溶剂溅到抽脂瓶的外面。

⑨向抽脂瓶中加入 5 mL 乙醇,用乙醇冲洗瓶颈内壁,充分混合。重复抽提,再进行第 2 次抽提和第 3 次抽提,但每次只用 15 mL 乙醚和 15 mL 石油醚。

⑩合并所有提取液,既可采用蒸馏的方法除去脂肪收集瓶中的溶剂,也可于沸水浴上蒸发至干来除掉溶剂。蒸馏前用少量混合溶剂冲洗瓶颈内部。

⑪将脂肪收集瓶放入(102±2)℃的烘箱中加热 1 h,取出脂肪收集瓶,冷却至室温,称量,精确至 0.1 mg。

⑫重复抽提、烘干、室温称重,直到脂肪收集瓶 2 次连续称量差值不超过 0.5 mg,记录脂肪收集瓶和抽提物的最低质量。

⑬为验证抽提物是否全部溶解,向脂肪收集瓶中加入 25 mL 石油醚,微热,振摇,直到脂肪全部溶解。

如果抽提物全部溶于石油醚中,则含抽提物的脂肪收集瓶的最终质量和最初质量之差,即为脂肪含量。

若抽提物未全部溶于石油醚中,或怀疑抽提物是否全部为脂肪,则用热的石油醚洗提。小心地倒出石油醚,不要倒出任何不溶物,重复此操作 3 次以上,再用石油醚冲洗脂肪收集瓶口的内部。

最后,用混合溶剂冲洗脂肪收集瓶口的外部,避免溶液溅到瓶的外壁。将脂肪收集瓶放入(102±2)℃的烘箱中,加热 1 h,取出收集瓶,冷却至室温,称量。重复加热收集,直至连续称量差值不超过 0.5 mg。求得脂肪含量。

(2)乳粉和乳基婴幼儿食品　称取混匀后的试样,高脂乳粉、全脂乳粉、全脂加糖乳粉和乳基婴幼儿食品约 1 g(精确至 0.000 1 g);脱脂乳粉、乳清粉、酪乳粉约 1.5 g(精确至 0.000 1 g)。

①不含淀粉样品　加入 10 mL(65±5)℃的水,将试样洗入抽脂瓶的小球中,充分混合,直到试样完全分散,放入流动水中冷却。

②含淀粉样品　将试样放入抽脂瓶中,加入约 0.1 g 的淀粉酶和一小磁性搅拌棒,混合均匀后,加入 8～10 mL 45℃的蒸馏水,注意液面不要太高。盖上瓶塞于搅拌状态下,置 65℃水浴中 2 h,每隔 10 min 摇混 1 次。为检验淀粉是否水解完全可加入 2 滴约 0.1 mol/L 的碘溶液,如无蓝色出现说明水解完全,否则将抽脂瓶重新置于水浴中,直至无蓝色产生。冷却抽脂瓶。同法测定。

(3)炼乳　脱脂炼乳、全脂炼乳和部分脱脂炼乳称取 3～5 g、高脂炼乳称取约 1.5 g(精确至 0.000 1 g),用 10 mL 蒸馏水,分次洗入抽脂瓶小球中,充分混合均匀。同法测定。

(4)奶油、稀奶油　先将奶油试样放入温水浴中溶解并混合均匀后,称取试样约 0.5 g 样品(精确至 0.000 1 g),稀奶油称取 1 g 于抽脂瓶中,加入 8～10 mL 45℃的蒸馏水。加 2 mL 氨水充分混匀。同法测定。

(5)干酪　称取约 2 g 研碎的试样(精确至 0.000 1 g)于抽脂瓶中,加 10 mL 盐酸(6 mol/L),混匀,加塞,于沸水中加热 20～30 min。同法测定。

(五)分析结果的表述

样品中脂肪含按下式计算:

$$X = \frac{(m_1 - m_2) - (m_3 - m_4)}{m} \times 100$$

式中:X——样品中脂肪含量,g/100 g;

m——样品的质量,g;

m_1——脂肪收集瓶和抽提物的质量,g;

m_2——脂肪收集瓶的质量,或在有不溶物存在时脂肪收集瓶和不溶物的质量,g;

m_3——空白试验中,脂肪收集瓶和抽提物的质量,g;

m_4——空白试验中脂肪收集瓶的质量,或在有不溶物存在时脂肪收集瓶和不溶物的质量,g。

以重复性条件下获得的两次独立测定结果的算术平均值表示,结果保留三位有效数字。

(六)常见技术问题处理

(1)要进行空白试验,以消除环境及温度对检验结果的影响。进行空白试验时在脂肪收集瓶中放入 1 g 新鲜的无水奶油。必要时,于每 100 mL 溶剂中加入 1 g 无水奶油后重新蒸馏,重新蒸馏后必须尽快使用。

(2)空白试验与样品测定同时进行。对于存在非挥发性物质的试剂可用与样品测定同时进行的空白试验值进行校正。抽脂瓶与天平室之间的温差可对抽提物的质量产生影响。在理想的条件下(试剂空白值低,天平室温度相同,脂肪收集瓶充分冷却),该值通常小于 0.5 mg。在常规测定中,可忽略不计。

如果全部试剂空白残余物大于 0.5 mg,则分别蒸馏 100 mL 乙醚和石油醚,测定溶剂残余物的含量。用空的控制瓶测得的量和每种溶剂的残余物的含量都不应超过 0.5 mg。否则应更换不合格的试剂或对试剂进行提纯。

(3)乙醚中过氧化物的检验。取一只玻璃小量筒,用乙醚冲洗,然后加入 10 mL 乙醚,再加入 1 mL 新制备的 100 g/L 的碘化钾溶剂,振荡,静置 1 min,两液体中均不得有黄色。

在不加抗氧化剂的情况下,为长久保证乙醚中无过氧化物,使用前 3 天按下法处理:将锌箔削成长条,长度至少为乙醚瓶的一半,每升乙醚用 80 cm² 锌箔。

使用前,将锌片完全浸入每升中含有 10 g 五水硫酸铜和 2 mL 质量分数为 98% 的硫酸中 1 min,用水轻轻彻底地冲洗锌片,将湿的镀铜锌片放入乙醚瓶中即可。也可以使用其他方法,但不得影响检测结果。

(4)本法适用于巴氏杀菌乳、灭菌乳、生乳、发酵乳、调制乳、乳粉、炼乳、奶油、稀奶油、干酪和婴幼儿配方食品中脂肪的测定。

二、离心物体积测定法

(一)原理

在乳中加入硫酸破坏乳胶质性和覆盖在脂肪球上的蛋白质外膜,离心分离脂肪后测量其体积。

(二)试剂和材料

(1)硫酸(H_2SO_4):分析纯,ρ_{20} 约 1.84 g/L。

(2)异戊醇($C_5H_{12}O$):分析纯。

(三)仪器和设备

(1)乳脂离心机。

(2)盖勃氏乳脂计:最小刻度值为 0.1%,见图 3-7。

(3)10.75 mL 单标乳吸管。

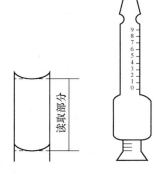

图 3-7　盖勃氏乳脂计

(四)操作技能

于盖勃氏乳脂计中先加入 10 mL 硫酸,再沿着管壁小心准确加入 10.75 mL 样品,使样品与硫酸不要混合,然后加 1 mL 异戊醇,塞上橡皮塞,使瓶口向下,同时用布包裹以防冲出,用力振摇使呈均匀棕色液体,静置数分钟(瓶口向下),置 65～70℃水浴中 5 min,取出后置于乳脂离心机中以 1 100 r/min 的转速离心 5 min,再置于 65～70℃水浴水中保温 5 min(注意水浴水面应高于乳脂计脂肪层)。取出,立即读数,即为脂肪的百分数。

(五)常见技术问题处理

(1)硫酸的浓度要严格遵守规定的要求,如过浓会使乳炭化成黑色而影响读数;过稀则不能使酪蛋白完全溶解,会使测定值偏低或使脂肪层混浊。

(2)硫酸除可破坏球膜,使脂肪游离出来外,还可增加液体相对密度,使脂肪容易浮出。

(3)异戊醇的作用是促使脂肪析出,并能降低脂肪球的表面张力,以利于形成连续的脂肪层。1 mL 异戊醇应能完全溶于酸中,但由于质量不纯,可能有部分析出掺入到油层而使结果偏高。因此,在使用未知规格的异戊醇之前,应先做试验,方法如下:将硫酸、水(代替牛乳)及异戊醇按测定试样时的数量注入乳脂计中,振摇后静置 24 h 澄清,如在乳脂计的上部狭长部分无油层析出,认为适用,否则表明异戊醇质量不佳,不能采用。

(4)加热(65～70℃水浴中)和离心的目的是促使脂肪离析。

(5)本法适用于巴氏杀菌乳、灭菌乳、生乳中脂肪的测定。

【知识与技能检测】

1. 简述乳制品中脂肪测定的原理。

2. 试述不同乳制品中脂肪测定的操作要点。

【超级链接】脂肪测定仪简介

脂肪测定仪是根据索氏抽提原理、用重量测定方法来测定脂肪含量,即在有机溶剂下溶解脂肪,用抽提法脂肪从溶剂中分离出来,然后烘干,称量,计算出脂肪含量。各型号的脂肪测定仪一般都由加热浸泡抽提、溶剂回收和冷却三大部分组成。操作时可以根据试剂沸点和环境温度不同而调节加热温度,试样在抽提过程反复浸泡及抽提,从而达到快速测定目的。

技能训练 1　油炸方便面中粗脂肪的测定

一、技能目标

(1)查阅《方便面》(SB/T 10250)及《食品中粗脂肪的测定》(GB/T 14772)能正确制订作业程序。

(2)领会索氏提取法测定脂肪的操作要点。

(3)掌握干燥箱温度设置和安全操作技术。

二、所需试剂与仪器

按照《食品中粗脂肪的测定》(GB/T 14772)的规定,请将方便面中粗脂肪的测定所需仪器设备的名称、数量、规格和试剂的名称、规格级别记录于表 3-41 和表 3-42 中。

表 3-41　工作所需全部仪器设备一览表

序号	名称	规格要求
1	分析天平	感量 0.1 mg
2		

表 3-42　工作所需全部化学试剂一览表

序号	名称	规格要求	配制方法
1			
2			

三、工作过程与标准要求

工作过程及标准要求见表 3-43。

表 3-43　工作过程与标准要求

工作过程	工作内容	技能标准
1. 制订工作方案	按照国家标准制订工作方案。	方案符合实际、科学合理、周密详细。
2. 试剂与仪器准备	准备并检查实训材料与仪器。	(1)准备本次实训所需的所有材料与仪器设备。 (2)试剂的配制和仪器的清洗、控干。 (3)检查设备运行是否正常。
3. 试样的制备	称取样品至 200 g,用研钵捣碎、研细、混合均匀,置于密闭玻璃容器内。	(1)能正确选择代表性样品。 (2)能规范熟练使用天平。
4. 索氏提取器的清洗	将索氏提取器各部位充分洗涤并用蒸馏水清洗、烘干。底瓶在(103±2)℃的电热鼓风干燥箱内干燥至恒重(前后两次称量差不超过 0.002 g)。	(1)能正确使用鼓风干燥箱。 (2)能熟练规范使用分析天平。
5. 称样、干燥	(1)用洁净称量皿称取约 5 g 试样,精确至 0.001 g。 (2)将盛有试样的滤纸筒移入电热鼓风干燥箱内,在(103±2)℃温度下烘干 2 h。	(1)能正确熟练称量样品。 (2)能规范使用电热鼓风干燥箱。
6. 提取	将干燥后盛有试样的滤纸筒放入索氏提取筒内,连接已干燥至恒重的底瓶,注入无水乙醚至虹吸管高度以上。待提取液流净后,再加提取液至虹吸管高度的 1/3 处。连接回流冷凝管。将底瓶放在水浴锅上加热。用少量脱脂棉塞入冷凝管上口。 水浴温度控制在使提取液每 6～8 min 回流 1 次。提取结束时,用磨砂玻璃接取提取液 1 滴,磨砂玻璃上无油斑表明提取完毕。	(1)能正确连接抽提装置。 (2)能根据提取液回流速度控制水浴温度。 (3)会判断提取结束时间。
7. 烘干、称量	提取完毕,回收提取液。取下底瓶,在水浴上蒸干并除尽残余的无水乙醚。用脱脂滤纸擦净底瓶外部,在(103±2)℃的干燥箱内干燥 1 h,取出置于干燥器内冷却至室温,称量。重复干燥 0.5 h 的操作,冷却,称量,直至前后称量差不超过 0.002 g。	(1)能正确回收提取液。 (2)能熟练规范使用鼓风干燥箱。 (3)会判断称量是否达到恒重。

四、数据记录及处理

(1)数据的记录　将数据记录于表 3-44 中。

表 3-44　数据记录表

测定次数	试样质量/g	接收瓶质量/g	接收瓶与样品所含脂肪的质量/g
1			
2			

（2）结果计算　样品中脂肪的含量按下式进行计算：

$$X = \frac{m_2 - m_1}{\dfrac{m}{1-x}} \times 100$$

式中　X——样品中粗脂肪的含量，g/100 g；

m——样品质量，g；

m_2——接收瓶和脂肪的质量，g；

m_1——接收瓶的质量，g；

x——原样品中水分的质量分数，%。

五、技能评价

按照工作过程操作水平，由相关人员填写技能评价表（表 3-45）。

表 3-45　技能评价表

评价内容	满分值	学生自评	同伴互评	教师评价	综合评分
1. 制订工作方案	10				
2. 试剂与仪器准备	10				
3. 试样的制备	5				
4. 索氏提取器的清洗	10				
5. 称样、干燥	10				
6. 提取	20				
7. 烘干、称量	10				
8. 数据记录与结果	10				
9. 实训报告	15				
总分					

注：综合评分＝学生自评分×20％＋同伴互评分×30％＋教师评价分×50％。

技能训练 2　鲜乳中脂肪含量的测定

一、技能目标

（1）查阅《婴幼儿食品和乳品中脂肪的测定》（GB 5413.3）能正确制订作业程序。

179

（2）掌握鲜乳中脂肪的测定方法和操作技能。

（3）掌握乳脂离心机及盖勃氏乳脂计的操作使用技术。

二、所需试剂与仪器

按照《婴幼儿食品和乳品中脂肪的测定》（GB 5413.3）的规定，请将鲜乳中脂肪含量测定所需仪器设备的名称、数量、规格和试剂的名称、规格级别记录于表 3-46 和表 3-47 中。

表 3-46　工作所需全部仪器设备一览表

序号	名称	规格要求
1	盖勃氏乳脂计	最小刻度值为 0.1％
2		

表 3-47　工作所需全部化学试剂一览表

序号	名称	规格要求	配制方法
1			
2			

三、工作过程与标准要求

工作过程及标准要求见表 3-48。

表 3-48　工作过程与标准要求

工作过程	工作内容	技能标准
1. 制订工作方案	按照国家标准制订工作方案。	方案符合实际、科学合理、周密详细。
2. 试剂与仪器准备	准备并检查实训材料与仪器。	（1）准备本次实训所需的所有材料与仪器设备。（2）试剂的配制和仪器的清洗、控干。（3）检查设备运行是否正常。
3. 操作步骤	于盖勃氏乳脂计中先加入 10 mL 硫酸，再沿着管壁小心准确加入 10.75 mL 样品，使样品与硫酸不要混合，然后加 1 mL 异戊醇，塞上橡皮塞，使瓶口向下，同时用布包裹以防冲出，用力振摇使呈均匀棕色液体，静置数分钟（瓶口向下），置 65～70℃ 水浴中 5 min，取出后置于乳脂离心机中以 1 100 r/min 的转速离心 5 min，再置于 65～70℃ 水浴水中保温 5 min（注意水浴水面应高于乳脂计脂肪层）。取出，立即读数，即为脂肪的百分数。	（1）能正确称量样品。（2）能规范使用水浴锅。（3）能正确使用乳脂计和乳脂离心机。（4）能正确读取脂肪百分数。

四、数据记录及处理

（1）数据记录　将数据记录结果填入表 3-49 中。

表 3-49　数据记录表

测定次数	乳脂计读数
1	
2	

五、技能评价

按照工作过程操作水平,由相关人员填写技能评价表(表 3-50)。

表 3-50　技能评价表

评价内容	满分值	学生自评	同伴互评	教师评价	综合评分
1. 制订工作方案	15				
2. 试剂与仪器准备	10				
3. 操作步骤	60				
4. 实训报告	15				
总分					

注:综合评分＝学生自评分×20％＋同伴互评分×30％＋教师评价分×50％。

项目六　食品中碳水化合物的测定

【知识要求】

(1)了解碳水化合物、还原糖的概念和相关知识;

(2)掌握还原糖的提取澄清技术;

(3)掌握各类测定碳水化合物的方法原理和适用范围;

(4)熟练掌握直接滴定法测定还原糖的原理和测定方法。

【能力要求】

(1)熟练掌握直接滴定法测定还原糖的操作技能;

(2)能正确配制和标定葡萄糖标准溶液;

(3)能正确配制标定碱性酒石酸酮溶液。

任务一　食品中还原糖的测定

【知识准备】

一、碳水化合物的分类和性质

碳水化合物又称糖类或醣,因大多数碳水化合物中含有一定比例的碳、氢、氧元素,并且符

合 $C_m(H_2O)_n$ 的结构,因此最初有人认为是碳和水化合而成,故称作碳水化合物。后来进一步研究发现,有些符合这个结构式的化合物并不是碳水化合物,如甲醛（CH_2O），乙酸（$C_2H_4O_2$），乳酸（$C_3H_6O_3$）；而有些碳水化合物却不符合这一结构式,如脱氧核糖（$C_5H_{10}O_4$），鼠李糖（$C_6H_{12}O_5$）；有些碳水化合物还含有氮、硫、磷等成分。显然,碳水化合物这一名称并不确切,但由于沿用已久,约定俗成,所以碳水化合物在某些地方仍作为糖类的代名词。

从结构来看碳水化合物是多羟基醛、多羟基酮以及它们的缩合物,所以确切地说,碳水化合物是多羰基醛或多羟基酮以及水解后能够产生多羟基醛或多羟基酮的一类有机化合物。

碳水化合物的分类方式很多,通常按结构性质分为单糖、低聚糖和多糖。

1. 单糖

单糖是最简单的糖,是糖的最基本组成单位。食品中单糖主要有葡萄糖、果糖、半乳糖等,它们都是含有 6 个碳原子的多羟基醛或多羟基酮,分别称为己醛糖（葡萄糖、半乳糖）和己酮糖（果糖），此外还有核糖、阿拉伯糖、木糖等戊醛糖。

单糖多为结晶性固体,极易溶解于水,微溶于乙醇,不溶于乙醚、丙酮等有机溶剂。水溶液具有甜味,并有旋光性,所以单糖都具有还原性,容易被一些氧化剂氧化。

2. 低聚糖

低聚糖又称寡糖,是由 2～10 个单糖通过糖苷键连接形成的直链或支链的低度聚合糖类。按水解后生成的单糖分子数目,低聚糖分为二糖、三糖、四糖、五糖等。根据组成低聚糖的单糖分子的相同与否又可分为均低聚糖和杂低聚糖。前者是以同种单糖聚合而成,如麦芽糖、环糊精等,后者由不同种单糖聚合而成,如蔗糖、棉籽糖。根据还原性质,低聚糖又可分为还原性低聚糖和非还原性低聚糖。

二糖是低聚糖中最重要的一类,又称双糖,如蔗糖、乳糖和麦芽糖等。双糖的许多理化性质类似于单糖,但只有部分双糖具有还原性,如乳糖和麦芽糖等。凡具有还原性的单糖、双糖都称为还原糖。有的双糖如蔗糖不具有还原性,称非还原糖。蔗糖经水解后生成两分子单糖,具有还原性。水解过程中,旋光度由右变为左,这种旋光性质的变化称为转化,故蔗糖水解后得到的葡萄糖和果糖的混合物称为转化糖。

3. 多糖

多糖是由 10 个以上单糖分子通过糖苷键结合而成的高分子化合物,如淀粉、糊精、果胶、纤维素等。

淀粉是人体可以消化利用的主要多糖,是绿色植物光合作用的产物,广泛存在于谷类、豆类及薯类植物中。淀粉包括直链淀粉、支链淀粉和变性淀粉等。淀粉不溶于冷水、醇、醚等有机溶剂,不具有甜味,无还原性,但在酸或淀粉酶的作用下,可以分步水解,最后能得到具有还原性的葡萄糖。

纤维素是自然界最大量存在的多糖,由 $\beta\text{-}D\text{-}$葡萄糖以 1,4-糖苷键相连而成,分子没有分支,一般由 9 200～11 300 个葡萄糖基组成,分子比淀粉大得多。纤维素是植物的主要成分,主要集中于谷类的谷糠和果蔬的表皮中。纤维素不溶于水和有机溶剂,但在一定条件下,某些酸、碱和盐的水溶液可使纤维素产生无限溶胀或溶解。纤维素在高浓度的酸（60%～70%硫酸或 41%盐酸）或高温下的稀酸的作用下,可以分解,最后得到葡萄糖。人体没有分解纤维素的消化酶,所以不能利用纤维素作为能源。

二、测定糖类的意义

糖类在动植物界分布很广,是人体主要的能量来源,食品中糖类的含量也是它营养价值高低的标志之一,是某些食品的主要质量指标。另外,在食品加工工艺中,糖类对改变食品的形态、组织结构、物化性质及色、香、味等感官指标都起着十分重要的作用。如糖的焦糖化作用及羰氨反应既可使食品获得诱人的色泽和风味,又能引起食品的褐变,必须在加工中根据需要进行控制;食品加工中也常需要调节一定量的糖酸比来控制食品风味等。因此,分析检测食品中的糖类含量具有十分重要的意义,糖类的测定是食品分析的主要项目之一。

三、糖类的测定方法

糖类的测定方法主要有化学法、酶法、比色法和 HPLC 法等。在分析检测实际中,可根据糖类的性质、含量、组成及分析目的的不同选用不同的检测方法。目前糖类物质的测定常采用化学法和比色法,操作简便易行,但结果的特异性差。酶法特异性强、灵敏度高、干扰小,但价格较高。HPLC 法是目前发展最快的分析检测方法,通过选用不同的糖柱,用示差检测器,可以有效地分析不同类型或不同组成的糖类。

【技能培训】

一、直接滴定法

(一)原理

试样经除去蛋白质后,在加热条件下,以亚甲基蓝作指示剂,直接滴定已经标定过的碱性酒石酸铜溶液(用还原糖标准溶液标定),还原糖将溶液中的二价铜还原成氧化亚铜。稍过量的还原糖使亚甲蓝指示剂褪色,表示达到终点。根据试样溶液消耗体积,计算还原糖量。

(二)试剂和材料

(1)盐酸。

(2)碱性酒石酸铜甲液:称取 15 g 硫酸铜($CuSO_4 \cdot 5H_2O$)及 0.05 g 亚甲基蓝,溶于水中并稀释至 1 000 mL。

(3)碱性酒石酸铜乙液:称取 50 g 酒石酸钾钠及 75 g 氢氧化钠,溶于水中,再加入 4 g 亚铁氰化钾,完全溶解后,用水稀释至 1 000 mL,贮存于橡胶塞玻璃瓶内。

(4)乙酸锌溶液(219 g/L):称取 21.9 g 乙酸锌,加 3 mL 冰乙酸,加水溶解并稀释至 100 mL。

(5)亚铁氰化钾溶液(106 g/L):称取 10.6 g 亚铁氰化钾,加水溶解并稀释至 100 mL。

(6)葡萄糖标准溶液:称取 1 g(精确至 0.000 1 g)经过 98~100 ℃ 干燥 2 h 的纯葡萄糖,加水溶解后加入 5 mL 盐酸,并以水稀释至 1 000 mL。此溶液每毫升相当于 1.0 mg 葡萄糖。

(7)果糖标准溶液:按葡萄糖标准溶液的配制操作,配制每毫升标准溶液相当于 1.0 mg 的果糖。

(8)乳糖标准溶液:准确称取 1.000 g 经过(96±2)℃ 干燥 2 h 的乳糖,加水溶解后加入 5 mL 盐酸,并以水稀释至 1 000 mL。此溶液每毫升相当于 1.0 mg 的乳糖(含水)。

(9)转化糖标准溶液:准确称取 1.052 6 g 纯蔗糖,用 100 mL 水溶解,置于具塞三角瓶中,加 5 mL 盐酸(1+1)在 68～70℃水浴中加热 15 min,放置至室温,转移至 1 000 mL 容量瓶中并定容至 1 000 mL,每毫升标准溶液相当于 1.0 mg 转化糖。

除非另有规定,本方法中所用试剂均为分析纯。

(三)仪器和设备

(1)酸式滴定管:25 mL。

(2)可调电炉(带石棉板)。

(四)操作技能

1. 试样处理

(1)一般食品　称取粉碎后的固体试样 2.5～5 g(或混匀后的液体试样 5～50 g,精确至 0.001 g),置于 250 mL 容量瓶中,加 50 mL 水,摇匀后慢慢加入 5 mL 乙酸锌溶液,混匀放置片刻,加入 5 mL 亚铁氰化钾溶液,加水至刻度,混匀,沉淀、静置 30 min,用干燥滤纸过滤,弃去初滤液,取续滤液备用。

(2)酒精性饮料　称取 100 g 混匀后的试样,精确至 0.01 g,置于蒸发皿中,用氢氧化钠(40 g/L)溶液中和至中性,在水浴上蒸发至原体积的 1/4 后,移入 250 mL 容量瓶中,以下操作同(1)中自"慢慢加入 5 mL 乙酸锌溶液"起操作。

(3)含大量淀粉的食品　称取 10～20 g 粉碎后或混匀后的试样,精确至 0.001 g,置于 250 mL 容量瓶中,加 200 mL 水,在 45℃水浴中加热 1 h,并时时振摇。冷后加水至刻度,混匀,静置、沉淀。吸取 200 mL 上清液于另一 250 mL 容量瓶中,以下按(1)自"慢慢加入 5 mL 乙酸锌溶液"起依法操作。

(4)碳酸类饮料　称取 100 g 混匀后的试样,精确至 0.01 g,置于蒸发皿中,在水浴上微热搅拌除去二氧化碳后,移入 250 mL 容量瓶中,并用水洗涤蒸发皿,洗液并入容量瓶中,再加水至刻度,混匀后,备用。

2. 标定碱性酒石酸铜溶液

吸取 5.0 mL 碱性酒石酸铜甲液及 5.0 mL 乙液,置于 150 mL 锥形瓶中,加水 10 mL,加入玻璃珠 2 粒,从滴定管滴加约 9 mL 葡萄糖或其他还原糖标准溶液,控制在 2 min 内加热至沸,趁沸以 1 滴/2 s 的速度继续滴加葡萄糖或其他还原糖标准溶液,直至溶液蓝色刚好褪去为终点,记录消耗葡萄糖或其他还原糖标准溶液的总体积,同时平行操作 3 份,取其平均值,计算每 10 mL(甲、乙液各 5 mL)碱性酒石酸铜溶液相当于葡萄糖的质量或其他还原糖的质量(mg)。

$$A = C \cdot V$$

式中:A——10 mL(甲、乙液各 5 mL)碱性酒石酸铜溶液相当于葡萄糖的质量,mg;

　　C——葡萄糖或其他还原糖标准溶液的浓度,mg/mL;

　　V——标定时消耗葡萄糖或其他还原糖标准溶液的体积,mL。

3. 试样溶液预测

吸取 5.0 mL 碱性酒石酸铜甲液及 5.0 mL 乙液,置于 150 mL 锥形瓶中,加水 10 mL,加入玻璃珠 2 粒,控制在 2 min 内加热至沸,保持沸腾以先快后慢的速度,从滴定管中滴加试样溶液,并保持溶液沸腾状态,待溶液颜色变浅时,以 1 滴/2 s 的速度滴定,直至溶液蓝色刚好褪去为终点,记录样液消耗体积。当样液中还原糖浓度过高时应适当稀释,再进行正式测定,使每次滴定消耗样液的体积控制在与标定碱性酒石酸铜溶液时消耗的还原糖标准溶液的体积相近,在 10 mL 左右,结果按式(1)计算。

当浓度过低时,则采取直接加入 10 mL 试样液,免去加水 10 mL,再用还原糖标准溶液滴定至终点,记录消耗还原糖标准溶液的体积与标定时消耗的还原糖标准溶液的体积之差相当于 10 mL,试样液中所含还原糖的量,结果按式(2)计算。

4. 试样溶液测定

吸取 5.0 mL 碱性酒石酸铜甲液及 5.0 mL 乙液,置于 150 mL 锥形瓶中,加水 10 mL,加入玻璃珠 2 粒,从滴定管滴加比预测体积少 1 mL 的试样溶液至锥形瓶中,控制在 2 min 内加热至沸,保持沸腾继续以 1 滴/2 s 的速度滴定,直至蓝色刚好褪去为终点,记录样液消耗体积,同法平行操作 3 份,得出平均消耗体积。

(五)分析结果的表述

试样中还原糖(以某种还原糖计)的含量按下式进行计算:

$$X = \frac{A}{m \times V/V_0 \times 1\ 000} \times 100 \tag{1}$$

式中:X——试样中还原糖(以某种还原糖计)含量,g/100 g;

A——10 mL 碱性酒石酸铜溶液(甲、乙液各 5mL)相当于某种还原糖的质量,mg;

m——试样质量,g;

V——测定时平均消耗试样溶液体积,mL;

V_0——试样溶液总体积,mL。

当浓度过低时试样中还原糖的含量(以某种还原糖计)按下式进行计算:

$$X = \frac{A_2}{m \times 10/V_0 \times 1\ 000} \times 100 \tag{2}$$

式中:X——试样中还原糖(以某种还原糖计)含量,g/100 g;

A_2——标定时消耗的还原糖标准溶液的体积与加入样品后消耗的还原糖标准溶液的体积之差相当于某种还原糖的质量,mg;

m——试样质量,g;

V_0——试样溶液总体积,mL。

还原糖含量≥10 g/100 g 时计算结果保留三位有效数字;还原糖含量<10 g/100 g 时计算结果保留两位有效数字。

(六)常见技术问题处理

(1)还原糖在碱性溶液中与硫酸铜的反应并不符合当量关系,还原糖在此反应条件下将产生降解,形成多种活性降解物,反应过程极为复杂,并非如反应中所反应的那么简单。在碱性及加热条件下,还原糖将形成某些差向异构体的平衡体系。如 D-葡聚糖向 D-甘露糖、D-果糖转化,构成 3 种物质的平衡混合物,及一些烯醇式中间体,如 1,2-烯二醇、2,3-烯二醇、3,4-烯二醇等。这些中间体可进一步促进葡萄糖的异构化,同时可进一步降解形成活性降解物,从而构成了整个反应的平衡体系。其构成的组分及含量,与实验条件有关,如碱度、加热程度等。但实践证明,只要严格遵守实验条件,分析结果的准确度及精密度是可以满足分析要求的。

（2）测定中反应液碱度、还原糖液浓度、滴定速度、热源强度及煮沸时间等都对测定精密度有很大的影响。

①溶液碱度愈高，二价铜的还原愈快，因此必须严格控制反应的体积，使反应体系碱度一致。

②试样液中还原糖的浓度不宜过高或过低，根据预测试验结果，调节试样中还原糖的含量在 1 mg/mL，与标准葡萄糖溶液的浓度相近。

③滴定速度过快，消耗糖量多，反之，消耗糖量少。

④煮沸时间短消耗糖多，反之，消耗糖液少；热源一般采用 800 W 电炉，锥形瓶内反应液在 2 min 内加热至沸腾。热源强度和煮沸时间应严格按照操作中规定的执行，否则，加热至煮沸时间不同，蒸发量不同，反应液的碱度也不同，从而影响反应的速度、反应进行的程度及最终测定的结果。

⑤滴定时，先将所需体积的绝大部分先加入至碱性酒石酸铜试剂中，使其充分反应，仅留 0.5～1 mL 用滴定方式加入，而不是全部由滴定方式加入，其目的是使绝大多数试样溶液与碱性酒石酸铜在完全相同的条件下反应，减少因滴定操作带来的误差，提高测定精度。

⑥整个滴定过程一直保持沸腾状态。

⑦平行试验试样溶液的消耗量相差不应超过 0.1 mL。

（3）滴定终点蓝色褪去后，溶液呈现黄色，此后又重新变为蓝色，不应再进行滴定。因为亚甲蓝指示剂被糖还原后蓝色消失，当接触空气中的氧气后，被氧化重现蓝色。

（4）还原糖与碱性酒石酸铜试剂反应速度较慢，必须在加热至沸的情况下进行滴定。

（5）碱性酒石酸铜甲液和乙液应分别配制，分别贮存，不能事先混合贮存。否则酒石酸钾钠铜配合物长期在碱性条件下会慢慢分解析出氧化亚铜沉淀，使试剂有效浓度降低。

二、高锰酸钾滴定法

（一）原理

试样经除去蛋白质后，其中还原糖把铜盐还原为氧化亚铜，加硫酸铁后，氧化亚铜被氧化为铜盐，以高锰酸钾溶液滴定氧化作用后生成的亚铁盐，根据高锰酸钾消耗量，计算氧化亚铜的含量，再查表得还原糖量。

（二）试剂和材料

（1）碱性酒石酸铜甲液：称取 34.639 g 硫酸铜（$CuSO_4 \cdot 5H_2O$），加适量水溶解，加 0.5 mL 硫酸，再加水稀释至 500 mL，用精制石棉过滤。

（2）碱性酒石酸铜乙液：称取 173 g 酒石酸钾钠与 50 g 氢氧化钠，加适量水溶解，并稀释至 500 mL，用精制石棉过滤，贮存于橡胶塞玻璃瓶内。

（3）氢氧化钠溶液（40 g/L）：称取 4 g 氢氧化钠，加水溶解并稀释至 100 mL。

（4）硫酸铁溶液（50 g/L）：称取 50 g 硫酸铁，加入 200 mL 水中溶解后，慢慢加入 100 mL 硫酸，冷后加水稀释至 1 000 mL。

（5）盐酸（3 mol/L）：量取 30 mL 盐酸，加水稀释至 120 mL。

（6）高锰酸钾标准溶液[$c(1/5\ KMnO_4) = 0.100\ 0\ mol/L$]。

（7）精制石棉：取石棉先用盐酸（3 mol/L）浸泡 2～3 d，倾去溶液，再用热碱性酒石酸铜乙液浸泡数小时,用水洗净。再以盐酸(3 mol/L)浸泡数小时,以水洗至不呈酸性。然后加水振摇,使成细微的浆状软纤维,用水浸泡并贮存于玻璃瓶中,即可作填充古氏坩埚用。

(三)仪器和设备

(1)25 mL 古氏坩埚或 G_4 垂融坩埚。

(2)真空泵或水泵。

(四)操作技能

1. 试样处理

(1)一般食品　称取粉碎后的固体试样 2.5～5 g(或混匀后的液体试样 25～50 g,精确至 0.001 g),置于 250 mL 容量瓶中,加 50 mL 水,摇匀后加 10 mL 碱性酒石酸铜甲液及 4 mL 氢氧化钠溶液(40 g/L),加水至刻度,混匀。静置 30 min,用干燥滤纸过滤,弃去初滤液,取续滤液备用。

(2)酒精性饮料　称取 100 g 混匀后的试样,精确至 0.01 g,置于蒸发皿中,用氢氧化钠(40 g/L)溶液中和至中性,在水浴上蒸发至原体积的 1/4 后,移入 250 mL 容量瓶中,50 mL 水,混匀。以下操作同(1)中自"10 mL 碱性酒石酸铜甲液"起依法操作。

(3)含大量淀粉的食品　称取 10～20 g 粉碎或混匀后的试样,精确至 0.001 g,置于 250 mL 容量瓶中,加 200 mL 水,在 45℃ 水浴中加热 1 h,并时时振摇。冷后加水至刻度,混匀,静置。吸取 200 mL 上清液于另一 250 mL 容量瓶中,以下按(1)自"10 mL 碱性酒石酸铜甲液"起依法操作。

(4)碳酸类饮料　称取 100 g 混匀后的试样,精确至 0.01 g,置于蒸发皿中,在水浴上除去二氧化碳后,移入 250 mL 容量瓶中,并用水洗涤蒸发皿,洗液并入容量瓶中,再加水至刻度,混匀后,备用。

2. 测定

吸取 50.00 mL 处理后的试样溶液,于 400 mL 烧杯内,加入 25 mL 碱性酒石酸铜甲液及 25 mL 乙液,于烧杯上盖一表面皿,加热,控制在 4 min 内沸腾,再准确煮沸 2 min,趁热用铺好石棉的古氏坩埚或 G_4 垂融坩埚抽滤,并用 60℃ 热水洗涤烧杯及沉淀,至洗液不呈碱性为止。将古氏坩埚或垂融坩埚放回原 400 mL 烧杯中,加 25 mL 硫酸铁溶液及 25 mL 水,用玻璃棒搅拌使氧化亚铜完全溶解,以高锰酸钾标准溶液[$c(1/5KMnO_4)$ = 0.100 0 mol/L]滴定至微红色为终点。

同时吸取 50 mL 水,加入与测定试样时相同量的碱性酒石酸铜甲液、乙液、硫酸铁溶液及水,按同一方法做空白试验。

(五)分析结果的表述

(1)试样中还原糖质量相当于氧化亚铜的质量,按下式进行计算:

$$X = (V - V_0) \times c \times 71.54 \qquad (3)$$

式中:X——试样中还原糖质量相当于氧化亚铜的质量,mg;

　　V——测定用试样液消耗高锰酸钾标准溶液的体积,mL;

　　V_0——试剂空白消耗高锰酸钾标准溶液的体积,mL;

　　c——高锰酸钾标准溶液的实际浓度,mol/L;

71.54——1 mL 高锰酸钾标准溶液[$c(1/5\ KMnO_4)=0.100\ 0\ mol/L$]相当于氧化亚铜的质量,mg。

(2)根据式(3)中计算所得氧化亚铜质量,查附表2"相当于氧化亚铜质量的葡萄糖、果糖、乳糖、转化糖质量表",再计算试样中还原糖含量,按下式进行计算。

$$X = \frac{A}{m \times V/250 \times 1\ 000} \times 100$$

式中:X——试样中还原糖的含量,g/100 g;

   A——查表得还原糖的质量,mg;

   m——试样质量或体积,g 或 mL;

   V——测定用试样溶液的体积,mL;

   250——试样处理后的总体积,mL。

还原糖含量≥10 g/100 g 时计算结果保留三位有效数字;还原糖含量<10 g/100 g 时计算结果保留两位有效数字。

(六)常见技术问题处理

(1)此法以高锰酸钾滴定反应过程中产生的定量的硫酸亚铁为结果计算的依据,因此,在试样处理时,不能用乙酸锌和亚铁氰化钾作为糖液的澄清剂,以免引入 Fe^{2+},造成误差。

(2)测定时必须严格按规定的操作条件进行,必须使加热至沸腾时间及保持沸腾时间严格保持一致。即必须控制好热源强度,保证在加入碱性酒石酸铜甲、乙液后,在 4 min 内加热至沸,并使每次测定的沸腾时间保持一致,否则误差较大。

(3)此法所用碱性酒石酸铜溶液是过量的,即保证把所有的还原糖全部氧化后,还有过剩的 Cu^{2+} 存在,所以,煮沸后的反应液应呈蓝色。如煮沸过程中如发现溶液蓝色消失,说明糖液浓度过高,应减少试样溶液取用体积,重新操作,不能增加酒石酸铜甲、乙液用量。

(4)试样中既有单糖又有麦芽糖或乳糖时,还原糖测定结果偏低,主要是由于麦芽糖、乳糖分子量大,只有一个还原糖所致。

(5)抽滤时要防止氧化亚铜沉淀暴露在空气中,应使沉淀始终在液面以下,以免被氧化。

(6)本法适用于各类食品中还原糖的测定,有色试样溶液也不受限制。此法的准确度高,重现性好,准确度和重现性都优于上述的直接滴定法,但操作复杂、费时。

(7)垂熔滤器又称玻砂滤器,是利用玻璃粉末烧结制成多孔性滤片,再焊接在具有相同或相似膨胀系数的玻壳或玻管上。按滤片平均孔径大小分为 6 个号,用以过滤不同的沉淀物。

【知识与技能检测】

一、填空题

1. 用直接滴定法测定食品还原糖含量时,所用的裴林标准溶液由两种溶液组成,A(甲)液是_____,B(乙)液是_____;一般用_____标准溶液对其进行标定。滴定时所用的指示剂是_____,掩蔽 Cu_2O 的试剂是_____,滴定终点为_____。

2. 测定还原糖含量时,对提取液中含有的色素、蛋白质、可溶性果胶、淀粉、单宁等影响测定的杂质必须除去,常用的方法是_____,常用的澄清剂有_____、_____、

_____等。

3. 直接滴定法测定还原糖滴定时要保持沸腾状态,其目的是_____。

4. 在直接滴定法测定食品还原糖含量时,预测定的目的是_____。

5. _____测定是糖类定量的基础。

6. 直接滴定法在测定还原糖含量时用_____作指示剂。

二、简答题

1. 试说明糖类物质的分类、结构、性质与测定方法的关系。

2. 影响直接滴定法测定结果的主要操作因素有哪些?为什么要严格控制这些条件?

3. 直接滴定法和高锰酸钾法测定食品中还原糖的原理是什么?在测定过程中应注意哪些问题?

4. 如可正确配制和标定碱性酒石酸铜溶液?

【超级链接】食品中葡萄糖的测定(酶-比色法、酶-电极法)

GB/T 16285—2008《食品中葡萄糖的测定》规定了酶-比色法和酶-电极法测定食品中葡萄糖的分析步骤。酶-比色法是利用葡萄糖氧化酶(GOD)在有氧条件下,催化 β-D-葡萄糖(葡萄糖水溶液)的氧化反应,生成 D-葡萄糖酸-δ-内酯和过氧化氢。受过氧化物酶(POD)催化,过氧化氢与4-氨基安替比林和苯酚生成红色醌亚胺。在 505 nm 波长处测定醌亚胺的吸光度,计算食品中葡萄糖的含量。该方法的最低检出限量为 0.01 $\mu g/mL$。

酶-电极法是利用葡萄糖氧化酶(GOD)在有氧条件下,催化 β-D-葡萄糖(葡萄糖水溶液)的氧化反应,生成 D-葡萄糖酸-δ-内酯和过氧化氢。过氧化氢与过氧化氢型电极接触产生电流,该电流值与 β-D-葡萄糖的浓度呈线性比例,在酶电极葡萄分析仪上直接显示葡萄糖含量。该方法的最低检出限量为 1.0 mg/100 mL。

这两种方法适用于各类食品中葡萄糖的测定,也适用于食品中其他组分转化为葡萄糖的测定。

任务二　食品中蔗糖和总糖的测定

【知识准备】

一、食品中蔗糖测定意义及方法

在食品生产过程中,测定蔗糖的含量可以判断食品加工原料的成熟度,鉴别白砂糖、蜂蜜等食品原料的品质,以及控制糖果、果脯、加糖乳制品等新产品的质量指标。

蔗糖是葡萄糖和果糖组成的双糖,易溶于水,微溶于乙醇,不溶于乙醚。蔗糖没有还原性,但在一定条件下,蔗糖可水解成具有还原性的葡萄糖和果糖。因此,可以用测定还原糖的方法测定蔗糖含量。对于浓度较高的蔗糖溶液,其相对密度、折光率、旋光度等物理常数与蔗糖浓度都有一定关系,故可用物理检验法测定蔗糖的含量。国家标准分析方法是高效液相色谱法和酸水解法。高效液相色谱法是将试样处理后,用高效液相色谱氨基柱(NH₂)分离,用示差折光检测器检测。根据蔗糖的折光指数与浓度成正比,外标单点法进行定量。酸水解法是将蔗糖经盐酸水解转化为还原糖,再按还原糖测定。水解前后还原糖的差值为蔗糖水解所产生的还原糖的量,再乘以换算系数得到蔗糖含量。

二、食品中总糖测定意义及方法

从营养学角度来说,总糖是指能被人体消化、吸收利用的糖类物质的总和,包括单糖、双糖、糊精和淀粉。在常规食品分析中,总糖通常是指具有还原性的糖(葡萄糖、果糖、麦芽糖、乳糖)和在测定条件下能水解为还原性单糖(如蔗糖)的总量。

总糖的测定通常以还原糖测定方法为基础,将食品中的非还原性糖经酸水解成还原性单糖,再按还原糖的测定法测定。以还原糖为基础测定的结果不包括糊精和淀粉。作为食品生产中的常规分析项目,总糖反映的是食品中可溶性单糖和低聚糖的总量,其含量高低对产品的色、香、味、组织形态、营养价值、成本等有一定的影响。如麦乳精、糕点、果蔬罐头、饮料等许多食品的质量指标中都有总糖一项。

总糖的测定方法常用的是直接滴定法,此外还有蒽酮比色法。在食品加工生产过程中,也常用相对密度法、折光法等简易的物理方法测定总糖量。

【技能培训】

一、蔗糖的测定

(一)高效液相色谱法

1. 原理

试样经处理后,用高效液相色谱氨基柱(NH₂)分离,用示差折光检测器检测。根据蔗糖的折光指数与浓度成正比,外标单点法定量。

2. 试剂和材料

(1)硫酸铜($CuSO_4 \cdot 5H_2O$)。

(2)氢氧化钠($NaOH$)。

(3)乙腈(CH_3CN):色谱纯。

(4)蔗糖($C_{12}H_{22}O_{11}$)。

(5)硫酸铜溶液(70 g/L):称取 7 g 硫酸铜,加水溶解并定容至 100 mL。

(6)氢氧化钠(40 g/L):称取 4 g 氢氧化钠,加水溶解并定容至 100 mL。

(7)蔗糖标准溶液(10 mg/mL):准确称取蔗糖标样 1 g(精确至 0.000 1 g)置 100 mL 容量瓶内,先加少量水溶解,再加 20 mL 乙腈,最后用水定容至刻度。

3. 仪器和设备

高效液相色谱仪(附示差折光检测器)。

4. 操作技能

(1)样液制备 称取 2~10 g 试样,精确至 0.001 g,加 30 mL 水溶解,移至 100 mL 容量瓶中,加硫酸铜溶液 10 mL,氢氧化钠溶液 4 mL,振摇,加水至刻度,静置 0.5 h,过滤。取 3~7 mL 试样液置于 10 mL 容量瓶中,用乙腈定容,通过 0.45 μm 滤膜过滤,滤液备用。

(2)高效液相色谱参考条件

色谱柱:氨基柱(4.6 mm×250 mm,5 μm);

柱温:25℃;

示差检测器检测池池温:40℃;

流动相:乙腈＋水＝75＋25;

流速:1.0 mL/min;

进样量:10 μL。

(3)色谱图　蔗糖色谱图见图3-8。

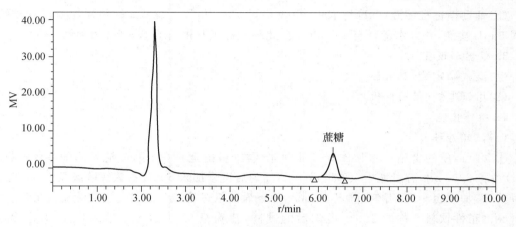

图 3-8　蔗糖色谱图

5. 分析结果的表述

试样中蔗糖含量的计算按下式:

$$X = \frac{c \times A}{A' \times (m/100) \times (V/10) \times 1\,000} \times 100$$

式中:X——试样中蔗糖含量,g/100 g;

　　c——蔗糖标准溶液浓度,mg/mL;

　　A——试样中蔗糖的峰面积;

　　A'——标准蔗糖溶液的峰面积;

　　m——试样的质量,g;

　　V——过滤液体积,mL。

计算结果保留三位有效数字。

(二)酸水解法

1. 原理

试样经除去蛋白质后,其中蔗糖经盐酸水解转化为还原糖,再按还原糖测定。水解前后还原糖的差值为蔗糖水解所产生的还原糖的量,再乘以换算系数 0.95 即为蔗糖含量。

2. 试剂和材料

(1)盐酸(1＋1):量取 50 mL 盐酸,缓缓加入 50 mL 水中,冷却后混匀。

(2)氢氧化钠溶液(200 g/L):称取 20 g 氢氧化钠加水溶解后,放冷,并定容至 100 mL。

(3)甲基红指示液(1 g/L):称取甲基红 0.10 g,用少量乙醇溶解后,定容至 100 mL。

（4）碱性酒石酸铜甲液：称取 15 g 硫酸铜（$CuSO_4 \cdot 5H_2O$）及 0.05 g 亚甲基蓝,溶于水中并稀释定容至 1 000 mL。

（5）碱性酒石酸铜乙液：称取 50 g 酒石酸钾钠及 75 g 氢氧化钠,溶于水中,再加入 4 g 亚铁氰化钾,完全溶解后,用水稀释至 1 000 mL,贮存于橡胶塞玻璃瓶内。

（6）乙酸锌溶液（219 g/L）：称取 21.9 g 乙酸锌,加 3 mL 冰乙酸,加水溶解并稀释至 100 mL。

（7）亚铁氰化钾溶液（106 g/L）：称取 10.6 g 亚铁氰化钾,加水溶解并稀释至 100 mL。

（8）葡萄糖标准溶液：准确称取 1.000 g 经过 98～100℃ 干燥 2 h 的纯葡萄糖,加水溶解后加入 5 mL 盐酸,并以水稀释至 1 000 mL。此溶液每毫升相当于 1.0 mg 葡萄糖。

3. 仪器和设备

（1）酸式滴定管：25 mL。

（2）可调电炉（带石棉板）。

4. 操作技能

（1）试样处理

①含蛋白质的食品　称取 2.5～5 g 固体试样（精确至 0.001 g,或混匀后的液体试样 5～25 g）,置于 250 mL 容量瓶中,加 50 mL 水,摇匀后慢慢加入 5 mL 乙酸锌溶液及 5 mL 亚铁氰化钾溶液,加水至刻度,混匀,静置 30 min,用干燥滤纸过滤,弃去初滤液,取续滤液备用。

②酒精性饮料　称取 100 g 混匀后的试样,精确至 0.01 g,置于蒸发皿中,用氢氧化钠（40 g/L）溶液中和至中性,在水浴上蒸发至原体积的 1/4 后,移入 250 mL 容量瓶中,以下按①自"慢慢加入 5 mL 乙酸锌溶液"起依法操作。

③含大量淀粉的食品　称取 10～20 g 粉碎后或混匀后的试样,精确至 0.001 g,置于 250 mL 容量瓶中,加 200 mL 水,在 45℃ 水浴中加热 1 h,并时时振摇。冷后加水至刻度,混匀,静置、沉淀。吸取 20 mL 上清液于另一 250 mL 容量瓶中,以下按①自"慢慢加入 5 mL 乙酸锌溶液"起依法操作。

④碳酸类饮料　称取约 100 g 混匀后的试样（精确至 0.01 g）置于蒸发皿中,在水浴上除去二氧化碳后,移入 250 mL 容量瓶中,并用水洗涤蒸发皿,洗液并入容量瓶中,再加水至刻度,混匀后,备用。

（2）测定　吸取 2 份 50 mL 上述试样处理液,分别置于 100 mL 容量瓶中,其中一份加 5 mL 盐酸（1+1）,在 68～70℃ 水浴中加热 15 min,冷后加 2 滴甲基红指示液,用氢氧化钠溶液（200 g/L）中和至中性,加水至刻度,混匀。另一份直接加水稀释至 100 mL。然后按直接滴定法的操作步骤分别测定还原糖含量。

5. 分析结果表述

试样中蔗糖含量按下式计算：

$$X = (R_2 - R_1) \times 0.95$$

式中：X——试样中蔗糖含量,g/100 g 或 g/100 mL；

R_2——水解处理后还原糖含量,g/100 g 或 g/100 mL；

R_1——不经水解处理还原糖含量,g/100 g 或 g/100 mL；

0.95——还原糖（以葡萄糖计）换算为蔗糖的系数。

计算结果保留三位有效数字。

6. 常见技术问题处理

（1）酸水解法规定的水解条件下蔗糖可完全水解，而其他双糖和淀粉等的水解作用很小，可忽略不计。

（2）酸水解法中的水解条件必须严格控制。水解条件中试样溶液体积，酸的浓度及用量、水解温度和水解时间都不能随意改动，到达规定时间后必须迅速加碱中和并冷却。

（3）用还原糖法测定蔗糖时，为减少误差，测得的还原糖应以转化糖表示。因此，选用直接滴定法时，应采用 0.1％标准转化糖溶液标定碱性酒石酸铜溶液。

（4）当称样量为 5 g 时，直接滴定法检出限为 0.24 g/100 g。

二、总糖的测定

（一）原理

试样经处理除去蛋白质等杂质后，加入盐酸，在加热条件下使蔗糖等水解为还原性单糖，再用还原糖的测定方法测定水解后试样中的还原糖总量。

（二）试剂和仪器设备

同蔗糖的测定。

（三）操作技能

（1）试样处理　同直接滴定法测定还原糖。

（2）试样测定　按测定蔗糖的方法水解试样，再按直接滴定法或高锰酸钾滴定法测定还原糖含量。

（3）分析结果表述　试样总糖含量按下式进行计算：

$$X = \frac{F}{m \times \frac{50}{V_1} \times \frac{V_2}{100} \times 1\,000} \times 100$$

式中：X——总糖的含量，以转化糖计，g/100 g；

F——10 mL 碱性酒石酸铜溶液相当于转化糖质量，mg；

m——试样质量，g；

V_1——试样处理液总体积，mL；

V_2——测定时消耗试样水解液的体积，mL。

（四）常见技术问题处理

（1）酸水解法实验条件下所测的总糖不包括淀粉，因为在测定条件下，淀粉的水解作用很弱。

（2）测定时必须严格控制水解条件，否则结果会有很大误差。

（3）总糖测定结果应以转化糖计，但也可以葡萄糖计，要根据产品的质量指标要求而定，如以转化糖表示，应用标准转化糖溶液标定碱性酒石酸铜溶液，如用葡萄糖计，应用标准葡萄糖溶液标定碱性酒石酸铜溶液。

【知识与技能检测】

1. 测定蔗糖时为什么要进行水解,如何进行水解?
2. 测定食品中的蔗糖时为什么要严格控制水解条件?
3. 简述测定食品中总糖含量的过程,并讨论检测过程中的注意事项。

【超级链接】婴幼儿食品和乳品中乳糖、蔗糖的测定标准简介

GB 5413.5—2010《婴幼儿食品和乳品中乳糖、蔗糖的测定》规定了适用于婴幼儿食品和乳品中乳糖、蔗糖的测定方法。第一法是高效液相色谱法,将试样中乳糖、蔗糖经提取后,利用高效液相色谱柱分离,用示差折光检测器或蒸发光散射检测器检测,外标法进行定量。第二法是莱因-埃农氏法,是将试样除去蛋白质后,蔗糖经盐酸水解为还原糖,再按还原糖测定方法测定乳糖或蔗糖含量。

任务三 食品中淀粉的测定

【知识准备】

一、概述

淀粉是以葡萄糖为基本单位通过糖苷键而构成的多糖类化合物。淀粉分为直链淀粉和支链淀粉两种。直链淀粉是由葡萄糖残基以 α-1,4-糖苷键结合而成,分子呈直链状,能溶于热水,不溶于冷水,与碘生成稳定的深蓝色络合物。支链淀粉是由葡萄糖残基以 α-1,4-糖苷键结合构成直链主干,支链则通过第六个碳原子以 β-1,6-糖苷键与主链相连,形成枝状结构。支链淀粉在常压下不溶于水,只有在加热、加压下才溶于水,与碘不能生成稳定的络合物,所以只呈现浅的蓝紫色。

直链淀粉和支链淀粉均不溶于 30% 以上的乙醇溶液,也不溶于乙醚或石油醚等有机溶剂,故可用这些有机溶剂淋洗、浸泡除去淀粉的水溶性糖或脂肪等杂质。淀粉不显还原性,但在酶(或酸)存在和加热条件下可以逐步水解,生成一系列比淀粉分子小的化合物,最后生成还原性单糖——葡萄糖,所以可以用酶水解法和酸水解法水解成具有还原性的单糖后按还原糖的测定方法测定还原糖的含量再折算成淀粉的含量。

淀粉含量常作为某些食品的主要质量指标,是食品生产管理过程中常分析的检测项目之一。淀粉酶的专一性高,但只能将淀粉逐步水解至麦芽糖阶段,再经酸的作用而最后水解为葡萄糖。淀粉酶水解具有选择性,只水解淀粉不水解其他多糖,水解后可通过过滤除去其他多糖,测定不受其他多糖的影响,测定结果准确,但操作费时。盐酸水解淀粉的专一性较差,它可同时将试样中的半纤维素水解,生成一些还原物质,引起还原糖测定的误差,因而对含有纤维素高的食品如食物壳皮、高粱、糖等不宜采用此法。

此法适用于淀粉含量较高而半纤维素和多缩戊糖等其他多糖含量少的试样。在测定含淀粉较少而富含半纤维素、多缩戊聚糖的试样时,最好采用酶水解法。

盐酸溶液对淀粉的专一性较差,但它能将淀粉水解至最终产物葡萄糖。故在测定淀粉时,用酶-稀盐酸分解法。

【技能培训】

一、酶水解法

(一)原理

试样经乙醚除去脂类、乙醇除去可溶性糖类后,淀粉用淀粉酶水解成小分子糖,再用盐酸将其水解成具有还原性的单糖,再按还原糖的测定方法测定还原糖的含量,并折算成淀粉含量。

(二)试剂和材料

(1)碘(I_2)。

(2)碘化钾(KI)。

(3)碘溶液:称取 3.6 g 碘化钾溶于 20 mL 水中,加入 1.3 g 碘,溶解后加水定容至 100 mL。

(4)淀粉酶溶液(5 g/L):称取淀粉酶 0.5 g,加 100 mL 水溶解,加入数滴甲苯或三氯甲烷,防止长霉,贮于冰箱中。也可临用时现配。

(5)无水乙醇。

(6)乙醇(85%)。

(7)乙醚。

(8)石油醚:沸点范围为 60～90℃。

其余试剂同蔗糖的测定方法。

(三)仪器和设备

水浴锅。

(四)操作技能

1. 试样处理

(1)易于粉碎的试样　称取 2.00～5.00 g 粉碎的均匀试样(精确至 0.001 g),置于放有折叠滤纸的漏斗内,先用 50 mL 石油醚或乙醚分 5 次洗除脂肪,再用约 150 mL 乙醇(85%)洗去可溶性糖类,滤干乙醇,将残留物移入 250 mL 烧杯内,并用 50 mL 水洗滤纸及漏斗,洗液并入烧杯内,将烧杯置沸水浴上加热 15 min,使淀粉糊化,放冷至 60℃ 以下,加 20 mL 淀粉酶溶液,在 55～60℃保温 1 h,并时时搅拌。然后取 1 滴此液加 1 滴碘溶液,应不显现蓝色,若显蓝色,再加热糊化并加 20 mL 淀粉酶溶液,继续保温,直至加碘不显蓝色为止。加热至沸,冷后移入 250 mL 容量瓶中,并加水至刻度,混匀,过滤,弃去初滤液。取 50 mL 滤液,置于 250 mL 锥形瓶中,加 5 mL 盐酸(1+1),装上回流冷凝器,在沸水浴中回流 1 h,冷后加 2 滴甲基红指示液,用氢氧化钠溶液(200 g/L)中和至中性,溶液转入 100 mL 容量瓶中,洗涤锥形瓶,洗液并入 100 mL 容量瓶中,加水至刻度,混匀备用。

(2)其他样品　加适量水在组织捣碎机中捣成匀浆(蔬菜、水果需先洗净、晾干,取可食部分),称取相当于原样质量 2.5～5 g(精确至 0.001 g)的匀浆,以下按(1)中自"置于放有折叠滤纸的漏斗内"起依法操作。

2. 测定

按食品中还原糖的测定方法操作。

同时量取 50 mL 水及与试样处理时相同量的淀粉酶溶液,按同一方法做试剂空白试验。

(五)分析结果的表述

试样中淀粉的含量按下式进行计算:

$$X = \frac{(A_1 - A_2) \times 0.9}{m \times 50/250 \times V/100 \times 1\,000} \times 100$$

式中:X——试样中淀粉的含量,g/100 g;

　　A_1——测定用试样中还原糖的含量,mg;

　　A_2——试剂空白中还原糖的含量,mg;

　　0.9——还原糖(以葡萄糖计)换算成淀粉的换算系数;

　　m——试样质量,g;

　　V——测定用试样处理液的体积,mL。

计算结果表示到小数点后一位。在重复性条件下获得的 2 次独立测定结果的绝对差值不得超过算术平均值的 10%。

(六)常见技术问题处理

(1)脂肪的存在会妨碍酶对淀粉的作用及可溶性糖类的去除,故应用石油醚或乙醚脱脂。若试样中脂肪含量较少,可省略些步骤。

(2)淀粉粒具有晶体结构,淀粉酶难以作用。加热糊化破坏了淀粉的晶体结构,使其易于被淀粉酶作用。

(3)淀粉酶水解具有选择性,只水解淀粉不水解其他多糖,水解后可通过过滤除去其他多糖,测定不受其他多糖的影响,测定结果准确,但操作费时。淀粉酶使用前应检查其活力,以确定水解时淀粉酶的添加量。

二、酸水解法

(一)原理

试样经乙醚除去脂类、乙醇可溶性糖类后,其中的淀粉用酸水解成具有还原性的单糖,然后按还原糖测定方法测定还原糖的含量,并折算成淀粉含量。

(二)试剂和材料

(1)乙醚。

(2)石油醚:沸点范围为 60~90℃。

(3)乙醇溶液(85%)。

(4)盐酸溶液(1+1)。

(5)氢氧化钠溶液(400 g/L)。

(6)氢氧化钠溶液(100 g/L)。

(7)乙酸铅溶液(200 g/L)。

(8)硫酸钠溶液(100 g/L)。

(9)甲基红乙醇溶液(2 g/L)。

(10)精密 pH 试纸(6.8~7.2)。

其余试剂同食品中还原糖的测定方法。

(三)仪器和设备

(1)水浴锅。

(2)高速组织捣碎机:1 200 r/min。

(3)回流装置(附 250 mL 锥形瓶)。

(四)操作技能

1. 试样处理

(1)易于粉碎的试样　称取 2.00～5.00 g(精确至 0.001 g)磨碎过 40 目筛的试样,置于放有慢速滤纸的漏斗中,用 50 mL 石油醚或乙醚分 5 次洗去试样中脂肪,弃去石油醚或乙醚。用 150 mL 乙醇溶液(85％)分数次洗涤残渣,除去可溶性糖类物质。滤干乙醇溶液,以 100 mL 水洗涤漏斗中残渣并转移至 250 mL 锥形瓶中,加入 30 mL 盐酸(1＋1),接好冷凝管,置沸水浴中回流 2 h。回流完毕后,立即冷却。待试样水解液冷却后,加入 2 滴甲基红指示液,先以氢氧化钠溶液(400 g/L)调至黄色,再以盐酸(1＋1)校正至水解液刚变红色。若水解液颜色较深,可用精密 pH 试纸测试,使试样水解液的 pH 约为 7。然后加 20 mL 乙酸铅溶液(200 g/L),摇匀,放置 10 min。再加 20 mL 硫酸钠溶液(100 g/L),以除去过多的铅。摇匀后将全部溶液及残渣转入 500 mL 容量瓶中,用水洗涤锥形瓶,洗液合并于容量瓶中,加水稀释至刻度。过滤,弃去初滤液 20 mL,滤液供测定用。

(2)其他样品　加适量水在组织捣碎机中捣成匀浆(蔬菜、水果需先洗净、晾干,取可食部分)。称取称取相当于原样质量 2.5～5 g(精确至 0.001 g)的匀浆,于 250 mL 锥形瓶中,用 50 mL 石油醚或乙醚分 5 次洗去试样中脂肪,弃去石油醚或乙醚。以下按(1)中自"用 150 mL 乙醇溶液(85％)"起依法操作。

2. 测定

按食品中还原糖的测定方法测定。

(五)分析结果的表述

试样中淀粉含量按下式进行计算:

$$X = \frac{(A_1 - A_2) \times 0.9}{m \times V/500 \times 1\,000} \times 100$$

式中:X——试样中淀粉含量,g/100 g;

A_1——测定用试样中水解液还原糖含量,mg;

A_2——试剂空白中还原糖的含量,mg;

m——试样质量,g;

V——测定用试样水解液体积,mL;

500——试样液总体积,mL;

0.9——还原糖(以葡萄糖计)折算成淀粉的换算系数。

计算结果表示到小数点后一位。在重复性条件下获得的 2 次独立测定结果的绝对差值不得超过算术平均值的 10％。

(六)常见技术问题处理

(1)试样含脂肪时,会妨碍乙醇溶液对可溶性糖类的提取,所以要用乙醚除去。脂肪含量较低时,可省去乙醚脱脂肪步骤。

(2)盐酸水解淀粉的专一性较差,它可同时将试样中的半纤维素水解,生成一些还原物质,引起还原糖测定的误差,因而对含有纤维素高的食品如食物壳皮、高粱、糖等不宜采用此法。

此法适用于淀粉含量较高,而半纤维素和多缩戊糖等其他多糖含量少的试样。在测定含淀粉较少而富含半纤维素、多缩戊聚糖的试样时,最好采用酶水解法。

(3)试样中加入乙醇溶液后,混合液中的乙醇含量应在80%以上,以防止糊精随可溶性糖类一起被洗掉。如要求测定结果不包括糊精,则用10%乙醇洗涤。

(4)因水解时间较长,应采用回流装置,并且要使回流装置的冷凝管长一些,以保证水解过程中盐酸不会挥发,保持一定的浓度。

(5)水解条件要严格控制。加热时间要适当,既要保证淀粉水解完全,又要避免加热时间过长,因为加热时间过长,葡萄糖会形成糠醛聚合体,失去还原性,影响测定结果的准确性。

【知识与技能检测】

一、叙述题

1. 食品中淀粉测定时,酸水解法和酶水解法的使用范围及优缺点是什么?现需测定糙米、木薯片、面包和面粉中淀粉含量,试说明试样处理过程及应采用的水解方法。

2. 试分析在测定过程中影响淀粉测定结果的各种因素。

二、综合题

1. 用直接滴定法测定高温蒸煮肠中淀粉含量。

(1)葡萄糖标准溶液配制。准确称取1.000 g经过(96±2)℃干燥2 h的纯葡萄糖,加水溶解后加入5 mL盐酸,并以水稀释至1 000 mL。

(2)样品处理与水解。称取5.200 0 g匀浆。除去样品中脂肪、可溶性糖类物质后,经回流酸解2 h,除铅后全部溶液及残渣转入500 mL容量瓶中,定容过滤,滤液供测定用。

(3)标定碱性酒石酸铜溶液。吸取5.0 mL碱性酒石酸铜甲液及5.0 mL乙液,置于150 mL锥形瓶中,加水10 mL,加入玻璃珠2粒,从滴定管滴加约9 mL葡萄糖标准溶液,控制在2 min内加热至沸,趁沸以1滴/2 s的速度继续滴加葡萄糖或其他还原糖标准溶液,直至溶液蓝色刚好褪去为终点。

3次滴定消耗葡萄糖标准溶液(每毫升相当于葡萄糖1 mg)分别为10.25 mL、10.24 mL、10.26 mL。

(4)样品溶液预测。滴定管初读数为0.26 mL,终读数为10.28 mL。

(5)样品溶液测定。三次滴加样品溶液的体积为:1.04 mL、1.05 mL、1.06 mL。

问题1:试填写原始数据记录表(表3-51)。

问题2:计算该样品中淀粉的含量(%)。

【超级链接】淀粉含量测定(酶-比色法)

GB/T 16287《食品中淀粉的测定方法》(酶-比色法)是利用淀粉在淀粉葡萄糖苷酶(AGS)催化下水解为葡萄糖。在有氧条件下,葡萄糖氧化酶(GOD)催化β-D-葡萄糖(葡萄糖水溶液)氧化,生成D-葡萄糖酸-δ-内酯和过氧化氢,受过氧化物酶(POD)催化,过氧化氢与4-氨基安替比林和苯酚生成红色醌亚胺,在505 nm波长处测醌亚胺的吸光度,计算食品中淀粉的含量。

表 3-51 高温蒸煮肠淀粉含量测定原始数据记录表

	1	2	3	平均值
标定碱性酒石酸酮溶液消耗葡萄糖标准溶液的体积/mL				
葡萄糖标准溶液的浓度/(mg/mL)				
10 mL碱性酒石酸铜溶液相当于葡萄糖的质量/mg				
预测时消耗样品溶液的体积/mL				
样品测定时消耗样品溶液的体积/mL				
称取样品的质量/g				

任务四 食品中膳食纤维的测定

【知识准备】

一、概述

从20世纪50年代Hipsley提出膳食纤维的概念后,膳食纤维的定义历经多次修正。2000年6月1日,美国谷物化学家协会(American Association of Cereal Chenists,AACC)理事会将膳食纤维定义为:膳食纤维是指能抗人体小肠消化吸收的而在人体大肠能部分或全部发酵的可食用的植物成分,即碳水化合物及其相类似物质的总和,包括多糖、寡糖、木质素以及相关的植物物质。此定义明确规定了膳食纤维的主要成分:膳食纤维是一种可食用的植物性成分,主要包括纤维素、半纤维素、果胶及亲水胶体物质,如树胶、海藻多糖等组分;还包括植物细胞壁中所含有的木质素;另外还有不被人体消化酶所分解的物质如抗性淀粉、抗性糊精、抗性低聚糖、改性纤维素、寡糖、黏质以及少量相关成分如蜡质、软木脂、角质等。这些物质的共同特点是都不被人体消化的聚合物。我国国家标准(GB/T 5009.88—2008)中膳食纤维的定义为:植物的可食部分,不能被人体小肠消化吸收,对人体有健康意义,聚合度(degree of polymerization)≥3碳水化合物和木质素,包括纤维素、半纤维素、果胶、菊粉等。

根据溶解性不同,膳食纤维可分为可溶性膳食纤维(SDF)和不可溶性膳食纤维(IDF)两大类。可溶性膳食纤维(SDF)是指不被人体消化道消化,但可溶于温水或热水,且其水溶液又能被其4倍体积的乙醇再沉淀的那部分膳食纤维。主要包括植物细胞的储存物质和分泌物质,还包括微生物多糖和合成多糖,如果胶、黄原胶、瓜尔豆胶、卡拉胶、阿拉伯胶、琼脂、愈疮胶等胶类物质,还有葡聚糖、海藻酸钠、羧甲基纤维、半乳甘露聚糖和真菌多糖等。在食品中主要起增稠、胶凝和乳化作用。不可溶性膳食纤维(IDF)是指不被人体消化道消化且不溶于热水的那部分膳食纤维,主要成分是纤维素、半纤维素、原果胶、木质素、壳聚糖和植物蜡等。在食品中主要起充填作用,可缩短食物通过肠道的时间。

膳食纤维具有较强的吸水功能和膨胀功能,在食物中吸水膨胀并形成高黏度的溶胶或凝胶,易产生饱腹感,能抑制进食,减慢胃排空时间,能控制体重达到减肥作用。同时膳食纤维还可以促进肠壁的有效蠕动,减少食物在肠道中的停留时间,可以起到通便、防治便秘等作用。所以膳食纤维具有与其他营养素完全不同的生理作用,被营养学家称为"第七营养素"。在食品开发和生产过程中,测定其含量,对于控制食品品质和评价食品营养价值、正确指导消费者合理消费具有重要意义。

二、膳食纤维的测定原理及方法

食品中膳食纤维的测定主要采用重量法,即试样经 α-淀粉酶、蛋白酶和葡萄糖苷酶酶解消化去除蛋白质和淀粉后,酶解后样液用乙醇沉淀、过滤,残渣用乙醇和丙酮洗涤,所得残渣干燥称重后,测定蛋白质和灰分,扣除蛋白质、灰分和空白即可计算出试样中总膳食纤维的含量;另取试样经上述 3 种酶酶解后直接过滤,残渣用热水洗涤,经干燥后称重,得不溶性膳食纤维残渣,残渣扣除蛋白质、灰分和空白即可计算出试样中不溶性膳食纤维含量;滤液用 4 倍体积的95％乙醇沉淀、过滤、干燥后称重,得可溶性膳食纤维残渣,扣除蛋白质、灰分和空白即可计算出试样中可溶性膳食纤维含量。此方法具有设备简单、操作容易、准确度高、重现性好等优点,缺点是对于蛋白质、淀粉含量高的试样,易形成大量泡沫,黏度大,过滤困难,所测结果不包括水溶性非消化性多糖。

目前,我国的食品成分表中"纤维"一项的数据都是用强酸强碱处理试样后所得残渣除去其中不溶于酸碱的无机物质所得的粗纤维。此方法操作更简便、迅速,但由于酸碱处理时纤维成分会发生不同程度的降解,使得测定结果与实际含量差别很大,且重现性差。目前,谷物、豆类及动物饲料中粗纤维含量的测定还采用此方法。

【技能培训】

一、试剂和材料

(1)95％乙醇:分析纯。

(2)85％乙醇溶液:取 895 mL 95％ 乙醇置于 1 000 mL 容量瓶中,用水稀释至刻度,混匀。

(3)78％乙醇溶液:取 821 mL 95％ 乙醇置于 1 000 mL 容量瓶中,用水稀释至刻度,混匀。

(4)MES:2-(N-吗啉代)乙烷磺酸($C_6H_{13}NO_4S \cdot H_2O$)。

(5)TRIS:三羟甲基氨基甲烷($C_4H_{11}NO_3$)。

(6)0.05 mol/L MES-TRIS 缓冲液:称取 19.52 g MES 和 12.2 g TRIS,用 1.7 L 蒸馏水溶解,用 6 mol/L 氢氧化钠调 pH 至 8.2,加水稀释至 2 L。

(7)热稳定 α-淀粉酶溶液:0～5℃储存。

(8)蛋白酶:用 MES-TRIS 缓冲液配成浓度为 50 mg/mL 蛋白酶溶液,现用现配,于 0～5℃储存。

(9)淀粉葡萄糖苷酶溶液:0～5℃储存。

(10)酸洗硅藻土:取 200 g 硅藻土于 600 mL 的 2 mol/L 盐酸中,浸泡过夜,过滤,用蒸馏水洗至滤液为中性,置于(525±5)℃马弗炉中灼烧灰分后备用。

(11)重铬酸钾洗液:100 g 重铬酸钾,用 200 mL 蒸馏水溶解,加入 1 800 mL 浓硫酸混合。

(12)2 mol/L 乙酸溶液:取 172 mL 乙酸,加入 700 mL 水,混匀后用水定容至 1 000 mL。

(13)0.4 g/L 溴甲酚绿溶液:称取 0.1 g 溴甲酚绿于研钵中,加 1.4 mL 0.1 mol/L 氢氧化钠研磨,加少许水继续研磨,直至完全溶解,用水稀释至 250 mL。

(14)石油醚:沸点范围为 60～90℃。

(15)丙酮(CH_3COCH_3)。

二、仪器和设备

(1)高型无导流口烧杯:400 mL 或 600 mL。

(2)坩埚:具粗面烧结玻璃板,孔径 40～60 μm(国产型号为 G_2 坩埚)。坩埚预处理:坩埚在马弗炉中 525℃灰化 6 h,炉温降至 130℃以下取出,于洗液中室温浸泡 2 h,分别用水和蒸馏水冲洗干净,最后用 15 mL 丙酮冲洗后风干。加入约 1.0 g 硅藻土,130℃烘至恒重。取出坩埚,在干燥器中冷却后称重,记录坩埚加硅藻土质量,精确到 0.1 mg。

(3)真空装置:真空泵或有调节装置的抽吸器。

(4)振荡水浴:有自动"计时-停止"功能的计时器,控温范围(60±2)℃～(98±2)℃。

(5)分析天平:灵敏度为 0.1 mg。

(6)马弗炉:能控温(525±5)℃。

(7)烘箱:105℃,(130±3)℃。

(8)干燥器:二氧化硅或同等的干燥剂。干燥剂每 2 周 130℃烘干过夜 1 次。

(9)pH 计:具有温度补偿功能,用 pH 4.0、pH 7.0 和 pH 10.0 标准缓冲液校正。

三、操作技能

(一)样品制备

(1)将样品混匀后,70℃真空干燥过夜,然后置于干燥器中冷却,干样粉碎后过 0.3～0.5 mm 筛。

(2)若样品不能受热,则采取冷冻干燥后再粉碎过筛。

(3)若样品中脂肪含量＞10%,正常的粉碎困难,可用石油醚脱脂,每次每克试样用 25 mL 石油醚,连续 3 次,然后再干燥粉碎。要记录石油醚造成的试样损失,最后在计算膳食纤维含量时进行校正。

(4)若样品糖含量高,测定前要先进行脱糖处理。按每克试样加 85%乙醇 10 mL 处理样品 2～3 次,40℃下干燥过夜。

粉碎过筛后的干样存放于干燥器中待测。

(二)试样酶解

每次分析试样要同时做 2 个试剂空白。

(1)准确称取双份样品(m_1 和 m_2)(1.000 0±0.002 0)g,把称好的试样置于 400 mL 或 600 mL 高脚烧杯中,加入 pH 8.2 的 MES-TRIS 缓冲液 40 mL,用磁力搅拌直至试样完全分散在缓冲液中,避免形成团块,试样和酶不能充分接触。

(2)热稳定 α-淀粉酶酶解:加 50 μL 热稳定 α-淀粉酶溶液缓慢搅拌,然后用铝箔将烧杯盖住,置于 95～100℃的恒温振荡水浴中持续振摇,当温度升至 95℃开始计时,通常总反应时间 35 min。

(3)冷却:将烧杯从水浴中移出,冷却至 60℃,打开铝箔盖,用刮勺将烧杯内壁的环状物以及烧杯底部的胶状物刮下,用 10 mL 蒸馏水冲洗烧杯壁和刮匀。

(4)蛋白酶酶解:在每个烧杯中各加入 50 mg/mL 蛋白酶溶液 100 μL,盖上铝箔,继续水浴振摇,水温达 60℃时开始计时,在(60±1)℃条件下反应 30 min。

(5)pH 测定:30 min 后,打开铝箔盖,边搅拌边加入 3 mol/L 乙酸溶液 5 mL。溶液 60℃时,调 pH 约 4.5(以 0.4 g/L 溴甲酚绿为外批示剂)。

(6)淀粉葡萄糖苷酶酶解:边搅拌边加入 100 μL 淀粉葡萄糖苷酶溶液,盖上铝箔,持续振摇,水温到 60℃时开始计时,在(60±1)℃条件下反应 30 min。

(三)试样测定

1. 总膳食纤维的测定

(1)沉淀:在每份试样中,加入预热至 60℃的 95％乙醇 225 mL(预热后的体积),乙醇与样液的体积比为 4:1,取出烧杯,盖上铝箔,室温下沉淀 1 h。

(2)过滤:用 78％乙醇 15 mL 将称重过的坩埚中的硅藻土润湿并铺平,抽滤去除乙醇溶液,使坩埚中硅藻土在烧结玻璃滤板上形成平面。乙醇沉淀处理后的样品酶解液倒入坩埚中过滤,用刮勺和 78％乙醇将所有残渣转至坩埚中。

(3)洗涤:分别用 78％乙醇、95％乙醇和丙酮 15 mL 洗涤残渣各 2 次,抽滤去除洗涤液后,将坩埚连同残渣在 105℃烘干过夜。将坩埚置于干燥器中冷却 1 h,称重(包括坩埚、膳食纤维残渣和硅藻土)。精确至 0.1 mg,减去坩埚和硅藻土的干重,计算残渣质量。

(4)蛋白质和灰分的测定:称重后的试样残渣,分别按国家标准规定方法测定其中蛋白质和灰分的质量。

2. 不溶性膳食纤维测定

(1)按(二)中(1)和(2)操作称取试样,进行酶解,将酶解液转移至坩埚中过滤。过滤前用 3 mL 水润湿硅藻土并铺平,抽去水分使坩埚中的硅藻土在烧结玻璃板上形成平面。

(2)过滤洗涤:试样酶解液全部转移至坩埚中过滤,残渣用 70℃热蒸馏水 10 mL 洗涤 2 次,合并滤液,转移至另一 600 mL 高脚烧杯中,备测可溶性膳食纤维。残渣分别用 78％乙醇、95％乙醇和丙酮 15 mL 各洗涤 2 次,抽滤去除洗涤液,将坩埚连同残渣在 105℃烘干过夜。将坩埚置于干燥器中冷却 1 h,称重(包括坩埚、膳食纤维残渣和硅藻土)。精确至 0.1 mg,减去坩埚和硅藻土的干重,计算残渣质量。

(3)蛋白质和灰分的测定:称重后的试样残渣,分别按国家标准规定方法测定其中蛋白质和灰分的质量。

3. 可溶性膳食纤维测定

(1)计算滤液体积:将不溶性膳食纤维过滤后的滤液收集到 600 mL 高脚烧杯中,通过称"烧杯＋滤液"总质量、扣除烧杯质量的方法估算滤液的体积。

(2)沉淀:滤液加入 4 倍体积预热至 60℃的 95％乙醇,室温下沉淀 1 h。以下测定按总膳食纤维步骤(2)～(4)进行。

四、分析结果的表述

空白的质量按下式计算:

$$m_{\mathrm{B}} = \frac{m_{\mathrm{BR1}} + m_{\mathrm{BR2}}}{2} - m_{\mathrm{PB}} - m_{\mathrm{AB}}$$

式中：m_B——空白的质量，mg；

m_{BR1} 和 m_{BR2}——双份空白测定的残渣质量，mg；

m_{PB}——残渣中蛋白质的质量，mg；

m_{AB}——残渣中灰分的质量，mg。

膳食纤维的含量按下式计算：

$$X = \frac{[(m_{R1} + m_{R2})/2] - m_P - m_A - m_B}{(m_1 + m_2)/2} \times 100$$

式中：X——膳食纤维的含量，g/100 g；

m_{R1} 和 m_{R2}——双份试样残渣的质量，mg；

m_1 和 m_2——试样的质量，mg；

m_B——空白的质量，mg；

m_P——试样残渣中蛋白质的质量，mg；

m_A——残渣中灰分的质量，mg。

结果保留到小数点后两位。

总膳食纤维、不溶性膳食纤维、可溶性膳食纤维均用上式计算。

五、常见技术问题处理

（1）本方法测定的总膳食纤维是指不能被 α-淀粉酶、蛋白酶和葡萄糖苷酶酶解消化的碳水化合物，包括纤维素、半纤维素、木质素、果胶、部分回生淀粉、果聚糖及美拉德反应产物等。一些小分子（聚合度 3～12）的可溶性膳食纤维，如低聚果糖、低聚半乳糖、多聚葡萄糖、抗性麦芽糊精和抗性淀粉等。由于能部分溶解在乙醇溶液中，本方法不能够准确测量。

（2）本方法适用于植物类食品及其制品中总的、可溶性和不溶性膳食纤维的测定及各类植物性食品和含有植物性食品的混合食品中不溶性膳食纤维的测定。

（3）配制 0.05 mol/L MES-TRIS 缓冲液时，一定要根据温度调其 pH，24℃ 时调 pH 为8.2，20℃ 时调 pH 为 8.3，28℃ 时调 pH 为 8.1，20℃ 和 28℃ 之间的偏差，用内插法校正。

（4）本方法的检出限为 0.1 mg。

【知识与技能检测】

1. 什么是膳食纤维？简述测定膳食纤维的意义。

2. 说明总的、可溶性和不溶性膳食纤维的测定原理。

3. 查国家标准，对比 GB/T 5009.88—2008 食品中膳食纤维的测定和 GB/T 22224—2008 食品中膳食纤维的测定（酶重量法和酶重量法-液相色谱法）的异同。

【超级链接】膳食纤维测定标准

GB/T 22224—2008《食品中膳食纤维的测定》中，第一法规定了酶重量法测定食品中总的、可溶性和不溶性膳食纤维的条件和详细分析步骤。该方法适用于谷类、蔬菜和水果及其制品中总的、可溶性和不溶性膳食纤维的测定，不适用于含低分子质量的抗性麦芽糊精、寡果糖、低聚半乳糖、多聚葡萄糖和抗性淀粉等食品的膳食纤维的测定。第二法规定了测定食品中含低分子质量的抗性麦芽糊精的总膳食纤维的酶重量法-液相色谱法的条件和详细分析步骤。

此法适用于含有抗性麦芽糊精的糖果蜜饯（含巧克力及制品）、粮食及制品、糕点、饮料、乳制品、肉制品和保健食品等食品中总膳食纤维的测定。

GB/T 9822—2008《粮油检验　谷物不溶性膳食纤维的测定》则详细规定了测定谷物中不溶性膳食纤维的术语、定义、原理、试剂和材料、仪器设备、操作步骤、结果计算及精密度的要求，专门适用于谷物中不溶性膳食纤维测定。

技能训练 1　干红葡萄酒中还原糖的测定

一、技能目标

(1)查阅《葡萄酒、果酒通用分析方法》(GB/T 15038)能正确制订作业程序。

(2)掌握直接滴定法测定还原糖的方法和技能。

二、所需试剂与仪器

按照《葡萄酒、果酒通用分析方法》(GB/T 15038)的规定，请将干红葡萄酒中还原糖测定所需仪器设备的名称、数量、规格和试剂的名称、规格级别记录于表 3-52 和表 3-53 中。

表 3-52　工作所需全部仪器设备一览表

序号	名称	规格要求
1		
2		

表 3-53　工作所需全部化学试剂一览表

序号	名称	规格要求	配制方法
1			
2			

三、工作过程与标准要求

工作过程及标准要求见表 3-54。

表 3-54　工作过程与标准要求

工作过程	工作内容	技能标准
1. 制订工作方案	按照国家标准制订工作方案。	方案符合实际、科学合理、周密详细。
2. 试剂与仪器准备	准备并检查实训材料与仪器。	(1)准备本次实训所需的所有材料与仪器设备。 (2)试剂的配制和仪器的清洗、控干。 (3)检查设备运行是否正常。
3. 试样的制备	准确吸取一定量的样品(V_1)于 100 mL 容量瓶中，使之所含还原糖量为 0.2～0.4 g，加水定容至刻度，备用。	(1)能正确称量样品。 (2)能规范进行定容操作。

续表 3-54

工作过程	工作内容	技能标准
4. 费林溶液的标定	吸取费林溶液Ⅰ、Ⅱ各 5.00 mL 于 250 mL 三角瓶中,加 50 mL 水和比预备试验少 1 mL 的葡萄糖标准溶液(2.5 g/L),加热至沸,并保持 2 min,加 2 滴次甲基蓝指示液,在沸腾状态下于 1 min 内用葡萄糖标准溶液滴至终点,记录消耗的葡萄糖标准溶液的总体积(V)。平行操作 3 份,取其平均值。计算费林溶液Ⅰ、Ⅱ各 5 mL 相当于葡萄糖的克数即 F 值。	(1)能正确称量样品。 (2)能规范进行滴定操作。 (3)能准确进行终点判断。 (4)能正确计算 F 值。
5. 试样的测定	吸取一定量样品(V_3)(液温 20℃)于预先装有费林溶液Ⅰ、Ⅱ各 5.00 mL 的 250 mL 三角瓶中,在电炉上加热至沸腾,再用葡萄标准溶液滴定至蓝色将消失呈红色时,加 2 滴次甲基蓝指示液,继续滴至蓝色消失,记录消耗的葡萄糖标准溶液的体积(V)。平行操作 3 份,取其平均值。	(1)能正确称量样品。 (2)能规范进行滴定操作。 (3)能准确进行终点判断。

四、数据记录及处理

(1)数据记录　将数据记录于表 3-55 中。

表 3-55　数据记录表

	1	2	3	平均值
标定时消耗葡萄糖用量/mL				
10 mL 碱性酒石酸铜相当于葡萄糖的量/mg				
测定时消耗样品的量/mL				
样品质量/g				

(2)结果计算　干红葡萄酒中还原糖的含量按下式进行计算:

$$X = \frac{F - c \times V}{(V_1/V_2) \times V_3} \times 1\,000$$

式中:X——干葡萄酒中还原糖的含量,g/L;

　　　F——费林溶液Ⅰ、Ⅱ各 5 mL 相当于葡萄糖的克数,g;

　　　c——葡萄糖标准溶液的浓度,g/mL;

　　　V——消耗葡萄糖标准溶液的体积,mL;

　　　V_1——吸取样品的体积,mL;

　　　V_2——样品稀释后或水解定容的体积,mL;

　　　V_3——消耗试样的体积,mL。

五、技能评价

按照工作过程操作水平,由相关人员填写技能评价表(表 3-56)。

表 3-56 技能评价表

评价内容	满分值	学生自评	同伴互评	教师评价	综合评分
1. 制订工作方案	15				
2. 试剂与仪器准备	5				
3. 试样的制备	10				
4. 费林溶液的标定	20				
5. 试样的测定	25				
6. 数据记录及结果	10				
7. 实训报告	15				
总分					

注:综合评分=学生自评分×20%+同伴互评分×30%+教师评价分×50%。

技能训练 2 全脂甜乳粉中蔗糖含量的测定

一、技能目标

(1)查阅《食品安全国家标准 婴幼儿食品和乳品中乳糖、蔗糖的测定》(GB 5413.5)能正确制订作业程序。

(2)掌握盐酸水解法测定蔗糖的原理和操作技能。

(3)掌握乳粉中蔗糖含量的测定方法和操作技能。

二、所需试剂与仪器

按照《食品安全国家标准 婴幼儿食品和乳品中乳糖、蔗糖的测定》(GB 5413.5)所需仪器设备的名称、数量、规格和试剂的名称、规格级别记录于表 3-57 和表 3-58 中。

表 3-57 工作所需全部仪器设备一览表

序号	名称	规格要求
1		
2		

表 3-58 工作所需全部化学试剂一览表

序号	名称	规格要求	配制方法
1			
2			

三、工作过程与标准要求

工作过程及标准要求见表 3-59。

表 3-59　工作过程与标准要求

工作过程	工作内容	技能标准
1. 制订工作方案	按照国家标准制订工作方案。	方案符合实际、科学合理、周密详细。
2. 试剂与仪器准备	准备并检查实训材料与仪器。	(1)准备本次实训所需的所有材料与仪器设备。 (2)试剂的配制和仪器的清洗、控干。 (3)检查设备运行是否正常。
3. 试样处理	称取全脂加糖乳粉 2.5 g(精确到 0.1 mg),用 100 mL 水分数次溶解并洗入 250 mL 容量瓶中。徐徐加入 4 mL 乙酸铅(200 g/L),4 mL 草酸钾-磷酸氢二钠溶液,并振荡容量瓶,用水稀释至刻度。静置数分钟,用干燥滤纸过滤,弃去最初 25 mL 滤液后,所得滤液备用。	(1)能正确称量样品。 (2)能规范进行定容操作。
4. 样液的转化	取 50 mL 上述滤液于 100 mL 容量瓶中,加水 10 mL,再加入 10 mL 盐酸(1+1),置于 75℃ 水浴锅中,时时摇动,使溶液温度在 67.0~69.5℃,保温 5 min,冷却后,加 2 滴酚酞(5 g/L),用氢氧化钠溶液(300 g/L)调至微粉色,用水定容至刻度。	
5. 费林溶液的标定	称取在(105±2)℃烘箱中干燥 2 h 的蔗糖约 0.2 g(精确至 0.1 mg),用 50 mL 水溶解并洗入 100 mL 容量瓶中,加水 10 mL,再加入 10 mL 盐酸(1+1),置于 75℃ 水浴锅中,时时摇动,使溶液温度在 67.0~69.5℃,保温 5 min,冷却后,加 2 滴酚酞(5 g/L),用氢氧化钠溶液(300 g/L)调至微粉色,用水定容至刻度。 预滴定:吸取费林溶液甲液、乙液各 5.00 mL 于 250 mL 三角瓶中,加 20 mL 水,放入几粒玻璃珠,从滴定管加 15 mL 上述蔗糖溶液于三角瓶中,置于电炉上加热,使其在 2 min 内沸腾,保持沸腾状态 15 s,加入 3 滴次甲基蓝溶液(10 g/L),继续滴入蔗糖溶液至溶液蓝色褪尽为止,读取所用蔗糖溶液的体积。 精确滴定:另取 10 mL 费林溶液甲液、乙液各 5.00 mL 于 250 mL 三角瓶中,加 20 mL 水,放入几粒玻璃珠,加入比预滴定量少 0.5~1.0 mL 的蔗糖置于电炉上,使其在 2 min 内沸腾,并保持 2 min,加 3 滴次甲基蓝指示液,在沸腾状态下以每两秒一滴的速度徐徐滴入,溶液蓝色完全褪尽即为终点,记录消耗的蔗糖溶液的总体积(V)。平行操作 3 份,取其平均值。计算费林溶液的蔗糖校正值。	(1)能正确称量样品。 (2)能规范进行滴定操作。 (3)能准确进行终点判断。 (4)能正确计算 F 值。

续表 3-59

工作过程	工作内容	技能标准
6. 试样的测定	吸取一定量样品(V_3)(液温 20℃)于预先装有费林溶液Ⅰ、Ⅱ各 5.00 mL 的 250 mL 三角瓶中,在电炉上加热至沸,再用葡萄标准溶液滴定至蓝色将消失呈红色时,加 2 滴次甲基蓝指示液,继续滴至蓝色消失,记录消耗的葡萄糖标准溶液的体积(V)。平行操作 3 份,取其平均值。	(1)能正确称量样品。 (2)能规范进行滴定操作。 (3)能准确进行终点判断。

四、数据记录及处理

(1)数据记录　将数据记录于表 3-60 中。

表 3-60　数据记录表

	1	2	3	平均值
标定时消耗蔗糖溶液体积(V)/mL				
称取蔗糖的质量(m)/g				
费林氏液的蔗糖校正值(f)				
滴定消耗的转化液量(V_2)/mL				
样品质量(m_2)/g				

(2)结果计算

按下式计算费林氏液的蔗糖校正值(f):

$$A = \frac{m \times V \times 1\,000}{100 \times 0.95} = 10.526\,3 \times m \times V$$

$$f = \frac{10.526\,3 \times m \times V}{AL}$$

式中:A——实测转化糖数,mg;

V——滴定时消耗蔗糖溶液的体积,mL;

m——称取蔗糖的质量,g;

0.95——果糖分子质量和葡萄糖分子质量之和与蔗糖分子质量的比值;

f——费林氏液的蔗糖校正值;

AL——由蔗糖溶液滴定的毫升数查表(见附表 3)所得的转化糖数,mg。

按下式计算样品液转化后转化糖含量(X_2):

$$X_2 = \frac{F \times f \times 0.50 \times 100}{V_2 \times m_2}$$

式中:X_2——转化后转化糖的质量分数,g/100 g;

F——由 V_2 查表(见附表 3)所得的转化糖数,mg;

f——费林氏液的蔗糖校正值;

m_2——样品的质量, g;

V_2——滴定消耗的转化液量, mL。

试样中蔗糖的含量(X)按下式计算:

$$X = (X_2 - X_1) \times 0.95$$

式中: X——试样中蔗糖的质量分数, g/100 g;

X_2——转化后转化糖的质量分数, g/100 g;

X_1——转化前转化糖的质量分数, g/100 g。

五、技能评价

按照工作过程操作水平,由相关人员填写技能评价表(表 3-61)。

表 3-61 技能评价表

评价内容	满分值	学生自评	同伴互评	教师评价	综合评分
1. 制订工作方案	15				
2. 试剂与仪器准备	5				
3. 试样的制备	10				
4. 费林溶液的标定	20				
5. 试样的测定	25				
6. 结果计算	10				
7. 实训报告	15				
总分					

注:综合评分=学生自评分×20%+同伴互评分×30%+教师评价分×50%。

技能训练 3 火腿肠中淀粉含量的测定

一、技能目标

(1)查阅《中华人民共和国国家标准 火腿肠》(GB/T 20712)和《食品中淀粉的测定》(GB/T 5009.9)能正确制订作业程序。

(2)掌握盐酸水解法测定淀粉的原理和操作技能。

(3)掌握火腿肠中淀粉含量的测定方法和操作技能。

二、所需试剂与仪器

按照 GB/T 5009.9 的规定,请将火腿肠中淀粉测定中所需仪器设备的名称、数量、规格和试剂的名称、规格级别记录于表 3-62 和表 3-63 中。

表 3-62　工作所需全部仪器设备一览表

序号	名称	规格要求
1	水浴锅	温度可控制在(75±2)℃
2		

表 3-63　工作所需全部化学试剂一览表

序号	名称	规格要求	配制方法
1			
2			

三、工作过程与标准要求

工作过程及标准要求见表 3-64。

表 3-64　工作过程与标准要求

工作过程	工作内容	技能标准
1. 制订工作方案	按照国家标准制订工作方案。	方案符合实际、科学合理、周密详细。
2. 试剂与仪器准备	准备并检查实训材料与仪器。	(1)准备本次实训所需的所有材料与仪器设备。 (2)试剂的配制和仪器的清洗、控干。 (3)检查设备运行是否正常。
3. 试样处理	称取 2.0～5.0 g 磨碎的试样,置于铺有慢速滤纸的漏斗中,用 30 mL 乙醚分 3 次洗去试样的脂肪,再用 100 mL 85% 乙醇分数次洗涤残渣以除去可溶性糖类。滤干乙醇后以 100 mL 水把漏斗中残渣并转移至 250 mL 锥形瓶(磨口与冷凝管连接)中。加入 30 mL 盐酸(1+1),接好冷凝管,置沸水浴中回流 2 h。回流完毕后,立即置流水中冷却。待样品水解液冷却后,加入 2 滴甲基红指示液,先以氢氧化钠溶液(400 g/L)调至黄色,再以盐酸(1+1)校正至水解液刚变红色为宜。若水解液颜色较深,可用精密 pH 试纸测试,使样品水解液的 pH 约为 7。然后加 20 mL 乙酸铅溶液(200 g/L),摇匀,放置 10 min。再加 20 mL 硫酸钠溶液(100 g/L),以除去过多的铅。摇匀后将全部溶液及残渣转入 500 mL 容量瓶中,用水洗涤锥形瓶,洗液合并于容量瓶中,加水稀释至刻度。过滤,弃去初滤液 20 mL,滤液供测定用。	(1)能正确称量样品。 (2)能规范进行样品的转移。 (3)能正确连接水解装置。 (4)能熟练规范地进行样液的中和、除蛋白质、定容及过滤操作。
4. 空白试验	取 100 mL 水和 30 mL(1+1)盐酸于 250 mL 锥形瓶中,按上述方法操作,得试剂空白液。	(1)理解空白试验的含义。 (2)能正确进行空白试验操作。

续表 3-64

工作过程	工作内容	技能标准
5. 碱性酒石酸铜溶液的标定	吸取碱性酒石酸铜溶液甲、乙液各 5.00 mL 于 150 mL 锥形瓶中,加水 10 mL,加入两粒玻璃珠,从滴定管加约 9 mL 葡萄糖标准,控制在 2 min 内沸腾,趁沸以 2 s/滴的速度继续滴加葡萄糖溶液至蓝色褪去为终点,记录消耗葡萄糖标准溶液的总体积。平行操作 3 份,取其平均值。计算碱性酒石酸铜溶液甲、乙各 5 mL 相当于葡萄糖的质量(mg)。	(1)能正确吸取试剂。 (2)能规范进行滴定操作。 (3)能准确进行终点判断。 (4)能正确计算 A 值。
6. 试样溶液预测	吸取碱性酒石酸铜溶液甲、乙液各 5.00 mL 于 150 mL 锥形瓶中,加水 10 mL,加入两粒玻璃珠,控制在 2 min 内沸腾,保持沸腾以先快后慢的速度从滴定管中滴加试样溶液,待溶液颜色变浅时,以每 2 s/滴的速度继续滴加至蓝色刚好褪去为终点,记录消耗试样溶液的体积。	能正确进行样液的预测。
7. 试样溶液的测定	吸取碱性酒石酸铜溶液甲、乙液各 5.00 mL 于 150 mL 锥形瓶中,加水 10 mL,加入两粒玻璃珠,从滴定管加比预测体积少 1 mL 的试样溶液于锥形瓶中,控制在 2 min 内沸腾,趁沸以 2 s/滴的速度继续滴加葡萄糖溶液至蓝色褪去为终点,记录消耗样液体积。平行操作 3 份,取其平均值。同时量取 50 mL 水及与试样处理时相同量的盐酸水解溶液,按同一方法做试剂空白试验。	(1)能正确称量样品。 (2)能规范进行滴定操作。 (3)能准确进行终点判断

四、数据记录及处理

(1)数据记录　将数据记录于表 3-65 中。

表 3-65　数据记录表

	1	2	3	平均值
标定时葡萄糖用量/mL				
10 mL 碱性酒石酸铜相当于葡萄糖的量/mg				
测定时消耗样品的量/mL				
称取样品质量/g				

(2)结果计算　样品中淀粉的含量按下式进行计算:

$$X = \frac{(A_1 - A_2) \times 0.9}{m \times V/500 \times 1\,000} \times 100$$

式中:X——样品中淀粉含量,g/100 g;

A_1——测定用样品水解液中还原糖的质量,mg;

A_2——空白液中还原糖的质量,mg;

m——样品质量,g;

V——测定用样品水解液体积,mL;

500——样品水解液总体积，mL；

0.9——还原糖折算成淀粉的换算系数。

五、技能评价

按照工作过程操作水平，由相关人员填写技能评价表（表 3-66）。

表 3-66　技能评价表

评价内容	满分值	学生自评	同伴互评	教师评价	综合评分
1. 制订工作方案	10				
2. 试剂与仪器准备	5				
3. 试样处理	20				
4. 空白试验	5				
5. 碱性酒石酸铜溶液的标定	15				
6. 试样的预测	10				
7. 样液的测定	15				
8. 数据记录及结果	10				
9. 实训报告	10				
总分					

注：综合评分＝学生自评分×20％＋同伴互评分×30％＋教师评价分×50％。

技能训练 4　大豆膳食纤维粉中总膳食纤维的测定

一、技能目标

（1）查阅《大豆膳食纤维粉》（GB/T 22494）和《食品中不溶性膳食纤维的测定》（GB/T 5009.88）能正确制订作业程序。

（2）掌握食品中膳食纤维测定的原理和操作技能。

（3）掌握大豆膳食纤维粉中总膳食纤维测定的方法和操作技能。

二、所需试剂与仪器

按照《食品中不溶性膳食纤维的测定》（GB/T 5009.88）的规定，请将大豆膳食纤维粉中总膳食纤维测定所需仪器设备的名称、数量、规格和试剂的名称、规格级别记录于表 3-67 和表 3-68 中。

表 3-67　工作所需全部仪器设备一览表

序号	名称	规格要求
1	分析天平	感量为 0.1 mg
2		

表 3-68　工作所需全部化学试剂一览表

序号	名称	规格要求	配制方法
1			
2			

三、工作过程与标准要求

工作过程及标准要求见表3-69。

表 3-69　工作过程与标准要求

工作过程	工作内容	技能标准
1. 制订工作方案	按照国家标准制订工作方案。	方案符合实际、科学合理、周密详细。
2. 试剂与仪器准备	准备并检查实训材料与仪器。	(1)准备本次实训所需的所有材料与仪器设备。 (2)试剂的配制和仪器的清洗、控干。 (3)检查设备运行是否正常。
3. 试样酶解	(1)准确称取双份样品(m_1 和 m_2)($1.000\ 0 \pm 0.002\ 0$) g,把称好的试样置于 400 mL 或 600 mL 高脚烧杯中,加入 pH 8.2 的 MES-TRIS 缓冲液 40 mL,用磁力搅拌直至试样完全分散在缓冲液中,避免形成团块,试样和酶不能充分接触。 (2)热稳定 α-淀粉酶酶解:加 50 μL 热稳定 α-淀粉酶溶液缓慢搅拌,然后用铝箔将烧杯盖住,置于 95~100℃ 的恒温振荡水浴中持续振摇,当温度升至 95℃ 开始计时,通常总反应时间 35 min。 (3)冷却:将烧杯从水浴中移出,冷却至 60℃,打开铝箔盖,用刮勺将烧杯内壁的环状物以及烧杯底部的胶状物刮下,用 10 mL 蒸馏水冲洗烧杯壁和刮勺。 (4)蛋白酶酶解:在每个烧杯中各加入 50 mg/mL 蛋白酶溶液 100 μL,盖上铝箔,继续水浴振摇,水温达 60℃ 时开始计时,在 (60 ± 1)℃ 条件下反应 30 min。 (5)pH 测定:30 min 后,打开铝箔盖,边搅拌边加入 3 mol/L 乙酸溶液 5 mL。溶液 60℃ 时,调 pH 约 4.5(以 0.4 g/L 溴甲酚绿为外指示剂)。 (6)淀粉葡萄糖苷酶酶解:边搅拌边加入 100 μL 淀粉葡萄糖苷酶溶液,盖上铝箔,持续振摇,水温到 60℃ 时开始计时,在 (60 ± 1)℃ 条件下反应 30 min。 同时做 2 个试剂空白。	(1)能正确称量样品。 (2)能规范使用振荡水浴锅、pH 计等仪器。 (3)能正确进行空白试验操作。
4. 沉淀	在每份试样中,加入预热至 60℃ 的 95% 乙醇 225 mL(预热后的体积),乙醇与样液的体积比为 4∶1,取出烧杯,盖上铝箔,室温下沉淀 1 h。	

续表 3-69

工作过程	工作内容	技能标准
5. 过滤	用 78％乙醇 15 mL 将称重过的坩埚中的硅藻土润湿并铺平,抽滤去除乙醇溶液,使坩埚中硅藻土在烧结玻璃滤板上形成平面。乙醇沉淀处理后的样品酶解液倒入坩埚中过滤,用刮勺和 78％乙醇将所有残渣转至坩埚中。	能正确操作真空装置。
6. 洗涤	分别用 78％乙醇、95％乙醇和丙酮 15 mL 洗涤残渣各 2 次,抽滤去除洗涤液后,将坩埚连同残渣在 105℃烘干过夜。将坩埚置于干燥器中冷却 1 h,称重(包括坩埚、膳食纤维残渣和硅藻土),精确至 0.1 mg,减去坩埚和硅藻土的干重,计算残渣质量。	(1) 能正确操作使用干燥箱及干燥器。 (2) 能熟练规范使用分析天平。
7. 蛋白质和灰分的测定	称重后的试样残渣,分别按 GB/T 5009.5 的规定测定氮(N),以 N×6.25 为换算系数,计算蛋白质质量;按 GB/T 5009.4 测定灰分,即在 525℃灰化 5 h,于干燥器中冷却,精确称量坩埚总质量(精确至 0.1 mg),减去坩埚和硅藻土的质量,计算灰分质量。	(1) 能正确测定残渣中蛋白质质量,熟练使用消化、蒸馏及滴定用仪器设备。 (2) 能正确测定残渣中灰分质量。

四、数据记录及处理

(1)数据记录　将试验数据填入表 3-70 中。

表 3-70　数据记录表

测定次数	样品质量(g)	坩埚和硅藻土、粗纤维、残渣中灰分、蛋白质的总质量(g)	坩埚和硅藻土的质量(g)	残渣中灰分质量(g)	残渣中蛋白质量(g)
1					
2					

(2)结果计算

空白质量按下式进行计算:

$$m_B = \frac{m_{BR1} + m_{BR2}}{2} - m_{PB} - m_{AB}$$

式中:m_B——空白的质量,mg;

m_{BR1} 和 m_{BR2}——双份空白测定的残渣质量,mg;

m_{PB}——残渣中蛋白质的质量,mg;

m_{AB}——残渣中灰分的质量,mg。

总膳食纤维的质量按下式进行计算:

$$X = \frac{[(m_{R1} + m_{R2})/2] - m_P - m_A - m_B}{(m_1 + m_2)/2} \times 100$$

式中：X——膳食纤维的含量，g/100 g；

m_{R1} 和 m_{R2}——双份试样残渣的质量，mg；

m_1 和 m_2——试样的质量，mg；

m_B——空白的质量，mg；

m_P——试样残渣中蛋白质的质量，mg；

m_A——残渣中灰分的质量，mg。

五、技能评价

按照工作过程操作水平，由相关人员填写技能评价表（表3-71）。

表3-71 技能评价表

评价内容	满分值	学生自评	同伴互评	教师评价	综合评分
1. 制订工作方案	10				
2. 准备工作	5				
3. 试样酶解	20				
4. 沉淀	5				
5. 过滤	10				
6. 洗涤	10				
7. 蛋白质和灰分测定	15				
8. 结果计算	15				
9. 实训报告	10				
总分					

注：综合评分＝学生自评分×20％＋同伴互评分×30％＋教师评价分×50％。

项目七　食品中蛋白质及氨基酸的测定

【知识要求】

（1）了解蛋白质和蛋白质系数、氨基酸和氨基酸态氮的概念；

（2）掌握凯氏定氮法原理和方法；

（3）掌握氨基酸态氮的测定原理；

（4）掌握凯氏定氮装置的组件和安装、使用知识。

【能力要求】

（1）熟练掌握常量、微量凯氏定氮法的操作技能；

（2）掌握氨基酸态氮的测定方法和操作技能。

任务一　食品中蛋白质的测定

【知识准备】

一、概述

蛋白质是复杂的含氮有机化合物,它由 20 多种氨基酸通过酰胺键以一定的方式结合起来,并具有复杂的空间结构。它主要含的元素是 C、H、O、N、S、P,另外还有一些微量元素 Fe、Zn、I、Cu、Mn。而含 N 是蛋白质区别于其他有机化合物的重要标志。

不同的食品含有蛋白质的量不同。一般动物性食品的蛋白质含量高于植物性食品的蛋白质含量。如牛肉中的蛋白质含量大约为 20%、牛乳为 3.5%、鸡肉为 20%、猪肉为 9.5%、面粉为 9.9%。蛋白质可以用酸或酶水解,水解的中间产物是胨、脒、肽等,最终产物为氨基酸,蛋白质在人体中的消化过程也是如此。人体对蛋白质的需要在一个时期内是固定的,一般成人每日应从食品中摄入蛋白质 70 g 左右。由于人体不能贮存蛋白质,因此,必须经常从食品中得到补充,如果蛋白质长期缺乏,就会引起严重的疾病。

蛋白质是人体重要的营养物质,测定食品中的蛋白质含量,对合理调配膳食,保证不同人群的营养需求,掌握食品的营养价值,合理开发利用食品资源,控制食品加工中食品的品质、质量都具有重要的意义。

二、蛋白质的测定方法和蛋白质换算系数

1. 测定方法

测定蛋白质的方法可分为两大类:一类是利用蛋白质的共性,即含氮量、肽链和折光率等测定蛋白质含量;另一类是利用蛋白质中特定氨基酸残基、酸性、碱性基团和芳香基团等测定蛋白质含量。

目前最常用的方法是凯氏定氮法。此外,双缩脲分光光度比色法、染料结合分光光度比色法、酚试剂法等也常用于蛋白质含量测定。近年来,国外采用红外检测仪,利用一定的波长范围内的近红外线具有被食品中蛋白质组分吸收和反射的特性,而建立了近红外光谱快速定量法。

2. 蛋白质换算系数

对于不同的蛋白质,它的组成和结构不同,但从分析数据可以得到近似的蛋白质的元素组成百分比。

元素	C	H	O	N	S	P
元素组成百分比(%)	50	7	23	16	0～3	0～3

不同的蛋白质其氨基酸组成及方式不同,所以各种不同来源的蛋白质,其 N 量也不相同,一般蛋白质含 N 量为 16%,即 1 份 N 素相当于 6.25 份蛋白质,此系数称为蛋白质换算系数 F。

但是我们必须要知道,当测定的样品其含氮的系数与上面 100/16 相差较大时,采用 6.25

将会引起显著的偏差。

所以在用凯氏定氮法定量蛋白质时,将测得的总氮(%)乘上蛋白质的换算系数 $F=6.25$ 即为该物质的蛋白质含量。

食品不同,蛋白质组成也不同,蛋白质换算系数也有差异。如玉米、荞麦为 6.25,花生 5.46,大米 5.95,大豆及其制品 5.71,面粉 5.70,乳制品 6.38。

三、凯氏定氮法

凯氏定氮法是目前普遍采用的测定有机 N 总量较为准确、方便的方法之一,适用于所有食品,所以国内外应用较为广泛。是经典的分析方法之一,也国家标准中的第一方法,由于该法是丹麦人道尔(J. Kjeldah)于 1883 年提出用于测定研究蛋白质而得名。

凯氏定氮法是将蛋白质消化,测定其总 N 量,再换算成为蛋白质含量的凯氏定氮法。食品中的含 N 物质,除蛋白质外,还有少量的非蛋白质含 N 物质,所以该法测定的蛋白质含量应称为粗蛋白质。

凯氏定氮法有常量法、微量法及改良法,其原理基本相同,只是所使用的样品数量和仪器不同。而改良的常量法主要是催化剂的种类、硫酸和盐类添量不同,一般采用硫酸铜、二氧化钛或硒、汞等物质代替硫酸铜。

有些样品中含有难以分解的含 N 化合物,如蛋白质中含有色氨酸、赖氨酸、组氨酸、酪氨酸、脯氨酸等,单纯以硫酸铜作催化剂,18 h 或更长时间也难以分解,单独用汞化合物,在短时间内即可,但它有毒性。

微量凯氏定氮法与常量法相比,不仅可节省试剂和缩短实验时间,而且准确度也较高,在实际工作中应用更为普遍。

【技能培训】

一、凯氏定氮法

(一)测定原理

食品中的蛋白质在催化加热条件下被分解,产生的氨与硫酸结合成硫酸铵。碱化蒸馏使氨游离,用硼酸吸收后以硫酸或盐酸标准溶液滴定,根据酸的消耗量乘以换算系数,即为蛋白质的含量。

(二)试剂和材料

(1)硫酸铜($CuSO_4 \cdot 5H_2O$)。

(2)硫酸钾(K_2SO_4)。

(3)硫酸(H_2SO_4,密度为 1.84 g/L)。

(4)硼酸(H_3BO_3)。

(5)甲基红指示剂($C_{15}H_{15}N_3O_2$)。

(6)溴甲酚绿指示剂($C_{21}H_{14}Br_4O_5S$)。

(7)亚甲基蓝指示剂($C_{16}H_{18}ClN_3S \cdot 3H_2O$)。

(8)氢氧化钠(NaOH)。

(9)95%乙醇(C_2H_5OH)。

(10)硼酸溶液(20 g/L):称取 20 g 硼酸,加水溶解后并稀释至 1 000 mL。

(11)氢氧化钠溶液(400 g/L):称取 40 g 氢氧化钠加水溶解后,放冷,并稀释至 100 mL。

(12)硫酸标准滴定溶液(0.050 0 mol/L)或盐酸标准滴定溶液(0.050 0 mol/L)。

(13)甲基红乙醇溶液(1 g/L):称取 0.1 g 甲基红,溶于 95%乙醇,用 95%乙醇稀释至100 mL。

(14)亚甲基蓝乙醇溶液(1 g/L):称取 0.1 g 亚甲基蓝,溶于 95%乙醇,用 95%乙醇稀释至 100 mL。

(15)溴甲酚绿乙醇溶液(1 g/L):称取 0.1 g 溴甲酚绿,溶于 95%乙醇,用 95%乙醇稀释至 100 mL。

(16)混合指示液:2 份甲基红乙醇溶液(1 g/L)与 1 份亚甲基蓝乙醇溶液(1 g/L)临用时混合。也可用 1 份甲基红乙醇溶液(1 g/L)与 5 份溴甲酚绿乙醇溶液(1 g/L)临用时混合。

(三)仪器和设备

(1)天平:感量为 1 mg。

(2)定氮蒸馏装置(图 3-10)。

(3)微量酸式滴定管。

(四)操作技能

1. 试样处理

称取充分混匀的固体试样 0.2～2 g 或 2～5 g 半固体试样或 10～25 g 液体试样(相当于氮 30～40 mg),精确至 0.001 g,移入干燥的 100 mL、250 mL 或 500 mL 定氮瓶中,加入 0.2 g 硫酸铜,6 g 硫酸钾及 20 mL 硫酸,稍摇匀后于瓶口放一小漏斗,将瓶以 45°角斜支于有小孔的石棉网上(图 3-9)。小心加热,待内容物全部炭化,泡沫完全停止后,加强火力,并保持瓶内液体微沸,至液体呈蓝绿色澄清透明后,再继续加热 0.5～1 h。取下放冷,小心加入 20 mL 水。冷却后转移至 100 mL 容量瓶中,并用少量水洗涤定氮瓶,洗涤水并入烧瓶中,再加水至刻度,混匀后备用。同样条件下做试剂空白试验。

2. 测定

按照图 3-10 连接好定氮蒸馏装置,向水蒸气发生器内装水至 2/3 处,加入数粒玻璃珠,加甲基红乙醇溶液 3 滴及 1～5 mL 硫酸,以保持水呈酸性,加热煮沸水蒸气发生器内的水并保持沸腾。

向接收瓶内加入 10.0 mL 20 g/L 硼酸溶液及混合指示剂 1～2 滴,并使冷凝管下端插入液面下,吸取 2.0～10.0 mL 试样处理液,由小漏斗流入反应室,并以 10.0 mL 水洗涤小玻杯并使之流入反应室内,塞紧棒状玻塞。将 10.0 mL 400 g/L 氢氧化钠溶液倒入小玻杯,提起玻塞,使其缓慢流入反应室,立即将玻塞盖紧,并加水于小玻杯中,以防漏气。夹紧螺旋夹,开始蒸馏。

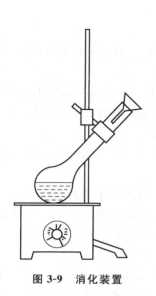

图 3-9　消化装置

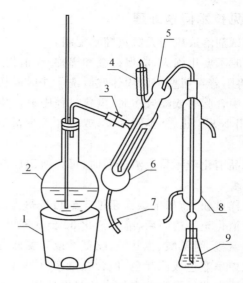

图 3-10　定氮蒸馏装置

1. 电炉　2. 水蒸气发生器　3. 螺旋夹　4. 小漏斗及棒状玻塞
5. 反应室　6. 反应室外层　7. 橡皮管及螺旋夹
8. 冷凝管　9. 接收瓶

蒸馏 10 min 后移动接收瓶,使冷凝管下端离开液面,再蒸馏 1 min,然后用少量水冲洗冷凝管下端外部,取下接收瓶。以硫酸或盐酸标准溶液(0.05 mol/L)滴定终点。其中 2 份甲基红乙醇溶液(1 g/L)与 1 份亚甲基蓝乙醇溶液(1 g/L)指示剂,颜色由紫红色变成灰色,pH 5.4;1 份甲基红乙醇溶液(1 g/L)与 5 份溴甲酚绿乙醇溶液(1 g/L)指示剂,颜色由酒红色变成绿色,pH 5.1。

同时做试剂空白试验。

(五)分析结果的表述

试样中蛋白质的含量按下式进行计算:

$$X = \frac{(V_1 - V_2) \times c \times 0.014\,0}{m \times V_3/100} \times F \times 100$$

式中: X ——试样中蛋白质的含量,g/100 g;

　　　V_1 ——试液消耗硫酸或盐酸标准滴定液的体积,mL;

　　　V_2 ——试剂空白消耗硫酸或盐酸标准滴定液的体积,mL;

　　　V_3 ——吸取消化液的体积,mL;

　　　c ——硫酸或盐酸标准滴定溶液浓度,mol/L;

0.014 0 ——1.0 mL 硫酸$[c(1/2\,H_2SO_4) = 1.000\,mol/L]$或盐酸$[c(HCl) = 1.000\,mol/L]$标准滴定溶液相当的氮的质量,g;

　　　m ——试样的质量,g;

　　　F ——氮换算为蛋白质的系数。

以重复性条件下获得的两次独立测定结果的算术平均值表示,蛋白质含量≥1 g/100 g时,结果保留三位有效数字;蛋白质含量<1 g/100 g时,结果保留两位有效数字。

(六)常见技术问题处理

(1)所用试剂溶液应用无氨蒸馏水配制。

(2)消化时不要用强火,应保持缓和沸腾;在消化过程中应注意不时转动凯氏烧瓶,以便利用冷凝酸液将附着在瓶壁上的固体残渣洗下并促进其消化完全。

(3)样品中含脂肪或糖较多时,消化过程中易产生大量泡沫。为防止泡沫溢出瓶外,在开始消化时应用小火加热,并不时摇动;或者加入少量消泡剂如辛醇、液体石蜡、硅油,同时注意控制热源强度。

(4)当样品消化液不易澄清透明时,可将凯氏烧瓶冷却,加入 30% 过氧化氢 2~3 mL 后再继续加热消化。

(5)若取样量较大,如干试样超过 5 g,可按每克试样 5 mL 的比例增加硫酸用量。

(6)一般消化至呈透明后,继续消化 30 min 即可,但对于含有特别难以氨化的氮化合物的样品,如含赖氨酸、组氨酸、色氨酸、酪氨酸或脯氨酸等时,需适当延长消化时间。有机物如分解完全,消化液呈蓝色或浅绿色,但含铁量多时,呈较深绿色。

(7)蒸馏前水蒸气发生器内的水始终保持酸性,这样可以避免水中的氨被蒸出而影响测定结果。蒸馏装置不能漏气。加碱要足量,操作要迅速。漏斗应采用水封措施,以免氨由此逸出损失。硼酸吸收液的温度不应超过 40℃,否则对氨的吸收作用减弱而造成损失,此时可置于冷水浴中使用。

(8)在蒸馏时,蒸汽发生要均匀充足,蒸馏过程中不得停火断汽,否则将发生倒吸。蒸馏完毕后,应先将冷凝管下端提离液面清洗管口,再蒸 1 min 后关掉热源,否则可能造成吸收液倒吸。

(9)本方法当称样量为 5.0 g 时,定量检出限为 8 mg/100 g。

二、分光光度法

(一)原理

食品中的蛋白质在催化加热条件下被分解,分解产生的氨与硫酸结合生成硫酸铵,在 pH 4.8 的乙酸钠-乙酸缓冲溶液中,铵与乙酰丙酮和甲醛反应生成黄色的 3,5-二乙酰-2,6-二甲基-1,4-二氢化吡啶化合物。在波长 400 nm 处测定吸光度,与标准系列比较定量,结果乘以换算系数,即为蛋白质含量。

(二)试剂和材料

(1)硫酸铜($CuSO_4 \cdot 5H_2O$)。

(2)硫酸钾(K_2SO_4)。

(3)硫酸(H_2SO_4,密度为 1.84 g/L):优级纯。

(4)氢氧化钠溶液(300 g/L):称取 30 g 氢氧化钠加水溶解后,放冷,并稀释至 100 mL。

(5)对硝基苯酚指示剂溶液(1 g/L):称取 0.1 g 对硝基苯酚指示剂溶于 20 mL 95% 乙醇中,加水稀释至 100 mL。

(6)乙酸溶液(1 mol/L):量取 5.8 mL 冰乙酸,加水稀释至 100 mL。

(7)酸钠溶液(1 mol/L):称取 41 g 无水乙酸钠或 68 g 乙酸钠($CH_3OOONa \cdot 3H_2O$),加水溶解后并稀释至 500 mL。

(8)乙酸钠-乙酸缓冲溶液：量取 60 mL 乙酸钠溶液（1 mol/L）与 40 mL 乙酸溶液（1 mol/L）混合，该溶液为 pH 4.8。

(9)显示剂：15 mL 37%甲醛与 7.8 mL 乙酰丙酮混合，加水稀释至 100 mL，剧烈振摇，混匀（室温下放置稳定 3 d）。

(10)氨氮标准储备溶液（1.0 g/L）：称取 105℃干燥 2 h 的硫酸铵 0.472 0 g，加水溶解后移入 100 mL 容量瓶中，并稀释至刻度，混匀。此溶液每毫升相当于 1.0 mg 氮。

(11)氨氮标准使用溶液（0.1 g/L）：用移液管精密吸取 10 mL 氨氮标准储备液（1.0 mg/mL）于 100 mL 容量瓶内，加水稀释至刻度，混匀。此溶液每毫升相当于 100 μg 氮。

(三)仪器和设备

(1)分光光度计。

(2)电热恒温水浴锅（100±0.5）℃。

(3)10 mL 具塞玻璃比色管。

(4)天平：感量为 1 mg。

(四)操作技能

1. 试样消解

称取经粉碎混匀过 40 目筛的固体试样 0.1～0.5 g 或半固体试样 0.2～1.0 g 或液体试样 1～5 g，精确到 0.001 g，移入干燥的 100 mL 或 250 mL 定氮瓶中，加 0.1 g 硫酸铜、1 g 硫酸钾及 5 mL 硫酸，摇匀后于瓶口放一小漏斗，将瓶以 45°角斜支于有小孔的石棉网上。小心加热，待内容物全部炭化，泡沫完全停止后，加强火力，并保持瓶内液体微沸，至液体呈蓝绿色澄清透明后，再继续加热 0.5 h。取下放冷小心加 20 mL 水，放冷后移入 50 mL 或 100 mL 容量瓶中，并用少量水洗定氮瓶，洗液并入容量瓶中，再加水至刻度，混匀备用。按同一方法做试剂空白试验。

2. 试样溶液的制备

精密吸取 2～5 mL 试样或试剂空白消化液于 50～100 mL 容量瓶内，加 1～2 滴对硝基酚指示剂溶液（1 g/L），摇匀后滴加氢氧化钠溶液（300 g/L）中和至黄色，再滴加乙酸（1 mol/L）至溶液无色，用水稀释至刻度，混匀。

3. 标准曲线的绘制

吸取 0、0.05 mL、0.1 mL、0.2 mL、0.4 mL、0.6 mL、0.8 mL 和 1.0 mL 氨氮标准使用溶液（相当于 0、5.0 μg、10.0 μg、20.0 μg、40.0 μg、60.0 μg、80.0 μg 和 100.0 μg 氮），分别置于 10 mL 比色管中。向各比色管分别加入 4.0 mL 乙酸钠-乙酸缓冲溶液（pH 4.8）及 4.0 mL 显色剂，加水稀释至刻度，混匀。置于 100℃水浴中加热 15 min。取出用水冷却至室温后，移入 1 cm 比色皿内，以 0 管为参比，于波长 400 nm 处测量吸光度，根据标准各点吸光度绘制标准曲线或计算直线回归方程。

4. 试样测定

吸取 0.5～2.0 mL（约相当于氮小于 100 μg）试样溶液和同量的试剂空白溶液，分别于 10 mL 比色管中。以下按 3 自"加入 4.0 mL 乙酸钠-乙酸缓酸溶液（pH 4.8）及 4.0 mL 显色剂"起依法操作。试样吸光度与标准曲线比较定量或代入标准回归方程求出含量。

(五)分析结果的表述

试样中蛋白质的含量按下式进行计算：

$$X = \frac{c - c_0}{m \times \dfrac{V_2}{V_1} \times \dfrac{V_4}{V_3} \times 1\,000 \times 1\,000} \times 100 \times F$$

式中：X ——试样中蛋白质的含量，g/100 g 或 g/100 mL；

　　　c ——试样测定液中氮的含量，μg；

　　　c_0 ——试剂空白测定液中氮的含量，μg；

　　　V_1 ——试样消化液定容体积，mL；

　　　V_2 ——制备试样溶液的消化液体积，mL；

　　　V_3 ——试样溶液总体积，mL；

　　　V_4 ——测定用试样溶液体积，mL；

　　　m ——试样质量或体积，g 或 mL；

　　　F ——氮换算为蛋白质的系数。

以重复性条件下获得的两次独立测定结果的算术平均值表示，蛋白质含量≥1 g/100 g 时，结果保留三位有效数字；蛋白质含量＜1 g/100 g 时，结果保留两位有效数字。

(六)常见技术问题处理

(1)本法适用于各种食品中蛋白质的测定，不适用于添加无机含氮物质、有机非蛋白质含氮物质的食品测定。

(2)当称样量为 5.0 g 时，定量检出限为 0.1 mg/100 g。

【知识与技能检测】

一、填空题

1. 凯氏定氮法消化过程中 H_2SO_4 的作用是_____；$CuSO_4$ 的作用是_____；K_2SO_4 的作用是_____。

2. 凯氏定氮法的主要操作步骤分为_____、_____、_____。

3. 凯氏定氮法的主要操作步骤分为消化、蒸馏、吸收、滴定；在消化步骤中，需加入少量辛醇并注意控制热源强度，目的是_____；在蒸馏步骤中，将吸收液置于冷凝管下端并要求_____，再从进样口加入_____，然后通水蒸气进行蒸馏；蒸馏完毕，首先应_____，再停火断气。

4. 蛋白质蒸馏装置的水蒸气发生器中的水要用硫酸调成酸性的是_____。

5. 凯氏定氮法碱化蒸馏后，用_____作吸收液。

二、叙述题

1. 凯氏定氮法测定蛋白质的依据是什么？

2. 试述凯氏定氮法测定蛋白质的原理和方法摘要。

3. 什么是蛋白质换算定系数？为什么不同试样蛋白质换算定系数不同？

4. 凯氏定氮法测出蛋白质是试样中准确的蛋白质含量吗？为什么？

5. 在消化过程中加入硫酸铜和硫酸钾试剂有哪些作用？

6. 样品经消化蒸馏之前为什么要加入氢氧化钠？这时溶液的颜色会发生什么变化？为什么？如果没有变化，说明了什么问题？

7. 蛋白质蒸馏装置的水蒸气发生器中的水为何要用硫酸调成酸性？

【超级链接】全自动凯氏定氮仪

全自动凯氏定氮仪测定蛋白质的原理与凯氏定氮法相同，其测定方法为：

(1)样品消化：称取一定量的样品于消化管中，加一粒凯氏片于消化管中，然后加入 5 mL浓硫酸，放置过夜，同时做样品空白管。在消化过程中，要先用低温消化，以防止高温消化时样品溢出，低温消化 1 h 后，将温度升到最高挡，至消化液无色透明。待消化液冷却后，加入少量的水冲洗消化管内壁并振摇，直至液体无色透明。放至室温后，加水至一定体积，作为样品溶液和试剂空白溶液，待测。

(2)样品定氮：开启自动分析仪电源，输入测定时的参数，使产生蒸汽，同时调节蒸汽表，使蒸汽表的指针指到 NORMAL，最后将消化管装入，关闭安全门后，开始自动定氮。当循环结束灯亮时，记录滴定结果，打开安全门，进行下一个样品测定。此仪器消耗盐酸溶液的最佳用量范围在 0.5～7 mL。全自动凯氏定氮仪具有全自动功能设计，可自动完成加酸、加碱、蒸馏、滴定、结果计算和输出打印等程序。配套消解炉具有高灵敏度的温度传感器，能够精确控制样品温度，恒温稳定，温度波动小，并且可同时消解多个样品。废气排放装置将样品高温消化过程中产生的酸气集中并外接水流抽气装置将废气排放掉，防止人员吸入有害气体，同时也避免酸气污染环境。与传统的凯氏定氮装置相比，全自动凯氏定氮仪操作简单，使用方便，减少了有害气体对人体造成的危害。

任务二　氨基酸态氮的测定

【知识准备】

蛋白质是一类含氮的高分子化合物，基本组成单位是氨基酸。参加蛋白质合成的氨基酸共有 20 多种，其中有 9 种(赖氨酸、色氨酸、苯丙氨酸、亮氨酸、异亮氨酸、苏氨酸、组氨酸、蛋氨酸和缬氨酸)人体自身不能合成或合成不能满足机体需要，必须从每日的膳食中供给一定数量，否则就不能维持机体的氮平衡。这些氨基酸，称为必需氨基酸。蛋白质是生命的基础，生命现象是通过蛋白质来体现的。蛋白质是人体组织细胞的重要组成部分，人体重量的 18％由蛋白质构成。蛋白质经常处于自我更新的状态，人体没有储存蛋白质的特殊场所，肌肉是蛋白质的临时调节仓库。

测定食品中的氨基酸含量，不仅可以决定食品营养价值的高低，而且还可以推算出蛋白质的水解程度。食品中的氨基酸组成十分复杂，在一般的常规检验中，多测定食品中氨基酸的总量，即氨基酸态氮的总量，通常采用碱滴定法进行简易测定。

目前世界上已出现多种氨基酸分析仪，可快速鉴定氨基酸的种类和含量，如利用近红外线反射分析仪，输入各种氨基酸的软件，通过电脑进行自动检测计算，可测定出各类氨基酸含量。

【技能培训】

一、电位滴定法

(一)测定原理

氨基酸有氨基及羧基两性基团,它们相互作用形成中性内盐,利用氨基酸的两性作用,加入甲醛以固定氨基的碱性,使羧基显示出来酸性,用氢氧化钠标准溶液滴定后定量,根据酸度计指示 pH 值,控制终点。

(二)试剂和材料

(1)甲醛(36%):应不含有聚合物。

(2)氢氧化钠标准滴定溶液[$c(NaOH)=0.050$ mol/L]。

(三)仪器和设备

(1)酸度计:包括标准缓冲溶液和 KCl 饱和溶液。

(2)磁力搅拌器。

(3)10 mL 微量滴定管。

(四)操作技能

1. 样品处理

(1)固体样品　准确称取均匀样品 0.5 g,加水 50 mL,充分搅拌,移入 100 mL 容量瓶中,加水至刻度,摇匀。用干滤纸过滤,弃去初滤液。

(2)液体样品　准确吸取 5.0 mL,置于 100 mL 容量瓶中,加水至刻度。混匀。

2. 测定

(1)吸取 20.0 mL 上述样品稀释液于 200 mL 烧杯中,加水 60 mL,开动磁力搅拌器,用氢氧化钠标准滴定溶液[$c(NaOH)=0.050$ mol/L]滴定至酸度计指示 pH 8.2,记录消耗氢氧化钠标准滴定溶液[$c(NaOH)=0.050$ mol/L]的毫升数。

(2)向上述溶液中准确加入 10.0 mL 甲醛溶液,混匀。再用氢氧化钠标准滴定溶液[$c(NaOH)=0.050$ mol/L]继续滴定至 pH 9.2,记录加入甲醛后滴定所消耗氢氧化钠标准滴定溶液[$c(NaOH)=0.050$ mol/L]的毫升数。

3. 空白试验

取 80 mL 水,先用氢氧化钠标准滴定溶液[$c(NaOH)=0.050$ mol/L]滴定至酸度计指示 pH 8.2,再加入 10.0 mL 甲醛溶液,混匀,再用氢氧化钠标准滴定溶液[$c(NaOH)=0.050$ mol/L]滴定至 pH 9.2,记录加入甲醛后滴定所消耗氢氧化钠标准滴定溶液[$c(NaOH)=0.050$ mol/L]的毫升数。

(五)分析结果的表述

试样中氨基酸态氮的含量按下式进行计算:

$$X=\frac{(V_1-V_2)\times c\times 0.014}{5\times 20/100}\times 100$$

式中:X ——试样中氨基酸态氮的含量,g/100 mL 或 g/100 g;

　　V_1 ——测定用试样稀释液加入甲醛后消耗标准碱液的体积,mL;

V_2——测定空白试验加入甲醛后消耗标准碱液的体积,mL;

c——氢氧化钠标准溶液的浓度,mol/L;

0.014——与 1.00 mL 氢氧化钠标准滴定溶液[c(NaOH)＝1.000 mol/L]相当的氮的质量,g。

(六)常见技术问题处理

(1)加入甲醛后放置时间不宜过长,应立即滴定,以免甲醛聚合,影响测定结果。

(2)由于铵离子能与甲醛作用,样品中若含有铵盐,将会使测定结果偏高。

(3)计算结果保留两位有效数字。

(4)在重复性条件下获得的两次独立测定结果的绝对差值不得超过算术平均值的 10%。

二、双指示剂甲醛法

(一)测定原理

根据氨基酸的两性作用,加入甲醛固定氨基的碱性,使溶液显示羧基的酸性,用氢氧化钠标准溶液滴定羧基,可间接求出氨基酸的含量。

(二)试剂和材料

(1)40%中性甲醛溶液:用百里酚酞作指示剂,用氢氧化钠溶液中和至淡蓝色。

(2)百里酚酞 95%乙醇溶液(1 g/L)。

(3)氢氧化钠溶液(0.1 mol/L)。

(4)中性红 50%乙醇溶液(1 g/L)。

(三)操作技能

移取含氨基酸 20～30 mg 的样品溶液 2 份,分别置于 250 mL 锥形瓶中,各加 50 mL 蒸馏水,其中一份加 3 滴中性红指示剂,用 0.1 mol/L 氢氧化钠溶液滴定至琥珀色为终点;另一份加入 3 滴百里酚酞指示剂及中性甲醛溶液 10 mL,摇匀,静置 1 min,用 0.1 mol/L 氢氧化钠溶液滴定至淡蓝色为终点。分别记录 2 次滴定所消耗的碱液毫升数。

(四)分析结果的表述

试样中氨基酸态氮的含量按下式计算:

$$X = \frac{(V_1 - V_2) \times c \times 0.014}{m} \times 100$$

式中:X——试样中氨基酸态氮的含量,g/100 g;

V_1——用百里酚酞作指示剂滴定时消耗标准碱液的体积,mL;

V_2——用中性红指示剂滴定时消耗标准碱液的体积,mL;

c——氢氧化钠标准溶液的浓度,mol/L;

m——测定用样品溶液相当于样品的质量,g;

0.014——与 1.00 mL 氢氧化钠标准滴定溶液[c(NaOH)＝1.000 mol/L]相当的氮的质量,g。

（五）常见技术问题处理

（1）加入甲醛后放置时间不宜过长，应立即滴定，以免甲醛聚合，影响测定结果。

（2）由于铵离子能与甲醛作用，样品中若含有铵盐，将会使测定结果偏高。

【知识与技能检测】

1. 说明甲醛滴定法测定氨基酸态氮的原理及操作要点。

2. 测定氨基酸态氮时，加入甲醛的作用是什么？

【超级链接】复合电极的维护与保养

（1）pH 电极使用前必须浸泡，因为 pH 球泡是一种特殊的玻璃膜，在玻璃膜表面有一层很薄的水合凝胶层，它只有在充分浸泡后才能在膜表面形成稳定的 H^+ 层，才能与溶液中的 H^+ 具有稳定的良好响应。若浸泡不充分，则测量时响应值会不稳定、漂移。浸泡时间一般为24 h 以上即可。

（2）新购入的电极或长期不用（指干燥保存）的电极，在使用前必须活化 24 h，以使其不对称电位趋于稳定。

如急用，无法进行上述处理时，可把 pH 电极浸泡在 0.1 mol/L HCl 中 1 h，再用蒸馏水冲洗干净，即可使用。

（3）复合电极不用时，可充分浸泡 3 mol/L 氯化钾溶液中。切忌用洗涤液或其他吸水性试剂浸洗。

（4）使用前，检查玻璃电极前端的球泡。正常情况下，电极应该透明而无裂纹；球泡内要充满溶液，不能有气泡存在。

（5）测量浓度较大的溶液时，尽量缩短测量时间，用后仔细清洗，防止被测液黏附在电极上而污染电极。

清洗电极后，不要用滤纸擦拭玻璃膜，而应用滤纸吸干，避免损坏玻璃薄膜，防止交叉污染，影响测量精度。

（6）电极不能用于强酸、强碱或其他腐蚀性溶液。

（7）严禁在脱水性介质如无水乙醇、重铬酸钾等中使用。

（8）电极的使用寿命与使用介质有很大关系，不同介质使用寿命完全不一样。在很多恶劣的场合，可能仅使用 2 个月。而有些较好的介质，则使用达一年左右甚至更长。因此，建议尽量购买厂家最近时间生产的电极。存放时间越短，则使用效果越好。

技能训练1　乳粉中蛋白质含量的测定

一、技能目标

（1）查阅《乳粉（奶粉）》（GB/T 5410）和《食品中蛋白质的测定》（GB 5009.5）能正确制订作业程序。

（2）掌握凯氏定氮法的测定原理及基本操作技能。

（3）掌握乳粉中蛋白质含量的测定方法和操作技能。

二、所需试剂与仪器

按照《食品中蛋白质的测定》(GB 5009.5)的规定,请将凯氏定氮法测定乳粉中蛋白质含量所需仪器设备的名称、数量、规格和试剂的名称、规格级别记录于表3-72和表3-73中。

表3-72　工作所需全部仪器设备一览表

序号	名称	规格要求
1	凯氏烧瓶	500 mL
2		

表3-73　工作所需全部化学试剂一览表

序号	名称	规格要求	配制方法
1			
2			

三、工作过程与标准要求

工作过程及标准要求见表3-74。

表3-74　工作过程与标准要求

工作过程	工作内容	技能标准
1. 制订工作方案	按照国家标准制订工作方案。	方案符合实际、科学合理、周密详细
2. 试剂与食品准备	准备并检查实训材料与仪器。	(1)准备本次实训所需的所有材料与仪器设备。 (2)试剂的配制和仪器的清洗、控干。
3. 样品的消化	称取 0.20～2.00 g 固体试样或 2.00～5.00 g 半固体试样或吸取 10.00～25.00 mL 液体试样(相当氮 30～40 mg),移入干燥的 100 mL 或 500 mL 定氮瓶中,加入 0.2 g 硫酸铜,6 g 硫酸钾及 20 mL 硫酸,稍摇匀后于瓶口放一小漏斗。将瓶以 45°斜于小孔的石棉网上,小心加热,待内容物全部炭化,泡沫完全停止后,加强火力,并保持瓶内液体微沸,至液体呈蓝绿色澄清透明后,再继续加热 0.5 h。取下放冷,小心加 20 mL 水,放冷后,移入 100 mL 容量瓶中,并用少量水洗定氮瓶,洗液并入容量瓶中,再加水至刻度,混匀备用。同时做试剂空白试验。	(1)能准确称取或移取样品(试剂)。 (2)能正确处理消化过程中出现的一些问题。 (3)能熟练准确定容。 (4)空白试验正确。
4. 蒸馏	按要求连接好定氮装置并进行蒸馏。	(1)仪器连接正确。 (2)能熟练使用凯式定氮蒸馏装置。 (3)能正确处理蒸馏过程中出现的一些问题。
5. 滴定	用硫酸或盐酸标准溶液(0.05 mol/L)滴定至终点。	(1)掌握微量滴定管的使用方法。 (2)能准确的读数。 (3)能正确判断滴定终点。

四、数据记录及处理

(1)数据的记录　将数据记录于表 3-75 中。

表 3-75　数据记录表

样品名称	样品质量/g	标准酸液耗量/mL
空白实验		
标准盐酸浓度/(mol/L)		

(2)结果计算　试样中蛋白质的含量按下式进行计算:

$$X = \frac{(V_1 - V_2) \times c \times 0.014}{m \times \frac{10}{100}} \times F \times 100$$

式中: X —— 样品中蛋白质的含量,g/100 g 或 g/100 mL;

$\quad V_1$ —— 样品消耗硫酸或盐酸标准滴定液的体积,mL;

$\quad V_2$ —— 试剂空白消耗硫酸或盐酸标准滴定液的体积,mL;

$\quad c$ —— 硫酸或盐酸标准滴定溶液的浓度,mol/L;

$0.014\,0$ —— 1.0 mL 盐酸[$c(\mathrm{HCl}) = 1.000$ mol/L]或硫酸[$c(1/2\mathrm{H_2SO_4}) = 1.000$ mol/L]或标准滴定溶液相当的氮的质量,g;

$\quad m$ —— 样品的质量或体积,g 或 mL;

$\quad F$ —— 氮换算为蛋白质的系数。乳粉为 6.38。

五、技能评价

按照工作过程操作水平,由相关人员填写技能评价表(表 3-76)。

表 3-76　技能评价表

评价内容	满分值	学生自评	同伴互评	教师评价	综合评分
1. 制订工作方案	10				
2. 试剂与仪器准备	10				
3. 样品的消化	15				
4. 蒸馏	20				
5. 滴定	15				
6. 数据记录及结果	15				
7. 实训报告	15				
总分					

注:综合评分=学生自评分×20％+同伴互评分×30％+教师评价分×50％。

技能训练 2　酱油中氨基酸态氮含量的测定

一、技能目标

(1)查阅《酿造酱油》(GB 18186)能正确制订作业程序。

(2)掌握酱油中氨基酸态氮的测定原理和操作技能。

(3)掌握酸度计的操作方法。

二、所需试剂与仪器

按照《酿造酱油》(GB 18186)的规定,请将酱油中氨基酸态氮的测定所需仪器设备的名称、数量、规格和试剂的名称、规格级别记录于表 3-77 和表 3-78 中。

表 3-77　工作所需全部仪器设备一览表

序号	名称	规格要求
1	酸度计	包括标准缓冲溶液和 KCl 饱和溶液
2		

表 3-78　工作所需全部化学试剂一览表

序号	名称	规格要求	配制方法
1			
2			

三、工作过程与标准要求

工作过程及标准要求见表 3-79。

表 3-79　工作过程与标准要求

工作过程	工作内容	技能标准
1. 制订工作方案	按照国家标准制订工作方案。	方案符合实际、科学合理、周密详细。
2. 试剂与仪器准备	准备并检查实训材料与仪器。	(1)准备本次实训所需的所有材料与仪器设备。 (2)试剂的配制和酸度计的校正。
3. 样品稀释液的制备	吸取 5.0 mL 试样,置于 100 mL 容量瓶中,加水至刻度,混匀,备用。	(1)能准确移取样品(试剂)。 (2)能熟练进行稀释操作。

续表 3-79

工作过程	工作内容	技能标准
4. 样品测定	吸取上述稀释液 20.00 mL 置于 200 mL 烧杯中,加水 60 mL 水,插入电极,开动磁力搅拌器,用氢氧化钠标准滴定溶液[$c(NaOH)=$ 0.050 mol/L]滴定至酸度计指示 pH 8.2,记录消耗氢氧化钠标准滴定溶液[$c(NaOH)=$ 0.050 mol/L]的毫升数(可计算总酸含量)。向上述溶液中准确加入 10.0 mL 甲醛溶液,混匀。再用氢氧化钠标准滴定溶液[$c(NaOH)=$ 0.050 mol/L]继续滴定至 pH 9.2,记录加入甲醛后滴定所消耗氢氧化钠标准滴定溶液[$c(NaOH)=0.050$ mol/L]的毫升数。	(1)会使用酸度计。 (2)能熟练的进行滴定操作。 (3)能准确读数。
5. 空白试验	取 80 mL 水,先用氢氧化钠标准滴定溶液[$c(NaOH)=0.050$ mol/L]滴定至酸度计指示 pH 8.2,再加入 10.0 mL 甲醛溶液,混匀,再用氢氧化钠标准滴定溶液[$c(NaOH)=$ 0.050 mol/L]滴定至 pH 9.2,记录加入甲醛后滴定所消耗氢氧化钠标准滴定溶液[$c(NaOH)=0.050$ mol/L]的毫升数。	操作熟练。

四、数据记录及处理

(1)数据的记录 将数据记录于表 3-80 中。

表 3-80 数据记录表

项目	样品	空白
加入甲醛后滴定所消耗氢氧化钠标准滴定溶液的毫升数/mL		
标准氢氧化钠溶液浓度/(mol/L)		

(2)结果计算 试样中氨基酸态氮的含量为:

$$X = \frac{(V_1 - V_2) \times c \times 0.014}{5 \times 20/100} \times 100$$

式中:X ——试样中氨基酸态氮的含量,g/100 mL;

V_1 ——测定用试样稀释液加入甲醛后消耗标准碱液的体积,mL;

V_2 ——测定空白试验加入甲醛后消耗标准碱液的体积,mL;

c ——氢氧化钠标准溶液的浓度,mol/L;

0.014——与 1.00 mL 氢氧化钠标准滴定溶液[$c(NaOH)=1.000$ mol/L]相当的氮的质量,g。

五、技能评价

按照工作过程操作水平,由相关人员填写技能评价表(表3-81)。

表 3-81　技能评价表

评价内容	满分值	学生自评	同伴互评	教师评价	综合评分
1. 制订工作方案	10				
2. 试剂与仪器准备	10				
3. 样品稀释液的制备	15				
4. 样品的测定	25				
5. 空白实验	10				
6. 数据记录及结果	15				
7. 实训报告	15				
总分					

注:综合评分=学生自评分×20%+同伴互评分×30%+教师评价分×50%。

项目八　食品中维生素的测定

【知识要求】

(1)了解维生素的概念,各类维生素的性质、生理功能及相关知识;

(2)了解各类维生素的分析检验技术;

(3)掌握高效液相色谱法、荧光分光光度法的测定原理。

【能力要求】

(1)熟练掌握分液漏斗的分离提取技术;

(2)掌握分光光度计及紫外分光光度计的操作技能;

(3)掌握脂溶性维生素(维生素 A)及水溶性维生素(维生素 C)的测定操作技能。

任务一　食品中维生素 A 的测定

【知识准备】

一、概述

维生素是维持人体正常生理功能必需的一类天然有机化合物。维生素在体内含量极微,但在机体的代谢、生长发育等过程中起到重要的生理调节作用。维生素一般在体内不能合成或合成数量较少不能充分满足机体需要,也不能充分储存于组织中,必须经常由食物来供给。当机体内某种维生素长期缺乏时,即可发生特有的维生素缺乏症。

维生素种类很多,目前已经确认的有 30 多种,其中被认为对维持人体健康和促进发育至关重要的有 20 余种。一般根据它们的溶解性分为水溶性和脂溶性两大类。然后将作用相近的归为一族,在一族里含有多种维生素时,再按其结构标上 1、2、3 等数字。脂溶性维生素包括维生素 A、维生素 D、维生素 E、维生素 K 等。水溶性维生素包括 B 族维生素中的维生素 B_1、维生素 B_2、维生素 B_6、维生素 B_{12} 以及维生素 C、维生素 L、维生素 H、维生素 PP、叶酸、泛酸、胆碱等。由于维生素的化学名称复杂,国际上都采用俗名。例如,维生素 B_1 又名硫胺素,维生素 B_2 又名核黄素等。

测定食品中维生素的含量,对于评价食品的营养价值,开发和利用富含维生素的食品资源,指导人们合理调整膳食结构,防止维生素缺乏,研究维生素在食品加工、贮存等过程中的稳定性,指导制定合理的工艺条件及贮存条件,最大限度地保留各种维生素等各方面具有十分重要的意义和作用。

二、脂溶性维生素的性质和测定方法

脂溶性维生素是指与类脂物一起存在于食物中的维生素 A、维生素 D 和维生素 E 等。脂溶性维生素具有以下理化性质:

(1)不溶于水,易溶于脂肪、乙醇、丙酮、氯仿、乙醚、苯等有机溶剂。

(2)维生素 A、维生素 D 对酸不稳定,维生素 E 对酸稳定。维生素 A、维生素 D 对碱稳定,维生素 E 对碱不稳定,但在抗氧化剂存在下或惰性气体保护下,也能经受碱的煮沸。

(3)维生素 A、维生素 D、维生素 E 耐热性好,能经受煮沸。维生素 A 因分子中有双链,易被氧化,光、热促进其氧化。维生素 D 性质稳定,不易被氧化。维生素 E 在空气中能慢慢被氧化,光、热、碱能促进其氧化作用。

根据脂溶性维生素的性质,在分析测定时,通常先用皂化法处理试样,水洗去除类脂物质,然后用有机溶剂提取脂溶性维生素(不皂化物),浓缩后溶于适当的溶剂后测定。在皂化和浓缩时,为防止维生素的氧化分解,常加入抗氧化剂(如焦性没食子酸、维生素 C 等)。对于某些液体试样或脂肪含量低的试样,可以先用有机溶剂抽出脂类,然后再进行皂化处理;对于维生素 A、维生素 D、维生素 E 共存的试样,或杂质含量高的试样,在皂化提取后,还需进行层析分离。分析操作一般要在避光的条件下进行。

维生素 A 包括维生素 A_1 和维生素 A_2。维生素 A_1 即视黄醇,它有多种异构体;维生素 A_2 即 3-脱氢视黄醇,是视黄醇(维生素 A_1)衍生物之一,它也有多种异构体。维生素 A 在动物性食品中与脂肪酸结合成脂,在动物内脏、鱼类、蛋类、乳类中含量丰富。维生素 A 与视觉关系密切,缺乏时会使人眼眼膜干燥,角膜软化,表皮细胞角化,严重时可致夜盲或失明。维生素 A 也维持鼻、喉和气管的黏膜形态完整和功能健全,防止皮肤干燥起鳞等。

《食品中维生素 A 和维生素 E 的测定》(GB/T 5009.82—2003)规定维生素 A 的测定方法有高效液相色谱法和比色法。

【技能培训】

一、高效液相色谱法

(一)原理

样品中的维生素 A 及维生素 E 经皂化提取处理后,将其从不可皂化部分提取至有机溶剂中。用高效液相色谱法 C_{18} 反相柱将维生素 A 和维生素 E 分离,经紫外检测器检测,并用内标法定量测定。

(二)试剂和材料

(1)无水乙醚:不含过氧化物。

过氧化物检查方法:用 5 mL 乙醚加 1 mL 10%碘化钾溶液,振摇 1 min,如有过氧化物则放出游离碘,水层呈黄色或加 4 滴 0.5%淀粉溶液,水层呈蓝色。该乙醚需处理后使用。

去除过氧化物的方法:重蒸乙醚时,瓶中放入纯铁丝或铁末少许。弃去 10%初馏液和10%残馏液。

(2)无水乙醇:不含醛类物质。

检查方法:取 2 mL 银氨溶液于试管中,加入 3～5 滴无水乙醇,摇匀,再加入 100 g/L 氢氧化钠溶液,加热,放置冷却后,若有银镜反应则表示乙醇中有醛。

脱醛方法:取 2 g 硝酸银溶于少量水中。取 4 g 氢氧化钠溶于温乙醇中。将两者倾入 1 L乙醇中,振摇后,放置暗处 2 d(不时摇动,促进反应),经过滤,置蒸馏瓶中蒸馏,弃去初蒸出的50 mL。当乙醇中含醛较多时,硝酸银用量适当增加。

(3)无水硫酸钠。

(4)甲醇:重蒸后使用。

(5)重蒸水:水中加少量高锰酸钾,临用前蒸馏。

(6)抗坏血酸溶液(100 g/L):临用前配制。

(7)氢氧化钾溶液(1+1)。

(8)氢氧化钠溶液(100 g/L)。

(9)硝酸银溶液(50 g/L)。

(10)银氨溶液:加氨水至硝酸银溶液(50 g/L)中,直至生成的沉淀重新溶解为止,再加氢氧化钠溶液(100 g/L)数滴,如发生沉淀,再加氨水直至溶解。

(11)维生素 A 标准液:视黄醇(纯度 85%)或视黄醇乙酸酯(纯度 90%)经皂化处理后使用。用脱醛乙醇溶解维生素 A 标准品,使其浓度大约为 1 mL 相当于 1 mg 视黄醇。临用前用紫外分光光度法标定其准确浓度。

(12)内标溶液:称取苯并[e]芘(纯度 98%),用脱醛乙醇配制成每 1 mL 相当于 10 μg 苯并[e]芘的内标溶液。

(13)pH 1～14 试纸。

(三)仪器和设备

(1)高压液相色谱仪带紫外分光检测器。

(2)旋转蒸发器。

(3)高速离心机。

(4)小离心管:具塑料盖 1.5～3.0 mL 塑料离心管(与高速离心机配套)。

(5)高纯氮气。

(6)恒温水浴锅。

(7)紫外分光光度计。

(四)操作技能

1. 样品处理

(1)皂化:准确称取 1～10 g 样品(含维生素 A 约 3 μg,维生素 E 各异构体约为 40 μg)于皂化瓶中,加 30 mL 无水乙醇,进行搅拌,直到颗粒物分散均匀为止。加 5 mL 10% 抗坏血酸,苯并[e]芘标准液 2.00 mL,混匀。加 10 mL 氢氧化钾(1+1),混匀。于沸水浴上回流 30 min 使皂化完全。皂化后立即放入冰水中冷却。

(2)提取:将皂化后的样品移入分液漏斗中,用 50 mL 水分 2～3 次洗皂化瓶,洗液并入分液漏斗中。用约 100 mL 乙醚分 2 次洗皂化瓶及其残渣,乙醚液并入分液漏斗中。如有残渣,可将此液通过有少许脱脂棉的漏斗滤入分液漏斗。轻轻振摇分液漏斗 2 min,静置分层,弃去水层。

(3)洗涤:用约 50 mL 水洗分液漏斗中的乙醚层,用 pH 试纸检验直至水层不显碱性(最初水洗轻摇,逐次振摇强度可增加)。

(4)浓缩:将乙醚提取液经过无水硫酸钠(约 5 g)滤入与旋转蒸发器配套的 250～300 mL 球形蒸发瓶内,用约 10 mL 乙醚冲洗分液漏斗及无水硫酸钠 3 次,并入蒸发瓶内,并将其接至旋转蒸发器上,于 55℃水浴中减压蒸馏并回收乙醚,待瓶中剩下约 2 mL 乙醚时,取下蒸发瓶,立即用氮气吹掉乙醚。立即加入 2.00 mL 乙醇,充分混合,溶解提取物。

(5)将乙醇液移入一小塑料离心管中,离心 5 min(5 000 r/min)。上清液供色谱分析。如果样品中维生素含量过少,可用氮气将乙醇液吹干后,再用乙醇重新定容。并记下体积比。

2. 标准曲线的制备

(1)维生素 A 标准浓度的标定　取维生素 A 标准液若干个 10.00 μL,分别稀释至 3.00 mL 乙醇中,并分别在 325 nm 波长下测定其吸光值。用比吸光系数计算出维生素 A 的浓度。

浓度按下式计算:

$$c_1 = \frac{A}{E} \times \frac{1}{100} \times \frac{3.00}{V \times 10^{-3}}$$

式中:c_1——维生素 A 标准液的浓度,g/mL;

A——维生素 A 的紫外吸光值;

V——加入维生素 A 标准溶液的体积,μL;

E——维生素 A 的 1% 比吸光系数,即溶液浓度为 1%、光路为 1 cm 时的吸收系数,值为 1 835。

(2)标准曲线的制备　本方法采用内标法定量。把一定量的维生素 A、γ-生育酚、α-生育酚、δ-生育酚及内标苯并[e]芘液混合均匀。选择合适灵敏度,使上述物质的各峰高约为满量程 70%,为高浓度点。高浓度的 1/2 为低浓度点(其内标苯并[e]芘的浓度值不变),用此种浓度的混合标准进行色谱分析,结果见色谱图(图 3-11)。维生素标准曲线绘制是以维生素峰面积与内标物峰面积之比为纵坐标,维生素浓度为横坐标绘制,或计算直线回归方程。如有微处理机装置,则按仪器说明用二点内标法进行定量。

本方法不能将 β-生育酚和 γ-生育酚分开,故 γ-生育酚峰中包含有 β-生育酚峰。

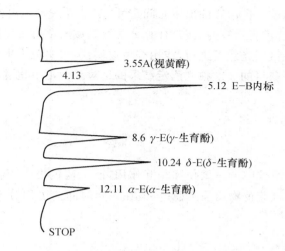

图 3-11　维生素 A 和维生素 E 色谱图

（3）高效液相色谱分析条件

①预柱：ultrasphere ODS 10 μm，4 mm×4.5 cm。

②分析柱：ultrasphere ODS 5 μm，4.6 mm×25 cm。

③流动相：甲醇：水＝98：2。混匀。于临用前脱气。

④紫外检测器波长：300 nm，量程 0.02。

⑤进样量：20 μL。

⑥流速：1.7 mL/min。

（4）样品分析　取样品浓缩液 20 μL，待绘制出色谱图及色谱参数后，再进行定性和定量。

①定性：用标准物色谱峰的保留时间定性。

②定量：根据色谱图求出某种维生素峰面积与内标物峰面积的比值，以此值在标准曲线上查到其含量。或用回归方程求出其含量。

（五）分析结果的表述

分析结果按下式进行计算：

$$X = \frac{c}{m} \times V \times \frac{100}{1\,000}$$

式中：X ——维生素的含量，mg/100 g；

$\quad c$ ——由标准曲线上查到某种维生素含量，μg/mL；

$\quad V$ ——样品浓缩定容体积，mL；

$\quad m$ ——样品质量，g。

（六）常见技术问题处理

（1）本法适用于各种食品中维生素 A 和维生素 E 的同时测定。

（2）本方法检出限分别为：维生素 A 0.8 ng，α-生育酚 91.8 ng，γ-生育酚 36.6 ng，δ-生育酚 20.6 ng。

（3）定性方法用标准物色谱峰的保留时间定性；定量方法采用内标两点法进行定量计算。用微处理机两点内标法进行计算时，按其计算公式计算或由微机直接给出结果。

（4）实验操作应在微弱光线下进行，或用棕色玻璃仪器，避免维生素的破坏。

（5）在重复条件下获得的 2 次独立测定结果的绝对差值不得超过算术平均值的 10%。

二、比色法

（一）原理

维生素 A 在三氯甲烷中与三氯化锑相互作用，产生蓝色物质，其深浅与溶液中所含维生素 A 的含量成正比。该蓝色物质虽不稳定，但在一定时间内可用分光光度计于 620 nm 波长处测定其吸光度。

（二）试剂和材料

（1）无水硫酸钠 Na_2SO_4。

（2）乙酸酐。

（3）无水乙醚：不含过氧化物。

（4）无水乙醇：不含醛类物质。

（5）三氯甲烷：应不含分解物，否则会破坏维生素 A。

检查方法：三氯甲烷不稳定，放置后易受空气中氧的作用生成氯化氢和光气。检查时可取少量三氯甲烷置试管中加水振摇，使氯化氢溶到水层。加入几滴硝酸银溶液，如有白色沉淀即说明三氯甲烷中有分解产物。若有，可置三氯甲烷于分液漏斗中，加水洗涤数次，加无水硫酸钠或氯化钙脱水，然后蒸馏。

（6）三氯化锑-三氯甲烷溶液（250 g/L）：将 25 g 干燥的三氯化锑迅速投入装有 100 mL 三氯甲烷的棕色试剂瓶中（注意避免吸收水分），振摇，使之溶解，再加入无水硫酸钠 10 g。用时吸取上层清液。

（7）氢氧化钾溶液（1+1）：取 50 g 氢氧化钾，溶于 50 g 水中，混匀。

（8）维生素 A 标准液：视黄醇（纯度 85%）或视黄醇乙酸酯（纯度 90%）经皂化处理后使用。用脱醛乙醇溶解维生素 A 标准品，使其浓度大约为 1 mL 相当于 1 mg 视黄醇。临用前用紫外分光光度法标定其准确浓度。

（9）酚酞指示剂（10 g/L）：用 95% 乙醇配制。

（三）仪器和设备

（1）实验室常用设备。

（2）分光光度计。

（3）回流冷凝装置。

（四）操作技能

1. 样品处理

根据样品性质，可采用皂化法或研磨法。

（1）皂化法　皂化法适用于维生素 A 含量不高的样品，可减少脂溶性物质的干扰，但全部实验过程费时,且易导致维生素 A 损失。

①皂化 根据样品中维生素 A 含量的不同,称取 0.5～5 g 样品于三角瓶中,加入 10 mL 氢氧化钾(1+1)及 20～40 mL 无水乙醇,于电热板上回流 30 min 至皂化完全为止。

②提取 将皂化瓶内混合物移至分液漏斗中,以 30 mL 水洗皂化瓶,洗液并入分液漏斗。如有渣子,可用脱脂棉漏斗滤入分液漏斗内。用 50 mL 乙醚分二次洗皂化瓶,洗液并入分液漏斗中。振摇并注意放气,静置分层后,水层放入第二个分液漏斗内。皂化瓶再用约 30 mL 乙醚分二次冲洗,洗液倾入第二个分液漏斗中。振摇后,静置分层,水层放入三角瓶中,醚层与第一个分液漏斗合并。重复至水液中无维生素 A 为止。

③洗涤 用约 30 mL 水加入第一个分液漏斗中,轻轻振摇,静置片刻后,放去水层。加 15～20 mL 0.5 mol/L 氢氧化钾液于分液漏斗中,轻轻振摇后,弃去下层碱液,除去醚溶性酸皂。继续用水洗涤,每次用水约 30 mL,直至洗涤液与酚酞指示剂呈无色为止(大约洗涤 3 次)。醚层液静置 10～20 min,小心放出析出的水。

④浓缩 将醚层液经过无水硫酸钠滤入三角瓶中,再用约 25 mL 乙醚冲洗分液漏斗和硫酸钠 2 次,洗液并入三角瓶内。置水浴上蒸馏,回收乙醚。待瓶中剩约 5 mL 乙醚时取下,用减压抽气法至干,立即加入一定量的三氯甲烷使溶液中维生素 A 含量在适宜浓度范围内。

(2)研磨法 适用于每克样品维生素 A 含量大于 5～10 μg 样品的测定,如肝的分析。步骤简单,省时,结果准确。

①研磨 精确称 2～5 g 样品,放入盛有 3～5 倍样品质量的无水硫酸钠研钵中,研磨至样品中水分完全被吸收,并均质化。

② 提取 小心地将全部均质化样品移入带盖的三角瓶内,准确加入 50～100 mL 乙醚。紧压盖子,用力振摇 2 min,使样品中维生素 A 溶于乙醚中。使其自行澄清(需 1～2 h),或离心澄清(因乙醚易挥发,气温高时应在冷水浴中操作。装乙醚的试剂瓶也应事先置于冷水浴中)。

③浓缩 取澄清的乙醚提取液 2～5 mL,放入比色管中,在 70～80℃ 水浴上抽气蒸干。立即加入 1 mL 三氯甲烷溶解残渣。

2. 标准曲线的制备

准确取一定量的维生素 A 标准液于 4～5 个容量瓶中,以三氯甲烷配制标准系列。再取相同数量比色管顺次取 1 mL 三氯甲烷和标准系列使用液 1 mL,各管加入乙酸酐 1 滴,制成标准比色列。于 620 nm 波长处,以三氯甲烷调节吸光度至零点,将其标准比色列按顺序移入光路前,迅速加入 9 mL 三氯化锑-三氯甲烷溶液。于 6 s 内测定吸光度,将吸光度为纵坐标,以维生素 A 含量为横坐标绘制标准曲线图。

3. 样品测定

于一比色管中加入 10 mL 三氯甲烷,加入 1 滴乙酸酐为空白液。另一比色管中加入 1 mL 三氯甲烷,其余比色管中分别加入 1 mL 样品溶液及 1 滴乙酸酐。其余步骤同标准曲线的制备。

(五)分析结果的表述

样品中维生素 A 的含量按下式计算:

$$X = \frac{c}{m} \times V \times \frac{100}{1\,000}$$

式中：X——样品中维生素 A 的含量，mg/100 g（如按国际单位，每 1 国际单位 = $0.3\,\mu g$ 维生素 A）；

$\quad c$——由标准曲线上查得样品中维生素 A 的含量，$\mu g/mL$；

$\quad m$——样品质量，g；

$\quad V$——提取后加三氯甲烷定量之体积，mL；

$\quad 100$——以每百克样品计。

（六）常见技术问题处理

（1）维生素 A 极易被光破坏，实验操作应在微弱光线下进行，或用棕色玻璃仪器。

（2）在提取、洗涤操作中不要用力过猛，防止乙醚发生乳化现象。若发生乳化，可加几滴乙醇破乳。

（3）由于三氯化锑遇水会生成白色沉淀，干扰比色测定，故在三氯甲烷中加入乙酸酐 1 滴，以保证其不含水分。另外，用过的仪器可用稀盐酸浸泡除去三氯化锑遇水生成的沉淀后再清洗。

（4）由于三氯化锑与维生素 A 所产生的蓝色物质很不稳定，所以在生成 6 s 后便开始比色，因此要求反应在比色管中进行，产生蓝色后立即读取吸光度。

（5）如果样品中含 β-胡萝卜素干扰测定，可将浓缩蒸干的样品用正己烷溶解，以氧化铝为吸附剂，丙酮、乙烷混合液为洗脱剂进行柱层析。

（6）比色法除用三氯化锑作显色剂外，还可用三氟乙酸、三氯乙酸作显色剂。其中三氟乙酸有遇水发生沉淀而使溶液混浊的缺点。

【知识与技能检测】

1. 测定维生素 A 时，为什么要用皂化法处理样品？
2. 试述高效液相色谱法测定维生素 A 的原理。
3. 简述三氯化锑比色法测定维生素 A 的原理。

【超级链接】高效液相色谱法简介

高效液相色谱法（high performance liquid chromatography，HPLC）又称"高压液相色谱"、"高速液相色谱"、"高分离度液相色谱"、"近代柱色谱"等。高效液相色谱是色谱法的一个重要分支，以液体为流动相，采用高压输液系统，将具有不同极性的单一溶剂或不同比例的混合溶剂、缓冲液等流动相泵入装有固定相的色谱柱，在柱内各成分被分离后，依次进入检测器，由记录仪、数据处理系统记录色谱信号从而实现对试样的分析。

高效液相色谱法在经典色谱法的基础上，引用了气相色谱的理论，在技术上，流动相改为高压输送，色谱柱是以特殊的方法用小粒径的填料填充而成，从而使柱效大大高于经典液相色谱，同时柱后连有高灵敏度的检测器，可对流出物进行连续检测。现在的高效液相色谱配有计算机，不仅能够自动处理数据、绘图和打印分析结果，而且能够对仪器的全部操作包括流动相选择、流量、柱温、检测器波长的选择、进样、梯度洗脱方式等进行程序控制，实现了仪器的全自动。

任务二　食品中维生素 B₁ 的测定

【知识准备】

一、概述

维生素 B₁ 又称抗脚气病维生素,抗神经炎维生素,是由一个嘧啶环通过甲基桥连接在一个噻唑环上所组成,分子中含有硫和氨基,故又称硫胺素。维生素 B₁ 主要存在于植物性食品中,米糠、麦麸、全麦粉、糙米、豆类中含量较多,动物性食品中肝脏、瘦肉中含量次之,精白米、精面粉中含量较低,比全麦粉少几十倍。自然界中,维生素 B₁ 常与焦磷酸结合成焦磷酸硫胺素(简称 TPP)。

维生素 B₁ 还常以盐酸盐的形式出现,溶于水和甘油。1 g 盐酸硫胺素可溶于 1 mL 水中,但仅 1‰溶于乙醇,不溶于其他有机溶剂。维生素 B₁ 在酸性条件下稳定,当 pH 3.5 时,即使 120℃加热也不被破坏,但在中性、碱性下不稳定,易分解。

食品维生素 B₁ 的定量分析,可利用游离型维生素 B₁ 与多种重氮盐偶合呈各种不同颜色,进行分光光度测定;也可将游离型维生素 B₁ 氧化成硫色素,测定其荧光强度。所以食品中维生素 B₁ 的测定方法有荧光分光光度法、荧光计法、荧光目测法、高效液相色谱法等。这里主要介绍荧光法。

二、测定原理

硫胺素在碱性铁氰化钾溶液中被氧化成噻嘧色素,在紫外线下,噻嘧色素发出荧光。在给定的条件下,以及没有其他荧光物质干扰时,此荧光之强度与噻嘧色素量成正比,即与溶液中硫胺素量成正比。如试样中含杂质过多,应经过离子交换剂处理,使硫胺素与杂质分离,然后以所得溶液作测定。

【技能培训】

一、试剂和材料

(1)正丁醇:分析纯,需经重蒸馏后使用。

(2)无水硫酸钠:Na_2SO_4。

(3)淀粉酶和蛋白酶:国产或进口均可。

(4)0.1 mol/L 盐酸:8.5 mL 浓盐酸(比重 1.19 或 1.20)用水稀释至 1 000 mL。

(5)0.3 mol/L 盐酸:25.5 mL 浓盐酸用水稀释至 1 000 mL。

(6)2 mol/L 乙酸钠溶液:164 g 无水乙酸钠溶于水中稀释至 1 000 mL。

(7)氯化钾溶液(250 g/L):250 g 氯化钾溶于水中稀释至 1 000 mL。

(8)酸性氯化钾溶液(250 g/L):8.5 mL 浓盐酸用 250 g/L 氯化钾溶液稀释至 1 000 mL。

(9)氢氧化钠溶液(150 g/L):15 g 氢氧化钠溶于水中稀释至 100 mL。

(10)1％铁氰化钾溶液(10 g/L)：1 g 铁氰化钾溶于水中稀释至 100 mL，放于棕色瓶内保存。

(11)碱性铁氰化钾溶液：取 4 mL 10 g/L 铁氰化钾溶液，用 150 g/L 氢氧化钠溶液稀释至 60 mL。用时现配，避光使用。

(12)3％乙酸溶液：30 mL 冰乙酸用水稀释至 1 000 mL。

(13)活性人造浮石：称取 200 g 40～60 目的人造浮石，以 10 倍于其容积的 3％热乙酸溶液搅洗 2 次，每次 10 min；再用 5 倍于其容积的 250 g/L 热氯化钾溶液搅洗 15 min；然后再用 3％热乙酸溶液搅洗 10 min；最后用热蒸馏水洗至没有氯离子。于蒸馏水中保存。

(14)溴甲酚绿溶液(0.4 g/L)：称取 0.1 g 溴甲酚绿，置于小研钵中，加入 1.4 mL 0.1 mol/L 氢氧化钠研磨片刻，再加入少许水继续研磨至完全溶解，用水稀释至 250 mL。

(15)硫胺素标准贮备液(0.1 mg/mL)：准确称取 100 mg 经氯化钙干燥 24 h 的硫胺素，溶于 0.01 mol/L 盐酸中，并稀释至 1 000 mL。于冰箱中避光保存。

(16)硫胺素标准中间液(10 μg/mL)：将硫胺素标准贮备液用 0.01 mol/L 盐酸稀释 10 倍，于冰箱中避光保存。

(17)硫胺素标准使用液(0.1 μg/mL)：将硫胺素标准中间液用水稀释 100 倍，用时现配。

二、仪器和设备

(1)电热恒温培养箱。

(2)荧光分光光度计。

(3)Maizel-Gerson 反应瓶(图 3-12)。

(4)盐基交换管(图 3-13)。

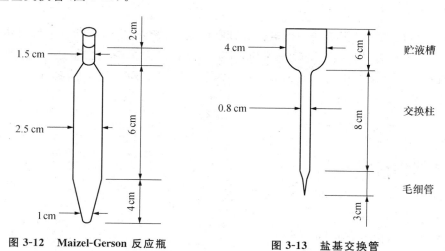

图 3-12　**Maizel-Gerson 反应瓶**　　　　图 3-13　**盐基交换管**

三、操作技能

1. 试样制备

(1)试样采集后用匀浆机打成匀浆于低温冰箱中冷冻保存，用时将其解冻后混匀使用。干燥试样要将其尽量粉碎后备用。

（2）提取

①精确称取一定量试样（估计其硫胺素含量为 10～30 μg，一般称取 2～10 g 试样），置于 100 mL 三角瓶中，加入 50 mL 0.1 mol/L 或 0.3 mol/L 盐酸使其溶解，放入高压锅中加热水解 121℃ 30 min，凉后取出。

②用 2 mol/L 乙酸钠调其 pH 为 4.5（以 0.4 g/L 溴甲酚绿为外指示剂）。

③按每克试样加入 20 mg 淀粉酶和 40 mg 蛋白酶的比例加入淀粉酶和蛋白酶，于 45～50℃ 温箱过夜保温（约 16 h）。

④凉至室温，定容至 100 mL，然后混匀过滤，即为提取液。

（3）净化

①用少许脱脂棉铺于盐基交换管的交换柱底部，加水将棉纤维中气泡排出，再加约 1 g 活性人造浮石使之达到交换柱的 1/3 高度。保持盐基交换管中液面始终高于活性人造浮石。

②用移液管加入提取液 20～60 mL（使通过活性人造浮石的硫胺素总量为 2～5 μg）。

③加入约 10 mL 热蒸馏水冲洗交换柱，弃去洗液。如此重复 3 次。

④加入 250 g/L 酸性氯化钾（温度为 90℃左右）20 mL，收集此液于 25 mL 刻度试管内，凉至室温，用 250 g/L 酸性氯化钾定容至 25 mL，即为试样净化液。

⑤重复上述操作，将 20 mL 硫胺素标准使用液加入盐基交换管以代替试样提取液，即得到标准净化液。

（4）氧化

①将 5 mL 试样净化液分别加入 A、B 两个反应瓶。

②在避光条件下将 3 mL 150 g/L 氢氧化钠加入反应瓶 A，将 3 mL 碱性铁氰化钾溶液加入反应瓶 B，振摇约 15 s，然后加入 10 mL 正丁醇，将 A、B 两个反应瓶同时用力振摇 1.5 min。

③重复上述操作，用标准净化液代替试样净化液。

④静置分层后吸去下层碱性溶液，加入 2～3 g 无水硫酸钠使溶液脱水。

2．测定

（1）荧光测定条件：激发波长 365 nm，发射波长 435 nm，激发波狭缝 5 nm，发射波狭缝 5 nm。

（2）依次测定下列荧光强度：①试样空白荧光强度（样品反应瓶 A）；②标准空白荧光强度（标准反应瓶 A）；③试样荧光强度（样品反应瓶 B）；④标准荧光强度（标准反应瓶 B）。

四、分析结果的表述

试样中硫胺素的含量按下式进行计算：

$$X = (U - U_b) \times \frac{c \cdot V}{(S - S_b)} \times \frac{V_1}{V_2} \times \frac{1}{m} \times \frac{100}{1\,000}$$

式中：X ——试样中硫胺素含量，mg/100 g；

$\quad\ U$ ——试样荧光强度；

$\quad\ U_b$ ——试样空白荧光强度；

$\quad\ S$ ——标准荧光强度；

$\quad\ S_b$ ——标准空白荧光强度；

c —— 硫胺素标准工作液浓度，$\mu g/mL$；

V —— 用于净化的硫胺素标准使用液体积，mL；

V_1 —— 试样水解后定容之体积，mL；

V_2 —— 试样用于净化的提取液体积，mL；

m —— 试样质量，g；

$\dfrac{100}{1\,000}$ —— 样品含量由 $\mu g/g$ 换算成 mg/100 g 的系数。

五、常见技术问题处理

（1）加热酸性氯化钾而不使其沸的原因是热氯化钾滤速较快，而不沸则是使其不致因过饱和而在洗涤中结晶析出阻塞交换柱。被洗下的硫胺素在酸性氯化钾中极其稳定，可保存1周以上。

（2）硫胺素在碱性环中被铁氰化钾氧化成噻嘧色素，振摇15 s使其充分反应，这期间应保证黄色不褪，证明铁氰化钾量充足不被其他还原性杂质耗尽，而强碱又可破坏硫胺素，所以除加入碱性铁氰化钾时边摇匀边加入外，其加入量一定不能过多，否则硫胺素被破坏。

（3）硫胺素能溶解于正丁醇，在正丁醇中比在水中稳定，故用正丁醇等提取硫胺素。萃取时振摇不宜过猛，以免乳化，不易分层。

（4）试样的氧化操作是整个实验的关键，对每个样品所加试剂的次序、快慢、振摇时间等都必须尽量一致，尤其是用正丁醇提取噻嘧色素时必须保证准确振摇1.5 min。

（5）谷类物质不需酶分解，试样粉碎后用250 g/L酸性氯化钾直接提取，氯化测定。

（6）紫外线破坏硫胺素，所以硫胺素形成后要迅速测定，并力求避光操作。

（7）用甘油-淀粉润滑剂代替凡士林涂盐基交换管下活塞，因凡士林具有荧光。

【知识与技能检测】

1. 简述维生素 B_1 的测定原理及方法。
2. 说明荧光法测定维生素 B_1 时应注意的事项。

【超级链接】荧光分光光度法及荧光分光光度计的操作使用

某些物质受到光照射时，吸收某种波长的光之后，会发射出比原来波长更长的光，当激发光停止照射，这种光线也随之消失，此种光称为荧光。荧光光谱属发射光谱，根据物质的荧光波长可确定物质分子具有某种结构，从荧光强度可测定物质的含量，这就是荧光分析法，确切地说是分子荧光分析法。分子荧光分析法所用的仪器叫荧光分光光度计。荧光分光光度计通常由光源、激发单色器、吸收池、荧光单色器、检测器、数据显示装置等组成。荧光定性定量分析与紫外可见吸收光谱法相似。定性时，是将实验测得样品的荧光激发光谱和荧光发射光谱与标准荧光光谱图进行比较来鉴定样品成分。定量分析时，一般以激发光谱最大峰值波长为激发光波长，以荧光发射光谱最大峰值波长为发射波长，通过标准工作曲线法或比较法进行定量测定。

通过测量被测定元素的原子蒸气在辐射能激发下产生的荧光发射强度进行元素定量分析的方法叫原子荧光分析法又称原子荧光光谱法。原子荧光分析法所用仪器叫原子荧光分光光度计。原子荧光分光光度计主要由激发光源（辐射源）、原子化系统、分光系统及检测系统四部分组成。其测定原理是当被测元素的原子蒸气吸收特征波长的光辐射后,原子的外层电子跃迁到较高的能级,在 8~10 s 内又跃迁回到基态或较低能级,同时发射出与原激发辐射波长相同或不同的辐射,这种辐射即为原子荧光。当产生的原子荧光波长与吸收的激发辐射波长相同时,称为共振荧光;反之,称为非共振荧光。各种元素都有特定的原子荧光光谱,根据原子荧光的特征波长进行元素的定性分析,而根据原子荧光的强度进行定量分析。

任务三　食品中维生素 C 的测定

【知识准备】

维生素 C 是一种己糖醛基酸,化学名称为 L-3-氧代苏己糖醛酸内酯,因有抗坏血病的作用,所以又称作抗坏血酸。维生素 C 广泛存在于植物组织中,新鲜的水果、蔬菜,特别是猕猴桃、鲜枣、辣椒、苦瓜、柿子、柑橘等食品中含量尤为丰富,动物性食品中一般较少。

维生素 C 虽然不含羧基,但具有有机酸的性质,极易溶于水,微溶于乙醇,不溶于有机溶剂,具有很强的还原性,易发生氧化分解,在氧、光、热、某些重金属离子、氧化酶和碱性物质存在下易被破坏,在酸性溶液中稳定。

自然界存在两种形式的维生素 C:抗坏血酸(还原型 VC)和脱氢抗坏血酸(氧化型 DHVC)。一般指的维生素 C 是还原型的,氧化后的产物称为脱氢抗坏血酸,仍然具有生理活性。进一步水解生成 2,3-二酮古乐糖酸,则失去生理作用。在食品中,这 3 种形式均有存在,但主要是前两者,故许多国家的食品成分表均以抗坏血酸和脱氢抗坏血酸的总量表示。

测定维生素 C 的方法有荧光法、2,4-二硝基苯肼比色法、高效液相色谱法及 2、6-二氯靛酚滴定法等。

【技能培训】

一、荧光法

(一)原理

试样中还原型抗坏血酸经活性炭氧化为脱氢抗坏血酸后,与邻苯二胺(OPDA)反应生成有荧光的喹恶啉(quinoxaline),其荧光强度与抗坏血酸的浓度在一定条件下成正比,以此测定食品中抗坏血酸和脱氢抗坏血酸的总量。

脱氢抗坏血酸与硼酸可形成复合物而不与 OPDA 反应,以此排除试样中荧光杂质产生的干扰。

(二)试剂和材料

(1)偏磷酸-乙酸液:称取 15 g 偏磷酸,加入 40 mL 冰乙酸及 250 mL 水,加温、搅拌,使之逐渐溶解,冷却后加水至 500 mL。于 4 ℃ 冰箱可保存 7~10 d。

(2)0.15 mol/L 硫酸:取 10 mL 硫酸,小心加入水中,再加水稀释至 1 200 mL。

(3)偏磷酸-乙酸-硫酸液:称取 15 g 偏磷酸,加入 40 mL 冰乙酸及 250 mL 0.15 mol/L 硫酸液,加温,搅拌,使之逐渐溶解,冷却后加 0.15 mol/L 硫酸液至 500 mL。

（4）乙酸钠溶液（500 g/L）：称取 500 g 乙酸钠（$CH_3COONa \cdot 3H_2O$），加水至 1 000 mL。

（5）硼酸-乙酸钠溶液：称取 3 g 硼酸，溶于 100 mL 乙酸钠（500 g/L）溶液中，临用前配制。

（6）邻苯二胺溶液（200 mg/L）：称取 20 mg 邻苯二胺，临用前用水稀释至 100 mL。

（7）抗坏血酸标准贮备溶液（1 mg/mL）（临用前配制）：准确称取 50 mg 抗坏血酸，用偏磷酸-乙酸溶液溶于 50 mL 容量瓶中，并稀释至刻度。

（8）抗坏血酸标准使用液（100 μg/mL）：取 10 mL 抗坏血酸标准贮备液，用偏磷酸-乙酸液稀释至 100 mL，定容前试 pH，如其 pH＞2.2 时，则应用偏磷酸-乙酸-硫酸溶液稀释。

（9）0.04％百里酚蓝指示剂溶液：称取 0.1 g 百里酚蓝，加 0.02 mol/L 氢氧化钠溶液，在玻璃研钵中研磨至溶解，氢氧化钠的用量约为 10.75 mL，磨溶后用水稀释至 250 mL。

变色范围：pH＝1.2 时为红色；pH＝2.8 时为黄色；pH＞4 为蓝色。

（10）活性炭的活化：加 200 g 炭粉于 1 L 盐酸（1＋9）中，加热回流 1～2 h，过滤，用水洗至滤液中无铁离子为止，置于 110～120℃烘箱中干燥，备用。

（三）仪器和设备

（1）荧光分光光度计或具有 350 nm 或 430 nm 波长的荧光计；

（2）捣碎机。

（四）操作技能

1. 试样的制备

称取 100 g 鲜样，加 100 mL 偏磷酸-乙酸溶液，倒入捣碎机内打成匀浆，用百里酚蓝指示剂调式匀浆酸碱度。如显红色，即可用偏磷酸-乙酸溶液稀释，如呈黄色或蓝色，则用偏磷酸-乙酸-硫酸溶液稀释，使其 pH 为 1.2。匀浆的取量需根据试样中抗坏血酸的含量而定。当试样液含量在 40～100 μg/mL，一般取 20 g 匀浆。用偏磷酸-乙酸溶液稀释至 100 mL。过滤，滤液备用。

2. 测定

（1）氧化处理：分别取上述试样滤液及抗坏血酸标准使用液（100 μg/mL）各 100 mL 于 200 mL 具塞锥形瓶中，加 2 g 活性炭，用力振摇 1 min，过滤，弃去最初数毫升滤液，分别收集其余全部滤液，即试样氧化液和标准氧化液，待测定。

（2）各取 10 mL 标准氧化液于 2 个 100 mL 容量瓶中，分别标明"标准"及"标准空白"。

（3）各取 10 mL 试样氧化液于 2 个 100 mL 容量瓶中，分别标明"试样"及"试样空白"。

（4）于"标准空白"及"试样空白"中各加 5 mL 硼酸-乙酸钠溶液，混合摇动 15 min，用水稀释至 100 mL，在 4℃冰箱中放置 2～3 h，即得"标准空白"及"试样空白"溶液，取出备用。

（5）于"试样"及"标准"中各加 5 mL 500 g/L 乙酸钠溶液，用水稀释至 100 mL，即得"试样"溶液及"标准"溶液（10 μg/mL），备用。

3. 标准曲线的制备

取上述"标准"溶液（抗坏血酸含量 10 μg/mL）0.5 mL、1.0 mL、1.5 mL 和 2.0 mL 标准系列，取双份分别置于 10 mL 带盖试管中，再用水补充至 2.0 mL。

4. 荧光反应

取"标准空白"溶液、"试样空白"溶液及"试样"溶液各 2 mL，分别置于 10 mL 带盖试管中,连同标准系列,在暗室迅速向各管中加入 5 mL 邻苯二胺溶液,振摇混合,在室温下反应 35 min,于激发光波长 338 nm、发射光波长 420 nm 处测定荧光强度。标准系列荧光强度分别减去标准空白荧光强度为纵坐标,对应的抗坏血酸含量为横坐标,绘制标准曲线或进行相关计算。

(五)分析结果的表述

试样中抗坏血酸及脱氢抗坏血酸总含量按下式计算:

$$X = \frac{cV}{m} \times F \times \frac{100}{1\,000}$$

式中: X ——试样中抗坏血酸及脱氢抗坏血酸总含量,mg/100 g;

　　　c ——由标准曲线查得或由回归方程算得试样溶液浓度,μg/mL;

　　　m ——试样质量,g;

　　　V ——荧光反应所用试样体积,mL;

　　　F ——试样溶液的稀释倍数。

计算结果表示到小数点后一位。

(六)常见技术问题处理

(1)本法为 GB/T 5009.86—2003《蔬菜、水果及其制品中总抗坏血酸的测定(荧光法和 2,4-二硝基苯肼法)》中的第一法,适用于蔬菜、水果及其制品中总抗坏血酸的测定。本法检出限为 0.022 μg/mL,线性范围为 5~20 μg/mL。

(2)影响荧光强度的因素很多,各次测定条件很难完全再现,因此,标准曲线最好与样品同时做;若采用外标定点直接比较法定量,其结果与工作曲线法接近。

(3)在重复性条件下获得的 2 次独立测定结果的绝对差值不得超过算术平均值的 10%。

二、2,4-二硝基苯肼比色法

(一)原理

总抗坏血酸包括还原型、脱氢型和二酮古乐糖酸。试样中还原型抗坏血酸经活性炭氧化为脱氢型抗坏血酸,再与 2,4-二硝基苯肼作用,生成红色的脎,根据脎在硫酸溶液中的含量与总抗坏血酸含量成正比,进行比色定量。

(二)试剂和材料

(1)4.5 mol/L 硫酸溶液:谨慎地加 250 mL 硫酸(相对密度 1.84)于 700 mL 水中,冷却后用水稀释至 1 000 mL。

(2)85%硫酸:谨慎地加 900 mL 硫酸(相对密度 1.84)于 100 mL 水中。

(3)2,4-二硝基苯肼溶液(20 g/L):溶解 2 g 2,4-二硝基苯肼于 100 mL 4.5 mol/L 硫酸溶液中,过滤。不用时存于冰箱内,每次用前必须过滤。

(4)草酸溶液(20 g/L):溶解 20 g 草酸($H_2C_2O_4$)于 700 mL 水中,用水稀释至 1 000 mL。

(5)草酸溶液(10 g/L):取 500 mL 上述草酸溶液(20 g/L)稀释至 1 000 mL。

(6)硫脲溶液(10 g/L):溶解 5 g 硫脲于上述 500 mL 草酸溶液(10 g/L)中。

(7)硫脲(20 g/L):溶解 10 g 硫脲于 500 mL 上述草酸溶液(10 g/L)中。

(8)1 mol/L 盐酸溶液:取 100 mL 盐酸,加入水中,并稀释至 1 200 mL。

(9)抗坏血酸标准溶液:称取 100 mg 纯抗坏血酸溶解于 100 mL 草酸溶液(20 g/L)中。此溶液每毫升相当于 1 mg 抗坏血酸。

(10)活性炭:将 100 g 活性炭加到 750 mL 1 mol/L 盐酸中,回流 1~2 h,过滤,用水洗数次,至滤液无铁离子(Fe^{3+})为止,然后置于 110℃烘箱中烘干。

检查铁离子的方法:利用普鲁士蓝反应。将 20 g/L 亚铁氰化钾与 1%盐酸等量混合,将上述洗出滤液滴入,如有铁离子则产生蓝色沉淀。

(三)仪器和设备

(1)恒温箱:(37±0.5)℃。

(2)可见-紫外分光光度计。

(3)捣碎机。

(四)操作技能

1.试样制备

全部实验过程要避光。

(1)鲜样制备 称取 100 g 鲜样及吸取 100 mL 20 g/L 草酸溶液,倒入捣碎机中打成匀浆。取 10~40 g 匀浆(含 1~2 mg 抗坏血酸)转移到 100 mL 容量瓶中,用 10 g/L 草酸溶液稀释至刻度,混匀。

(2)干样制备 称取试样 1~4 g(含 1~2 mg 抗坏血酸)放入乳钵内,加入 10 g/L 草酸溶液磨成匀浆,转入 100 mL 容量瓶内,用 10 g/L 草酸溶液稀释至刻度,混匀。

(3)液体试样 直接取样(含 1~2 mg 抗坏血酸)用 10 g/L 草酸溶液定容至 100 mL。

将上述试样溶液过滤,滤液备用。不易过滤的试样可用离心机离心后,倾出上层清液,过滤,备用。

2.氧化处理

吸取 25 mL 上述滤液于锥形瓶中,加入用酸处理过的活性炭 2 g,振摇 1 min,过滤。弃去数毫升初滤液。取 10 mL 此氧化提取液,加入 10 mL 20 g/L 硫脲溶液,混匀,此试样为稀释液。

3.呈色反应

于 3 个试管中各加入 4 mL 氧化处理后的稀释液,一个试管作为空白,在其余试管中加入 1.0 mL 20 g/L 2,4-二硝基苯肼溶液,将所有试管放入(37±0.5)℃恒温箱或水浴中,保温 3 h。3 h 后取出,除空白管外,将所有试管放入冰水中。空白管取出后使其冷到室温,然后加入 1.0 mL 20 g/L 2,4-二硝基苯肼溶液,在室温中放置 10~15 min 后放入冰水内,其余步骤同试样。

4.85%硫酸处理

当试管放入冰水后,向每一试管中加入 5 mL 85%硫酸,滴加时间至少需要 1 min,需边加边摇动试管。将试管自冰水中取出,在室温放置 30 min 后比色。

5.比色

用 1 cm 比色杯,以空白液调零点,于波长 500 nm 处测定吸光值。

6.标准曲线的绘制

(1)加 2 g 用酸处理过的活性炭于 50 mL 抗坏血酸标准溶液中,振摇 1 min,过滤。

（2）取 10 mL 滤液放入 500 mL 容量瓶中，加 5.0 g 硫脲，用 10 g/L 草酸溶液稀释至刻度，此溶液抗坏血酸浓度为 20 μg/mL。

（3）吸取 5 mL、10 mL、20 mL、25 mL、40 mL、50 mL、60 mL 上述稀释液，分别放入 7 个 100 mL 容量瓶中，用 10 g/L 硫脲溶液稀释至刻度，得一标准系列。每个容量瓶中最后稀释液对应的抗坏血酸浓度分别为 1 μg/mL、2 μg/mL、4 μg/mL、5 μg/mL、8 μg/mL、10 μg/mL、12 μg/mL。

（4）上述标准系列中每一浓度的溶液吸取 3 份，每份 4 mL，分别置于 3 支试管中，其中 1 支作为空白，在其余试管中各加入 1.0 mL 20 g/L 2,4-二硝基苯肼溶液，将所有试管都放入 (37±0.5)℃ 的恒温箱或水浴中保温 3 h。

（5）保温 3 h 后将空白管取出，使其冷却至室温，然后加入 1.0 mL 20 g/mL，2,4-二硝基苯肼溶液，在室温中放置 10～15 min 后与所有试管一同放入冰水中冷却。

（6）试管放入冰水中后，向每一试管中慢慢滴加 5 mL 85％硫酸，滴加时间至少需要 1 min，边加边摇动试管。

（7）将试管从冰水中取出，在室温下放置 30 min 后，用 1 cm 比色杯，以空白液调零，在波长 520 nm 处测定吸光值。

以吸光度值为纵坐标，抗坏血酸浓度（μg/mL）为横坐标绘制标准曲线。

（五）分析结果的表述

试样中总抗坏血酸的含量按下式计算：

$$X = \frac{c \times V}{m} \times F \times \frac{100}{1\,000}$$

式中：X —— 试样中总抗坏血酸的含量，mg/100 g；

c —— 由标准曲线查得或由回归方程算得"试样氧化液"中总抗坏血酸的浓度，μg/mL；

V —— 试样用 10 g/L 草酸溶液定容的体积，mL；

F —— 试样氧化处理过程中的稀释倍数；

m —— 试样质量，g。

计算结果表示到小数点后两位。

（六）常见技术问题处理

（1）加入硫脲可防止抗坏血酸氧化，且有助于促进脲的形成。最后溶液中硫脲的浓度要一致，否则影响测定结果。加入硫脲时宜直接垂直滴入溶液，勿滴在管壁上。

（2）加入硫酸后显色，因糖类的存在会造成显色不稳定，30 min 后影响将减少，故加硫酸后 30 min 方可比色。

（3）于冰浴上加入硫酸须一滴一滴加入，边加边摇，若加得过快，温升过高，将使糖类炭化产生焦糖色，影响测定结果。溶液温度需保持 10℃ 以下。

（4）活性炭对抗坏血酸的氧化作用，是基于其表面吸附的氧进行界面反应，加入量过低，氧化不充分，测定结果偏低；加入量过高，对抗坏血酸有吸附作用，也使结果偏低。

（5）本法为 GB/T 5009.86—2003《蔬菜、水果及其制品中总抗坏血酸的测定（荧光法和 2,4-二硝基苯肼法）》中的第二法，适用于蔬菜、水果及其制品中总抗坏血酸的测定。本法检出限为 0.1 μg/m，线性范围为 1～12 μg/mL。

三、2,6-二氯靛酚滴定法

(一)原理

2,6-二氯靛酚是一种染料，其颜色反应表现为两种特性。一是取决于氧化还原状态，氧化态为深蓝色，还原态为无色；二是受其介质酸度的影响，在碱性介质中呈深蓝色，在酸性溶液介质中呈浅红色。

用蓝色的碱性染料标准溶液，滴定含维生素 C 的酸性浸出液，染料被还原为无色，当到达终点时，微过量的 2,6-二氯靛酚染料在酸性溶液中呈浅红色即为终点。从染料消耗量即可计算出试样中还原型抗坏血酸的含量。

(二)试剂和材料

(1)20 g/L 草酸溶液：称取 20 g 草酸，加水至 1 000 mL。

(2)10 g/L 草酸溶液：称取 10 g 草酸，加水至 1 000 mL。

(3)淀粉指示剂：取 1 g 可溶性淀粉，加 10 mL 冷水调成稀粉浆，倒入正在沸腾的 100 mL 水中，搅拌至透明，放冷备用。

(4)60 g/L 碘化钾溶液。

(5)0.100 0 mol/L KIO_3 标准溶液：准确称取经 105℃烘干 2 h 的基准碘酸钾 3.567 0 g (0.356 7 g)，用水溶解并稀释至 1 000 mL(100 mL)。

(6)0.001 0 mol/L KIO_3 标准溶液。准确吸取 0.100 0 mol/L KIO_3 标准溶液 1 mL，用水稀释至 100 mL。此溶液 1 mL 相当于维生素 C 0.088 mg。

(7)维生素 C 标准贮备液：准确称取 20 mg 纯 L-抗坏血酸，用 10 g/L 草酸溶解，并定容至 100 mL。

(8)维生素 C 标准使用液：吸取维生素 C 标准贮备液 5 mL 于 50 mL 容量瓶中，用草酸溶液(10 g/L)定容。

标定：准确吸取上述贮备液 5.0 mL 于小锥形瓶中，加入 0.5 mL 60 g/L 碘化钾溶液，3～5 滴淀粉指示剂(10 g/L)，混匀后用 0.001 0 mol/L 标准碘酸钾溶液滴定至淡蓝色为终点。

$$c = \frac{V_1 \times 0.088}{V_2}$$

式中：c ——维生素 C 的浓度，mg/mL；

$\quad V_1$ ——滴定时消耗碘酸钾标准溶液的体积，mL；

$\quad V_2$ ——吸取维生素 C 标准使用液的体积，mL；

$\quad$ 0.088——1.00 mL 碘酸钾标准溶液(0.001 0 mol/L)相当的维生素 C 的量，mg/mL。

(9)2,6-二氯靛酚溶液

配制：称取 52 mg 碳酸氢钠，溶解于 200 mL 热蒸馏水中，然后称取 50 mg 2,6-二氯靛酚溶解于上述碳酸氢钠溶液中，冷却定容至 250 mL，过滤于棕色瓶内，保存于冰箱中。每次使用前，用标准抗坏血酸标定其滴定度。

标定：吸取已知浓度的维生素 C 标准使用溶液 5 mL 于 50 mL 锥形瓶中，加 10 mL 10 g/L 草酸溶液，用 2,6-二氯靛酚溶液滴定至呈粉红色 15 s 不褪色即为终点。同时，另取 10 mL 10 g/L 草酸溶液做空白试验。

$$T = \frac{c \times V}{V_1 - V_2}$$

式中：T——每毫升 2,6-二氯靛酚溶液相当于维生素 C 的质量，mg；

$\quad\quad c$——维生素 C 标准使用液的浓度，mg/mL；

$\quad\quad V$——标定时吸取维生素 C 标准液的体积，mL；

$\quad\quad V_1$——滴定抗坏血酸溶液消耗 2,6-二氯靛酚的溶液的体积，mL。

$\quad\quad V_2$——滴定空白所用 2,6-二氯靛酚溶液的体积，mL。

(三)仪器和设备

(1)高速组织捣碎机。

(2)分析天平。

(3)10 mL、25 mL 滴定管。

(4)10 mL、5 mL、2 mL、1 mL 移液管。

(5)容量瓶：100 L。

(四)操作技能

1. 试样制备

称取新鲜的具有代表性试样的可食部分 100 g，置于组织捣碎机中，加入 100 mL 20 g/L 草酸，迅速搅拌成匀浆。称取 10～40 g 匀浆于烧杯中，加入适量 10 g/L 草酸，搅匀，小心移入 100 mL 容量瓶中，用 10 g/L 草酸稀释定容，摇匀，过滤，取中间滤液备用。

若滤液有色，可按每克试样加 0.4 g 白陶土脱色后再过滤。

2. 测定

吸取试样处理滤液 10 mL，于 50 mL 锥形瓶中，迅速用已标定的 2,6-二氯靛酚溶液滴定，至溶液出现微红色 15 s 不褪为终点。同时做空白试验。

(五)分析结果的表述

试样中还原型维生素 C 按下式进行计算：

$$X = \frac{T(V - V_0)}{m \times \dfrac{10}{100}} \times 100$$

式中：X——试样中还原型维生素 C 的含量，mg/100 g；

$\quad\quad T$——1 mL 染料溶液(2,6-二氯靛酚溶液)相当于维生素 C 的质量，mg；

$\quad\quad V$——滴定样液时消耗染料溶液的体积，mL；

$\quad\quad V_0$——滴定空白时消耗染料溶液的体积，mL；

$\quad\quad m$——称取匀浆相当于原试样的质量，g。

(六)常见技术问题处理

(1)本法测定的结果为食品中的还原型 L-抗坏血酸含量，而非维生素 C 总量。此法是测定还原型 L-抗坏血酸最简便的方法，适合于大批果蔬，但对红色果蔬不太适宜。

(2)维生素 C 在酸性条件下较稳定，故试样处理或浸提都应在弱酸性环境中进行。浸提剂以偏磷酸(HPO_3)稳定维生素 C 效果最好，但价格较贵。一般可采用草酸(20 g/L)代替偏磷酸,价廉且效果也较好。

　　试样处理过程中加入等量的 2% 草酸,目的是抑制抗坏血酸氧化酶,避免维生素 C 氧化损失,也可用 2% 偏磷酸代替。

　　(3)测定维生素 C 时,应尽可能分析新鲜试样,在不发生水分及其他成分损失的前提下,试样尽量捣碎,研磨成浆状。需特别注意的是:研磨时,加与试样等量的酸提取剂以稳定维生素 C。

　　(4)所有试剂应用新鲜重蒸馏水配制。

　　(5)测定过程中应避免溶液接触金属、金属离子。

　　(6)试样匀浆在 100 mL 容量瓶中,可能出现泡沫,可加入戊醇 2～3 滴消除之。同时作空白实验,消除系统误差。

　　(7)整个操作过程应迅速,避免还原型抗坏血酸被氧化。滴定开始时,染料溶液应迅速加入直至红色不立即消失,而后尽可能一滴一滴地加入,并不断摇动三角瓶,至粉红色 15 s 内不消失为止。试样中某些杂质还可以还原染料,但速度较慢,故滴定终点以出现红色 15 s 不褪色为终点。滴定时,可同时吸二个试样。一个滴定,另一个作为观察颜色变化的参考。

　　(8)贮存过久的罐头食品,可能含有大量的低铁离子(Fe^{2+}),要用 8% 的醋酸代替 2% 草酸。这时如用草酸,低铁离子可以还原 2,6-二氯靛酚,使测定数字增高,使用醋酸可以避免这种情况的发生。

　　(9)2% 草酸有抑制抗坏血酸氧化酶的作用,而 1% 草酸无此作用。

　　(10)干扰滴定因素

　　①若提取液中色素很多时,滴定不易看出颜色变化,可用白陶土脱色,或加 1 mL 氯仿,到达终点时,氯仿层呈现淡红色。

　　②Fe^{2+} 可还原二氯酚靛酚。对含有大量 Fe^{2+} 的试样可用 8% 乙酸溶液代替草酸溶液提取,此时 Fe^{2+} 不会很快与染料起作用。

　　③试样中可能有其他杂质还原二氯酚靛酚,但反应速度均较抗坏血酸慢,因而滴定开始时,染料要迅速加入,而后尽可能一点一点地加入,并要不断地摇动三角瓶直至呈粉红色,于 15 s 内不消褪为终点。

　　(11)提取的浆状物如不易过滤,亦可离心,留取上清液进行滴定。

　　(12)若试样滤液颜色较深,影响滴定终点观察,可加入白陶土吸附色素后再过滤。白陶土使用前应测定回收率,同时做空白试验。

【知识与技能检测】

　　1. 维生素 C 的测定方法有哪些?其原理是什么?

　　2. 试比较维生素 C 测定方法的优缺点及各自的适用范围。

【超级链接】国家标准中测定维生素 C 的其他方法简介

　　GB/T 9695.29—2008《肉制品　维生素 C 含量测定》中规定了肉制品中维生素 C 含量的测定方法。它是利用试样中的维生素 C 用偏磷酸提取后,经 2,6-二氯靛酚氧化成脱氢维生素 C,与邻苯二胺反应生成具有紫蓝色荧光的喹噁啉衍生物,在激发波长 350 nm、发射波长 430 nm 处测定其荧光强度,标准曲线法进行定量。而 GB 5413.18—2010《婴幼儿食品和乳品　维生素 C 的测定》中是在活性炭存在下把维生素 C 氧化成脱氢维生素 C 后与邻苯二胺反应生成荧光物质,再用荧光分光光度计测定荧光强度定量。GB/T 12143—2008《饮料通用分析方法》中对果蔬汁饮料中 L-抗坏血酸的测定则选用乙醚萃取法。此方法是根据氧化还原反应原理,2,6-二氯靛酚能被 L-抗坏血酸还原为无色体,微过量的 2,6-二氯靛酚用乙醚提取,然后由醚层中的玫瑰红色来确定滴定终点。但这种方法不适用于脱氢抗坏血酸的测定。

技能训练 1　肉与肉制品中维生素 A 含量测定

一、技能目标

(1)查阅《肉与肉制品　维生素 A 含量测定》(GB /T 9695.26)能正确制订作业程序。

(2)掌握肉与肉制品中维生素 A 的测定方法和操作技能。

(3)熟悉高效液相色谱仪的使用与保养方法。

二、所需试剂与仪器

按照《肉与肉制品　维生素 A 含量测定》(GB /T 9695.26)的规定,请将肉与肉制品中维生素 A 的测定所需仪器设备的名称、数量、规格和试剂的名称、规格级别记录于表 3-82 和表 3-83 中。

表 3-82　工作所需全部仪器设备一览表

序号	名称	规格要求
1	液相色谱仪	带荧光检测器
2		

表 3-83　工作所需全部化学试剂一览表

序号	名称	规格要求	配制方法
1			
2			

三、工作过程与标准要求

工作过程及标准要求见表 3-84。

表 3-84　工作过程与标准要求

工作过程	工作内容	技能标准
1. 制订工作方案	按照国家标准制订工作方案。	方案符合实际、科学合理、周密详细。
2. 试剂与仪器准备	准备并检查实训材料与仪器。	(1)准备本次实训所需的所有材料与仪器设备。 (2)试剂的配制和仪器的清洗、控干。 (3)检查设备运行是否正常。

续表 3-84

工作过程	工作内容	技能标准
3. 试样制备	(1)取有代表性的样品 200 g,用绞肉机将样品绞 2 次使其均质化。注意避免试样的温度超过 25℃。 (2)将试样装入密封的容器中,防止变质和成分的变化。试样应在均质化后 24 h 内尽快分析。	(1)能正确使用均质用机械设备。 (2)能采取有效措施防止试样变质或成分变化。
4. 皂化	称取试样 0.5~5 g(精确至 0.001 g)于 150 mL 烧杯中,加入 5 mL 抗坏血酸溶液(100 g/L)、15 mL 氢氧化钾溶液(500 g/L)、30 mL 无水乙醇,混匀,于 80℃水浴上回流加热 30~60 min,至试样溶液澄清。皂化后用流水冷却。	(1)能准确称量样品。 (2)能正确吸取所需试剂溶液。 (3)能正确规范使用水浴锅。
5. 提取	(1)将皂化后的试样溶液移入 125 mL 分液漏斗中,用 30 mL 石油醚分数次洗烧瓶,洗液并入分液漏斗中,塞上塞子,轻摇分液漏斗,避免乳化。静置,分层后,将水层放入第二个分液漏斗中,醚层留在第一个分液漏斗中。于第二个分液漏斗加入 10 mL 石油醚,进行第二次提取,石油醚层并入第一个分液漏斗中。重复提取 3~4 次。石油醚层并入第一个分液漏斗中。 (2)石油醚层反复用水洗涤,至水层呈中性(pH 约为 7)。弃去水层。将分液漏斗中的石油醚层经无水硫酸钠脱水后,放入棕色圆底烧瓶中。用少量石油醚洗分液漏斗和无水硫酸钠,洗液并入棕色圆底烧瓶中。	能正确使用分液漏斗进行分层操作,提取完全无损失。
6. 色谱分析用试样溶液的制备	连接盛有石油醚提取液的圆底烧瓶与旋转蒸发仪,于 40~60℃水浴上减压蒸馏石油醚,至瓶内剩 1~2 mL 液体时,取下烧瓶,用氮气吹干剩余液体,立即加入 2.0 mL 异丙醇溶液,塞上塞子,防止溶剂挥发,摇匀,溶解瓶中维生素 A。此为色谱分析用试样溶液。	能正确操作使用旋转蒸发仪。
7. 色谱分析条件选择	(1)色谱柱:C_{18}柱(5 μm,150 mm×4.6 mm)。 (2)流动相:甲醇:水=98:2。混匀。于临用前脱气。 (3)流速:1.0 mL/min。 (4)柱温:30℃。 (5)检测波长:激发波长为 340 nm,发射波长为 460 nm。 (6)进样量:20 μL。	能正确根据参考条件选择参数。
8. 标准曲线的绘制	将维生素 A 系列标准工作液进行高效液相色谱分析,记录峰面积或峰高。以维生素 A 的浓度为横坐标、以相应的峰面积或峰高为纵坐标绘制标准曲线。	(1)能正确进行色谱条件的选择和设置。 (2)理解高效液相色谱仪的工作原理及操作流程。 (3)了解液相色谱仪的使用和保养方法。
9. 试样溶液的测定	将制备好的试样溶液按标准工作液的液相色谱条件进行测定。根据试样溶液的峰面积或峰高,从标准曲线上查出相对应的维生素 A 的浓度。 同时做平行试验和空白试验。	(1)会从标准曲线上查试样相对应的维生素 A 的浓度。 (2)会做空白试验。

四、数据记录及处理

（1）数据记录 将实验数据填入表 3-85 中。

表 3-85 数据记录表

	标准溶液						样品溶液	空白溶液
吸取维生素 A 标准使用液体积/mL								
各溶液中维生素 A 的质量/μg								
测得各溶液的吸光度（A）								
样品质量/g								
样品液定容总体积/mL								
样液进样体积/μL				20				
样液吸光度								

（2）结果计算 按下式计算试样中维生素 A 的含量：

$$X = \frac{c}{m} \times V \times \frac{100}{1\,000}$$

式中：X ——试样中维生素 A 的含量，mg/100 g；

　　　c ——根据试样的峰面积或峰高查标准曲线得到的维生素 A 的浓度，μg/mL；

　　　V ——样液溶液最终定容的体积，mL；

　　　m ——试样的质量，g。

五、技能评价

按照工作过程操作水平，由相关人员填写技能评价表（表 3-86）。

表 3-86 技能评价表

评价内容	满分值	学生自评	同伴互评	教师评价	综合评分
1. 制订工作方案	10				
2. 试剂与仪器准备	5				
3. 试样制备	5				
4. 皂化	10				
5. 提取	5				
6. 色谱分析用试样溶液的制备	10				
7. 色谱分析条件选择	5				
8. 标准曲线的绘制	20				
9. 试样溶液的测定	10				
10. 数据记录及结果	10				
11. 实训报告	10				
总分					

注：综合评分＝学生自评分×20％＋同伴互评分×30％＋教师评价分×50％。

技能训练 2　婴幼儿食品和乳品中维生素 B_1 的测定

一、技能目标

(1)查阅《婴幼儿食品和乳品中维生素 B_1 的测定》(GB 5413.11)能正确制订作业程序。

(2)掌握维生素 B_1 的测定原理和操作技能。

(3)掌握婴幼儿食品和乳品中维生素 B_1 的测定方法和操作技能。

二、所需试剂与仪器

按照《婴幼儿食品和乳品中维生素 B_1 的测定》(GB 5413.11)所需仪器设备的名称、数量、规格和试剂的名称、规格级别记录于表 3-87 和表 3-88 中。

表 3-87　工作所需全部仪器设备一览表

序号	名称	规格要求
1	高效液相色谱仪	带荧光检测器
2		

表 3-88　工作所需全部化学试剂一览表

序号	名称	规格要求	配制方法
1			
2			

三、工作过程与标准要求

工作过程及标准要求见表 3-89。

表 3-89　工作过程与标准要求

工作过程	工作内容	技能标准
1. 制订工作方案	按照国家标准制订工作方案。	方案符合实际、科学合理、周密详细。
2. 试剂与仪器准备	准备并检查实训材料与仪器。	(1)准备本次实训所需的所有材料与仪器设备。 (2)试剂的配制和仪器的清洗、控干。 (3)检查设备运行是否正常。

续表3-89

工作过程	工作内容	技能标准
3. 试液提取	称取 5～10 g(精确至 0.01 g)试样(如有必要,将试样放入捣碎机中捣碎;试样中含维生素 B_1 5 μg 以上)于 100 mL 三角瓶中,加 60 mL 0.1 mol/L 盐酸,充分摇匀,用棉花塞和牛皮纸封口,放入高压灭菌锅内,在 121℃下保持 30 min,待冷却至 40℃以下后取出,轻摇数次;用 2.0 mol/L 乙酸钠溶液调 pH 至 4.0 左右,加入 2.0 mL(可根据酶活力不同适当调整用量)混合酶液,摇匀后,置于 37℃的培养箱中过夜;将酶解液转移至 100 mL 容量瓶中,用水定容至刻度,滤纸过滤,取滤液备用。	(1)能正确使用所用机械设备。 (2)能规范熟练地进行转移、定容及过滤操作。
4. 试液衍生化	(1)取上述滤液 10.00 mL 于 25 mL 具塞比色管中,加入 5 mL 碱性铁氰化钾,充分混匀后,加 10.00 mL 正丁醇(或异丁醇),强烈振荡后静置约 10 min,充分分层,吸取正丁醇(或异丁醇)相(上层)于 4 000～6 000 r/min 离心 5 min,取上清液经有机微孔滤膜过滤,供进样用。 (2)另取 10.00 mL 标准工作液,与试液同步进行衍生化。	能正确进行溶液吸取、离心等操作。
5. 色谱参考条件	(1)色谱柱:C_{18}反相色谱柱(粒径 5 μm,250 mm×4.6 mm)或相当者。 (2)流动相:0.05 mol/L 乙酸钠溶液-甲醇＝ 65＋35。 (3)流速:1.00 mL/min。 (4)检测波长:激发波长 375 nm,发射波长 435 nm。 (4)进样量:20 μL。	能正确进行色谱条件的选择和设置。
6. 标准曲线绘制	将维生素 B_1 系列标准工作液衍生物依次按上述推荐色谱条件上机测定,记录色谱峰面积,以峰面积为纵坐标,浓度为横坐标,绘制标准曲线。	(1)理解高效液相色谱仪的工作原理及操作流程。 (2)了解液相色谱仪的使用和保养方法。
7. 试样溶液的测定	将试液衍生物按上述推荐色谱条件进样测定,从标准曲线中查得试液相应的浓度。	(1)能将试液进行正确测定。 (2)会从标准曲线上查试样相对应的维生素 B_1 的浓度。

四、数据记录及处理

(1)数据记录 将实验数据填入表 3-90 中。

表 3-90 数据记录表

	标准溶液						样品溶液
吸取维生素 B_1 标准使用液体积/mL	0	0.50	1.00	2.00	5.00	10.00	
各溶液中维生素 B_1 的浓度/(μg/mL)	0	0.05	0.10	0.20	0.5	1.00	
测得各溶液的峰面积							
样品质量/g							
样品液定容总体积/mL							
样液峰面积							

（2）结果计算 按下式计算试样中维生素 B_1 的含量：

$$X = \frac{c}{m} \times V \times \frac{100}{1\,000}$$

式中：X ——试样中维生素 B_1 的含量（以硫胺素计），mg/100 g；

　　c ——根据试样的峰面积查标准曲线得到的试液进样浓度，μg/mL；

　　V ——样液溶液最终定容的体积，mL；

　　m ——试样的质量，g。

五、技能评价

按照工作过程操作水平，由相关人员填写技能评价表（表3-91）。

表 3-91 技能评价表

评价内容	满分值	学生自评	同伴互评	教师评价	综合评分
1. 制订工作方案	10				
2. 试剂与仪器准备	5				
3. 试液提取	10				
4. 试液衍生化	10				
5. 色谱参考条件	10				
6. 标准曲线的绘制	20				
7. 试样溶液的测定	15				
8. 数据记录及结果	10				
9. 实训报告	10				
总分					

注：综合评分＝学生自评分×20％＋同伴互评分×30％＋教师评价分×50％。

技能训练 3 果蔬汁饮料中 L-抗坏血酸含量的测定

一、技能目标

（1）查阅《饮料通用分析方法》（GB/T 12143）能正确制订作业程序。

（2）掌握 L-抗坏血酸含量的测定原理和操作技能。

（3）掌握乙醚萃取法测定果蔬汁饮料中 L-抗坏血酸的操作要点和操作技能。

二、所需试剂与仪器

按照《饮料通用分析方法》（GB/T 12143）的规定，请将果蔬汁饮料中 L-抗坏血酸测定所需仪器设备的名称、数量、规格和试剂的名称、规格级别记录于表3-92和表3-93中。

表 3-92 工作所需全部仪器设备一览表

序号	名称	规格要求
1		
2		

表 3-93 工作所需全部化学试剂一览表

序号	名称	规格要求	配制方法
1			
2			

三、工作过程与标准要求

工作过程及标准要求见表3-94。

表 3-94 工作过程与标准要求

工作过程	工作内容	技能标准
1. 制订工作方案	按照国家标准制订工作方案。	方案符合实际、科学合理、周密详细。
2. 试剂与仪器准备	准备并检查实训材料与仪器。	(1)准备本次实训所需的所有材料与仪器设备。 (2)试剂的配制和仪器的清洗、控干。 (3)检查设备运行是否正常。
3. 试液的制备	(1)浓缩汁:在浓缩汁中加入与在浓缩过程中失去的天然水分等量的水,使成为原汁。然后同原汁一样取一定量样品,稀释、混匀供测。 (2)原汁及固体饮料:称取含抗坏血酸 4～10 mg 有代表性的样品(精确到 0.001 g),用 2‰草酸溶液稀释到 200 mL,混匀供测。 (3)果汁饮料:①抗坏血酸含量在 0.05 mg/mL 以下的样品,混匀后直接取样测定。②抗坏血酸含量在 0.05 mg/mL 以上的样品,称取含抗坏血酸 4～10 mg 有代表性的样品(精确到 0.001 g),用 2‰草酸溶液稀释到 200 mL,混匀供测。 (4)果蔬汁碳酸饮料:先将样品旋摇到基本无气泡后,再按上述方法制备。	能正确进行试液的制备。

257

续表 3-94

工作过程	工作内容	技能标准
4. 乙醚抽提处理	对于高度乳化或样液色泽较深且易被乙醚抽提的样品,取样后置分液漏斗中。加 30 mL 乙醚,充分振摇但勿使之乳化。待分层后将下层样液放入 200 mL 容量瓶中,分液漏斗中加入 20 mL 2％草酸溶液。适当振摇,待分层后,将下层水溶液放入上面的 200 mL 容量瓶中。如此反复操作 4 次,将每次的下层水溶液均放入 200 mL 容量瓶内,然后用 2％草酸溶液稀释至刻度。	能正确规范进行分层提取及定容操作。
5. 空白试液的制备	按试液制备中所确定的取样量称取同一样品(精确到 0.001 g),置于 250 mL 锥形瓶中,加 20 mL 10％硫酸铜溶液,加水使总体积约为 100 mL,置于垫有石棉网的电炉上,小心加热至沸并保持微沸 15 min,然后用流动水冷却到室温。将此溶液转移到 200 mL 容量瓶中,用水稀释至刻度,摇匀,供空白测定。	能准确规范地进行空白试液的制备。
6. 试液的测定	取 10 ～ 15 支 50 mL 比色管,在每支比色管中加入 10.00 mL 制备好的试液,各加 2.5 mL 丙酮。放置 3 min 后,在第一支比色管中加入 1 mL 2,6-二氯靛酚溶液,充分混匀,精确控制 40 s 后,加入 2 mL 乙醚,充分振摇,放置几分钟,待乙醚与水溶液分层后,观察醚层有无出现玫瑰红色。当出现淡玫瑰红色时,则表明已达到测定的暂定终点。如果 2,6-二氯靛酚全部被抗坏血酸还原,乙醚层保持无色,则在第二支比色管中加入 1.5 mL 2,6-二氯靛酚溶液。如还不显红色,再逐一按 2.0 mL、2.5 mL、3.0 mL、3.5 mL、4.0 mL、4.5 mL、5.0 mL 的量加入 2,6-二氯靛酚溶液,直到乙醚层出现玫瑰红色达到暂定终点为止。这时所加的 2,6-二氯靛酚的量常常是过量的,所以需进一步试验,确定精确的终点。如果加到 3.0 mL 2,6-二氯靛酚溶液时出现玫瑰红色,则从第 6 支加有试液的比色管中开始分别加入 2.6 mL、2.7 mL、2.8 mL、2.9 mL 2,6-二氯靛酚溶液,直至呈现淡玫瑰红色为止。如在 2.9 mL 刚呈红色,则 2.9 mL 为精确终点。如加到 2.9 mL 2,6-二氯靛酚溶液仍不显玫瑰红色,则上面的 3.0 mL 就是精确终点。所用 2,6-二氯靛酚溶液为 V_1 毫升。对于抗坏血酸含量低于 2 mg/100 g 的样品,用 100 mL 比色管直接加倍取样测定。丙酮与乙醚的加量也相应加倍,操作同上。 对于同一个被测样液需平行测定 3 次。	能按要求正确进行溶液测定。
7. 空白试液的测定	吸取空白试液 10.00 mL 于比色管中,同上述加丙酮并逐一按 0.05 mL、0.10 mL、0.15 mL、0.20 mL 的量加入 2,6-二氯靛酚溶液,测得在乙醚层中刚呈现玫瑰红色所需的 2,6-二氯靛酚溶液的量为 V_0 毫升。	能按要求正确进行空白试液的测定。

四、数据记录及处理

（1）数据记录　将试验数据填入表 3-95 中。

表 3-95　数据记录表

测定次数	1	2	3	空白
样品质量/g				
配制样品溶液的体积/mL		200		200
吸取样品溶液的体积/mL		10		10
精确终点时加入 2,6-二氯靛酚溶液的体积/mL				
2,6-二氯靛酚溶液的滴定度/(mg/mL)				
样品中 L-抗坏血酸的含量/(mg/100 g)				
测定结果的相对偏差/%				

（2）结果计算　按下式计算试样中 L-抗坏血酸的含量：

$$X = \frac{(V_1 - V_0) \times T}{m_2 \times \dfrac{10}{200}} \times 100$$

式中：X ——100 g（或 100 mL）样品中所含维生素 C 的量，mg/100 g；

V_1 ——测定样品溶液时所需的 2,6-二氯靛酚溶液的体积，mL；

V_0 ——测定空白溶液时所需的 2,6-二氯靛酚溶液的体积，mL；

T ——2,6-二氯靛酚溶液相当于 L-抗坏血酸的滴定度，mg/mL；

m ——10.00 样品溶液中所含样品的量，g 或 mL。

五、技能评价

按照工作过程操作水平，由相关人员填写技能评价表（表 3-96）。

表 3-96　技能评价表

评价内容	满分值	学生自评	同伴互评	教师评价	综合评分
1. 制订工作方案	10				
2. 试剂与仪器准备	5				
3. 试液制备	10				
4. 乙醚抽提处理	10				
5. 空白试液的制备	10				
6. 试液的测定	20				
7. 空白试液的测定	10				
8. 数据记录及结果	10				
9. 实训报告	15				
总分					

注：综合评分＝学生自评分×20％＋同伴互评分×30％＋教师评价分×50％。

模块四　食品添加剂的测定

【模块提要】　食品添加剂是食品工业重要的基础原料,对食品的生产工艺、产品质量、安全卫生都起到至关重要的作用。滥用食品添加剂以及超范围、超标准、甚至违禁使用食品添加剂都会给食品质量、安全卫生以及消费者的健康带来巨大的损害,所以食品添加剂的分析与检测具有重要意义。本模块主要介绍了食品加工最常用的四大类食品添加剂的测定方法,分别是:项目一,食品中防腐剂的测定;项目二,食品中抗氧化剂和漂白剂的测定;项目三,食品中护色剂和着色剂的测定;项目四,食品中甜味剂的测定。

【学习目标】　通过本模块的学习,使学生掌握防腐剂、漂白剂、发色剂、甜味剂和抗氧化剂的测定原理和测定方法,并能根据不同食品中被检测对象的存在形式采用适当的分离提取方法,能根据国家标准方法,独立完成项目检测全过程,达到规范、准确。熟悉分光光度计、紫外分光光度计、原子吸收分光光度计、液相色谱仪等相关仪器设备在食品添加剂测定方面的操作技能。

项目一　食品中防腐剂的测定

【知识要求】

(1)熟知防腐剂的概念以及特点;

(2)了解苯甲酸(钠)和山梨酸(钾)的测定方法;

(3)了解苯甲酸(钠)和山梨酸(钾)的理化性质;

(4)掌握高效气相色谱法测定食品中苯甲酸(钠)和山梨酸(钾)的原理及方法。

【能力要求】

(1)掌握高效气相色谱法测定食品中苯甲酸(钠)和山梨酸(钾)的操作技能;

(2)掌握高效液相色谱法测定食品中脱氢乙酸的操作技能;

(3)掌握高效气相色谱仪、高效液相色谱仪的操作技能;

(4)能正确分析食品中苯甲酸(钠)和山梨酸(钾)测定过程中产生误差的原因及控制措施。

任务一　食品中山梨酸、苯甲酸的测定

【知识准备】

一、概述

防腐剂是能防止食品腐败、变质,抑制食品中微生物繁殖,延长食品保存期的一类物质的

总称。防腐剂使用简单,可使食品在常温下及简易保藏条件下短期贮藏,在现阶段尚有一定作用。随着食品保藏新工艺、新设备的不断完善,防腐剂将逐步减少使用,甚至不用。目前,我国许可使用的品种有:苯甲酸、苯甲酸钠、山梨酸、山梨酸钾、脱氢乙酸、丙酸钠、丙酸钙、对羟基苯甲酸乙酯和丙酯等。

苯甲酸又名安息香酸,为白色有丝光的鳞片或针状结晶,熔点122℃,沸点249.2℃,100℃开始升华。在酸性条件下可随水蒸气蒸馏。微溶于水,易溶于氯仿、丙酮、乙醇、乙醚等有机溶剂,化学性质较稳定。苯甲酸钠为白色颗粒或结晶性粉末,无臭或微有安息香气味,在空气中稳定,易溶于水和乙醇,难溶于有机溶剂,其水溶液呈弱碱性(pH约为8),在酸性条件下(pH 2.5~4)能转化为苯甲酸。

在酸性条件下苯甲酸及苯甲酸钠防腐效果较好,适宜用于偏酸的食品(pH 4.5~5)。苯甲酸进入人体后,大部分与甘氨酸结合形成无害的马尿酸。其余部分与葡萄糖醛酸结合生成苯甲酸葡萄糖醛酸苷从尿中排出,不在人体内积累。苯甲酸的毒性较小,FAO/WHO 限定苯甲酸及其盐的 ADI 值以苯甲酸计为 0~5 mg/kg 体重。

山梨酸又名花楸酸,为无色、无臭的针状结晶,熔点134℃,沸点228℃。山梨酸难溶于水,易溶于乙醇、乙醚、氯仿等有机溶剂,在酸性条件下可随水蒸气蒸馏,化学性质稳定。山梨酸钾易溶于水,难溶于有机溶剂,与酸作用生成山梨酸。山梨酸及其钾盐也是用于酸性食品的防腐剂,适合于在 pH 5~6 时使用。它是通过与霉菌、酵母菌酶系统中的巯基结合而达到抑菌作用,但对厌氧芽孢杆菌、乳酸菌无效。山梨酸是一种直链不饱和脂肪酸,可参与体内正常代谢,并被同化而产生二氧化碳和水,几乎对人体没有毒性,是一种比苯甲酸更安全的防腐剂。

因为苯甲酸需在肝脏中进行分解,而过量食用对肝脏功能会有不同程度的损害。而且无论哪种人工合成的防腐剂,若长期过量摄入,都会对人体造成损害,尤其是儿童和孕妇。因此对山梨酸、苯甲酸进行定性、定量分析具有重要意义。

二、测定方法

目前山梨酸、苯甲酸的测定方法有气相色谱法、高效液相色谱法、薄层色谱法,禁用防腐剂定性试验等方法。下面介绍高效气相色谱法测定食品中山梨酸、苯甲酸的含量。

【技能培训】

一、测定原理

样品经酸化、乙醚提取、洗涤、过滤、丙酮溶解等一系列处理后,得样品滤液备用。同时制备不同浓度的苯甲酸、山梨酸标准使用液。进样标准使用液于气相色谱仪中,可测得不同浓度山梨酸、苯甲酸的峰高。以浓度为横坐标,相应的峰高值为纵坐标,绘制标准曲线。同时进样样品溶液,测得峰高与标准曲线比较定量,再分别乘以换算系数,求出样品中苯甲酸钠、山梨酸钾的含量。

二、试剂与材料

(1)乙醚:不含过氧化物。

(2)无水硫酸钠。

（3）氯化钠酸性溶液（40 g/L）：于氯化钠溶液（40 g/L）中加少量盐酸（1＋1）酸化。

（4）山梨酸、苯甲酸标准溶液：准确称取山梨酸、苯甲酸各 0.200 0 g，置于 100 mL 容量瓶中，用石油醚-乙醚（3＋1）混合溶剂溶解后并稀释至刻度。此溶液每毫升相当于 2.0 mg 山梨酸或苯甲酸。

（5）山梨酸、苯甲酸标准使用液：吸取适量的山梨酸、苯甲酸标准溶液，以石油醚-乙醚（3＋1）混合溶剂稀释至每毫升相当于 50 mg、100 mg、150 mg、200 mg、250 mg 山梨酸或苯甲酸。

三、仪器和设备

气相色谱仪：具有氢火焰离子化检测器。

四、操作技能

1. 样品提取

称取 2.50 g 事先混合均匀的样品，置于 25 mL 带塞量筒中，加 0.5 mL 盐酸（1＋1）酸化，用 15 mL、10 mL 乙醚提取 2 次，每次振摇 1 min，将上层乙醚提取液吸入另一个 25 mL 带塞量筒中。合并乙醚提取液，用 3 mL 氯化钠酸性溶液（40 g/L）洗涤 2 次，静止 15 min，用滴管将乙醚层通过无水硫酸钠滤入 25 mL 容量瓶中，加乙醚至刻度，混匀。准确吸取 5 mL 乙醚提取液于 10 mL 带塞刻度试管中，置 40℃ 水浴上挥发干，加入 2 mL 丙酮溶解残渣，备用。

2. 色谱条件

（1）色谱柱：玻璃柱，3 mm×2 m，内装涂以 5%DEGS＋1%H₃PO₄ 固定液的 60～80 目 Chromosorb WAW。

（2）流速：载气为氮气，50 mL/min。

（3）温度：进样口 230℃，检测器 230℃，柱温 170℃。

3. 操作方法

进样 2 μL 标准系列中各浓度标准使用液于气相色谱仪中，可测得不同浓度山梨酸、苯甲酸的峰高，以浓度为横坐标，相应的峰高值为纵坐标，绘制标准曲线。同时进样 2 μL 样品溶液。测得峰高与标准曲线比较定量。在色谱图中山梨酸保留时间为 2 min 53 s，苯甲酸保留时间为 6 min 8 s（图 4-1）。

五、分析结果表述

$$X = \frac{m_1 \times 1\ 000}{m_2 \times \dfrac{5}{25} \times \dfrac{V_2}{V_1} \times 1\ 000}$$

式中：X——样品中苯甲酸或山梨酸的含量，g/kg；

m_1——测定用样品液中苯甲酸或山梨酸的质量，μg；

m_2——样品的质量，g；

V_1——加入丙酮的体积，mL；

V_2——测定时进样的体积，mL。

图 4-1 苯甲酸、山梨酸气相色谱图

六、常见技术问题处理

（1）本法为国家标准方法（GB/T 5009.29），可同时测定食品中苯甲酸和山梨酸的含量，最低检出限为 1 μg，用于色谱分析的样品为 1 g 时，最低检出浓度为 1 mg/kg。

（2）通过无水硫酸钠层过滤后乙醚提取液应无水，否则在挥发乙醚后会析出氯化钠影响测定。当出现此情况时，应搅动氯化钠，加入石油醚-乙醚（3＋1）振摇，取上清液进样，否则氯化钠会覆盖苯甲酸和山梨酸。

【知识与技能检测】

1. 简述气相色谱法测定食品中苯甲酸、山梨酸的原理和操作方法。

2. 在样品提取过程中，用盐酸酸化的作用是什么？

3. 为什么要用氯化钠酸性溶液清洗乙醚提取液？

【超级链接】高效液相色谱法测定食品中苯甲酸、山梨酸

高效液相色谱法也是国标法中测定食品中苯甲酸、山梨酸含量的常用方法，其原理如下：不同样品经不同方法提取后，将提取液过滤得处理液备用。制备不同浓度苯甲酸、山梨酸标准储备液和混合标准使用液备用。取一定量处理液和混合标准使用液注入高效液相色谱仪进行分离，以其标准溶液峰的保留时间为依据定性，以其峰面积求出样液中被测物质含量供计算。具体操作方法参见 GB/T 23495。

任务二　食品中脱氢乙酸的测定

【知识准备】

一、概述

脱氢乙酸及其钠盐属于广谱防腐剂，特别对霉菌和酵母菌的抑制能力强，为苯甲酸钠的 2～10 倍。我国年生产能力约 200 t，目前广泛用于食品加工行业，尤其是糕点、果汁和酱菜。用 0.02％浓度约 60 d 无霉变。该类防腐剂能迅速而完全地被人体组织所吸收，进入人体后即分散于血浆和许多器官中，可抑制体内多种氧化酶的活性。日本 1973 年曾报道，该类防腐剂有导致肾结石等问题，因此其安全性受到怀疑。日本规定允许用于食品中最高残留限量为 0.5 g/kg；我国食品安全标准 GB 2760 中也规定脱氢乙酸只能用于果汁、酱菜、馅料、面包、糕点、发酵豆制品等几类产品，最大使用量为 0.3～0.5 g/kg。试验表明，脱氢乙酸对人体健康有一定的影响，有可能导致肾结石等问题。因此，准确测定食品中脱氢乙酸的含量很有必要。

二、测定方法

目前对脱氢乙酸的测定方法很多，有 TLC 法、HPLC 法、GLC 法、紫外分光光度法等。近几年常以 HPLC 法、GLC 法为主，下面介绍高效液相色谱法（HPLC）测定食品中脱氢乙酸的含量。

【技能培训】

一、测定原理

用碱性溶液提取均质混匀的试样中的脱氢乙酸,经脱脂、去蛋白处理后过滤,得样品提取液备用。以脱氢乙酸标准工作溶液浓度为横坐标,以峰面积为纵坐标,用高效液相色谱紫外检测器测定,绘制标准工作曲线,用标准工作曲线对试样进行定量。

二、试剂和材料

除另有说明外,所用试剂均为分析纯,水为 GB/T 6682 规定的一级水。

(1)甲醇:色谱纯。

(2)正己烷。

(3)乙酸铵:优级纯。

(4)甲酸溶液(10%):取 10 mL 甲酸,加水 90 mL,混匀。

(5)乙酸铵溶液(0.02 mol/L):称取 1.54 g 乙酸铵,用水溶解并定容至 1 L。

(6)氢氧化钠溶液(20 g/L):称取 20.0 g 氢氧化钠,用水溶解并定容至 1 L。

(7)硫酸锌溶液(120 g/L):称取 120.0 g 七水硫酸锌,用水溶解并定容至 1 L。

(8)甲醇溶液(70%):取 70 mL 甲醇溶液,加 30 mL 水,混匀。

(9)脱氢乙酸标准样品:纯度≥98%。

(10)脱氢乙酸标准储备液(1 000 mg/L):准确称取 100 mg 脱氢乙酸标准样品,用 10 mL 20 g/L 的氢氧化钠溶液溶解,用水定容至 100 mL,配成 1 000 mg/L 的标准储备液,4℃保存,可使用 3 个月。

(11)脱氢乙酸标准工作液:分别吸取 0.1 mL、1.0 mL、5.0 mL、10.0 mL、20 mL 的脱氢乙酸储备液,用水稀释至 100 mL,得到浓度为 1.0 mg/L、10.0 mg/L、50.0 mg/L、100.0 mg/L、200.0 mg/L 的标准工作液,4℃保存,可使用 1 个月。

三、仪器和设备

(1)高效液相色谱仪:配有紫外检测器或二极管阵列检测器。

(2)不锈钢高速均质器。

(3)粉碎机。

(4)分析天平:感量 0.000 1 g 和感量 0.01 g。

(5)超声波发生器:功率大于 180 W。

(6)涡旋混合器。

(7)离心机。

(8)C_{18} 固相萃取柱:500 mg,6 mL(使用前用 5 mL 的甲醇、10 mL 水活化,使柱子保持湿润状态)。

四、操作技能

1. 试样的制备与提取

(1)果蔬汁 准确称取 2～5 g 试样,精确至 0.01 g。置于 50 mL 容量瓶中,加入约 10 mL

水,用氢氧化钠溶液调 pH 至 7～8,加水稀释至刻度,摇匀,置于离心管中,4 000 r/min 离心 10 min。取 20 mL 上清液用 10％的甲酸调 pH 至 4～6,定容到 25 mL。取 5 mL 已经活化的固相萃取柱,用 5 mL 水淋洗,用 2 mL 70％的甲醇溶液洗脱,收集洗脱液,过 0.45 μm 滤膜,供高效液相色谱测定。

(2)酱菜、发酵豆制品　样品用不锈钢高速均质器均质。准确称取 2～5 g 均匀试样,精确至 0.01 g。置于 25 mL 容量瓶中,加入约 10 mL 水、5 mL 硫酸锌溶液,用氢氧化钠溶液调 pH 至 7～8,加水定容至刻度,超声提取 10 min。取适量置于 10 mL 离心管中,4 000 r/min 离心 10 min,取上清液过 0.45 μm 滤膜,供高效液相色谱测定。

(3)黄油、面包、糕点、焙烤食品馅料、复合调味料　样品用粉碎机磨碎或不锈钢高速均质器均质。准确称取 2～5 g 均匀试样,精确至 0.01 g。置于 25 mL 容量瓶(如需过固相萃取柱则用 50 mL 容量瓶)中,加入约 10 mL 水、5 mL 硫酸锌溶液,用氢氧化钠溶液调 pH 至 7～8,加水定容至刻度,超声提取 10 min,转移到分液漏斗中,加入 10 mL 正己烷,振摇 1 min,静置分层,弃去正己烷层,再加入 10 mL 正己烷重复进行 1 次,取下层水相置于离心管中,4 000 r/min 离心 10 min,取上清液过 0.45 μm 滤膜,供高效液相色谱测定。若高效液相色谱分离效果不理想时,可取 20 mL 上清液,用 10％的甲酸调 pH 4～6,定容到 25 mL,取 5 mL 已经活化的固相萃取柱,用 5 mL 水淋洗,用 2 mL 70％的甲醇溶液洗脱,收集洗脱液,过 0.45 μm 滤膜,供高效液相色谱测定。

2. 高效液相色谱参考条件

(1)色谱柱:C_{18} 柱,5 μm,250 mm×4.6 mm(内径)或相当者。

(2)流动相:甲醇＋0.02 mol/L 乙酸铵(1＋90,体积比)。

(3)流速:1.0 mL/min。

(4)柱温:30℃。

(5)进样量:10 μL。

(6)检测波长:293 nm。

3. 定性分析

依据保留时间一致性进行定性识别的方法,根据脱氢乙酸标准样品的保留时间,确定样品中脱氢乙酸的色谱峰。必要时应采用其他方法进一步定性确证。

4. 定量测定

以脱氢乙酸标准工作溶液浓度为横坐标,以峰面积为纵坐标,绘制标准工作曲线,用标准工作曲线对试样进行定量,标准工作溶液和试样溶液中脱氢乙酸的响应值均应在仪器检测线性范围内。在上述色谱条件下,脱氢乙酸标准样品色谱图见图 4-2。

5. 空白试验

除不加试样外,空白试验应与样品测定平行进行,并采用相同的分析步骤,取相同量的所有试剂。空白样品的液相色谱图见图 4-3。

6. 平行试验

按以上步骤,对同一试验进行平行试验测定。

7. 回收率试验

样品中添加标准溶液,按以上步骤操作,测定后计算样品的添加回收率。

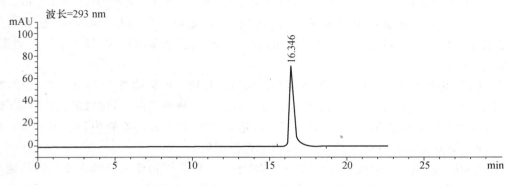

图 4-2　脱氢乙酸标准样品的液相色谱图

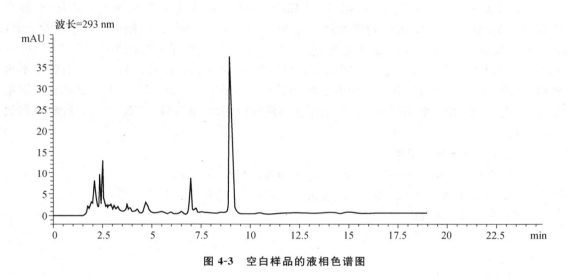

图 4-3　空白样品的液相色谱图

五、分析结果表述

样品中脱氢乙酸的含量按下式进行计算：

$$X = \frac{(c_1 - c_0) \times V \times 10^{-3} \times f}{m}$$

式中：X——样品中脱氢乙酸的含量，g/kg；

c_1——由标准曲线查得试验溶液中脱氢乙酸的浓度，mg/L；

c_0——由标准曲线查得空白试验溶液中脱氢乙酸的浓度，mg/L；

V——试样溶液总体积，mL；

f——过固相萃取柱换算系数，$f=0.5$；

m——样品的质量，g。

计算结果保留至小数点后三位。

回收率：在添加浓度 5～1 000 mg/kg 范围内，回收率在 80%～110%，相对标准偏差小于 10%。

允许差：在重复性条件下，获得的 2 次独立测定结果的绝对差值不得超过算术平均值的 10%。

六、常见技术问题处理

（1）本法为国家标准方法（GB/T 23377），本标准规定了黄油、酱菜、发酵豆制品、面包、糕点、焙烤食品馅料、复合调味料、果蔬汁中脱氢乙酸含量的测定，本标准定量限为 5 mg/kg。

（2）在对样品做前处理过程中，一定要消除样品中蛋白质、脂类成分的干扰，并用微滤膜过滤，否则可能引起高效液相色谱分离效果不明显，并导致柱子堵塞等现象。

（3）标准工作溶液和试样溶液中脱氢乙酸的响应值均应在仪器检测线性范围内。

【知识与技能检测】

1. 简述高效液相色谱法测定食品中脱氢乙酸的原理和操作方法。
2. 为什么要用碱性溶液提取样品中的脱氢乙酸？
3. 用硫酸锌处理样品溶液有什么作用？
4. 简述固相萃取柱的使用方法。

【超级链接】对羟基苯甲酸乙酯特性及测定

对羟基苯甲酸乙酯和对羟基苯甲酸丙酯又名尼泊金乙酯和尼泊金丙酯。对羟基苯甲酸乙酯和对羟基苯甲酸丙酯均为苯甲酸的衍生物，分别由对羟基苯甲酸与乙醇和丙醇以硫酸为触媒酯化而成，都是结晶性粉末，无臭或有轻微的特殊香气，味微苦，灼麻。在水中难溶，但易溶于丙酮、乙醇。因其是酯类，不易受 pH 的影响。在 pH 4～8 内防腐效果很好。

摄食后在胃肠中能迅速完全吸收，并水解成对羟基苯甲酸而从尿中排出，不在体内蓄积。其毒性低于苯甲酸，而高于山梨酸。FAO/WHO 联合食品添加剂专家委员会规定对羟基苯甲酸乙酯与丙酯的 ADI 值均为 0～10 mg/kg 体重。

其测定原理：用乙腈提取样品中的对羟基苯甲酸酯类后，经过滤后进液相色谱仪进行测定，与标准比较定性、定量。对羟基苯甲酸甲酯、丙酯保留时间为 4.2 min、7.6 min。

技能训练 饮料中苯甲酸含量的测定

一、技能目标

（1）掌握高效液相色谱法（HPLC）测定苯甲酸含量的基本原理与操作技术。

（2）了解高效液相色谱分析仪的结构及使用方法。

二、所需试剂与仪器

请将高效液相色谱法（HPLC）测定苯甲酸含量所需仪器设备的名称、数量、规格和试剂的名称、规格级别记录于表 4-1 和表 4-2 中。

表 4-1　工作所需全部仪器设备一览表

序号	名称	规格要求
1	高效液相色谱仪	附可变波长紫外检测器
2		

表 4-2　工作所需全部化学试剂一览表

序号	名称	规格要求	配制方法

三、工作过程与标准要求

工作过程及标准要求见表 4-3。

表 4-3　工作过程与标准要求

工作过程	工作内容	技能标准
1. 准备工作	准备并检查实训材料与仪器	(1)准备本次实训所需的所有材料与仪器设备。 (2)试剂的配制和仪器的清洗、控干。 (3)检查设备运行是否正常。
2. 样品前处理	准确吸取饮料样品 15.00 mL 入烧杯中,水浴加热(微温)去 CO_2,冷却后用 1∶1 氨水调 pH7(pH 试纸或 1‰酚酞乙醇溶液指示),加水定容至 25 mL,混合均匀后用 0.45 μm 滤膜过滤备用。	(1)能正确操作分析天平。 (2)能熟练使用水浴锅除去 CO_2。 (3)能准确调整溶液 pH。 (4)能正确使用微滤膜过滤。
3. 标准曲线制备	吸取苯甲酸标样(0.1 mg/mL)0、2 mL、3 mL、4 mL、5 mL,移入 10 mL 容量瓶中,用去离子水稀释至刻度,进样 HPLC 仪分离检测。	(1)掌握制备标准储备液的方法。 (2)能用不同浓度的标准储备液制备标准曲线。
4. 测定	进行 HPLC 仪分离检测,采用色谱数据处理系统自动绘制峰面积 A,苯甲酸含量 $m(\mu g)$(或根据线形回归方程计算出 $m(\mu g)$)进行外标法定量计算。	(1)掌握高效液相色谱法测定的操作方法。 (2)能解决测定过程中出现的一般问题。 (3)会正确使用所用到的仪器设备。

四、数据记录及处理

(1)数据的记录　将数据记录于表 4-4 中。

表 4-4　数据记录表

序号	饮料质量/g	饮料中苯甲酸质量/μg	丙酮体积/mL	进样的体积/mL	样品中苯甲酸或山梨酸的含量/(g/kg)

（2）结果计算　按下式计算饮料中苯甲酸含量：

$$X = \frac{m_1 \times 1\,000}{m_2 \times \dfrac{5}{25} \times \dfrac{V_2}{V_1} \times 1\,000}$$

式中：X——样品中苯甲酸或山梨酸的含量，g/kg；

m_1——测定用样品液中苯甲酸或山梨酸的质量，μg；

m_2——样品的质量，g；

V_1——加入丙酮的体积，mL；

V_2——测定时进样的体积，mL。

五、技能评价

按照工作过程操作水平，由相关人员填写技能评价表（表 4-5）。

表 4-5　技能评价表

评价内容	满分值	学生自评	同伴互评	教师评价	综合评分
1. 准备工作	10				
2. 样品的前处理	20				
3. 标准曲线制备	10				
4. 样品测定	30				
5. 分析结果表述	15				
6. 实训报告	15				
总分					

注：综合评分＝学生自评分×20％＋同伴互评分×30％＋教师评价分×50％。

项目二　食品中抗氧化剂和漂白剂的测定

【知识要求】

（1）熟知抗氧化剂、漂白剂的概念以及特点；

269

（2）了解合成酚类抗氧化剂（SPAs）及二氧化硫的测定方法；

（3）掌握高效气相色谱法测定食品抗氧化剂的原理及方法；

（4）掌握盐酸副玫瑰苯胺法测定食品中亚硫酸盐的原理、操作步骤及操作要点。

【能力要求】

（1）掌握高效气相色谱法测定食品抗氧化剂的操作技能；

（2）掌握盐酸副玫瑰苯胺法测定食品中亚硫酸盐的操作技能；

（3）掌握高效气相色谱仪、分光光度计的操作技能；

（4）能正确分析食品中常用抗氧化剂、漂白剂测定过程中产生误差的原因及控制措施。

任务一　食品中抗氧化剂的测定

【知识准备】

一、概述

能防止或延缓食品成分氧化变质的食品添加剂称为抗氧化剂。食品成分氧化变质的表现如油脂及富脂食品的酸败、食品褪色、褐变、维生素被破坏等。

抗氧化剂可按溶解性与来源而分为油溶性与水溶性两类：油溶性的有丁基羟基茴香醚（BHA）、二丁基羟基甲苯（BHT）、特丁基对苯二酚（TBHQ）、没食子酸丙酯（PG）等；水溶性的有异抗坏血酸及其盐等。按来源可分为天然的与人工合成的两类：天然的有 DL-$α$-生育酚、茶多酚等；人工合成的 TBHQ、BHA、BHT、PG 等合成酚类抗氧化剂（SPAs）。由于天然抗氧化剂的稳定性一般较差，食品生产商都愿意选择合成酚类抗氧化剂（SPAs）。

以油脂或富脂食品中的脂肪氧化酸败为例，除与脂肪本身的性质有关外，与贮藏条件中的温度、湿度、空气及具催化氧化作用的光、酶及铜、铁等金属离子直接相关。欲防止脂肪的氧化就必须针对这些因素采取相应对策，抗氧化剂的作用原理正是这些对策的依据。如阻断氧化反应链，自身抢先氧化；抑制氧化酶类的活性；络合铜、铁等金属离子，以消除其催化活性等。抗氧化剂的作用原理在于防止或延缓食品氧化反应的进行，但不能在氧化反应发生后而使之复原，因此抗氧化剂必须在氧化变质前添加。

抗氧化剂的使用量一般较少（0.025％～0.1％），必须与食品充分混匀才能很好地发挥作用。另外，柠檬酸、酒石酸、磷酸及其衍生物均与抗氧化剂有协同作用，起着增效剂的效果。

我国允许使用的有丁基羟基茴香醚（BHA）、二丁基羟基甲苯（BHT）、特丁基对苯二酚（TBHQ）、没食子酸丙酯（PG）、D-异抗坏血酸钠、茶多酚（维多酚）等 14 种。BHA、BHT 和 TBHQ 三者单独使用时效果比较差，如混合使用或与增效剂柠檬酸、抗坏血酸同时使用则起协同作用，抗氧化效果显著提高，所以实际使用中多为两种或三种混合使用。

一般国家通常 100～200 mg/kg 的 SPAs 的含量是容许的。此类物质过量使用就会影响人体的正常新陈代谢，造成不良后果。我国卫生部门对它们的使用量做了严格的规定：一般 BHA 和 BHT 允许的最大使用量为 0.2 g/kg，TBHQ 允许的最大使用量为 0.2 g/kg。BHA 和 BHA 已经在动物试验中被怀疑与肝损害和肝癌有关系，因此 SPAs 在食品中使用是被政府严格控制的。例如,TBHQ 在欧盟是被禁止使用的。但一些生产厂家一方面由于生产中疏忽,另外一方面是片面追求经济效益,置消费者的利益于不顾,超量使用抗氧化剂以延长产品的保质期,坑害广大群众。因此,准确测定食品中抗氧化剂的含量有着重要意义。

二、测定方法

对食品中抗氧化剂的测定一直沿用薄层色谱法、比色法、气象色谱法。下面介绍气相色谱法测定食品中抗氧化剂的含量。

【技能培训】

一、测定原理

样品经粉碎、混匀等一系列前处理后,经有机溶剂提取、凝胶渗透色谱净化系统(GPC)净化后,得滤液备用。同时制备抗氧化剂标准品的标准使用液备用。用气相色谱氢火焰离子化检测器检测,采用保留时间定性,外标法定量。

二、试剂和材料

(1)二级水:可用多次蒸馏或离子交换方法制得。

(2)环己烷。

(3)乙酸乙酯。

(4)石油醚:沸程 30～60℃(重蒸)。

(5)乙腈。

(6)丙酮。

(7)BHA 标准品:纯度≥99.0%,－18℃冷冻储藏。

(8)BHT 标准品:纯度≥99.3%,－18℃冷冻储藏。

(9)TBHQ 标准品:纯度≥99.0%,－18℃冷冻储藏。

(10)BHA、BHT、TBHQ 标准储备液:准确称取 BHA、BHT、TBHQ 标准品各 50 mg(精确至 0.1 mg),用乙酸乙酯:环己烷(1:1)定容至 50 mL,配制成 1 mg/mL 的储备液,于 4℃冰箱中避光保存。

(11)BHA、BHT、TBHQ 标准使用液:吸取标准储备液 0.1 mL、0.5 mL、1.0 mL、2.0 mL、3.0 mL、4.0 mL、5.0 mL,于一组 10 mL 容量瓶中,乙酸乙酯:环己烷(1:1)定容,此标准系列的浓度为 0.01 mg/mL、0.05 mg/mL、0.1 mg/mL、0.2 mg/mL、0.3 mg/mL、0.4 mg/mL、0.5 mg/mL,现用现配。

三、仪器和设备

(1)气相色谱仪(GC):配氢火焰离子化检测器(FID)。

(2)凝胶渗透色谱净化系统(GPC)(或可进行脱脂的等效分离装置)。

(3)分析天平:感量 0.01 g 和 0.000 1 g。

(4)旋转蒸发仪。

(5)涡旋混合器。

(6)粉碎机。

(7)微孔过滤器:孔径 0.45 μm,有机溶剂型滤膜。

(8)玻璃器皿。

四、操作技能

1. 试样制备

取同一批次 3 个完整独立包装样品(固定样品不少于 200 g,液体样品不少于 200 mL),固体或半固体样品粉碎混匀,液体样品混合均匀,然后用对角线法取 2/4 或 2/6,或根据试样情况取有代表性试样,放置广口瓶内保存待用。

2. 样品处理

(1)油脂样品　混合均匀的油脂样品,过 0.45 μm 滤膜备用。

(2)油脂含量较高或中等的样品(油脂含量 15% 以上的样品)　根据样品中油脂的实际含量,称取 50～100 g 混合均匀的样品,置于 250 mL 具塞锥形瓶中,加入适量石油醚,使样品完全浸没,放置过夜,用快速滤纸过滤后,减压回收溶剂,得到的油脂试样过 0.45 μm 滤膜备用。

(3)油脂含量少的样品(油脂含量 15% 以下的样品)和不含油脂的样品(如口香糖等)　称取 1～2 g 粉碎并混合均匀的样品,加入 10 mL 乙腈,涡旋混合 2 min,过滤,如此反复 3 次,将收集滤液旋转蒸发至近干,用乙腈定容至 2 mL,过 0.45 μm 滤膜,直接进气相色谱仪分析。

3. 净化

准确称取备用的油脂试样 0.5 g(精确至 0.1 mg),用乙酸乙酯:环己烷(1:1,体积比)准确定容至 10.0 mL,涡旋混合 2 min,经凝胶渗透色谱装置净化,收集流出液,旋转蒸发浓缩至近干,用乙酸乙酯:环己烷(1:1)定容至 2 mL,进气相色谱仪分析。

4. 测定

(1)色谱参考条件

①色谱柱:(14% 氰丙基-苯基)二甲基聚硅氧烷毛细管柱(30 m×0.25 mm),膜厚 0.25 μm(或相当型号色谱柱)。

②进样口温度:230℃。

③升温程序:初始柱温 80℃,保持 1 min,以 10℃/min 升温至 250℃,保持 5 min。

④检测器温度:250℃。

⑤进样量:1 μL。

⑥进样方式:不分流进样。

⑦载气:氮气,纯度≥99.999%,流速 1 mL/min。

(2)凝胶渗透色谱分离参考条件

①凝胶渗透色谱柱:300 mm×25 mm 玻璃柱,Bio Beads(S-X3),200～400 目,25 g。

②柱分离度:玉米油与抗氧化剂(BHA、BHT、TBHQ)的分离度>85%。

③流动相:乙酸乙酯:环己烷(1:1,体积比)。

④流速:4.7 mL/min。

⑤进样量:5 mL。

⑥流出液收集时间:7～13 min。

⑦紫外检测器波长:254 nm。

5. 定量分析

在上述仪器条件下,试样待测液和 BHA、BHT、TBHQ 3 种标准品在相同保留时间处(±0.5％)出峰(图 4-4),可定性 BHA、BHT、TBHQ 3 种抗氧化剂。以标准样品浓度为横坐标,峰面积为纵坐标,作线性回归方程,从标准曲线图中查出试样溶液中抗氧化剂的相应含量。BHA、BHT、TBHQ 3 种抗氧化剂标准样品溶液气相色谱图参见色谱图 4-4。

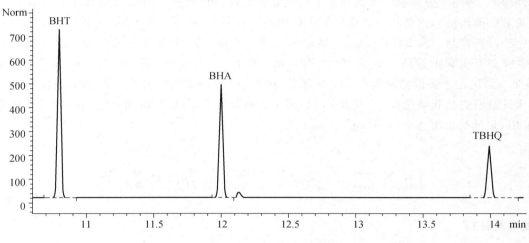

图 4-4 抗氧化剂 BHA、BHT、TBHQ 标准样品的气象色谱图

五、分析结果表述

试样中抗氧化剂(BHA、BHT、TBHQ)的含量(g/kg)按下式进行计算:

$$X = c \times \frac{V \times 1\,000}{m \times 1\,000}$$

式中:X——试样中抗氧化剂含量,mg/kg(或 mg/L);

c——从标准工作曲线上查出的试样溶液中抗氧化剂的浓度,μg/mL;

V——试样最终定容体积,mL;

m——试样质量,g(或 mL)。

计算结果保留至小数点后三位。

六、常见技术问题处理

(1)本方法为国家标准方法(GB/T 23373—2009),检出限:BHA 2 mg/kg、BHT 2 mg/kg、TBHQ 5 mg/kg。

(2)在重复性条件下获得的两次独立测定结果的绝对差值不得超过算术平均值的 10％。

【知识与技能检测】

1. 简述气象色谱法测定食品中抗氧化剂含量的原理。

2. 在对油脂样品处理过程加入石油醚的作用是什么?

3. 为什么在对处理样品净化过程中选用乙酸乙酯:环己烷(1∶1,体积比)定容?

4. 气相色谱图的色谱峰高、峰面积分别代表什么？

【超级链接】薄层色谱法和比色法简介

除了气相色谱法测定食品中抗氧化剂之外,薄层色谱法和比色法也常用于食品中抗氧化剂检测。GB/T 5009.30—2003 中第二法采用薄层色谱法对高脂肪食品中 BHA、BHT、PG 做定性检测,采用甲醇提取油脂或食品中的抗氧化剂,用薄层色谱定性,根据其在薄层板上显色后的最低检出量与标准品最低检出量比较而概略定量。GB/T 5009.30—2003 中第三法采用比色法检测食品中的 BHT 含量,试样通过水蒸气蒸馏,使 BHT 分离,用甲醇吸收,遇邻联二茴香胺与亚硝酸钠溶液生成橙红色,用三氯甲烷提取,与标准比较定量。GB/T 5009.32—2003 中采用比色法检测油脂中 PG 的含量,试样经石油醚溶解,用乙酸铵水溶液提取后,PG 与亚铁酒石酸盐起颜色反应,在波长 540 nm 处测吸光度,与标准比较定量。测定试样相当于 2 g 时,最低检出限为 25 mg/kg。

任务二 食品中漂白剂的测定

【知识准备】

一、概述

在食品生产加工过程中,为使食品保持其特有的色泽,常加入漂白剂。漂白剂是破坏或抑制食品的发色因素,使食品褪色或免于褐变的物质。漂白剂通过还原等化学作用消耗食品中的氧,破坏、抑制食品氧化酶活性和食品的发色因素,使食品褐变色素褪色或免于褐变,同时还具有一定的防腐作用。我国允许使用的漂白剂大多属于亚硫酸及其盐类,如二氧化硫、亚硫酸钠、低亚硫酸钠、硫磺等 7 种,其中硫磺仅限于蜜饯、干果、干菜、粉丝、食糖的熏蒸用。

根据食品添加剂的使用标准,漂白剂的使用不应对食品的品质、营养价值及保存期产生不良影响。二氧化硫和亚硫酸盐本身无营养价值,也不是食品的必需成分,而且还有一定的腐蚀性,少量摄取时,经体内代谢成硫酸盐,随尿排出体外,1 d 摄取 4~6 g 可损害肠胃,造成激烈腹泻,因此对其使用量有严格的限制。如国家标准规定:残留量以 SO_2 计,竹笋、蘑菇残留量不得超过 25 mg/kg;饼干、食糖、罐头不得超过 50 mg/kg;赤砂糖及其他不得超过 100 mg/kg。

二氧化硫残留量是亚硫酸盐在食品中存在的计量形式,亚硫酸盐主要包括亚硫酸钠、亚硫酸氢钠、低亚硫酸钠(又名保险粉)、焦亚硫酸钠、焦亚硫酸钾和硫黄燃烧生成的二氧化硫等。这些物质于食品中解离成具有强还原性的亚硫酸,起到漂白、脱色、防腐和抗氧化作用。但用量过大会破坏食品的营养成分并对人体产生危害,尤其是加入到不允许加入的食品中时,其潜在的危害性就更大。

二、测定方法

目前对食品中亚硫酸盐残留量测定的主要方法有盐酸副玫瑰苯胺法、蒸馏法、试剂盒快速测定等。下面介绍盐酸副玫瑰苯胺法测定食品中亚硫酸盐的含量。

【技能培训】

一、测定原理

亚硫酸盐与四氯汞钠反应生成稳定的络合物,再与甲醛及盐酸副玫瑰苯胺作用生成紫红色络合物。反应如下:

$$Na_2HgCl_4+SO_2+H_2O \rightarrow [HgCl_2SO_3]^{2-}+2H^++2NaCl$$

$$[HgCl_2SO_3]^{2-}+HCHO+2H^+ \rightarrow HgCl_2+HO—CH_2—SO_3H$$

盐酸副玫瑰苯胺

聚玫瑰红甲基磺酸(紫红色)

所生成的紫红色络合物于波长 550 nm 处有最大吸收峰,且在一定范围内其色泽深浅与亚硫酸盐含量成正比,故可比较定量。

二、试剂和材料

(1)四氯汞钠吸收液:称取 13.6 g 氯化高汞及 6.0 g 氯化钠,加水定容至 1 000 mL,放置过夜,过滤备用。

(2)12 g/L 氨基磺酸铵溶液:称取 1.2 g 氨基磺酸铵于 50 mL 烧杯中,加水定容至100 mL。

(3)2 g/L 甲醛溶液:吸取 0.55 mL 无聚合沉淀的 36% 甲醛,加水稀释至 100 mL。

(4)盐酸副玫瑰苯胺溶液:称取 0.1 g 盐酸副玫瑰苯胺($Cl_9H_{18}N_2Cl \cdot 4H_2O$)于研钵中,加少量水研磨使溶解并稀释至 100 mL。取出 20 mL,置于 100 mL 容量瓶中,加盐酸(1+1),充分摇匀后使溶液由红变黄,如不变黄再滴加少量盐酸至出现黄色,再加水稀释至刻度,混匀备用。

盐酸副玫瑰苯胺的精制方法:称取 20 g 盐酸副玫瑰苯胺于 400 mL 水中,用 50 mL 盐酸(1+5)酸化,徐徐搅拌,加 4～5 g 活性炭,加热煮沸 2 min。将混合物倒入大漏斗中,过滤(用保温漏斗趁热过滤)。滤液放置过夜,出现结晶,然后再用布氏漏斗抽滤,将结晶再悬浮于 1 000 mL 乙醚-乙醇(10+1)的混合液中,振摇 3～5 min,以布氏漏斗抽滤,再用乙醚反复洗涤至醚层不带色为止,于硫酸干燥器中干燥,研细后贮于棕色瓶中保存。

(5)二氧化硫标准溶液

①配制:称取 0.5 g 亚硫酸氢钠,溶于 200 mL 四氯汞钠吸收液中,放置过夜,过滤备用。

②标定:吸取 10.0 mL 亚硫酸氢钠-四氯汞钠溶液于 250 mL 碘量瓶中,加 100 mL 水,准确加入 20.00 mL 0.1 mol/L 碘溶液、5 mL 冰乙酸,摇匀,放置于暗处,2 min 后迅速以 0.1 mol/L 硫代硫酸钠标准溶液滴定至淡黄色,加 0.5 mL 淀粉指示液,继续滴至无色。另取 100 mL 水,准确加入 20.0 mL 0.1 mol/L 碘溶液、5 mL 冰乙酸,按同一方法做试剂空白试验。

$$P_1 = \frac{(V_2 - V_1) \times c \times 32.03}{10}$$

式中:P_1——二氧化硫标准溶液浓度,mg/mL;

$\quad$ V_1——测定用亚硫酸氢钠-四氯汞钠溶液消耗硫代硫酸钠标准溶液的体积,mL;

$\quad$ V_2——试剂空白消耗硫代硫酸钠标准溶液的体积,mL;

$\quad$ c——硫代硫酸钠标准溶液的浓度,mol/L;

$\quad$ 32.03——每毫升硫代硫酸钠[$c(Na_2S_2O_3 \cdot 5H_2O) = 1.000$ mol/L]标准溶液相当的二氧化硫的质量,mg。

(6)二氧化硫使用液:临用前将二氧化硫标准溶液以四氯汞钠吸收液稀释成每毫升相当于 2 μg 二氧化硫溶液。

(7)淀粉指示液:称取 1 g 可溶性淀粉,用少许水调成糊状,缓缓倾入 100 mL 沸水中,随加随搅拌,煮沸,放冷备用,此溶液临用时现配。

(8)亚铁氰化钾溶液:称取 10.6 g 亚铁氰化钾[$K_4Fe(CN)_6 \cdot 3H_2O$],加水溶解并稀释至 100 mL。

(9)硫代硫酸钠标准溶液[$c(Na_2S_2O_3 \cdot 5H_2O) = 0.100$ mol/L]。

(10)碘溶液[$c(1/2I_2) = 0.100$ mol/L]。

(11)氢氧化钠溶液(20 g/L)。

(12)硫酸(1+71)。

(13)乙酸锌溶液:称取 22 g 乙酸锌[$Zn(CH_3CHCOO)_2 \cdot H_2O$]溶于少量水中,加入 3 mL 冰乙酸,加水稀释至 100 mL。

三、仪器和设备

分光光度计。

四、操作技能

1. 样品处理

(1)水溶性固体样品如白砂糖等可称取约 10.00 g 均匀样品(样品量可视含量高低而定),

以少量水溶解，置于 100 mL 容量瓶中，加入 20 g/L 氢氧化钠溶液 4 mL，5 min 后加入 4 mL 硫酸(1+71)，然后加入 20 mL 四氯汞钠吸收液，以水稀释至刻度。

（2）其他固体样品如饼干、粉丝等可称取 5.0~10.0 g 研磨均匀的样品，以少量水湿润并移入 100 mL 容量瓶中，然后加入 20 mL 四氯汞钠吸收液，浸泡 4 h 以上，若上层溶液不澄清可加入亚铁氰化钾溶液及乙酸锌溶液各 2.5 mL，最后用水稀释至 100 mL 刻度，过滤后备用。

（3）液体样品如葡萄酒等可直接吸取 5.0~10.0 mL 样品，置于 100 mL 容量瓶中，以少量水稀释，加 20 mL 四氯汞钠吸收液，摇匀，最后加水至刻度，混匀，必要时过滤备用。

2. 测定

吸取 0.50~5.0 mL 上述样品处理液于 25 mL 带塞比色管中。另吸取 0、0.20 mL、0.40 mL、0.60 mL、0.80 mL、1.00 mL、1.50 mL、2.00 mL 二氧化硫使用液(相当于 0、0.4 μg、0.8 μg、1.2 μg、1.6 μg、2.0 μg、3.0 μg、4.0 μg 二氧化硫)，分别置于 25 mL 带塞比色管中。于样品及标准管中各加入四氯汞钠吸收液至 10 mL，然后再加入 1 mL 12 g/L 氨基磺酸铵溶液、1 mL 2 g/L 甲醛溶液及 1 mL 盐酸副玫瑰苯胺溶液，摇匀，放置 20 min。用 1 cm 比色杯，以零管调节零点，于波长 550 nm 处测吸光度，绘制标准曲线比较。

五、分析结果的表述

样品中二氧化硫的含量按下式进行计算：

$$X = \frac{m_1 \times 1\,000}{m \times \dfrac{V}{100} \times 1\,000 \times 1\,000}$$

式中：X——样品中二氧化硫的含量，g/kg；

V——测定用样液的体积，mL；

m_1——测定用样液中二氧化硫的含量，μg；

m——样品质量，g。

六、常见技术问题处理

（1）本方法为国家标准分析法(GB/T 5009.34)，最低检出浓度为 1 mg/kg。

（2）颜色较深样品需用活性炭脱色。

（3）样品中加入四氯汞钠吸收液以后，溶液中的二氧化硫含量在 24 h 之内稳定，测定需在 24 h 内进行。

（4）亚硫酸易与食品中的醛(乙醛)、酮(酮戊乙酸、丙酮酸)及糖(葡萄糖、单糖)等结合，形成结合态亚硫酸，样品处理时加入氢氧化钠可使结合态亚硫酸释放出来。

（5）亚硝酸对反应有干扰，加入氨基磺酸铵是为了分解亚硝酸，反应式为：

$$HNO_2 + NH_2SO_2NH_4 \rightarrow NH_4HSO_4 + N_2 \uparrow + H_2O$$

（6）盐酸副玫瑰苯胺加入盐酸调节成黄色，必须放置过夜后使用，以空白管不显色为宜，否则需重新用盐酸调节。

（7）盐酸副玫瑰苯胺中盐酸用量对显色有影响，加入量多，显色浅，加入量少，显色深，对测定结果有较明显的影响，因此需严格控制。

（8）显色反应的最适温度为 20~25℃，温度低，灵敏度低，因此样品管和标准管应在相同温度条件下进行。

(9)二氧化硫标准溶液的浓度随放置时间的延长逐渐降低,因此临用前必须标定其浓度。

【知识与技能检测】

1. 什么是漂白剂?常用的漂白剂有哪几种?
2. 过量添加漂白剂对人体有什么危害?
3. 简述盐酸副玫瑰苯胺比色法测定二氧化硫的原理、操作步骤。

【超级链接】蒸馏滴定法简介

蒸馏滴定法也是一种常用的国标检测方法。在密闭容器中对样品进行酸化并加热蒸馏,以释放出其中的二氧化硫,释放物用乙酸铅溶液吸收。吸收后用浓盐酸酸化,再以碘标准溶液滴定,根据所消耗的碘标准溶液量计算出样品中的二氧化硫含量。具体操作方法参见 GB/T 5009.34。

技能训练　葡萄酒中二氧化硫及亚硫酸钠盐的测定

一、技能目标

(1)查阅《食品中亚硫酸盐的测定》(GB/T 5009.34)能正确制订作业程序。
(2)掌握直接碘量法测定葡萄酒中总二氧化硫及亚硫酸钠含量的基本原理与操作技术。

二、所需试剂与仪器

按照《食品中亚硫酸盐的测定》(GB/T 5009.34)所需仪器设备的名称、数量、规格和试剂的名称、规格级别记录于表 4-6 和表 4-7 中。

表 4-6　工作所需全部仪器设备一览表

序号	名称	规格要求
1		
2		

表 4-7　工作所需全部化学试剂一览表

序号	名称	规格要求	配制方法
1			
2			

三、工作过程与标准要求

工作过程及标准要求见表 4-8。

表 4-8 工作过程与标准要求

工作过程	工作内容	技能标准
1. 制订工作方案	按照国家标准制订工作方案。	方案符合实际、科学合理、周密详细。
2. 试剂与仪器准备	准备并检查实训材料与仪器。	(1)准备本次实训所需的所有材料与仪器设备。 (2)试剂的配制和仪器的清洗、控干。 (3)检查设备运行是否正常。
3. 游离态二氧化硫测定	吸取 50.00 mL 样品(液温 20℃)于 250 mL 碘量瓶中,加入少量碎冰块,再加入 1 mL 淀粉指示液、10 mL 硫酸溶液,用碘标准滴定溶液迅速滴定至淡蓝色,保持 30 s 不变即为终点,记下消耗碘标准滴定溶液的体积(V_1)。 以水代替样品,做空白试验,操作同上。测定结果即为样品中游离态二氧化硫的含量。	(1)能正确使用移液管进行操作。 (2)能熟练使用碘量瓶。 (3)能熟练使用分液漏斗进行滴定操作。 (4)能按要求做空白试验。
4. 结合态二氧化硫测定	吸取 25.00 mL 氢氧化钠溶液于 250 mL 碘量瓶中,再准确吸取 25.00 mL 样品(液温 20℃),并以吸管尖端插入氢氧化钠溶液的方式,加入到碘量瓶中,摇匀,盖塞,静置 15 min 后,再加入少量碎冰块、1 mL 淀粉指示液、10 mL 硫酸溶液,摇匀,用碘标准滴定溶液迅速滴定至淡蓝色,30 s 内不变即为终点,记下消耗点标准滴定溶液的体积(V_2)。 以水代替样品做空白试验,操作同上。测定结果即为样品中结合态二氧化硫的含量。	(1)能正确使用移液管进行操作。 (2)能熟练使用碘量瓶。 (3)能熟练使用分液漏斗进行滴定操作。 (4)能按要求做空白试验。
5. 总二氧化硫含量测定	将游离态和结合态二氧化硫测定值相加,即为样品中总二氧化硫含量。	(1)掌握样品测定的原理、方法。 (2)能解决样品测定过程中出现的一般问题。 (3)会正确使用所用到的仪器设备。

四、数据记录及处理

1. 数据的记录　将数据记录于表 4-9 中。

表 4-9 数据记录表

序号	样液体积/mL	样液中二氧化硫含量/μg	样品质量/g

2. 结果计算　样品中二氧化硫的含量按下式进行计算：

$$X = \frac{m_1 \times 1\,000}{m \times \dfrac{V}{100} \times 1\,000 \times 1\,000}$$

式中：X——样品中二氧化硫的含量，g/kg；

　　　V——测定用样液的体积，mL；

　　　m_1——测定用样液中二氧化硫的含量，μg；

　　　m——样品质量，g。

实验结果保留三位有效数字。

五、技能评价

按照工作过程操作水平，由相关人员填写技能评价表（表 4-10）。

表 4-10　技能评价表

评价内容	满分值	学生自评	同伴互评	教师评价	综合评分
1. 制订工作方案	15				
2. 试剂与仪器准备	5				
3. 游离态二氧化硫测定	20				
4. 结合态二氧化硫测定	20				
5. 总二氧化硫含量测定	10				
6. 分析结果表述	15				
7. 实训报告	15				
总分					

注：综合评分＝学生自评分×20％＋同伴互评分×30％＋教师评价分×50％。

项目三　食品中护色剂 和着色剂的测定

【知识要求】

（1）熟知人工合成色素和天然色素的特点及区别；

（2）了解护色剂和人工合成着色剂的测定方法；

（3）了解护色剂和人工合成着色剂的理化性质；

（4）掌握离子色谱法测定食品中硝酸盐、亚硝酸盐的原理及操作步骤；

（5）掌握高效液相色谱法测定人工合成着色剂的原理及操作步骤。

【能力要求】

(1)掌握离子色谱法测定食品亚硝酸盐、硝酸盐的操作技能；

(2)掌握高效液相色谱法测定食品中人工合成着色剂的操作技能；

(3)掌握离子色谱仪、高效液相色谱仪的操作技能。

任务一　食品中亚硝酸盐和硝酸盐的测定

【知识准备】

一、概述

发色剂又名护色剂或呈色剂，是一些能够使肉与肉制品呈现良好色泽的物质。最常用的是硝酸盐和亚硝酸盐。亚硝酸盐和硝酸盐添加在制品中后转化为亚硝酸，亚硝酸易分解出亚硝基，生成的亚硝基会很快与肌红蛋白反应生成鲜艳的、亮红色的亚硝基肌红蛋白，亚硝基肌红蛋白遇热后，放出巯基(—SH)，变成了具有鲜红色的亚硝基血色原，从而赋予食品鲜艳的红色。同时，亚硝酸盐对微生物的增殖有抑制作用，与食盐并用可增加抑菌效用，对肉毒梭状芽孢杆菌有特殊抑制作用。亚硝酸盐和硝酸盐作为食品添加剂，过多使用将对人体产生毒害作用。亚硝酸盐与仲胺反应生成具有致癌作用的亚硝胺。过多地摄入亚硝酸盐会引起血红蛋白(二价铁)转变成正铁血红蛋白(三价铁)，而失去携氧功能，导致组织缺氧。以亚硝酸钠计ADI值为 $0 \sim 0.2$ mg/kg，以硝酸钠计ADI值为 $0 \sim 5$ mg/kg。

二、测定方法

硝酸盐和亚硝酸盐测定方法很多，国标法中有离子色谱法测亚硝酸盐和硝酸盐含量、盐酸萘乙二胺法测亚硝酸盐含量、镉柱还原法测硝酸盐含量。其他还有示波极谱法、气相色谱法、荧光法和离子选择性电极法等。下面介绍离子色谱法测定食品中硝酸盐和亚硝酸盐的含量。

【技能培训】

一、测定原理

试样经沉淀蛋白质、除去脂肪后，采用相应的方法提取和净化，以氢氧化钾溶液为淋洗液，同时制备硝酸盐、亚硝酸盐混合标准使用液，二者分别经阴离子交换柱分离，电导检测器检测。以保留时间定性，外标法定量。

二、试剂和材料

(1)超纯水：电阻率>18.2 MΩ·cm。

(2)乙酸(CH_3COOH)：分析纯。

(3)氢氧化钾(KOH)：分析纯。

(4)乙酸溶液(3%)：量取乙酸 3 mL 于 100 mL 容量瓶中，以水稀释至刻度，混匀。

(5)亚硝酸根离子(NO_2^-)标准溶液(100 mg/L，水基体)。

(6)硝酸根离子(NO_3^-)标准溶液(1 000 mg/L,水基体)。

(7)亚硝酸盐(以 NO_2^- 计,下同)和硝酸盐(以 NO_3^- 计,下同)混合标准使用液:准确移取亚硝酸根离子(NO_2^-)和硝酸根离子(NO_3^-)的标准溶液各 1.0 mL 于 100 mL 容量瓶中,用水稀释至刻度,此溶液每 1 L 含亚硝酸根离子 1.0 mg 和硝酸根离子 10.0 mg。

三、仪器和设备

(1)离子色谱仪:包括电导检测器,配有抑制器、高容量阴离子交换柱、50 μL 定量杯。

(2)食物粉碎机。

(3)超声波清洗器。

(4)天平:感量为 0.1 mg 和 1 mg。

(5)离心机:转速≥10 000 r/min,配 5 mL 或 10 mL 离心管。

(6)0.22 μm 水性滤膜针头滤器。

(7)净化柱:包括 C_{18} 柱、Ag 柱和 Na 柱或等效柱。

(8)注射器:1.0 mL 和 2.5 mL。

所有玻璃器皿使用前均需依次用 2 mol/L 氢氧化钾和水浸泡 4 h,然后用水冲洗 3~5 次,晾干备用。

四、操作技能

1. 试样预处理

(1)新鲜蔬菜、水果　将试样用去离子水洗净,晾干后,取可食部切碎混匀。将切碎的样品用四分法取适量,用食物粉碎机制成匀浆备用。如需加水应记录加水量。

(2)肉类、蛋、水产及其制品　用四分法取适量或取全部,用食物粉碎机制成匀浆备用。

(3)乳粉、豆奶粉、婴儿配方粉等固态乳制品(不包括干酪)　将试样装入能够容纳 2 倍试样体积的带盖容器中,通过反复摇晃和颠倒容器使样品充分混匀直到试样均一化。

(4)发酵乳、乳、炼乳及其他液体乳制品　通过搅拌或反复摇晃和颠倒容器使试样充分混匀。

(5)干酪　取适量的样品研磨成均匀的泥浆状。为避免水分损失,研磨过程中应避免产生过多的热量。

2. 提取

(1)水果、蔬菜、鱼类、肉类、蛋类及其制品等:称取试样匀浆 5 g(精确至 0.01 g,可适当调整试样的取样量,以下相同),以 80 mL 水洗入 100 mL 容量瓶中,超声提取 30 min,每隔 5 min 振摇 1 次,保持固相完全分散。于 75℃水浴中放置 5 min,取出放置至室温,加水稀释至刻度。溶液经滤纸过滤后,取部分溶液于 10 000 r/min 离心 15 min,上清液备用。

(2)腌鱼类、腌肉类及其他腌制品:称取试样匀浆 2 g(精确至 0.01 g),以 80 mL 水洗入 100 mL 容量瓶中,超声提取 30 min,每 5 min 振摇 1 次,保持固相完全分散。于 75℃水浴中放置 5 min,取出放置至室温,加水稀释至刻度。溶液经滤纸过滤后,取部分溶液于 10 000 r/min 离心 15 min,上清液备用。

(3)乳:称取试样 10 g(精确至 0.01 g),置于 100 mL 容量瓶中,加水 80 mL,摇匀,超声 30 min,加入 3%乙酸溶液 2 mL,于 4℃放置 20 min,取出放置至室温,加水稀释至刻度。溶液经滤纸过滤,取上清液备用。

(4)乳粉:称取试样 2.5 g(精确至 0.01 g),置于 100 mL 容量瓶中,加水 80 mL,摇匀,超声 30 min,加入 3‰乙酸溶液 2 mL,于 4℃放置 20 min,取出放置至室温,加水稀释至刻度。溶液经滤纸过滤,取上清液备用。

(5)取上述备用的上清液约 15 mL,通过 0.22 μm 水性滤膜针头滤器、C_{18} 柱,弃去前面 3 mL(如果氯离子大于 100 mg/L,则需要一次通过针头滤器、C_{18} 柱、Ag 柱和 Na 柱,弃去前面 7 mL),收集后面洗脱液待测。

固相萃取柱使用前需进行活化,如使用 OnGuardⅡRP 柱(1.0 mL)、OnGuardⅡAg 柱(1.0 mL)和 OnGuardⅡNa 柱(1.0 mL),其活化过程为:OnGuardⅡRP 柱(1.0 mL)使用前依次用 10 mL 甲醇、15 mL 水通过,静置活化 30 min。OnGuardⅡAg 柱(1.0 mL)和 OnGuardⅡNa 柱(1.0 mL)用 10 mL 水通过,静置活化 30 min。

3. **参考色谱条件**

(1)色谱柱:氢氧化物选择性,可兼容梯度洗脱的高容量阴离子交换柱,如 Dionex IonPac AS11-HC4 mm×250 mm(带 IonPac AG11-HC 型保护柱 4 mm×50 mm),或性能相当的离子色谱柱。

(2)淋洗液

一般试样:氢氧化钾溶液,浓度为 6～70 mmol/L;洗脱梯度为 6 mmol/L 30 min,70 mmol/L 5 min,6 mmol/L 5 min;流速 1.0 mL/min。

粉状婴幼儿配方食品:氢氧化钾溶液,浓度为 5～50 mmol/L;洗脱梯度为 5 mmol/L 33 min,50 mmol/L 5 min,5 mmol/L 5 min;流速 1.3 mL/min。

抑制器:连续自动再生膜阴离子抑制器或等效抑制装置。

检测器:电导检测器,检测池温度为 35℃。

进样体积:50 μL(可根据试样中被测离子含量进行调整)。

4. **测定**

(1)标准曲线　移取亚硝酸盐和硝酸盐混合标准使用液,加水稀释,制成系列标准溶液,含亚硝酸根离子浓度为 0、0.02 mg/L、0.04 mg/L、0.06 mg/L、0.08 mg/L、0.10 mg/L、0.15 mg/L、0.20 mg/L;硝酸根离子浓度为 0、0.2 mg/L、0.6 mg/L、0.8 mg/L、1.0 mg/L、1.5 mg/L、2.0 mg/L 的混合标准溶液,从低到高浓度依次进样。得到上述各浓度标准溶液的色谱图(图 4-5)。以亚硝酸根离子或硝酸根离子的浓度(mg/L)为横坐标,以峰高(μS)或峰面积为纵坐标,绘制标准曲线或计算线性回归方程。

(2)样品测定　分别吸取空白和试样溶液 50 μL,在相同工作条件下,一次注入离子色谱仪中,记录色谱图。根据保留时间定性,分别测量空白和样品的峰高或峰面积。

五、分析结果的表述

试样中亚硝酸盐(以 NO_2^- 计)或硝酸盐(以 NO_3^- 计)含量按下式计算:

$$X = \frac{(c - c_0) \times V \times f \times 1\,000}{m \times 1\,000}$$

式中:X——试样中亚硝酸根离子或硝酸根离子的含量,mg/kg;

c——测定用试样溶液中的亚硝酸根离子或硝酸根离子浓度,mg/L;

c_0——试剂空白液中亚硝酸根离子或硝酸根离子的浓度,mg/L;

V——试样溶液体积,mL;

f——试样溶液稀释倍数;

m——试样取样量,g。

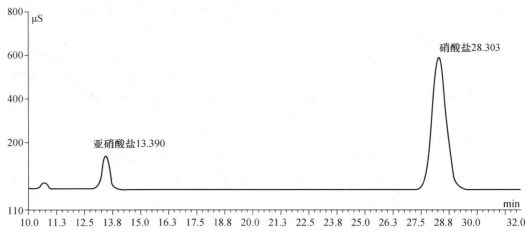

图 4-5 亚硝酸盐和硝酸盐混合标准溶液的色谱图

六、常见技术问题处理

(1)本方法为国家标准方法(GB 5009.33),试样中测得的亚硝酸根离子含量乘以换算系数 1.5,即得亚硝酸盐(按亚硝酸钠)含量;试样中测得的硝酸根离子含量乘以换算系数 1.37,即得硝酸盐(按硝酸钠计)含量。

(2)以重复性条件下获得的 2 次独立测定结果的算术平均值表示,结果保留两位有效数字。

(3)在重复性条件下获得的 2 次独立测定结果的绝对值差不得超过算术平均值的 10%。

【知识与技能检测】

1. 简述硝酸盐和亚硝酸的发色原理。

2. 食品中添加过量的硝酸盐和亚硝酸盐对人体有什么危害?

3. 简述离子色谱法测定食品中硝酸盐和亚硝酸含量的原理和操作方法。

4. 如何制作亚硝酸盐和硝酸盐混合标准使用液的标准曲线?

【超级链接】分光光度法测定硝酸盐和亚硝酸盐简介

分光光度法也是一种用于测定硝酸盐和亚硝酸盐的常用方法。亚硝酸盐采用盐酸萘乙二胺法测定,硝酸盐采用镉柱还原法测定。分光光度法测定食品中硝酸盐和亚硝酸盐的原理如下:试样经沉淀蛋白质、除去脂肪后,在弱酸条件下亚硝酸盐和对氨基苯磺酸重氮化后,再与盐酸萘乙二胺偶合形成紫红色染料,外标法测得亚硝酸盐含量;采用镉柱将硝酸盐还原成亚硝酸盐,测得亚硝酸盐总量,由此总量减去亚硝酸盐含量,即得试样中硝酸盐含量。具体操作步骤参见国标法 GB 5009.33。

任务二　食品中合成着色剂的测定

【知识准备】

一、概述

食品中着色剂按其来源可分为食用天然着色剂和食用合成着色剂两大类。食用天然色素是从有色的动、植物体内提取,经进一步分离精制而成。合成着色剂因其着色力强,易于调色,在食品加工中稳定性好,价格低廉,在食用色素中占主要地位。目前国内外食用的食用色素绝大多数都是食用合成着色剂。合成着色剂主要来源于煤焦油及其副产品,且在合成过程中可能受铅、砷等有害物质污染,因此,在食用的安全性上,其争论要比其他类的食品添加剂更为突出和尖锐。食用合成色素种类多,国际上允许使用的有 30 多种。中国许可食用的合成色素有 9 种:苋菜红、胭脂红、诱惑红、新红、柠檬黄、日落黄、靛蓝、亮蓝、赤藓红。前 6 种为偶氮类化合物,使用占绝大多数。

近年来食品安全越来越引起人们的关注,大量的研究报告指出,几乎所有的合成色素都不能向人体提供营养物质,某些合成色素甚至会危害人体健康。因此,对于食品中添加着色剂的含量测定成为必须,高效液相色谱法以其操作简单、分析结果准确成为首选方法。

二、测定方法

食用合成着色剂的测定方法主要有高效液相色谱法和薄层色谱法。下面介绍高效液相色谱法测定食用合成着色剂。

【技能培训】

一、测定原理

食品中人工合成色素在酸性条件下用聚酰胺吸附或用液-液分配法提取,制成水溶液,注入高效液相色谱仪,经反相色谱分离,以保留时间和峰面积进行定性和定量。

二、试剂和材料

(1)盐酸。

(2)乙酸。

(3)正己烷。

(4)甲醇:经滤膜(0.5/μm)过滤。

(5)聚酰胺粉(尼龙 6):过 200 目筛。

(6)乙酸铵溶液(0.02 mol/L):称取 1.54 g 乙酸铵,加水至 1 000 mL 溶解,经 0.45 μm 滤膜过滤。

(7)氨水:取 2 mL 氨水,加水至 100 mL 混匀。

(8)氨水-乙酸铵溶液(0.02 mol/L):取氨水 0.5 mL,加乙酸铵溶液(0.02 mol/L)至

1 000 mL 混匀。

(9)甲醇-甲酸溶液(6+4)：取甲醇 60 mL，甲酸 40 mL 混匀。

(10)柠檬酸溶液：取 20 g 柠檬酸($C_6H_8O_7 \cdot H_2O$)加水至 100 mL，溶解混匀。

(11)无水乙醇-氨水-水溶液(7+2+1)：取无水乙醇 70 mL、氨水 20 mL、水 10 mL 混匀。

(12)三正辛胺正丁醇溶液(5%)：取三正辛胺 5 mL，加正丁醇至 100 mL 混匀。

(13)饱和硫酸钠溶液。

(14)硫酸钠溶液(2 g/L)。

(15)pH 6 的水：水加柠檬酸溶液调 pH=6。

(16)合成着色剂标准溶液：准确称取按其纯度折算为 100% 质量的柠檬黄、日落黄、苋菜红、胭脂红、新红、赤藓红、亮蓝、靛蓝各 0.100 g，置于 100 mL 容量瓶中，加 pH 6 的水到刻度，配成水溶液(1.00 mg/mL)。

(17)合成着色剂标准使用液：临用时将上述溶液加水稀释 20 倍，经 0.45 μm 滤膜过滤，配成每毫升相当于 50.0 μg 的合成着色剂。

三、仪器和设备

高效液相色谱仪(带紫外检测器，254 nm 波长)。

四、操作技能

1. 样品处理

(1)橘子汁、果味水、果子露汽水等　称取 20.0～40.0 g 放入 100 mL 烧杯中。含二氧化碳样品加热驱除二氧化碳。

(2)配制酒类　称取 20.0～40.0 g 放入 100 mL 烧杯中，加入小碎瓷片数片，加热驱除乙醇。

(3)硬糖、蜜饯类、淀粉软糖等　称取 5.00～10.00 g，粉碎样品，放入 100 mL 小烧杯中，加水 30 mL，温热溶解，若样品溶液 pH 较高，用柠檬酸溶液调 pH 至 6 左右。

(4)巧克力豆及着色糖衣制品　称取 5.00～10.00 g，放入 100 mL 小烧杯中，用水反复洗涤色素，至巧克力豆无色素为止，合并色素漂洗液为样品溶液。

2. 色素提取

(1)聚酰胺吸附法　样品溶液加柠檬酸溶液调 pH 为 6，加热至 60℃，将 1 g 聚酰胺粉加少许水调成粥状，倒入样品溶液中，搅拌片刻，以 G_3 垂熔漏斗抽滤，用 60℃ pH 4 的水洗涤 3～5 次，然后用甲醇-甲酸混合溶液洗涤 3～5 次(含赤藓红的样品用液-液分配法处理)，再用水洗至中性，用乙醇-氨水-水混合溶液解吸 3～5 次，每次 5 mL，收集解吸液，加乙酸中和，蒸发至近干，加水溶解，定容至 5 mL。经滤膜(0.45 μm)过滤，取 10 μL 进高效液相色谱仪。

(2)液-液分配法(适用于含赤藓红的样品)　将制备好的样品溶液放入分液漏斗中，加 2 mL 盐酸、三正辛胺正丁醇溶液(5%)10～20 mL，振摇提取，分取有机相，重复提取，直到有机相无色，合并有机相，用饱和硫酸铵溶液洗 2 次，每次 10 mL，分取有机相，放蒸发皿中，水浴加热浓缩至 10 mL，转移至分液漏斗中，加 60 mL 正己烷混匀，加氨水提取 2～3 次，每次 5 mL，合并氨水溶液层(含水溶性酸性色素)，用正己烷洗 2 次，氨水层加乙酸调成中性，水浴加热蒸发至近干,加水定容至 5 mL。经滤膜(0.45 μm)过滤,取 10 μL 进高效液相色谱仪。

3. 高效液相色谱参考条件

(1)色谱柱:YWG-C$_{18}$10 μm 不锈钢柱 4.6 mm(内径)×250 mm。

(2)流动相:甲醇-0.02 mol/L 乙酸铵溶液(pH 4)。

(3)梯度洗脱:甲醇:20%～35%,3%/min;35%～98%,9%/min;98%继续 6 min。流速:1 mL/min。

(4)紫外检测器:254 nm 波长。

4. 测定

取相同体积样液和合成着色剂标准使用液分别注入高效液相色谱仪,根据保留时间定性,外标峰面积法定量。

五、计算结果的表述

样品中着色剂的含量按下式进行计算:

$$X = \frac{A \times 1\ 000}{m \times \left(\dfrac{V_2}{V_1}\right) \times 1\ 000 \times 1\ 000}$$

式中:X——样品中着色剂的含量,g/kg;

A——样液中着色剂的质量,μg;

V_2——进样体积,mL;

V_1——样品稀释总体积,mL;

m——样品质量,g。

六、常见技术问题处理

(1)本方法为国家标准方法(GB/T 5009.35),最小检出量:新红 5 ng,柠檬黄 4 ng,苋菜红 6 ng,胭脂红 26 ng。

(2)允许相对误差≤10%。

(3)样品不含赤藓红时,用聚酰胺吸附法;含赤藓红时,用液-液分配法。

(4)测定一个样品后,将甲醇流动相恢复至 20%,使之稳定 20 min 后,再开始测定第二个样品。

【知识与技能检测】

1. 人工合成的食品着色剂有什么优点?

2. 简述高效液相色谱法测定合成着色剂的原理。

3. 简述用高效液相色谱法测定合成着色剂的操作要点。

【超级链接】薄层色谱法测定食品中合成着色剂简介

薄层色谱法也是一种检测食品合成着色剂的常用方法。薄层色谱法原理:水溶性酸性合成着色剂在酸性条件下被聚酰胺吸附,而在碱性条件下解吸附,再用纸色谱法或薄层色谱法进行分离后,与标准比较定性、定量。最低检出量为 50 μg。点样量为 1 μL 时,检出浓度约为 50 mg/kg。具体操作方法参见国标法 GB/T 5009.35。

技能训练　火腿肠中亚硝酸盐含量的测定

一、技能目标

(1)查阅《火腿肠》(GB/T 20712)和《食品中亚硝酸盐与硝酸盐的测定》(GB/T 5009.33)能正确制订作业程序。

(2)熟练掌握分光光度计的使用方法和操作技能。

(3)掌握火腿肠中亚硝酸盐的测定技术及操作技能。

二、所需试剂与仪器

按照《食品中亚硝酸盐与硝酸盐的测定》(GB/T 5009.33)所需仪器设备的名称、数量、规格和试剂的名称、规格级别记录于表 4-11 和表 4-12 中。

表 4-11　工作所需全部仪器设备一览表

序号	名称	规格要求
1		
2		

表 4-12　工作所需全部化学试剂一览表

序号	名称	规格要求	配制方法
1			
2			

三、工作过程与标准要求

工作过程及标准要求见表 4-13。

表 4-13　工作过程与标准要求

工作过程	工作内容	技能标准
1. 制订工作方案	按照国家标准制订工作方案。	方案符合实际、科学合理、周密详细。
2. 试剂与仪器准备	准备并检查实训材料与仪器。	(1)准备本次实训所需的所有材料与仪器设备。 (2)试剂的配制和仪器的清洗、控干。 (3)检查设备运行是否正常。

续表 4-13

工作过程	工作内容	技能标准
3. 样品处理	准确称取 10.0 g 经绞碎混匀的肉制品样品,置打碎机中,加 70 mL 水和 12 mL 20 g/L 氢氧化钠溶液,混匀,测试样品溶液的 pH。如样品液呈酸性,用 20 g/L 氢氧化钠调成碱性(pH 8),定量转移至 200 mL 容量瓶中,加 10 mL 硫酸锌溶液,混匀。如不产生白色沉淀,再补加 2～5 mL 20 g/L 氢氧化钠,混匀,在 60℃ 水浴中加热 10 min,取出,冷至室温,稀释至刻度,混匀。用滤纸过滤,弃去初滤液 20 mL,收集滤液待测。	(1)能正确操作电子天平。 (2)能消除样品中脂肪的干扰。 (3)能消除样品中蛋白质的干扰。 (4)能解决样品处理过程中遇到的一般问题。
4. 亚硝酸盐标准曲线的制备	吸取 5 μg/mL 亚硝酸钠标准使用液 0、0.5 mL、1.0 mL、2.0 mL、3.0 mL、4.0 mL、5.0 mL(相当于 0、2.5 μg、5 μg、10 μg、15 μg、20 μg、25 μg),分别置于 25 mL 带塞比色管中,于标准管中分别加入 4.5 mL 氯化铵缓冲液,加 2.5 mL 60% 乙酸后立即加入 5.0 mL 显色剂,用水稀释至刻度,混匀,在暗处放置 25 min。用 1 cm 比色皿,以空白液调节零点,于波长 550 nm 处测吸光度,绘制标准曲线。	(1)掌握制备各标准储备液、标准使用液的方法。 (2)能熟练使用分光光度计。 (3)掌握比色皿的使用、清洗方法。 (4)能正确绘制标准曲线。
5. 测定	吸取 10.0 mL 样品滤液于 25 mL 带塞比色管中,于标准管中分别加入 4.5 mL 氯化铵缓冲液,加 2.5 mL 60% 乙酸后立即加入 5.0 mL 显色剂,用水稀释至刻度,混匀,在暗处放置 25 min。用 1 cm 比色皿,以空白液调节零点,于波长 550 nm 处测吸光度。	(1)掌握分光光度计的使用方法。 (2)能解决测定过程中出现的一般问题。 (3)能正确理解样品中加入各种试剂的作用。 (4)能依照样品做空白试验。

四、数据记录及处理

(1)数据的记录　将数据记录于表 4-14 中。

表 4-14　数据记录表

序号	试样中硝酸根离子浓度/(mg/L)	空白液中硝酸根离子浓度/(mg/L)	试样溶液体积/mL	稀释倍数	取样量/g

（2）结果计算　按下式计算肉制品中亚硝酸的含量：

$$X = \frac{(c - c_0) \times V \times f \times 1\,000}{m \times 1\,000}$$

式中：X——试样中亚硝酸根离子或硝酸根离子的含量，mg/kg；

c——测定用试样溶液中的亚硝酸根离子或硝酸根离子浓度，mg/L；

c_0——试剂空白液中亚硝酸根离子或硝酸根离子的浓度，mg/L；

V——试样溶液体积，mL；

f——试样溶液稀释倍数；

m——试样取样量，g。

五、技能评价

按照工作过程操作水平，由相关人员填写技能评价表（表4-15）。

表 4-15　技能评价表

评价内容	满分值	学生自评	同伴互评	教师评价	综合评分
1. 制订工作方案	10				
2. 试剂与仪器准备	5				
3. 样品处理	15				
4. 标准曲线的制备	20				
5. 样品测定	20				
6. 分析结果表述	15				
7. 实训报告	15				
总分					

注：综合评分＝学生自评分×20％＋同伴互评分×30％＋教师评价分×50％。

项目四　食品中甜味剂的测定

【知识要求】

（1）熟知人工合成甜味剂的概念及特点；

（2）了解常见人工合成甜味剂的测定方法；

（3）掌握高效液相色谱法测定食品中糖精钠、阿力甜的原理及操作步骤。

【能力要求】

（1）掌握高效液相色谱法测定食品糖精钠、阿力甜的操作技能；

（2）掌握高效液相色谱仪的操作技能。

任务一　食品中糖精钠的测定

【知识准备】

一、概述

糖精钠是应用较为广泛的人工合成甜味剂,其学名为邻-磺酰苯甲酰亚胺,分子式为 $C_7H_5O_3NS$,其结构式如下:

糖精为无色到白色结晶或白色晶状粉末,在水中溶解度很低,易溶于乙醇、乙醚、氯仿、碳酸钠水溶液及稀氨水中。对热不稳定,长时间加热失去甜味。因糖精难溶于水,故食品生产中常用其钠盐,即糖精钠。糖精钠为无色结晶,无臭或微有香气,浓度低时呈甜味,浓度高时有苦味。易溶于水,不溶于乙醚、氯仿等有机溶剂。其热稳定性与糖精类似,但较糖精要好,其甜度为蔗糖的 200～700 倍。糖精钠是限制使用的甜味剂,被摄食后,在人体内不分解、不吸收,将随尿排出,不能供给热能,无营养价值,对其使用的安全性至今尚未有定论。长期以来糖精钠一直在食品工业生产中广泛地使用,特别是用在凉果、蜜饯的生产中,在其产品检验中,经常出现含量超标现象。

糖精钠、糖精对人体无营养价值,不分解、不吸收,随尿排出,致癌性有争议,ADI 值 0～2.5。婴幼儿食品中不得使用糖精钠。为此,GB 2760—2007《食品添加剂使用卫生标准》中规定:冷冻饮品最大使用量 0.15 g/kg(以糖精计);蜜饯凉果最大使用量 1.0 g/kg(以糖精计);甘草制品最大使用量 5.0 g/kg(以糖精计);面包、糕点、饼干最大使用量 0.15 g/kg(以糖精计);饮料类最大使用量 0.15 g/kg(以糖精计)。

二、测定方法

糖精钠测定方法有多种,有高效液相色谱法、酚磺酞比色法、薄层色谱法、紫外分光光度法,此外还有纳氏比色法、离子选择性电极法等。下面介绍高效液相色谱法测定食品中糖精钠的含量。

【技能培训】

一、测定原理

此法适用于乳饮料、果冻、饮料、凉果、酒类、蛋白糖等食品。试样加热除去二氧化碳和乙醇后,调节 pH 至近中性,过滤后进高效液相色谱仪。经反相色谱柱分离后,根据保留时间和峰面积进行定性和定量。应用高效液相分离条件可以同时测定苯甲酸、山梨酸和糖精钠。

二、试剂和材料

(1)甲醇:经 0.5 μm 滤膜过滤。

（2）氨水（1+1）：氨水加等体积水混合。

（3）0.02 mol/L 乙酸铵溶液：称取 1.54 g 乙酸铵，加水至 1 000 mL 溶解，经 0.45 μm 滤膜过滤。

（4）糖精钠标准储备溶液：准确称取 0.085 1 g 经 120℃烘干 4 h 后的糖精钠，加水溶解后定容至 100.0 mL。糖精钠含量 1.0 mg/mL，作为储备溶液。

（5）糖精钠标准使用溶液：吸取糖精钠标准储备液 10.0 mL 放入 100 mL 容量瓶中，加水至刻度，经 0.45 μm 滤膜过滤。该溶液每毫升相当于 0.10 mg 的糖精钠。

三、仪器和设备

高效液相色谱仪（配紫外检测器）。

四、操作技能

1. 样品处理

（1）汽水　称取 5.00～10.00 g，放入小烧杯中，微温搅拌除去二氧化碳，用氨水（1+1）调 pH 约 7。加水定容至适当的体积，经 0.45 μm 滤膜过滤。

（2）果汁类　称取 5.00～10.00 g，用氨水（1+1）调 pH 约 7，加水定容至适当的体积，离心沉淀，上清液经 0.45 μm 滤膜过滤。

（3）配制酒类　称取 10.0 g，放小烧杯中，水浴加热除去乙醇，用氨水（1+1）调 pH 约 7，加水定容至 20 mL，经 0.45 μm 滤膜过滤。

2. 色谱条件

（1）检测器：紫外检测器，波长 230 nm，灵敏度 0.2AUFS。

（2）色谱柱：YWG-C_{18}，10 μm 不锈钢柱，4.6 mm×250 mm。

（3）流动相：甲醇-乙酸铵溶液（0.02 mol/L）（5+95）。

（4）流速：1.0 mL/min。

3. 测定

取样品处理液和标准使用液各 10 μL（或相同体积）注入高效液相色谱仪进行分离，以其标准溶液峰的保留时间为依据，以其峰面积求出样液中被测物质的含量，供计算。

高效液相色谱图如图 4-6 所示。

五、分析结果的表述

样品中糖精钠的含量按下式进行计算：

$$X = \frac{m_1 \times 1\,000}{m_2 \times \dfrac{V_2}{V_1} \times 1\,000}$$

式中：X——样品中糖精钠的含量，g/kg；

m_1——测定用样液中糖精钠的质量，mg；

m_2——样品质量（体积），g（mL）；

V_1——取液残留物加入乙醇的体积，mL；

V_2——进样液体积，mL。

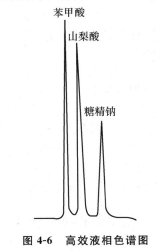

图 4-6　高效液相色谱图

计算结果保留三位有效数字。

六、常见技术问题处理

本方法为国家标准分析方法（GB/T 5009.28），适用于各类食品中糖精钠含量的测定。取样量为 10 mL，进样量为 10 μL，最低检出限量为 1.5 ng。

【知识与技能检测】

1. 简述高效液相色谱法测定食品中糖精钠的原理和操作方法。
2. 简述高效液相色谱法对样品中糖精钠定性、定量的原理。
3. 使用注射器进样时的注意事项有哪些？

【超级链接】薄层色谱法测定食品中糖精钠简介

薄层色谱法也是测定食品中糖精钠含量的一种常用方法。其原理如下：在酸性条件下，食品中的糖精钠用乙醚对样品进行提取，乙醚挥发后，用乙醇溶解残留物。点样于硅胶 GF254 薄层板或聚酰胺薄层板下端 2 cm 处，用微量注射器分别点一定体积的样液和不同浓度的糖精钠标准溶液，各点间距 1.5 cm。然后将点好的薄层板放入盛有展开剂的展开槽中，展至 10 cm，取出薄层板，挥干，喷显色剂，斑点显黄色，根据试样点和标准点的比移值进行定性，根据斑点颜色深浅进行半定量测定。在实验条件下糖精的比移值 R_f 为 0.3。

任务二 食品中阿力甜的测定

【知识准备】

一、概述

阿力甜（Alitame）的化学名称为 L-α-天冬氨酸-N-(2,2,4,4-四甲基-3-硫化三亚甲基)-D-丙氨酰胺，又称天胺甜精或天冬氨酸丙氨酰胺。1979 年由美国辉瑞公司研制成功。阿力甜甜味清爽、耐热、耐酸、耐碱，具有优越的贮存和加工稳定性，可广泛用于食品工业。我国于 1994 年批准使用，常用于饮料、果冻、冷饮、餐桌甜味剂等。其缺点是因分子结构中含有硫原子而稍带硫味。

阿力甜是一种二肽类甜味剂，甜度为蔗糖的 2 000 倍以上，在酸、热等条件下均十分稳定，室温下 pH 为 5～8 的水溶液，贮存半衰期为 5 年，5% 水溶液 pH 为 5.6，无后苦味和金属碱、涩味，且口感与蔗糖接近，甜味迅速、持久、安全。用阿力甜的部分饮料，经长时间储存之后会出现一些不配伍的现象，感官分析发现有明显的硫味。

目前，阿力甜尚未被 FDA 认可，全世界只有中国、澳大利亚和墨西哥等 6 个国家批准使用，我国食品添加剂卫生标准规定可用于饮料、冰淇淋、雪糕、果冻的最大使用量 0.1 g/kg；胶姆糖、陈皮、话梅、话李、杨梅干为 0.3 g/kg；餐桌甜味剂 0.015 g/包（或片）。1996 年食品添加剂联合专家委员会（JECFA）确定的 ADI 值为 1 mg/kg。

随着人们生活水平的日益提高，儿童龋齿、糖尿病等一系列需少摄取糖类物质的人群数量越来越庞大，所以无糖和低糖食品应运而生。但糖分限量标准及食糖替代品使用尚无据可依，市场上此类商品鱼龙混杂，所以准确对食品中的甜味剂定性定量分析具有重要意义。

二、测定方法

目前甜味剂检测方法包括薄层色谱法、紫外分光光度法、气相色谱法、液相色谱法、气/液质联用法、毛细管电泳法,其中高效液相色谱法占主导地位,它能进行大多数甜味剂的分析,且能使多种甜味剂同时分离。下面介绍高效液相色谱法测定食品阿力甜的含量。

【技能培训】

一、测定原理

根据阿力甜易溶于水和乙醇等溶剂的特点,固体饮料试样中阿力甜用蒸馏水在超声波震荡下提取,提取液用水定容;碳酸饮料类试样除去二氧化碳后用水定容。乳饮料类试样中阿力甜用乙醇沉淀蛋白,上清液用乙醇+水(2+1)定容。提取液在液相色谱 ODSC$_{18}$ 反相柱上进行分离,在波长 200 nm 处检测,以色谱峰的保留时间定性,外标法定量。

二、试剂和材料

(1)甲醇(CH_3OH):色谱纯。

(2)乙醇(CH_3CH_2OH):优级醇。

(3)阿力甜标准品:纯度≥99%。

(4)水(H_2O):为实验室一级用水,电导率(25℃)为 0.01 mS/m。

(5)阿力甜标准储备液(0.5 mg/mL):称取 0.05 g 阿力甜(精确至 0.000 1 g),置于 100 mL 容量瓶中,加入水溶解并定容至刻度,置于冰箱保存,有效期为 90 d。

(6)阿力甜标准使用溶液系列的制备:将阿力甜标准储备液用水逐级稀释为 100 μg/mL、50 μg/mL、25 μg/mL、10.0 μg/mL、5.0 μg/mL 的标准使用溶液系列。置于冰箱保存,有效期为 60 d。

三、仪器和设备

(1)液相色谱仪:配有二极管阵列检测器。

(2)超声波振荡器。

(3)离心机:4 000 r/min。

四、操作技能

1. 试样的处理

(1)碳酸饮料类 称取约 10 g 试样(精确至 0.001 g),50℃微温除去二氧化碳,用水定容至 25~50 mL,混匀离心,上清液经 0.45 μm 水系滤膜过滤备用。

(2)乳饮料类 称取约 5 g 试样(精确至 0.001 g)于 50 mL 离心管,加入 10 mL 乙醇,盖上盖子,轻轻上下颠倒数次(不能振摇),静置 1 min,4 000 r/min 离心 5 min,上清液滤入 25 mL 容量瓶,沉淀用 5 mL 乙醇+水(2+1)洗涤,离心后合并上清液,用乙醇+水(2+1)定容至刻度,经 0.45 μm 有机系滤膜过滤备用。

(3)浓缩果汁类 称取 0.5~2 g 试样(0.001 g),用水定容到 25~50 mL,混匀 4 000 r/min

离心 5 min,上清液经 0.45 μm 水系滤膜过滤备用。

(4)固体饮料　称取 0.2~1 g 试样(0.001 g),加水后超声波振荡器提取 20 min,并定容到 25~50 mL,混匀 4 000 r/min 离心 5 min,上清液经 0.45 μm 水系滤膜过滤备用。

2. 测定

(1)液相色谱参考条件

①色谱柱:ODSC$_{18}$柱,4.6 mm×250 mm,5 μm。

②柱温:25℃。

③流动相:甲醇+水(53+47)。

④流速:0.8 mL/min。

⑤进样量:10 μL。

⑥检测器:二极管阵列检测器。

⑦检测波长:200 nm。

(2)校正曲线绘制　取阿力甜标准溶液系列,在上述色谱条件下进行 HPLC 测定,绘制阿力甜浓度-响应峰面积(峰高)的标准曲线。

(3)色谱分析　在相同的液相色谱条件下,分别将标准溶液和试样溶液注入液相色谱仪中,以保留时间定性,以试样峰高或峰面积与标准比较定量。高效液相色谱图如图 4-7 所示。

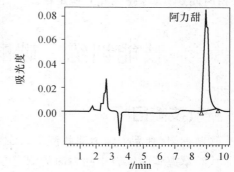

图 4-7　阿力甜标准色谱图

五、分析结果的表述

按标准曲线外标法计算试样中阿力甜的含量,计算公式如下:

$$X = \frac{c \times V}{m \times 1\ 000}$$

式中:X——试样中阿力甜的含量,g/kg;

c——由标准曲线计算出进样液中阿力甜的浓度,μg/mL;

V——试样的最后定容体积,mL;

m——试样的质量,g;

1 000——由 μg/g 换算成 g/kg 的换算因子。

六、常见技术问题处理

(1)本方法为国家标准分析方法(GB/T 22253),适用于碳酸饮料、乳饮料、浓缩果汁和固体饮料中阿力甜的测定。

(2)当取样量为 5 g、定容体积为 25 mL、进样 10 μL 时,方法的检出限为 0.002 g/kg,定量限为 0.006 g/kg,方法的线性范围为 5.0~100 μg/mL。

(3)在重复性条件下获得的 2 次独立测定结果的绝对差值不超过算术平均值的 10%。

【知识与技能检测】

1. 简要说明高效液相色谱法测定食品中阿力甜的原理及方法。

2.使用高效液相色谱仪的注意事项有哪些?

【超级链接】甜蜜素、安赛蜜简介

环己基氨基磺酸钠商品名为甜蜜素,是人工合成的非营养型甜味素,为白色针状、片状结晶或结晶性粉末,无臭,味甜,稀释溶液的甜度约为蔗糖的 30 倍,对酸、碱、光、热稳定。摄食环己基氨基磺酸钠后约 40% 从尿中排出,60% 从粪便中排出。其致癌作用引起了世界各国的争议,至今都没有达成一致看法。FAO/WHO 对其 ADI 值规定为 0~11 mg/kg,我国《食品添加剂使用卫生标准》规定环己基氨基磺酸钠可用于酱菜、调味酱油、配制酒、面包、雪糕、冰淇淋、冰棍、饮料等。在酸性介质中环己基氨基磺酸钠与亚硝酸反应,生成环己醇亚硝酸酯,利用气相色谱法进行定性定量。

乙酰磺胺酸钾又名安赛蜜,对光、热(225℃)均稳定,甜感持续时间长,味感优于糖精钠。经动物毒性试验证明,本品是安全的。FAO/WHO 规定其 ADI 值为 0~15 mg/kg 体重。乙酰磺胺酸钾主要用于果脯、奶类饮品、水果类甜点、果酱、口香糖、浓缩果蔬饮料、酒类、蛋类甜食、减肥营养配方、啤酒和麦乳精饮料等。样品中乙酰磺胺酸钾经高效液相反相柱分离后,以保留时间定性,峰高或峰面积定量。

技能训练　碳酸饮料中阿力甜的测定

一、技能目标

(1)查阅《食品中阿力甜的测定》(GB/T 22253)能正确制订作业程序。

(2)掌握碳酸饮料中阿力甜的测定方法和操作技能。

(3)掌握高效液相色谱仪、超声波振荡器、离心机的使用方法。

二、所需试剂与仪器

按照《食品中阿力甜的测定》(GB/T 22253)的规定,请将碳酸饮料中阿力甜的测定所需仪器设备的名称、数量、规格和试剂的名称、规格级别记录于表 4-16 和表 4-17 中。

表 4-16　工作所需全部仪器设备一览表

序号	名称	规格要求
1		
2		

表 4-17　工作所需全部化学试剂一览表

序号	名称	规格要求	配制方法
1			
2			

三、工作过程与标准要求

工作过程及标准要求见表4-18。

表4-18 工作过程与标准要求

工作过程	工作内容	技能标准
1. 制订工作方案	按照国家标准制订工作方案。	方案符合实际、科学合理、周密详细。
2. 试剂与仪器准备	准备并检查实训材料与仪器。	(1)准备本次实训所需的所有材料与仪器设备。 (2)试剂的配制和仪器的清洗、控干。 (3)检查设备运行是否正常。
3. 称样	用小烧杯称取约10 g试样(精确至0.001 g)。	(1)掌握1～2种称量方法。 (2)能正确操作分析天平。
4. 样品前处理	在50℃微温除去样品中二氧化碳,用水定容至25～50 mL,混匀离心,上清液经0.45 μm水系滤膜过滤备用。	(1)能彻底除去样品中二氧化碳。 (2)能正确使用容量瓶定容。 (3)能按仪器检出限要求正确计算所需称量样品量。
5. 测定	取阿力甜标准溶液系列,在上述色谱条件下进行HPLC测定,绘制阿力甜浓度-响应峰面积(峰高)的标准曲线。在相同的液相色谱条件下,取10 μL试样溶液注入液相色谱仪中,以保留时间定性,以试样峰高或峰面积与标准比较定量。	(1)掌握高效液相色谱仪的使用方法。 (2)能设定色谱仪中的常见参数。 (3)能正确使用进样器进样。 (4)会正确绘制标准溶液响应峰的标准曲线。 (5)能理解色谱峰中保留时间、峰高、峰面积的意义。

四、数据记录及处理

(1)数据的记录　将数据记录于表4-19中。

表4-19 数据记录表

序号	进样液中阿力甜浓度/(μg/mL)	最后定容体积/mL	试样质量/g

(2)结果计算　按下式计算饮料中阿力甜含量:

$$X = \frac{c \times V}{m \times 1\,000}$$

式中:X——试样中阿力甜的含量,g/kg;

c——由标准曲线计算出进样液中阿力甜的浓度，$\mu g/mL$；

V——试样的最后定容体积，mL；

m——试样的质量，g；

1 000——由 $\mu g/g$ 换算成 g/kg 的换算因子。

在重复性条件下获得的 2 次独立测定结果的绝对差值不超过算术平均值的 10%。

五、技能评价

按照工作过程操作水平，由相关人员填写技能评价表（表 4-20）。

表 4-20 技能评价表

评价内容	满分值	学生自评	同伴互评	教师评价	综合评分
1. 制订工作方案	10				
2. 试剂与仪器准备	10				
3. 称样	10				
4. 样品的前处理	15				
5. 样品测定	25				
6. 分析结果表述	15				
7. 实训报告	15				
总分					

注：综合评分＝学生自评分×20%＋同伴互评分×30%＋教师评价分×50%。

模块五 食品中有毒有害物质的检验

【模块提要】 本模块结合现行国家标准,分4个项目分别介绍了食品中有害元素、农药残留量、兽药残留量、黄曲霉毒素、苯并芘、甲醇等常见有毒有害物质的检测方法。

【学习目标】 通过本模块的学习,使学生了解食品中有毒有害物质的概念、种类、基本特征、危害、测定意义及其食品安全标准中对有害物质含量的规定;理解各有毒有害物质的测定原理和测定方法;掌握食品中重金属、农药兽药残留、致癌物质残留等典型有毒有害物质的测定技能,能够正确地对试验样品进行选择和预处理,能够正确记录实验数据并正确分析得出相应结论;熟悉分光光度计、液相色谱仪、气相色谱仪、原子吸收分光光度计等相关仪器设备在有毒有害物质测定方法的操作技能。

项目一 食品中有害元素的测定

【知识要求】

(1)熟悉食品中铅、砷和汞重金属污染的特点、途径以及对人体的危害;

(2)掌握食品中铅、砷和汞重金属的测定方法和原理;

(3)能够正确配制标准使用液、绘制标准曲线和数据记录及其处理。

【能力要求】

(1)熟练食品中铅、砷和汞残留量的测定,并熟练使用涉及的设备;

(2)能够发现、分析和解决实际测定过程中出现的异常现象。

任务一 食品中铅的测定

【知识准备】

一、概述

铅是一种灰白色软金属,熔点低(327.4℃),沸点1 740℃,但加热到400~500℃即有大量的铅烟逸出,可溶于热浓硝酸、沸浓盐酸及硫酸中,在地壳中含量为0.16%,大多数以化合态存在于自然界中。

铅非人体必需元素,由于环境和食品的污染,铅及其化合物的蒸气、烟和粉尘可以通过呼吸道和消化道侵入人体。进入人体的铅蓄积在体内不能全部排泄,而会造成铅中毒。铅中毒以无机铅中毒为多见,主要损害神经系统、消化系统、造血机能和肾脏,通常表现为头痛、头晕、腹痛、腹泻、心悸、血管痉挛甚至死亡。近年来,尤其是随着现代工业的发展,铅在不断地向大气圈、水圈以及生物圈迁移,再加上食物链的累积作用,食品中铅含量超标问题已经司空见惯,铅污染也是食品污染的一个重要指标,提高食品中铅测定的灵敏度已成为食品卫生检验关注的重点。

我国各种食品中铅的限量指标(GB 2762—2005)见表5-1。

表 5-1 食品中铅的限量指标

食品种类	限量/(mg/kg)	食品种类	限量/(mg/kg)
谷类	0.2	球茎蔬菜	0.3
豆类	0.2	叶菜	0.3
薯类	0.2	鲜乳	0.05
畜禽类	0.2	婴儿配方奶粉(乳为原料,以冲调后乳汁计)	0.02
可食用畜禽下水	0.5	鲜蛋	0.2
鱼类	0.5	果酒	0.2
水果	0.1	果汁	0.05
小水果、浆果、葡萄	0.2	茶叶	5
蔬菜(球茎、叶菜、食用菌类除外)	0.1		

二、铅的测定方法

测定食品中铅的方法很多,包括石墨炉原子吸收法、氢化物原子荧光光谱法、火焰原子吸收光谱法、二硫腙比色法、单扫描极谱法、原子荧光法和近几年发展起来的电感耦合等离子体质谱法(ICP-MS法)及新兴的光纤传感测试技术、生物传感技术和电位溶出技术等。目前使用最多的还是国家标准检测方法,现行国家标准中食品中铅含量的测定方法主要有石墨炉原子吸收光谱法、氢化物原子荧光光谱法、火焰原子吸收光谱法、二硫腙比色法及单扫描极谱法。

【技能培训】

一、石墨炉原子吸收光谱法

(一)原理

试样经灰化或酸消解后,注入原子吸收分光光度计石墨炉中,电热原子化后吸收283.3 nm共振线,在一定浓度范围,其吸收值与铅含量成正比,与标准系列比较定量。

(二)试剂和材料

(1)硝酸:优级纯。

(2)过硫酸铵。

（3）过氧化氢（30％）。

（4）高氯酸：优级纯。

（5）硝酸（1＋1）：取 50 mL 硝酸慢慢加入 50 mL 水中。

（6）硝酸（0.5 mol/L）：取 3.2 mL 硝酸加入 50 mL 水中，稀释至 100 mL。

（7）硝酸（1 mol/L）：取 6.4 mL 硝酸加入 50 mL 水中，稀释至 100 mL。

（8）磷酸二氢铵溶液（20 g/L）：称取 2.0 g 磷酸二氢铵，以水溶解稀释至 100 mL。

（9）混合酸：硝酸＋高氯酸（9＋1），取 9 份硝酸与 1 份高氯酸混合。

（10）铅标准储备液：准确称取 1.000 g 金属铅（99.99％），分次加少量硝酸（1＋1），加热溶解，总量不超过 37 mL，移入 1 000 mL 容量瓶，加水至刻度。混匀。此溶液每毫升含 1.0 mg 铅。

（11）铅标准使用液：每次吸取铅标准储备液 1.0 mL 于 100 mL 容量瓶中，加硝酸（0.5 mol/L）至刻度。如此经多次稀释成每毫升含 10.0 ng、20.0 ng、40.0 ng、60.0 ng、80.0 ng 铅的标准使用液。

（三）仪器和设备

（1）原子吸收光谱仪（附石墨炉及铅空心阴极灯）。

（2）马弗炉。

（3）天平：感量为 1 mg。

（4）干燥恒温箱。

（5）瓷坩埚。

（6）压力消解器、压力消解罐或压力溶弹。

（7）可调式电热板、可调式电炉。

（四）操作技能

1. 试样预处理

（1）粮食、豆类去杂物后，磨碎，过 20 目筛，储于塑料瓶中，保存备用。

（2）蔬菜、水果、鱼类、肉类及蛋类等水分含量高的鲜样，用食品加工机或匀浆机打成匀浆，储于塑料瓶中，保存备用。

2. 试样消解

（1）压力消解罐消解法　称取 1～2 g 试样（精确到 0.001 g，干样、含脂肪高的试样＜1 g，鲜样＜2 g 或按压力消解罐使用说明书称取试样）于聚四氟乙烯内罐，加硝酸（优级纯）2～4 mL 浸泡过夜。再加过氧化氢（30％）2～3 mL（总量不能超过罐容积的 1/3）。盖好内盖，旋紧不锈钢外套，放入恒温干燥箱，120～140℃保持 3～4 h，在箱内自然冷却至室温，用滴管将消化液洗入或过滤入（视消化后试样的盐分而定）10～25 mL 容量瓶中，用水少量多次洗涤罐，洗液合并于容量瓶中并定容至刻度，混匀备用；同时做试剂空白试验。

（2）干法灰化　称取 1～5 g 试样（精确到 0.001 g，根据铅含量而定）于瓷坩埚中，先小火在可调式电热板上炭化至无烟，移入马弗炉（500±25）℃灰化 6～8 h，冷却。若个别试样灰化不彻底，则加 1 mL 混合酸硝酸＋高氯酸（9＋1）在可调式电炉上小火加热，反复多次直到消化完全，放冷，用硝酸（0.5 mol/L）将灰分溶解，用滴管将试样消化液洗入或过滤入（视消化后试样的盐分而定）10～25 mL 容量瓶中，用水少量多次洗涤瓷坩埚，洗液合并于容量瓶中并定容至刻度,混匀备用;同时做试剂空白试验。

(3)过硫酸铵灰化法 称取1~5 g试样(精确到0.001 g)于瓷坩埚中,加2~4 mL硝酸(优质纯)浸泡1 h以上,先小火炭化,冷却后加2.00~3.00 g过硫酸铵盖于上面,继续炭化至不冒烟,转入马弗炉,(500±25)℃恒温2 h,再升至800 ℃,保持20 min,冷却,加2~3 mL硝酸(1 mol/L),用滴管将试样消化液洗入或过滤入(视消化后试样的盐分而定)10~25 mL容量瓶中,用水少量多次洗涤瓷坩埚,洗液合并于容量瓶中并定容至刻度,混匀备用;同时做试剂空白试验。

(4)湿式消解法 称取试样1~5 g(精确到0.001 g)于锥形瓶或高脚烧杯中,放数粒玻璃珠,加10 mL混合酸硝酸+高氯酸(9+1),加盖浸泡过夜,加一小漏斗于电炉上消解,若变棕黑色,再加混合酸,直至冒白烟,消化液呈无色透明或略带黄色,放冷,用滴管将试样消化液洗入或过滤入(视消化后试样的盐分而定)10~25 mL容量瓶中,用水少量多次洗涤锥形瓶或高脚烧杯,洗液合并于容量瓶中并定容至刻度,混匀备用;同时做试剂空白试验。

3. 测定

(1)仪器条件 根据各自仪器性能调至最佳状态。参考条件为波长283.3 nm,狭缝0.2~1.0 nm,灯电流5~7 mA,干燥温度120℃,持续20 s,灰化温度450℃,持续15~20 s,原子化温度:1 700~2 300℃,持续4~5 s,背景校正为氘灯或塞曼效应。

(2)标准曲线绘制 吸取上面配制的铅标准使用液10.0 ng/mL(或μg/L)、20.0 ng/mL(或μg/L)、40.0 ng/mL(或μg/L)、60.0 ng/mL(或μg/L)、80.0 ng/mL(或μg/L)各10 μL,注入石墨炉,测得其吸光值并求得吸光值与浓度关系的一元线性回归方程。

(3)试样测定 分别吸取样液和试剂空白液各10 μL,注入石墨炉,测得其吸光值,代入标准系列的一元线性回归方程中求得样液中铅含量。

(4)基体改进剂的使用 对有干扰试样,则注入适量的基体改进剂磷酸二氢铵溶液(20 g/L)(一般为5 μL或与试样同量)消除干扰。绘制铅标准曲线时也要加入与试样测定时等量的基体改进剂磷酸二氢铵溶液。

(五)分析结果的表述

试样中铅含量按下式进行计算:

$$X = \frac{(c_1 - c_0) \times V \times 1\,000}{m \times 1\,000 \times 1\,000}$$

式中:X——试样中铅含量,mg/kg或mg/L;

c_1——测定样液中铅含量,ng/mL;

c_0——空白液中铅含量,ng/mL;

V——试样消化液定量总体积,mL;

m——试样质量或体积,g或mL。

(六)常见技术问题处理

(1)在采样和制备过程中,应注意不使试样污染。

(2)分析过程中应全部使用去离子水(电阻率大于8×10^5 Ω),所用的仪器都要用硝酸(1+5)浸泡过夜,用水反复冲洗后,再用去离子水冲洗干净。

(3)湿法消解时,要适时加入混合酸,若溶液未转黑时补加混合酸不起作用;若变黑过后一段时间再补加混合酸,析出的碳烧结成块,不易氧化。

(4)本法测定铅的最低检出浓度为 5 μg/kg,允许相对误差小于 20%。

二、双硫腙比色法

(一)原理

样品经消化后,在 pH 为 8.5~9.0 时,铅离子与双硫腙生成红色配合物,溶于三氯甲烷。加入柠檬酸铵、氰化钾和盐酸羟胺等,防止铜、铁、锌等离子干扰,与标准系列比较定量。

(二)试剂和材料

(1)氨水:1+1。

(2)盐酸:1+1。

(3)酚红指示液(1 g/L)。

(4)盐酸羟胺溶液(200 g/L):称取 20 g 盐酸羟胺,加水溶解至 50 mL,加 2 滴酚红指示液,加氨水(1+1),调 pH 至 8.5~9.0(由黄变红,再多加 2 滴),用双硫腙-三氯甲烷溶液提取至三氯甲烷层绿色不变为止,再用三氯甲烷洗 2 次,弃去三氯甲烷层,水层加盐酸(1+1)呈酸性,加水至 100 mL。

(5)柠檬酸铵溶液(200 g/L):称取 50 g 柠檬酸铵,溶于 100 mL 水中,加 2 滴酚红指示液,加氨水(1+1),调 pH 至 8.5~9.0,用双硫腙-三氯甲烷溶液提取数次,每次 10~20 mL,至三氯甲烷层绿色不变为止,弃去三氯甲烷层,再用三氯甲烷洗 2 次,每次 5 mL,弃去三氯甲烷层,加水稀释至 250 mL。

(6)氰化钾溶液(100 g/L)。

(7)三氯甲烷:不应含氧化物。

(8)淀粉指示液:称取 0.5 g 可溶性淀粉,加 5 mL 水摇匀后,慢慢倒入 100 mL 沸水中,随倒随搅拌,煮沸,放冷备用。临用时配制。

(9)硝酸:1+99。

(10)双硫腙三氯甲烷溶液(0.5 g/L):称取精制过的双硫腙 0.5 g,加 1 L 三氯甲烷溶解,保存于冰箱中。

(11)双硫腙使用液:吸取 1.0 mL 双硫腙溶液,加三氯甲烷至 10 mL 摇匀。用 1 cm 比色皿,以三氯甲烷调节零点,于波长 510 nm 处测吸光度(A),用下式算出配制 100 mL 双硫腙使用液(70%透光度)所需双硫腙溶液的体积(V):

$$V = \frac{10 \times (2 - \lg 70)}{A} = \frac{1.55}{A}$$

(12)硝酸-硫酸混合液:4+1。

(13)铅标准贮备液:精密称取 0.159 8 g 硝酸铅,加 10 mL 硝酸(1+99),全部溶解后,移入 100 mL 容量瓶中,加水稀释至刻度。此溶液每毫升相当于 1.0 mg 铅。

(14)铅标准使用液:吸取 1.0 mL 铅标准溶液,置于 100 mL 容量瓶中,加水稀释至刻度。此溶液每毫升相当于 10.0 μg 铅。

(三)仪器和设备

分光光度计。

(四)操作技能

1. 样品预处理

在采样和制备过程中,应注意不使样品被污染。

粮食、豆类去杂物后,磨碎,过 20 目筛,贮于塑料瓶中保存备用;蔬菜、水果、鱼类、肉类及蛋类等水分含量高的鲜样,用匀浆机打成匀浆,贮于塑料瓶中,保存备用。

2. 样品灰化

(1)粮食及其他含水分少的食品　称取 5.00 g 样品,置于石英或瓷坩埚中,加热至炭化,然后移入马弗炉中,500℃灰化 3 h,放冷,取出坩埚,加 1 mL 硝酸(1+1),润湿灰分,用小火蒸干,再于 500℃灼烧 1 h,放冷,取出坩埚。加 1 mL 硝酸(1+1),加热,使灰分溶解,移入 50 mL 容量瓶中,用水洗涤坩埚,洗液并入容量瓶中,加水至刻度,混匀备用。

(2)含水分多的食品或液体样品　称取 5.00 g 或吸取 5.00 mL 样品,置于蒸发皿中,先在水浴上蒸干,再按(1)自"加热至炭化"起依法操作。

3. 测定

(1)吸取 10.0 mL 消化后的定容溶液和同量的试剂空白液,分别置于 125 mL 分液漏斗中,各加水至 20 mL。

(2)吸取 0.10 mL、0.20 mL、0.30 mL、0.40 mL、0.50 mL 铅标准使用液(相当 0、1 μg、2 μg、3 μg、4 μg、5 μg 铅),分别置于 125 mL 分液漏斗中,各加硝酸(1+99)至 20 mL。

于样品消化液、试剂空白液和铅标准液中各加 2 mL 柠檬酸铵溶液(20 g/L),1 mL 盐酸羟胺溶液(200 g/L)和 2 滴酚红指示液,用氨水(1+1)调至红色,再各加 2 mL 氰化钾溶液(100 g/L),混匀;各加 5.0 mL 双硫腙使用液,剧烈振摇 1 min,静止分层后,三氯甲烷层经脱脂棉滤入 1 cm 比色皿中,以三氯甲烷调节零点,于波长 510 nm 处测吸光度,各点减去零管吸收值后,绘制标准曲线,样品与标准曲线比较进行定量。

(五)分析结果的表述

样品中铅的含量按下式计算:

$$X = \frac{(m_1 - m_2) \times 1\,000}{m \times (V_2 / V_1) \times 1\,000}$$

式中:X——样品中铅的含量,mg/kg 或 mg/L;

m_1——测定用样品消化液中铅的质量,μg;

m_2——试剂空白液中铅的质量,μg;

m——样品质量或体积,g 或 mL;

V_1——样品消化液的总体积,mL;

V_2——测定用样品消化液体积,mL。

(六)常见技术问题处理

(1)试样消化液中残留的硝酸要除尽,否则会影响反应与显色,导致结果偏低,必要时需增加测定用硫酸的加入量。

(2)灰化 3 h 后,如果坩埚内仍有黑色炭粒,可加少量(1+1)硝酸蒸干后再进行灰化。

(3)加入氰化钾的作用是掩蔽其他的金属离子,如铜离子、汞离子、三价铁离子等。但应注意氰化钾系剧毒,勿沾在手上,废弃物中可加入少量氢氧化钠和硫酸亚铁使其生成铁氰化钾成低毒后再妥善处理。

（4）加氨水的目的主要是调节 pH,不能随意改用其他碱调节。

（5）加盐酸羟胺的作用是羟胺具有 $H_2N—OH$ 结构,比双硫腙肼的结构（—NH—NH—）更易被氧化,从而保护了双硫腙,测定结果不再偏高。

【知识与技能检测】

　　1. 简述石墨炉原子吸收光谱法测定食品中铅含量的原理。

　　2. 简答实验室中常用的试样消解方法。

　　3. 简述标准曲线的绘制。

　　4. 怎样合理地使用基本改进剂?

【超级链接】铅的其他测定方法简介

　　按 GB 5009.12 规定,食品中铅的检测方法还有氢化物原子荧光法、火焰原子吸收光谱法和单扫描极谱法。

　　氢化物原子荧光光谱法是将试样酸热消化后,在酸性介质中,试样中的铅与硼氢化钠（NaBH₄）或硼氢化钾（KBH₄）反应生成挥发性铅的氢化物（PbH₄）。以氩气为载气,将氢化物导入电热石英原子化器中原子化,在特制铅空心阴极灯照射下,基态铅原子被激发至高能态;再去活化回到基态时,发射出特征波长的荧光,其荧光强度与铅含量成正比,根据标准系列进行定量测定试样中铅含量。

　　火焰原子吸收光谱法是试样经处理后,铅离子在一定 pH 条件下与二乙基二硫代氨基甲酸钠（DDTC）形成络合物,经 4-甲基-2-戊酮萃取分离,导入原子吸收光谱仪中,火焰原子化后,吸收 283.3 nm 共振线,其吸收量与铅含量成正比,与标准系列比较定量。

　　单扫描极谱法是试样经消解后,铅以离子形式存在。在酸性介质中,Pb^{2+} 与 I^- 形成的 PbI_4^{2-} 络离子具有电活性,在滴汞电极上产生还原电流。峰电流与铅含量呈线性关系,以标准系列比较定量。

任务二　食品中砷的测定

【知识准备】

一、概述

　　砷元素有灰色、黄色和黑色 3 种同分异构体,化学符号是 As,属于非金属类型,熔点为850℃,不溶于水和稀酸,能溶于硝酸、浓硫酸和王水中,也能溶解于强碱,生成砷酸盐。

　　砷可作合添加剂生产铅制弹丸、印刷合金、黄铜（冷凝器用）、蓄电池栅板、耐磨合金、高强结构钢及耐蚀钢等。黄铜中含有微量砷时可防止脱锌。高纯砷是制取化合物半导体砷化镓、砷化铟等的原料,也是半导体材料锗和硅的掺杂元素,这些材料广泛用作二极管、发光二极管、红外线发射器、激光器等。砷的化合物还用于制造农药、防腐剂、染料和医药等。砷的化合物可用于杀虫及医疗。但砷和它的可溶性化合物都有毒,如果人体对砷及无机砷的吸收量超过一定范围时,就可能会导致不同程度的毒性反应,严重的可以引起死亡。

砷元素在自然界中主要以砷单质及其化合物的形式存在,其化合物主要是+3价和+5价的无机砷。砷及其化合物均有毒性,目前已被国家癌症组织(IARC)确认为致癌物,在食品卫生监督检验中被列为重点监督检验的有害元素,其中三氧化二砷(俗称砒霜)的毒性最强,常温下为白色粉末且不溶于水。

砷对食品污染的原因主要是含砷农药如砷酸铅、亚砷酸钠等的使用。在动物饲料中掺入对氨基苯砷酸等有机砷化合物作为生长促进剂,可造成动物性食品污染。此外,工业上使用的砷排放到水体中,经水生生物的富集,其体内总砷含量会很高。

砷的急性中毒通常表现为急性胃肠炎、休克以及中枢神经系统症状。其慢性中毒可表现为体重减轻、多发性神经炎和皮肤出现黑斑等症状。

根据国标 GB 2762 规定我国食品中砷限量指标如表 5-2 所示。

表 5-2　食品中砷的限量指标

食品	限量/(mg/kg)		食品	限量/(mg/kg)	
	总砷	无机砷		总砷	无机砷
大米		0.15	鱼		0.1
面粉		0.1	藻(以干重计)		1.5
杂粮		0.2	贝及虾蟹类(以鲜重计)		0.5
蔬菜		0.05	贝及虾蟹类(以干重计)		1.0
水果		0.05	其他水产食品(以鲜重计)		0.5
畜禽肉类		0.05	食用油脂	0.1	
蛋类		0.05	果汁及果浆	0.2	
乳粉		0.25	可可脂及巧克力	0.5	
鲜乳		0.05	其他可可制品	1.0	
豆类		0.1	食糖	0.5	
酒		0.05			

二、砷的测定方法

按照《食品中总砷和无机砷的测定》(GB/T 5009.11)规定,食品中总砷的测定方法有氢化物原子荧光光度法、银盐法、砷斑法和硼氢化物还原比色法,而食品中无机砷的测定可采用氢化物原子荧光光度法和银盐法。本部分主要介绍氢化物原子荧光光度法和银盐法测定食品中总砷的含量。

【技能培训】

一、氢化物原子荧光光度法

(一)测定原理

食品试样经湿消解或干灰化后,加入硫脲使+5价砷还原为+3价砷,再加入硼氢化钠或硼氢化钾使还原生成砷化氢,有氩气载入石英原子化器中分解为原子态砷,在特制砷空心阴极灯的发射光激发下产生原子荧光,其荧光强度在固定条件下与被测液中的砷浓度成正比,与标准系列比较定量。

(二)试剂和材料

(1)氢氧化钠溶液(2 g/L)。

(2)硼氢化钠(NaBH₄)溶液(10 g/L):称取硼氢化钠 10.0 g,溶于 2 g/L 氢氧化钠溶液 1 000 mL中,混匀,此液于冰箱可保存 10 d,取出后应当日使用(也可称取 14 g 硼氢化钾代替 10 g 硼氢化钠)。

(3)硫脲溶液(50 g/L)。

(4)硫酸溶液(1+9):量取硫酸 100 mL,小心倒入 900 mL 水中,混匀。

(5)氢氧化钠溶液(100 g/L)(供配制砷标准溶液使用,少量即可)。

(6)砷标准储备液:含砷 0.1 mg/L。精确称取于 100℃ 干燥 2 h 以上的三氧化二砷(As₂O₃)0.132 0 g,加 100 g/L 氢氧化钠溶液 10 mL 溶解,用适量水转入 1 000 mL 容量瓶中,加硫酸(1+9)25 mL,用水定容至刻度。

(7)砷使用标准液:含砷 1 μg/mL。吸取 1.00 mL 砷标准储备液于 100 mL 容量瓶中,用水稀释至刻度(此液应当日配制使用)。

(8)湿消解试剂:硝酸、硫酸、高氯酸。

(9)干灰化试剂:六水硝酸镁(150 g/L)、氯化镁、盐酸(1+1)。

(三)仪器和设备

原子荧光光度计。

(四)操作技能

1.试样消解

(1)湿法消解　固体试样称样 1～2.5 g,液体试样称样 5～10 g(或 mL)(精确至小数点后第二位),置入 50～100 mL 锥形瓶中,同时做两份试样空白,加硝酸 20～40 mL,硫酸 1.25 mL,摇匀后放置过夜,置于电热板上加热消解。若消解液处理至 10 mL 左右时仍未有分解物质或色泽变深,取下放冷,补加硝酸 5～10 mL,再消解至 10 mL 左右观察,如此反复两三次,注意避免炭化。如仍不能消解完全,则加入高氯酸 1～2 mL,继续蒸发至高氯酸的白烟散尽,硫酸的白烟开始冒出。冷却,加水 25 mL,再蒸发至冒硫酸白烟。冷却,用水将内容物转入 25 mL 容量瓶或比色管中,加入 50 g/L 硫脲 2.5 mL,补水至刻度并混匀,备测。

(2)干灰化　一般应用于固体试样。称取 1～2.5 g(精确至小数点后第二位)于 50～100 mL 坩埚中,同时做两份试剂空白。加 150 g/L 硝酸镁 10 mL 混匀,低热蒸干,将氯化镁 1 g 仔细覆盖在干渣上,于电炉上炭化至无黑烟,移入 550℃ 高温炉灰化 4 h。取出放冷,小心加入盐酸(1+1)10 mL 以中和氯化镁并溶解灰分,转入 25 mL 容量瓶或比色管中,向容量瓶或比色管中加入 50g/L 硫脲 2.5 mL,另用硫酸(1+9)分次涮洗坩埚后转出合并,直至 25 mL 刻度,混匀备测。

2.标准系列制备

取 25 mL 容量瓶或比色管 6 支,依次准备加入 1 μg/mL 砷使用标准液 0、0.05 mL、0.2 mL、0.5 mL、2.0 mL、5.0 mL(各相当于砷浓度 0、2.0 ng/mL、8.0 ng/mL、20.0 ng/mL、

80.0 ng/mL、200.0 ng/mL)各加硫酸(1+9)12.5 mL,50 g/L 硫脲 2.5 mL,补加水至刻度,混匀备测。

3. 测定

(1)仪器参考条件　光电倍增管电压:400 V;砷空心阴极灯电流:35 mA;原子化器:温度820～850℃,高度 7 mm;氩气流速:载气 600 mL/min;测量方式:荧光强度或浓度直读;读数方式:峰面积;读数延迟时间:1 s;读数时间:15 s;硼氢化钠溶液加入时间:5 s;标准或样液加入体积:2 mL。

(2)浓度方式　如直接测荧光强度,则在开机并设定好仪器条件后,预热稳定约20 min。按"B"键进入空白值测量状态,连续用标准系列的"0"管进样,待读数稳定后,按空挡键记录下空白值(即让仪器自控扣底)即可开始测量。先依次测标准系列(可不再测"0"管)。标准系列测完后应仔细清洗进样器(或更换一支),并再用"0"管测试使读数基本回零后,才能测试剂空白和试样,每测不同的试样前都应清洗进样器,记录(或打印)下测量数据。

(3)仪器自动方式　利用仪器提供的软件功能可进行浓度直读测定,为此在开机、设定条件和预热后,还需要输入必要的参数,即试样量(g 或 mL)、稀释体积(mL)、进样体积(mL)、结果的浓度单位、标准系列各点的重复测量次数、标准系列的点数(不计零点)及各点的浓度值。首先进入空白值测量状态,连续用标准系列的"0"管进样以获得稳定的空白值并执行自动扣底后,再依次测标准系列(此时"0"管需再测一次)。在测样液前,需再进入空白值测量状态,先用标准系列"0"管测试使读数复原并稳定后,再用两个试剂空白各测一次样,让仪器取其均值作为扣底的空白值,随后即可依次测试样。测定完毕后退回主菜单,选择"打印报告"即可将测定结果打出。

(五)分析结果的表述

如果采用荧光强度测量方式,则需先对标准系列的结果进行回归运算(由于测量时"0"管强制为 0,故零点值应该输入以占据一个点位),然后根据回归方程求出试剂空白液和试样被测液的砷浓度,再按下式计算试样中的砷含量:

$$X = \frac{c_1 - c_0}{m} \times \frac{25}{1\ 000}$$

式中:X——试样的砷含量,mg/kg 或 mg/L;

$\quad c_1$——实验被测液的浓度,ng/mL;

$\quad c_0$——试剂空白液的浓度,ng/mL;

$\quad m$——试样的质量或体积,g 或 mL。

(六)常见技术问题处理

(1)试样中砷总量要在检测线范围内,含量低的样品可以适当浓缩,含量高的样品要适当稀释。

(2)砷标准储备液和标准使用液要现用现配。

(3)试样消化过程中会产生砷化氢气体,该气体具有毒性,因此试样消化过程要在通风橱中进行。

(4)样品消化要适当,缓慢升温,避免炭化。

（5）样品消化液中的残余硝酸需设法除去，硝酸的存在会影响显色。

（6）吸收液中含有水分时，当吸收与比色环境的温度改变，会引起轻微浑浊，可微温使之澄清后再转入比色管中。

（7）玻璃仪器使用前经 15％硝酸浸泡 24 h。

（8）湿消解法在重复性条件下获得的两次独立测定结果的绝对差值不得超过算术平均值的 10％；干灰化法在重复性条件下获得的两次独立测定结果的绝对值不得超过算术平均值的 15％。

（9）湿消解法测定的回收率为 90％～105％；干灰化法测定的回收率为 85％～100％。

二、银盐法

（一）原理

样品经消化后，以碘化钾、氯化亚锡将高价砷还原为三价砷，然后与锌粒和酸产生的新生态氢生成砷化氢，经银盐溶液吸收后，形成红色胶态物，与标准比较定量。

（二）试剂和材料

（1）硝酸。

（2）硫酸。

（3）盐酸。

（4）硝酸-高氯酸混合液（4＋1）：量取 80 mL 硝酸，加 20 mL 高氯酸，混匀。

（5）氧化镁。

（6）硝酸镁及硝酸镁溶液：称取 15 g 硝酸镁 $[Mg(NO_3)_2 \cdot 6H_2O]$ 溶于水中，并稀释至 100 mL。

（7）15％碘化钾溶液：贮存于棕色瓶中。

（8）酸性氯化亚锡溶液：称取 40 g 氯化亚锡（$SnCl_2 \cdot 2H_2O$），加盐酸溶解并稀释至 100 mL。加入数颗金属锡粒。

（9）6 mol/L 盐酸：量取 50 mL 盐酸加水稀释至 100 mL。

（10）10％乙酸铅溶液。

（11）乙酸铅棉花：用 10％乙酸铅溶液浸透脱脂棉后，压出多余溶液，并使疏松，在 100℃以下干燥后，贮存于玻璃瓶中。

（12）无砷锌粒。

（13）20％氢氧化钠溶液。

（14）10％硫酸：量取 5.7 mL 硫酸加入 80 mL 水中，冷后再加水稀释至 100 mL。

（15）二乙氨基二硫代甲酸银-三乙醇胺-三氯甲烷溶液：称取 0.25 g 二乙氨基二硫代钾酸银 $[(C_2H_5)_2NCS_2Ag]$ 置于研钵中，加少量三氯甲烷研磨，移入 100 mL 量筒中，加入 1.8 mL 三乙醇胺，再用三氯甲烷分次洗涤研钵，洗液一并移入量筒中，再用三氯甲烷稀释至 100 mL，放置过夜。滤入棕色瓶中贮存。

（16）砷标准溶液：精确称取 0.132 0 g 经硫酸干燥器干燥或在 100℃干燥 2 h 的三氧化二砷，加 20％氢氧化钠溶液 5 mL，溶解后加 20％硫酸 25 mL，移入 1 000 mL 容量瓶中，用新煮沸后冷却的水稀释至刻度，贮存于棕色玻璃瓶中。此溶液每毫升相当于 0.1 mg 砷。

（17）砷标准使用液：吸取 1.0 mL 砷标准溶液，置于 100 mL 容量瓶中，加 10％硫酸 1 mL，加水稀释至刻度。此溶液每毫升相当于 1 μg 砷。

（三）仪器和设备

（1）分光光度计。

（2）砷化氢吸收装置：装置组成如图 5-1 所示。

（四）操作技能

1. 样品处理

（1）硝酸-高氯酸-硫酸法　按铅的测定中双硫腙比色法的硝酸-硫酸法，将硝酸改为硝酸-高氯酸混合液即可。

（2）硝酸-硫酸法　同铅的测定中双硫腙比色法的硝酸-硫酸法操作。

（3）灰化法　称取 5.0 g 或吸取 5.0 mL 样品，置于坩埚中（液体样品需先在水浴上蒸干），加 1 g 氧化镁及 10 mL 硝酸镁溶液，混匀，浸泡 4 h。置水浴锅上蒸干。用小火炭化至无烟后移入马弗炉中加热至 550℃，灼烧 3～4 h，冷却后取出。

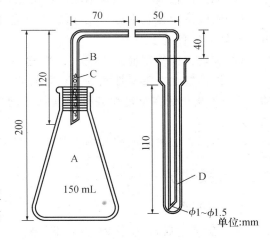

图 5-1　银盐法测砷装置
A. 150 mL 锥形瓶　　B. 导气管　　C. 乙酸铅棉花
D. 刻度离心管

加 5 mL 无离子水湿润灰分后，用细玻璃棒搅拌，再用少量无离子水洗下玻棒上附着的灰分至坩埚内。放水浴锅上蒸干后移入马弗炉 550℃灰化 2 h，冷却后取出。

加 5 mL 无离子水湿润灰分，再慢慢加入 6 mol/L 盐酸 10 mL，然后将溶液移入 50 mL 容量瓶中，坩埚用 6 mol/L 盐酸洗涤 3 次，每次 5 mL，再用水洗涤 3 次，每次 5 mL，洗液均并入容量瓶中。再用无离子水定容至刻度，混匀。定容后的溶液 10 mL 相当于 1 g 样品，相当于加入盐酸量（中和需要量除外）1.5 mL。全量供银盐法测定时，不必再加盐酸。

取与灰化样品相同量的氧化镁和硝酸镁溶液，按同一操作方法做试剂空白试验。

2. 测定

（1）吸取一定量的湿法消化后的定容溶液（相当于 5 g 样品）及同量的试剂空白液，分别置于 150 mL 锥形瓶中，补加硫酸至总量为 5 mL，加水至 50～55 mL。

吸取 0、2.0 mL、4.0 mL、6.0 mL、8.0 mL、10.0 mL 砷标准使用液（相当 0、2.0 μg、4.0 μg、6.0 μg、8.0 μg、10.0 μg 砷），分别于 150 mL 锥形瓶中，加水至 40 mL，再加硫酸（1+1）10 mL。

（2）吸取一定量的灰化后的定容溶液（相当于 5 g 样品）及同量的试剂空白液，分别置于 150 mL 锥形瓶中。吸取 0、2.0 mL、4.0 mL、6.0 mL、8.0 mL、10.0 mL 砷标准使用液（相当 0、2.0 μg、4.0 μg、6.0 μg、8.0 μg、10.0 μg 砷），分别于 150 mL 锥形瓶中，加水至 43.5 mL，再加 6.5 mL 盐酸。

（3）于样品消化液、试剂空白液及砷标准溶液中各加 15％碘化钾溶液 3 mL、酸性氯化亚锡溶液 0.5 mL，混匀，静置 15 min。各加入 3 g 锌粒，立即分别塞上装有乙酸铅棉花导气管的胶塞，并使导气管尖端插入盛有银盐溶液 4 mL 的刻度试管中的液面下，在常温下反应 45 min 后，取下刻度试管，加三氯甲烷补足 4 mL。用 1 cm 比色皿，以零管调节零点，于波长 520 nm

处测定吸光度。

（4）绘制标准曲线。

（五）分析结果的表述

样品中砷的含量按下式进行计算：

$$X = \frac{(m_1 - m_2) \times 1\ 000}{m \times \dfrac{V_2}{V_1} \times 1\ 000}$$

式中：X——样品中砷的含量，mg/kg 或 mg/L；

m_1——测定用样品消化液中砷的含量，μg；

m_2——试剂空白液中砷的含量，μg；

m——样品质量（体积），g(mL)；

V_1——样品消化液的总体积，mL；

V_2——测定用样品消化液的体积，mL。

（六）常见技术问题处理

（1）氯化亚锡（$SnCl_2$）试剂不稳定，在空气中能氧化生成不溶性氯氧化物，失去还原剂作用。配制时加盐酸溶解为酸性氯化亚锡溶液，加入数粒金属锡，经持续反应生成氯化亚锡，新生态氢具还原性，以保持试剂溶液的稳定的还原性。氯化亚锡在本试验中的作用是：还原 As^{5+} 成 As^{3+} 以及在锌粒表面沉淀锡层以抑制产生氢气作用过猛。

（2）乙酸铅棉花塞入导气管中，是为吸收可能产生的硫化氢，使其生成硫化铅而滞留在棉花上，以免吸收液吸收产生干扰，因为硫化物与银离子生成灰黑色的硫化银。

（3）不同形状和规格的无砷锌粒，因其表面积不同，与酸反应的速度就不同，这样生成氢气气体流速不同，将直接影响吸收效率及测定结果。一般认为蜂窝状锌粒 3 g 或大颗粒锌粒 5 g 均可获得良好结果。确定标准曲线与试样均用同一规格的锌粒为宜。

（4）二乙氨基二硫代甲酸银或称二乙基二硫代氨基甲酸银盐，分子式为 $(C_2H_5)_2NCS_2Ag$，不溶于水而溶于三氯甲烷，性质极不稳定，遇光或热，易生成银的氧化物而呈灰色，因而配制浓度不易控制。若市售品不适用，实验室可以自行制备，其方法如下：分别溶解 1.7 g 硝酸银、2.3 g 二乙氨基二硫代甲酸钠（DDCNa，铜试剂）于 100 mL 蒸馏水中，冷却到 20℃ 以下，缓缓搅拌混合，过滤生成的柠檬黄色银盐（AgDDC）沉淀，用冷的无离子水洗涤沉淀数次，在干燥器内干燥，避光保存备用。

吸收液中 AgDDC 浓度以 0.2%～0.25% 为宜，浓度过低将影响测定的灵敏度和重现性。因此，配置试剂时，应放置过夜或在水浴上微热助溶，轻微的浑浊可以过滤除去。若试剂溶解度不好时，应重新配置，吸收液必须澄清。

（5）样品消化液中的残余硝酸需设法驱尽，硝酸的存在影响反应与显色，会导致结果偏低，必要时需添加测定用硫酸的加入量。

（6）砷化氢发生及吸收应防止在阳光直射下进行，同时应控制温度在 25℃ 左右，防止反应过激或过缓，作用时间以 1 h 为宜，夏季可缩短为 45 min。室温高时氯仿部分挥发，在比色前用氯仿补足 4 mL，并不影响结果。

（7）吸收液中含有水分时，当吸收与比色环境的温度改变，会引起轻微混浊，比色时可微温使澄清。

(8)吸收液吸收砷化氢后呈色在 150 min 内稳定。

【知识与技能检测】

1. 简述砷的理化性质及其用途。

2. 简述砷对食品污染的途径及其危害表现。

3. 简述氢化物原子荧光光度法测定食品中的总砷及无机砷含量的原理。

4. 试剂配制过程中要注意哪些事项?

5. 如何选择试样的消解方法?

6. 试样消解过程中要注意哪些事项?

7. 如何绘制标准曲线?

8. 简述消解液中总砷及有机砷含量的测定过程。

【超级链接】原子吸收分光光度计

原子吸收分光光度计型号繁多,自动化程度也各不相同,有单光束型和双光束型两大类。其主要组成部分均包括光源、原子化装置、分光系统和检测系统。

(1)光源 光源的作用是辐射待测元素的特征光谱。它应满足能发射出比吸收线窄得多的锐线;有足够的辐射强度、稳定、背景小等条件。目前应用广泛的是空心阴极灯。空心阴极灯由封在玻璃管中的一个钨丝阳极和一个由被测元素的金属或合金制成的圆筒状阴极组成,内充低压的氖气或氩气。当灯内有杂质气体时,辐射强度减弱,噪声增大,测定灵敏度下降。将灯的正负极反接加热 30～60 min,杂质气体被吸收,灯可恢复到原来的性能。

(2)原子化装置 原子化装置的作用是将试样中待测元素变成基态原子蒸汽。原子化方法有火焰原子化和无火焰原子化两种。

(3)光学系统 光学系统分外光路和分光系统两部分。外光路系统使空心阴极灯发出的共振线准确通过燃烧器上方的被测试样的原子蒸汽,再射到单色器的狭缝上。分光系统主要由色散原件、反射镜、狭缝等组成,作用是将待测元素的共振线与邻近的谱线分开。

(4)检测系统 检测系统由检测器、放大器、对数转换器、显示或打印装置组成。光信号检测是由光电倍增管将光信号变成电信号,经放大器放大,再将由放大器输出的信号进行对数转换,使指示仪上显示出与试样浓度呈线性关系的数值。测定结果由仪表显示、记录器记录或用计算机处理数据,并打印或在屏幕上显示。

任务三　食品中汞的测定

【知识准备】

一、概述

汞俗称水银,是一种银白色液态金属,沸点很低,仅为 357℃,常温下易挥发。

汞多用于电气仪器及设备、电解食盐、农药、一般的实验室、药物,牙科也均需用汞。随着工业自动化的发展,汞的世界年用量也急剧增加,而汞的挥发性及生物传递这两个特性使汞在环境中也特别被重视。因为气态汞不但可被人的肺部吸入,而且有可能通过皮肤毛孔进入皮肤。生物传递可使最初浓度不大的汞浓缩到原浓度的几十万倍,严重地污染了食物。

食品中的汞多来源于冶金、印染和造纸等工业所产生的三废物质,农业生产中使用有机汞农药,也可通过食物链污染农畜产品。自然界中的汞大部分与硫结合成硫化汞,通过雨水冲刷等作用污染土壤和水体,进而污染食品。鱼体中的汞可经过甲基化作用形成甲基汞,甲基汞是毒性很强的有机汞,主要损害消化系统、呼吸系统、神经系统和肾脏,尤其是中枢神经系统。

我国各种食品中汞的限量指标(GB 2762)见表5-3。

表 5-3 食品中汞的限量指标

食品种类	限量/(mg/kg)	
	总汞(以 Hg 计)	甲基汞
粮食(成品粮)	0.02	
薯类(马铃薯、白薯)、蔬菜、水果	0.01	
鲜乳	0.01	
肉、蛋(去壳)	0.05	
鱼(不包括食肉鱼类)及其他水产品		0.5
食肉鱼类(如金枪鱼、鲨鱼及其他)		1.0

二、测定方法

现行国家标准《食品中总汞及有机汞的测定》(GB/T 5009.17)中总汞的测定方法有原子荧光光谱分析法、冷原子吸收光谱法、双硫腙比色法等。本节主要介绍原子荧光光谱分析法和双硫腙比色法。

【技能培训】

一、原子荧光光谱分析法

(一)测定原理

试样经酸加热消解后,在酸性介质中,试样中汞被硼氢化钾(KBH$_4$)或硼氢化钠(NaBH$_4$)还原成原子态汞,由载气(氢气)带入原子化器中,在特制汞空心阴极灯照射下,基态汞原子被激发至高能态,在去活化回到基态时,发射出特征波长的荧光,其荧光强度与汞含量成正比,与标准系列比较定量。

(二)试剂和材料

(1)硝酸(优级纯)。

(2)30%过氧化氢。

(3)硫酸(优级纯)。

(4)硫酸＋硝酸＋水(1+1+8):量取 10 mL 硝酸和 10 mL 硫酸,缓缓倒入 80 mL 水中,冷却后小心混匀。

(5)硝酸溶液(1+9):量取 50 mL 硝酸,缓缓倒入 450 mL 水中,混匀。

(6)氢氧化钾溶液(5 g/L):称取 5.0 g 氢氧化钾,溶于水中,稀释至 4 000 mL,混匀。

(7)硼氢化钾溶液(5 g/L):称取 5.0 g 硼氢化钾,溶于 5.0 g/L 的氢氧化钾溶液中,并稀释至 1 000 mL,混匀,现用现配。

(8)汞标准储备溶液:精密称取 0.135 4 g 干燥过的二氯化汞,加硫酸＋硝酸＋水(1+1+8)溶解后移入 100 mL 容量瓶中,并稀释至刻度,混匀,此溶液每毫升相当于 1 mg 汞。

(9)汞标准使用液:用移液管吸取汞标准储备液(1 mg/mL)1 mL 于 100 mL 容量瓶中,用硝酸溶液(1+9)稀释至刻度,混匀,此溶液浓度为 10 μg/mL。在分别吸取 10 μg/mL 汞标准溶液 1 mL 和 5 mL 于两个 100 mL 容量瓶中,用硝酸溶液(1+9)稀释至刻度,混匀,溶液浓度分别为 100 ng/mL 和 500 ng/mL,分别用于测定低浓度试样和高浓度试样,制作标准曲线。

(三)仪器和设备

(1)双道原子荧光光度计。

(2)高压消解罐(100 mL 容量)。

(3)微波消解炉。

(四)操作技能

1. 试样消解

(1)高压消解法　本方法适用于粮食、豆类、蔬菜、水果、瘦肉类、鱼类、蛋类及乳与乳制品类食品中总汞的测定。

①粮食及豆类等干样　称取经粉碎混匀过 40 目筛的干样 0.2～1.00 g,置于聚四氟乙烯塑料内罐中,加 5 mL 硝酸,混匀后放置过夜,再加 7 mL 过氧化氢,盖上内盖放入不锈钢外套中,旋紧密封,然后将消解器加入普通干燥箱(烘箱)中加热,升温至 120℃后保持恒温 2～3 h,至消解完全,自然冷至室温。将消解液用硝酸溶液(1+9)定量转移并定容至 25 mL,摇匀,同时做试剂空白试验,待测。

②蔬菜、瘦肉、鱼类及蛋类水分含量高的鲜样　用捣碎机打成匀浆,称取匀浆 1.00～5.00 g,置于聚四氟乙烯塑料内罐中,加盖留缝放于 65℃鼓风干燥烤箱或一般烤箱中烘至近干,取出,以下按①自"加 5 mL 硝酸"起依法操作。

(2)微波消解法　称取 0.1～0.5 g 试样于消解罐中加入 1～5 mL 硝酸,1～2 mL 过氧化氢,盖好安全阀后,将消解罐放入微波炉消解系统中,根据不同种类的试样设置微波炉消解系统的最佳分析条件(表 5-4 和表 5-5),至消解完全,冷却后用硝酸溶液(1+9)定量转移并定容至 25 mL(低容量试样可定容至 10 mL),混匀待测。

表 5-4　粮食、蔬菜、鱼肉类试样微波分析条件

步骤	1	2	3
功率/％	50	75	90
压力/kPa	343	686	1 096
升压时间/min	30	80	30
保压时间/min	5	7	5
排风量/％	100	100	100

表 5-5　油脂、糖类试样微波分析条件

步骤	1	2	3	4	5
功率/％	50	70	80	100	100
压力/kPa	343	514	686	959	1 234
升压时间/min	30	30	30	30	30
保压时间/min	5	5	5	7	5
排风量/％	100	100	100	100	100

2. 标准系列配制

(1)低浓度标准系列　分别吸取 100 ng/mL 汞标准使用液 0.25 mL、0.50 mL、1.00 mL、2.00 mL、2.50 mL 于 25 mL 容量瓶中,用硝酸溶液(1＋9)稀释至刻度,混匀,各自相当于汞浓度 1.00 ng/mL、2.00 ng/mL、4.00 ng/mL、8.00 ng/mL、10.00 ng/mL,此标准系列适用于一般试样测定。

(2)高浓度标准系列　分别吸取 500 ng/mL 汞标准使用液 0.25 mL、0.50 mL、1.00 mL、1.50 mL、2.00 mL 于 25 mL 容量瓶中,用硝酸溶液(1＋9)稀释至刻度,混匀,各自相当于汞浓度 5.00 ng/mL、10.00 ng/mL、20.00 ng/mL、30.00 ng/mL、40.00 ng/mL,此标准系列适用于鱼及含汞量偏高的试样测定。

3. 测定

(1)仪器参考条件　光电倍增管负高压:240 V;汞空心阴极灯电液:30 mA;原子化器:温度 300℃,高度 8.0 mm;氩气流速:载气 500 mL/min,屏蔽气 1 000 mL/min;测量方式:标准曲线法;读数方式:峰面积;读数延迟时间:1.0 s;读数时间:10.0 s;硼氢化钾溶液加液时间:8.0 s;标液或样液加液体积:2 mL。

AFS 系列原子荧光仪如 230、230 m、2202、2202a、2201 等仪器属于全自动或断序流动的仪器。都附有本仪器的操作软件,仪器分析条件应设置本仪器所提示的分析条件,仪器稳定后,测标准系列,至标准曲线的相关系数 $r>0.999$ 后测试样,试样前处理可适用任何型号的原子荧光仪。

(2)测定方法　根据情况任选以下一种方法。

①浓度测定方式测量 设定好仪器最佳条件,逐步将炉温升至所需温度后,稳定 10~20 min 后开始测量。连续用硝酸溶液(1+9)进样,待读数稳定之后,转入标准系列测量,绘制标准曲线。转入试样测量,先用硝酸溶液(1+9)进样,使读数基本回零,再分别测定试样空白和试样消化液,每测不同的试验前都应清洗进样器。

②仪器自动计算结果方式测量 设定好仪器最佳条件,在试样参数画面输入以下参数:试样质量(g 或 mL),稀释体积(mL),并选择结果的浓度单位,逐步将炉温升至所需温度,稳定后测量,连续用硝酸溶液(1+9)进样,待读数稳定之后,转入标准系列测量,绘制标准曲线。在转入试样测定之前,再进入空白值测量状态,用试样空白消化液进样,让仪器取其均值作为扣底的空白值,随后即可依法测定试样。测定完毕后,选择"打印报告"即可将测定结果自动打印。

(五)分析结果的表述

试样中汞的含量按下式进行计算:

$$X = \frac{(c_1 - c_0) \times V \times 1\,000}{m \times 1\,000 \times 1\,000}$$

式中:X——试样中汞的含量,mg/kg 或 mg/L;

c——试样消化液中汞的含量,ng/mL;

c_0——试样空白液中汞的含量,ng/mL;

V——试样消化液总体积,mL;

m——试样质量或体积,g 或 mL。

计算结果保留三位有效数字。

(六)常见技术问题处理

(1)测定痕量汞时,要注意试剂(尤其盐酸)、滤纸、橡皮管上都可能含有少量汞,玻璃仪器在中性溶液中也很容易吸附汞,这些都会使测定结果不准确。因此,所用的玻璃仪器必须用硝酸(1+5)浸泡过夜,再用水反复冲洗,最后用去离子水冲洗干净。

(2)汞极易挥发,在消化样品时必须使汞保持氧化态,因此硝酸溶液应过量,以避免汞挥发损失。

(3)本法测定汞的最低检出限为 0.15 μg/kg,标准曲线最佳线性范围 0~60 μg/L。

(4)在重复性条件下获得的 2 次独立测定结果的绝对差值不得超过算术平均值的 10%。

二、双硫腙比色法

(一)测定原理

双硫腙氯仿溶液与样品溶液中的汞在酸性条件下生成双硫腙汞,在氯仿溶液中呈橙黄色,其颜色深浅与汞离子浓度成正比,可进行比色测定。

(二)试剂和材料

(1)硝酸(分析纯)。

(2)硫酸(分析纯)。

(3)盐酸羟胺溶液(200 g/L):吹清洁空气,可使含有的微量汞挥发除去。

(4) 硫酸溶液[$c(1/2H_2SO_4) = 0.1 \text{ mol/L}$]。

(5) 乙二胺四乙酸二钠(Na_2-EDTA)溶液(40 g/L)。

(6) 乙酸溶液(30%):取冰乙酸溶液 30 mL,用水稀释至 100 mL。

(7) 标准汞溶液(1 mg/mL):准确称取分析纯二氯化汞(经干燥器干燥过)0.135 4 g,溶于 0.5 mol/L 硫酸溶液中,并稀释至 100 mL。

(8) 汞标准使用液(1 μg/mL):临用前,用 0.5 mol/L 硫酸溶液稀释至所需浓度。

(9) 双硫腙贮备液:同铅的测定。

(10) 双硫腙使用液:临用前,按铅的测定的方法稀释,以氯仿调零点,测定波长为 492 nm。

(三)仪器和设备

(1) 消化回流装置。

(2) 分光光度计。

(四)操作技能

1. 样品处理

称取捣碎并混合均匀的样品 20~30 g 于凯氏烧瓶中,加玻璃珠 3~4 粒及 3~20 mL 硝酸、10~15 mL 硫酸,摇动烧瓶,防止局部炭化。装上冷凝管后,小火加热,溶液开始发泡时即停止加热。待剧烈反应平息后,再加热回流 1.5~3 h。

溶液澄清透明后,停止加热,稍冷后缓缓加入盐酸羟胺溶液 10 mL,继续加热回流 10 min,以分解剩余的硝酸。

冷却后,用适量重蒸馏水冲洗冷凝管,洗液并入消化液中,取下烧瓶,消化液经快速滤纸过滤到 250 mL 容量瓶中,用水洗涤烧瓶,洗液一并滤入容量瓶中,加水至刻度。同时做试剂空白试验。

2. 标准曲线的绘制

取分液漏斗 6 个,各加 100 mL 硫酸溶液[$c(1/2H_2SO_4) = 0.1 \text{ mol/L}$],然后分别准确加入汞标准使用液 0、1 mL、2 mL、3 mL、4 mL、5 mL,再各加入盐酸羟胺溶液 2.5 mL、乙酸溶液 5 mL、EDTA 溶液 2.5 mL,随后添加 0.5 mol/L 硫酸溶液至总体积为 140 mL。

准确加入双硫腙使用液 10 mL,剧烈振摇 2 min,静止分层后,经脱脂棉将三氯甲烷层滤入 2 cm 比色皿中,以三氯甲烷调节零点,在波长 492 nm 处测定吸光度。以吸光度为纵坐标,汞含量为横坐标,绘制标准曲线。

3. 样品测定

取样品消化液 100 mL 于分液漏斗中,准确加入盐酸羟胺溶液 2.5 mL、乙酸溶液 5 mL、EDTA 溶液 2.5 mL,然后加水至总体积为 140 mL。加氯仿 10 mL,振摇 1 min,静止分层后,弃去氯仿层。再准确加入双硫腙工作液 10 mL,剧烈振摇 2 min,静止分层后,经脱脂棉将氯仿层滤入 2 cm 比色皿中,以试剂空白调零点,在波长 492 nm 处测定吸光度。

(五)分析结果的表述

样品中汞的含量按下式进行计算:

$$X = \frac{c \times 1\,000}{m \times \dfrac{V_1}{V_2} \times 1\,000}$$

317

式中:X——样品中汞含量,mg/kg;

c——由标准曲线上查得的测定用样品试液中的汞量,μg;

m——样品质量,g;

V_1——测定用样液的体积,mL;

V_2——样品处理液的总体积,mL。

(六)常见技术问题处理

(1)在样品消化过程中,为使汞保持氧化状态,要有过量的硝酸存在,以免汞损失。但硝酸量不应过量太多,以防残留的硝酸分解不尽而氧化双硫腙。硝酸的用量视不同样品而适当增减,如遇产品在消化过程中变为棕褐色,应立即补加硝酸。

(2)溶液中可能存在一些能与双硫腙作用的干扰离子,其中 Fe^{3+}、Sn^{4+} 被盐酸羟胺还原成 Fe^{2+}、Sn^{2+},在酸性溶液中与双硫腙形成的络合物不稳定;加入 EDTA 可掩蔽 Cu^{2+};加入乙酸可抑制双硫腙-汞络合物的光分解。

(3)在加硝酸和硫酸消化前应将样品以冰水冷却,以免甲基汞等挥发,分解后的样品如不及时分析,可暂不加盐酸羟胺(盐酸羟胺既是一种掩蔽剂,也是一种还原剂),以免汞吸附在器皿上,一旦还原应立即分析。

(4)本实验最好避光操作,在暗室中进行比较稳定,保持 1～2 h。

【知识与技能检测】

1. 简述原子荧光光谱分析法测定食品中总汞含量的原理。

2. 简述原子荧光光谱分析法测定食品中汞含量的操作步骤中的关键技术点。

【超级链接】原子发射光谱法简介

食品中重金属含量的测定除了原子吸收的测定方法还可采用原子发射的测定方法,原子发射光谱法主要使用原子发射光谱分析仪。光谱分析仪主要包括光源、光谱仪和光谱观测设备。

(1)光源 提供试样蒸发、原子化和激发能量的装置。常用的原子发射光源有电感耦合等离子体、电弧、火花、激光微探针等。

(2)光谱仪 光谱仪的工作过程是由光源发出的光经过照明系统,均匀地照明狭缝,然后经准直物镜成平行光,照射到色散元件上,色散后由聚焦物镜聚焦在焦面上,获得清晰的光谱。光谱仪有照相式和光电记录式两大类,其中照相式以感光板为检测器,光电记录式以光电检测器代替摄谱仪中的感光板。目前教学实验室常见的是摄谱仪。

(3)光谱观测设备——光谱投影仪 摄谱仪拍摄的光谱底板放在光谱投影仪上,放大 20 倍,与已知物质光谱或标准光谱图比较,进行光谱定性和半定量分析。常用的是国产 WTY 型光谱投影仪。

技能训练 膨化食品中铅含量的测定

一、技能目标

(1)查阅《膨化食品卫生标准》(GB 17401)和《食品中铅的测定》(GB/T 5009.12)能正确制

订作业程序。

（2）掌握膨化食品中铅含量测定的方法和操作技能。

（3）掌握原子吸收分光光度法的测定原理及操作技能。

二、所需试剂与仪器

按照《食品中铅的测定》(GB/T 5009.12)的规定，请将膨化食品中铅含量测定所需仪器设备的名称、数量、规格和试剂的名称、规格级别记录于表 5-6 和表 5-7 中。

表 5-6　工作所需全部仪器设备一览表

序号	名称	规格要求
1	原子吸收分光光度计	附铅空心阴极灯
2		
3		

表 5-7　工作所需全部化学试剂一览表

序号	名称	规格要求	配制方法

三、工作过程与标准要求

工作过程及标准要求见表 5-8。

表 5-8　工作过程与标准要求

工作过程	工作内容	技能标准
1. 制订工作方案	按照国家标准制订工作方案。	方案符合实际、科学合理、周密详细。
2. 试剂与仪器准备	准备并检查实训材料与仪器。	(1)准备本次实训所需的所有材料与仪器设备。 (2)试剂的配制和仪器的清洗、控干。 (3)检查设备运行是否正常。
3. 样品的消化	精确称取样品 2.00～5.00 g 于 150 mL 锥形瓶中，放入几粒玻璃珠，加入混合酸 20～30 mL，盖一玻片，放置过夜。次日于电热板上逐渐升温加热，溶液变成棕红色，注意防止炭化。若消化液颜色变深，再滴加浓硝酸，继续加热至冒白色烟雾，取下放冷后，加入约 10 mL 水继续加热至冒白烟为止。放冷后用去离子水洗至 25 mL 的刻度试管中。同时做试剂空白试验。	(1)能正确操作使用分析天平。 (2)能熟练使用锥形瓶。 (3)能正确使用电热板。 (4)能熟练掌握空白试验、对照试验和平行试验的区别及其操作。 (5)掌握 1～2 种称量方法。

续表 5-8

工作过程	工作内容	技能标准
4. 标准曲线制备	吸取 0、0.50 mL、1.00 mL、2.50 mL、5.00 mL 铅标准使用液,分别置于 50 mL 容量瓶中,以硝酸(0.5 mol/L)稀释至刻度,混匀,此标准系列各含铅 0、1.0 μg/mL、2.0 μg/mL、5.0 μg/mL、10.0 μg/mL。	(1)能正确使用移液管。(2)掌握标准曲线的绘制。
5. 仪器条件设置	测定波长为 283.3 nm。灯电流、狭缝、空气乙炔流量及灯头高度均按仪器说明调至最佳状态。	(1)能熟练使用原子吸收分光光度计。(2)掌握 1~2 种食品中铅含量的测定方法。
6. 样品测定	将铅标准溶液、试剂空白液和处理好的样品溶液分别导入火焰原子化器中进行测定,记录其对应的吸光度,与标准曲线比较定量。	(1)熟练掌握样品向火焰原子化器中的导入。(2)能准确记录吸光度。(3)熟练掌握食品中铅的定量测定。

四、数据记录及处理

(1)数据的记录　将数据记录于表 5-9 中。

表 5-9　数据记录表

序号	空白液中铅含量/(ng/mL)	样液中铅含量/(ng/mL)	样品消化液总体积/mL	样品质量或体积/g 或 mL

(2)结果计算　按下式计算试样中铅含量:

$$X = \frac{(c_0 - c_1) \times V \times 1\,000}{m \times 1\,000 \times 1\,000}$$

式中:X——试样中铅含量,mg/kg 或 mg/L;

c_1——测定样液中铅含量,ng/mL;

c_0——空白液中铅含量,ng/mL;

V——试样消化液定量总体积,mL;

m——试样质量或体积,g 或 mL。

计算结果保留两位有效数字。

五、技能评价

按照工作过程操作水平，由相关人员填写技能评价表（表 5-10）。

表 5-10　技能评价表

评价内容	满分值	学生自评	同伴互评	教师评价	综合评分
1. 制订工作方案	10				
2. 试剂与仪器准备	10				
3. 样品的消化	20				
4. 标准曲线绘制	25				
5. 仪器条件设置	5				
6. 样品测定	10				
7. 数据记录与结果	10				
8. 实训报告	10				
总分					

注：综合评分＝学生自评分×20％＋同伴互评分×30％＋教师评价分×50％。

项目二　食品中农药残留量的测定

【知识要求】

（1）掌握有机氯农药、有机磷农药和拟除虫菊酯类农药的特征、污染食品的途径以及对人体的危害；

（2）掌握食品中有机氯农药残留量、有机磷农药残留量和拟除虫酯类农药残留的测定方法、原理及其具体实际操作；

（3）能正确并熟练使用气相色谱仪和液相色谱仪；

（4）能够准确记录数据并正确处理。

【能力要求】

（1）掌握色谱定量分析方法中的峰面积百分比法、内部归一化法、内标法和外标法；

（2）掌握气相色谱仪和液相色谱仪的基本构成及其维护；

（3）能够正确区分实验结果的准确度和精确度；

（4）能够发现、分析和解决实际测定过程中出现的异常现象。

任务一 食品中有机氯农药残留量的测定

【知识准备】

一、概述

有机氯农药（organochlorine pesticides，OCPs）是具有杀虫活性的氯代烃的总称。通常 OCPs 分为三种主要的类型，即滴滴涕及其类似物、六六六和环戊二烯衍生物。它们均为神经毒性物质，不溶于或微溶于水，易溶于多种有机溶剂、植物油及动物脂肪中，在生物体内的蓄积具有高度选择性，多贮存于机体脂肪组织或脂肪多的部位和谷类外壳富含蜡质的部分，在碱性环境中易分解失效。由于六六六（BHC）和滴滴涕（DDT）具有杀虫范围广、高效、急性毒性小、易于大量生产及价廉等特点，使得这两种有机氯农药在我国的使用范围最广泛。但是这类农药性质比较稳定、残留时间长、累积浓度大，属高残毒农药，目前已被许多国家禁用，我国已于 1984 年停止使用。

我国食品卫生标准对各类食品中 BHC 和 DDT 的残留量规定见表 5-11，WHO 建议的 BHC 和 DDT 在某些食品中允许残留量见表 5-12。

表 5-11 我国主要食品中 BHC 和 DDT 残留限量标准

食品种类	指标	
	BHC/(mg/kg)	DDT/(mg/kg)
粮食（成品粮食）、麦乳精（含乳固体饮料）	≤0.3	≤0.2
肉：脂肪含量在 10% 以下（以鲜重计）	≤0.4	≤0.2
脂肪含量在 10% 以上（以鲜重计）	≤4.0	≤2.0
鱼（其他水产品参照鱼）	≤2.0	≤1.0
蔬菜、水果、干食用菌	≤0.2	≤0.1
绿茶和红茶	≤0.4	≤0.2
牛乳、鲜食用菌、蘑菇罐头	≤0.1	≤0.1
蛋（去壳）	≤1.0	≤1.0
蛋制品	按蛋折算	按蛋折算
乳制品	按牛乳折算	按牛乳折算

表 5-12 WHO 建议的 BHC 和 DDT 在某些食品中允许残留量标准

食品种类	DDT/(mg/kg)	食品种类	γ-BHC/(mg/kg)
瓜果、蔬菜	≤7.0	莴苣、畜肉脂肪	≤2.0
热带水果	≤3.5	水果、蔬菜	≤0.5
全脂奶	≤0.05	奶脂、甜菜根与叶、米、蛋（去壳）	≤0.1
蛋类（去壳）	≤0.5	马铃薯	≤0.05

二、测定方法

现行国家标准《食品中有机氯农药残留量的测定》(GB/T 5009.19)中有机氯农药残留量的测定方法有气相色谱和薄层色谱法,本节主要介绍气相色谱法测定食品中 BHC 和 DDT 的残留量。

【技能培训】

一、测定原理

食品中 BHC 和 DDT 残留量的测定按 GB/T 5009.19 规定,采用气相色谱法和薄层色谱法。其中气相色谱法具有灵敏度高、分离效率高、分析速度快的优点,可同时分离鉴定 BHC 和 DDT 的各种异构体,适用于土壤、粮食、果蔬、肉、蛋、乳等及其制品中的有机氯农药的测定,成为主要的分析方法,其原理为:样品中六六六、滴滴涕经提取、净化后用气相色谱法测定,与标准比较定量。电子捕获检测器对于负电性强的化合物具有较高的灵敏度,利用这一特点,可分别测出微量的六六六和滴滴涕。不同异构体和代谢物可同时分别测定。

出峰顺序为: α-HCH、 γ-HCH、 β-HCH、 δ-HCH、 ρ, ρ'-DDE、 o, ρ'-DDT、 ρ, ρ'-DDD、 ρ, ρ'-DDT。

二、试剂与材料

使用的试剂一般系分析纯,有机溶剂需经重蒸馏。

(1)丙酮。

(2)正己烷。

(3)石油醚:沸程 30~60℃。

(4)苯。

(5)硫酸。

(6)无水硫酸钠。

(7)农药标准品:六六六(α-HCH、 γ-HCH、 β-HCH、 δ-HCH)纯度＞99％;滴滴涕(ρ, ρ'-DDE、 o, ρ'-DDT、 ρ, ρ'-DDD、 ρ, ρ'-DDT)纯度＞99％。

(8)农药标准储备液:准确称取 α-HCH、 γ-HCH、 β-HCH、 δ-HCH、 ρ, ρ'-DDE、 o, ρ'-DDT、 ρ, ρ'-DDD、 ρ, ρ'-DDT 各 10.0 mg,溶于苯,分别移入 100 mL 容量瓶中,加苯至刻度,混匀,每毫升含农药 100 mg,作为储备液储存于冰箱中。

(9)农药混合标准工作液:分别量取上述标准储备液于同一容量瓶中,以正己烷稀释至刻度。 α-HCH、 γ-HCH、 δ-HCH 的浓度为 0.005 mg/L, β-HCH 和 ρ, ρ'-DDE 的浓度为 0.01 mg/L, ρ, ρ'-DDD 的浓度为 0.02 mg/L, o, ρ'-DDT 的浓度为 0.05 mg/L, ρ, ρ'-DDT 的浓度为 0.1 mg/L。

三、仪器与设备

(1)植物样本粉碎机。

(2)匀浆机。

（3）离心机。

（4）调速多用振荡器。

（5）旋转浓缩蒸发器。

（6）N-蒸发器。

（7）气相色谱仪：具有电子捕获检测器（ECD）和微处理机。

四、操作技能

1. 样品制备

谷类制成粉末，其制品制成匀浆；蔬菜、水果及其制品制成匀浆；蛋品去壳制成匀浆；肉品去皮、筋后，切成小块，制成肉糜；鲜乳、食用油混匀待测。

2. 提取

（1）称取具有代表性的样品匀浆 20 g，加 5 mL 水（视其水分含量加水，使总水量为 20 mL）、40 mL 丙酮，在振荡器上震荡 30 min，加氯化钠 6 g，摇匀。加石油醚 30 mL，振摇 30 min，静置分层，取上清液 35 mL 经无水硫酸钠脱水，浓缩近干，以石油醚定容至 30 mL。加浓硫酸 0.5 mL，净化，振摇 5 min，于 3 000 r/min 离心 15 min，取上清液进行 GC 分析。

（2）称取具有代表性的 2 g 粉末样品，加石油醚 20 mL，振摇 30 min。过滤，浓缩，定容至 5 mL。加浓硫酸 0.5 mL，净化，振摇 5 min，于 3 000 r/min 离心 15 min，取上清液进行 GC 分析。

（3）称取具有代表性的均匀食用油样品 0.50 g，以石油醚溶解于 10 mL 刻度试管中，定容至 10.0 mL。加浓硫酸 1.0 mL，净化，振摇 5 min，3 000 r/min 离心 15 min，取上清液进行 GC 分析。

3. 测定

气相色谱参考条件：

①色谱柱：内径 3 mm、长 2 m 的玻璃柱，内装涂以 1.5% OV-17 和 2% QF-1 混合固定液的 80～100 目硅藻土。

②温度：进样口温度为 195℃，色谱柱温度为 185℃，检测器温度为 225℃。

③载气：高纯氮气，流速 110 mL/min。

④进样量 1～10 μL；以外标法定量。

五、分析结果的表述

六六六、滴滴涕及异构体或代谢物单一含量按下式计算：

$$X = \frac{A_1 \times m_1 \times V_1 \times 1\,000}{A_2 \times m_2 \times V_2 \times 1\,000}$$

式中：X——样品中六六六、滴滴涕及其异构体或代谢物单一含量，mg/kg；

A_1——被测样品中各组分的峰值（峰高或面积）；

A_2——各农药组分标准的峰值（峰高或面积）；

V_1——被测样品稀释体积，mL；

V_2——被测样品进样体积，μL；

m_1——单一农药标准溶液的含量，ng；

m_2——被测样品的取样量，g。

计算结果保留两位有效数字。

六、常见技术处理问题

（1）取样过程中要选择具有代表性的试样，且试样预处理要适当。

（2）食品种类不同，其中有机氯农药的提取纯化方法不同。因此食品中有机氯农药的提取纯化方法要选择适当。

（3）测定时，要严格按照气相色谱仪的参考条件，进样量不宜过多。

（4）当结果出现较多杂峰高时，要对试样再纯化。

（5）每次试验结束都要清洗干净色谱柱，以免堵塞色谱柱。

（6）在重复性条件下获得的 2 次独立测定结果的绝对差值不得超过算术平均值的 15%。

【知识与技能检测】

1. 简述有机氯农药的定义、性质及其种类。

2. 简述气相色谱法测定食品中有机氯农药残留量的原理。

3. 食品中有机氯农药的提取、纯化方法有哪些？

【超级链接】薄层色谱法

薄层色谱法，又称薄层层析（thin-layer chromatography），是以涂布于支持板上的支持物作为固定相，以合适的溶剂为流动相，对混合样品进行分离、鉴定和定量的一种层析分离技术。这是一种快速分离如脂肪酸、类固醇、氨基酸、核苷酸、生物碱及其他多种物质的特别有效的层析方法，从 20 世纪 50 年代发展起来至今，仍被广泛采用。

有机氯农药的薄层层析法就是指将吸附剂均匀地涂布在玻璃板上，点上预分离的样品，然后用合适的溶剂展开。根据吸附剂对各种有机氯农药吸附能力的强弱不同，在吸附剂和展开剂中吸附和解析的差异，使样品中各物质以不同的速度移动，最后达到分离。根据 R_f 值可进行定性及比色法进行定量。

任务二　食品中有机磷农药残留量的测定

【知识准备】

一、概述

有机磷农药（organophosphorus pesticides，OOPs）是含有 C—P 键或 C—O—P、C—S—P、C—N—P 键的有机化合物，属于磷酸酯类化合物。有机磷农药是一种效力高、分解快、残留低的有机化合物。常用的有对硫磷、甲拌磷、敌敌畏、苯硫磷、乐果、敌百虫和马拉硫磷等。有机磷农药多为油状液体，少数为结晶固体，具有大蒜臭味，易挥发，难溶于水，可溶于有机溶剂，遇酸、碱易降解。农药经喷洒后，可直接污染农作物，并经过雨水冲刷污染水体，进一步污染鱼类和水生生物。被污染有机磷农药的饲料进入动物体内，可导致动物性食品污染。另外，使用有机磷农药对动物进行体外驱虫时，也是造成动物性食品污染的原因。有机磷农药进入机体后，与胆碱酯酶结合成不易水解的磷酰化胆碱酯酶，使胆碱酯酶失去水解乙酰胆碱的能力，造成体内乙酰胆碱蓄积,从而出现中毒症状。主要表现为流涎、腹泻、出汗、瞳孔缩小以及肌肉抽搐,严重时可因呼吸肌麻痹而死亡。因此,食品中(特别是果蔬等)有机磷农药残留量的测定,也是一项重要的检测内容。

我国常见有机磷农药的使用与残留情况见表5-13。

表5-13 7种有机磷农药比较表

名称	毒性	残效期/d	我国允许残留量标准/(mg/kg)			用途与特点
			粮食	蔬菜水果	植物油	
甲拌磷(3911)	剧	30～40	0.02	不得检出	不得检出	拌种
杀螟硫磷	低	短	0.04	0.4	不得检出	粮食作物
倍硫磷	低	短	0.05	0.05	0.1	果树、蔬菜、粮食
乐果	低	5		101		使用范围广
敌敌畏(DDVP)	剧	短	未定	0.2		煎煮破坏
对硫磷(1605)	剧	7	0.1	不得检出	0.1	粮食作物
马拉硫磷(4049)	低	短	3	未定		粮食熏蒸

二、测定方法

现行国家标准《食品中有机磷农药残留量的测定》(GB/T 5009.20—2003)中有机磷农药残留量的测定方法有水果、蔬菜、谷类中有机磷农药残留量的测定,粮、菜、油中有机磷农药残留量的测定和肉类、鱼类中有机磷农药残留量的测定,其原理及具体操作如下。

【技能培训】

一、水果、蔬菜、谷类中有机磷农药残留量的测定

(一)原理

含有机磷的试样在富氢焰上燃烧,以 HPO 碎片的形式,放射出波长 526 nm 的特性光;这种光通滤光片选择后,由光电倍增管接收,转换成电信号,经微电流放大器放大后被记录下来。试样的峰面积或峰高与标准品的峰面积或峰高进行比较定量。

(二)试剂与材料

(1)丙酮。

(2)二氯甲烷。

(3)氯化钠。

(4)无水硫酸钠。

(5)助滤剂 Celite 545。

(6)农药标准品

①敌敌畏(DDVP):纯度≥99%。

②速灭磷(mevinphos):顺式纯度≥60%,反式纯度≥40%。

③久效磷(monocrotophos):纯度≥99%。

④甲拌磷(phorate)：纯度≥98％。

⑤巴胺磷(propetumphos)：纯度≥99％。

⑥二嗪磷(diazinon)：纯度≥98％。

⑦乙嘧硫磷(etrimfos)：纯度≥97％。

⑧甲基嘧啶磷(pirimiphos-methyl)：纯度≥99％。

⑨甲基对硫磷(parathron-methyl)：纯度≥99％。

⑩稻瘟净(kitazine)：纯度≥99％。

⑪水胺硫磷(isocarbophos)：纯度≥99％。

⑫氧化喹硫磷(po-quinalphos)：纯度≥99％。

⑬稻丰散(phenthoate)：纯度≥99.6％。

⑭甲喹硫磷(methdathion)：纯度≥99.6％。

⑮克线磷(phenamiphos)：纯度≥99.9％。

⑯乙硫磷(ethion)：纯度≥95％。

⑰乐果(dimethoate)：纯度≥99.0％。

⑱喹硫磷(qurnaphos)：纯度≥98.2％。

⑲对硫磷(parathion)：纯度≥99.0％。

⑳杀螟硫磷(fenitrothion)：纯度≥98.5％。

(7)农药标准溶液的配制：分别准确称取①～⑳标准品，用二氯甲烷为溶剂，分别配制成1.0 mg/mL的标准储备液，贮于冰箱(4℃)中，使用时根据各农药品种的仪器响应情况，吸取不同量的标准储备液，用二氯甲烷稀释成混合标准使用液。

(三)仪器与设备

(1)组织捣碎机。

(2)粉碎机。

(3)旋转蒸发仪。

(4)气相色谱仪：附有火焰光度检测器(FPD)。

(四)操作技能

1. 试样的制备

取粮食试样经粉碎机粉碎，过20目筛制成粮食试样；水果、蔬菜试样去掉非可食部分后制成待分析试样。

2. 提取

(1)水果、蔬菜　称取50.00 g试样，置于300 mL烧杯中，加入50 mL水和100 mL丙酮(提取液总体积为150 mL)，用组织捣碎机提取1～2 min。匀浆液经铺有两层滤纸和约10 g Celite545的布氏漏斗减压抽滤。取滤液100 mL移至500 mL分液漏斗中。

(2)谷物　称取25.00 g试样，置于300 mL烧杯中，加入50 mL水和100 mL丙酮，以下步骤同(1)。

3. 净化

向2(1)或(2)的滤液中加入10～15 g氯化钠使溶液处于饱和状态。猛烈振摇2～3 min，静置10 min，使丙酮与水相分层，水相用50 mL二氯甲烷振摇2 min，再静置分层。将丙酮与二氯甲烷提取液合并经装有 20～30 g 无水硫酸钠的玻璃漏斗脱水滤入 250 mL 圆底烧瓶中，再以约 40 mL 二氯甲烷分数次洗涤容器和无水硫酸钠。洗涤液也并入烧瓶中，用旋转蒸发器浓缩至约 2 mL，浓缩液定量转移至 5～25 mL 容量瓶中，加二氯甲烷定容至刻度。

4. 气相色谱测定

色谱参考条件：

①色谱柱：玻璃柱 2.6 m×3 mm(i.d)，填装涂有 4.5％DC-200＋2.5％OV-17 的 Chromosorb WAW DMCS(80～100 目)的担体。玻璃柱 2.6 m×3 mm(i.d)，填装涂有质量分数为 1.5％的 QF-1 的 Chromosorb WAW DMCS(60～80 目)。

②气体速度：氮气 50 mL/min、氢气 100 mL/min、空气 50 mL/min。

③温度：柱箱 240℃、汽化室 260℃、检测器 270℃。

5. 测定

吸取 2～5 μL 混合标准液及试样净化液注入色谱仪中，以保留时间定性。以试样的峰高或峰面积与标准比较定量。

(五)分析结果的表述

i 组分有机磷农药的含量按下式进行计算：

$$X_i = \frac{A_i \times V_1 \times V_3 \times E_{si} \times 1\,000}{A_{si} \times V_2 \times V_4 \times m \times 1\,000}$$

式中：X_i——i 组分有机磷农药的含量，mg/kg；

　　A_i——试样中 i 组分的峰面积，积分单位；

　　A_{si}——混合标准液中 i 组分的峰面积，积分单位；

　　V_1——试样提取液的总体积，mL；

　　V_2——净化用提取液的总体积，mL；

　　V_3——浓缩后的定容体积，mL；

　　V_4——进样体积，μL；

　　E_{si}——注入色谱仪中的 i 标准组分的质量，ng；

　　m——试样的质量，g。

计算结果保留两位有效数字。

16 种有机磷农药(标准溶液)的色谱图，见图 5-2。

13 种有机磷农药的色谱图，见图 5-3。

二、肉类、鱼类中有机磷农药残留量的测定

(一)原理

试样中有机磷农药经提取、分离净化后在富氢焰上燃烧，以 HPO 碎片的形式，放射出波长 526 nm 光，这种特征光通过滤光片选择后，由光电倍增管接收，转换成电信号，经微电流放大器放大后，被记录下来。试样的峰高与标准的峰高相比，计算出试样相当的含量。

(二)试剂与材料

(1)丙酮。

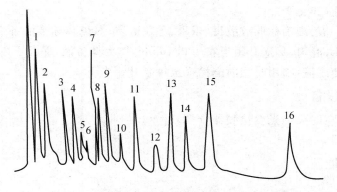

图 5-2　16 种有机磷农药（标准溶液）的色谱图

1. 敌敌畏最低检测浓度 0.005 mg/kg　　2. 速灭磷最低检测浓度 0.004 mg/kg

3. 久效磷最低检测浓度 0.014 mg/kg　　4. 甲拌磷最低检测浓度 0.004 mg/kg

5. 巴胺磷最低检测浓度 0.011 mg/kg　　6. 二嗪磷最低检测浓度 0.003 mg/kg

7. 乙嘧硫磷最低检测浓度 0.003 mg/kg　8. 甲基嘧啶磷最低检测浓度 0.004 mg/kg

9. 甲基对硫磷最低检测浓度 0.004 mg/kg　10. 稻瘟净最低检测浓度 0.004 mg/kg

11. 水胺硫磷最低检测浓度 0.005 mg/kg　12. 氧化喹硫磷最低检测浓度 0.025 mg/kg

13. 稻车散最低检测浓度 0.017 mg/kg　　14. 甲喹硫磷最低检测浓度 0.014 mg/kg

15. 克线磷最低检测浓度 0.009 mg/kg　　16. 乙硫磷最低检测浓度 0.014 mg/kg

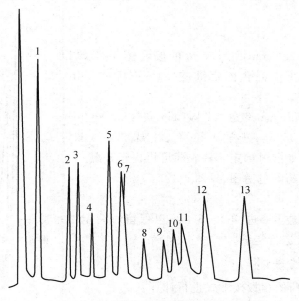

图 5-3　13 种有机磷农药的色谱图

1. 敌敌畏　2. 甲拌磷　3. 二嗪磷　4. 乙嘧硫磷　5. 巴胺磷

　　6. 甲基嘧啶磷　7. 异稻瘟净　8. 乐果　9. 喹硫磷

　　10. 甲基对硫磷　11. 杀螟硫磷　12. 对硫磷　13. 乙硫磷

（2）二氯甲烷。

（3）无水硫酸钠：在 700℃灼烧 4 h 后备用。

（4）中性氧化铝：在 550℃灼烧 4 h。

329

（5）硫酸钠溶液（20 g/L）。

（6）农药标准溶液：准确称取敌敌畏、乐果、马拉硫磷、对硫磷标准品各 10.0 mg，用丙酮溶解并定容至 100 mL，混匀，每毫升相当农药 0.10 mg，作为储备液，保存于冰箱中。

（7）农药标准使用液：临用时用丙酮稀释至每毫升相当于 2.0 μg。

（三）仪器与设备

（1）气相色谱仪：附火焰光度检测器（FPD）。

（2）电动振摇器。

（四）操作技能

1. 提取净化

将有代表性的肉、鱼试样切碎混匀，称取 20.00 g 于 250 mL 具塞锥瓶中，加 60 mL 丙酮，于振荡器上振摇 0.5 h，经滤纸过滤，取滤液 30 mL 于 125 mL 分液漏斗中，加 60 mL 硫酸钠溶液（20 g/L）和 30 mL 二氯甲烷，振摇提取 2 min 后，静置分层，将下层提取液放入另一个 125 mL 分液漏斗中，再用 20 mL 二氯甲烷于丙酮水溶液中同样提取后，合并两次提取液，在二氯甲烷提取液中加 1 g 中性氧化铝（如为鱼肉加 5.5 g），轻摇数次，加 20 g 无水硫酸钠。振摇脱水，过滤于蒸发皿中，用 20 mL 二氯甲烷分 2 次洗涤分液漏斗，倒入蒸发皿中，在 55℃水浴上蒸发浓缩至 1 mL 左右，用丙酮少量多次将残液洗入具塞刻度小试管中，定容至 2～5 mL，如溶液含少量水，可在蒸发皿中加少量无水硫酸钠后，再用丙酮洗入具塞刻度小试管中，定容。

2. 色谱条件

（1）色谱柱：内径 3.2 mm，长 1.6 m 的玻璃柱，内装涂以 1.5% OV-17 和 2% QF-1 混合固定液的 80～100 目 Chromosorb WAW-DMCS。

（2）流量：氮气 60 mL/min、氢气 0.7 kg/min、空气 0.5 kg/min。

（3）温度：检测器 250℃、进样口 250℃、柱温 220℃（测定敌敌畏时为 190℃）。如同时测定 4 种农药可用程序升温。

（4）4 种有机磷农药的色谱图，见图 5-4。

3. 测定

将标准使用液或试样液进样 1～3 μL，以保留时间定性；测量峰高，与标准比较进行定量。

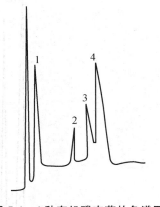

图 5-4　4 种有机磷农药的色谱图

1. 敌敌畏　2. 乐果

3. 马拉硫磷　4. 对硫磷

（五）分析结果的表述

试样中有机磷农药的含量按下式进行计算：

$$X = \frac{A \times 1\,000}{m \times 1\,000 \times 1\,000}$$

式中：X——试样中有机磷农药的含量，mg/kg；

　　　A——进样体积中有机磷农药的质量，ng；

　　　m——进样体积（μL）相当于试样的质量，g。

计算结果保留两位有效数字。

（六）常见技术处理问题

（1）本法采用毒性较小且价格较为便宜的二氯甲烷作为提取试剂，国际上多用乙氰作为有机磷农药的提取试剂及分配净化试剂，但其毒性较大。

（2）有些稳定性差的有机磷农药如敌敌畏因稳定性差且易被色谱柱中的担体吸附，故本法采用降低操作温度来克服上述困难。另外，也可采用缩短色谱柱至 1～1.3 m 或减少固定液涂渍的厚度等措施来克服。

（3）敌敌畏、甲拌磷、倍硫磷、杀螟硫磷和鱼类中有机磷农药在重复性条件下获得的 2 次独立测定结果的绝对差值不得超过算术平均值的 10%。

（4）乐果、马拉硫磷、对硫磷、稻瘟净在重复性条件下获得的 2 次独立测定结果的绝对差值不得超过算术平均值的 15%。

【知识与技能检测】

1. 本实验的气路系统包括哪些？各有何作用？
2. 简述电子捕获检测器及火焰光度检测器的原理及适用范围。
3. 如何检验该实验方法的准确度？如何提高检测结果的准确度？

【超级链接】气相色谱仪和高效液相色谱仪

气相色谱法是以气体（此气体称为载体）为流动相的柱色谱分离技术，气相色谱法的应用十分广泛，原则上讲，不具腐蚀性气体或只要在仪器所能承受的汽化温度下能够气化且自身又不分解的化合物都可用气相色谱法分析。气相色谱仪主要由载气及进样系统、色谱柱、检测器和记录器构成。①载气及进样系统：载气由高压瓶供给，经压力调节器减压和稳压，以稳定流量进入气化室、色谱柱、检测器后放空；进样就是用注射器将样品迅速、定量地注入气化室，再被载气带入柱内分离。②色谱柱：色谱柱是色谱仪的核心，由柱管和固定相组成。③检测器：检测器的作用是将载气中组分含量的变化转变成可测量的电信号，然后输入记录器记录下来，常用的检测器有热导检测器和氢火焰离子化检测器。④记录器：记录器是用来记录直流电压信号的电子电位差计。

高效液相色谱法是以液体作为流动相，并采用颗粒极细的高效固定相的柱色谱分离技术，不受分析对象挥发性和热稳定性的限制，因而弥补了气相色谱法的不足。气相色谱仪主要由流动相、输液系统、进样器、色谱柱、检测器、馏分收集器和记录器。①流动相：流动相储藏在储液器中，为了延长色谱柱的寿命，流动相在使用前需用孔径小于 0.5 μm 的过滤器进行过滤，除去颗粒物质。②输液系统：由输液泵、单向阀、流量控制器、混合器、脉动缓冲器、压力传感器等部件组成。③进样器：在高压液相色谱中，采用六通高压微量进样阀进样，进样阀上可安装不同容积的定量管，如 10 μL、20 μL 等。④色谱柱：通常采用不锈钢柱，内填颗粒直径为 3 μm、5 μm 或 10 μm 等几种规格的固定相。(5)检测器：高效液相色谱仪常用检测器有紫外吸收检测器、荧光检测器、示差折光检测器和电导检测器。(6)馏分收集器和记录器：馏分分部收集器用来收集纯组分。当进行制备色谱操作时，可以设置一个程序，使收集器将欲分离的组分自动逐个收集，以后备用。记录器可采用色谱处理机和长图记录仪。

技能训练　蔬菜中有机磷农药残留量的测定

一、技能目标

(1)查阅《食品中有机磷农药残留量的测定》(GB/T 5009.20)能正确制订作业程序。

(2)掌握蔬菜中有机磷农药残留量的测定技术。

(3)掌握气相色谱仪的工作原理和操作方法。

二、所需试剂与仪器

按照《食品中有机磷农药残留量的测定》(GB/T 5009.20)的规定,请将蔬菜中有机磷农药残留量的测定所需仪器设备的名称、数量、规格和试剂的名称、规格级别记录于表 5-14 和表 5-15 中。

表 5-14　工作所需全部仪器设备一览表

序号	名称	规格要求
1	气相色谱仪	附火焰光度检测器
2		
3		

表 5-15　工作所需全部化学试剂一览表

序号	名称	规格要求	配制方法
1	丙酮	色谱纯	经重蒸馏

三、工作过程与标准要求

工作过程及标准要求见表 5-16。

表 5-16　工作过程与标准要求

工作过程	工作内容	技能标准
1. 制订工作方案	按照国家标准制订工作方案。	方案符合实际、科学合理、周密详细。
2. 试剂与仪器准备	准备并检查实训材料与仪器。	(1)准备本次实训所需的所有材料与仪器设备。 (2)试剂的配制和仪器的清洗、控干。 (3)检查设备运行是否正常。

续表 5-16

工作过程	工作内容	技能标准
3. 提取	称取 10 g 试样于 50 mL 烧杯中，精确至 0.001 g，倒入研钵中，加无水硫酸钠（加入量因蔬菜含水量不同而不同，一般为 50～80 g），研磨成干粉状，倒入具塞锥形瓶中，加入 0.2～0.4 g 活性炭（根据蔬菜色素含量而定）和 80 mL 丙酮，置于电动震荡机上振摇 0.5 h，抽滤，滤液经旋转蒸发仪或 K-D 浓缩器 40℃ 水浴上浓缩近干，再用丙酮定容至 5 mL，用于 GC 分析。	(1)能正确操作分析天平。 (2)能正确使用研钵。 (3)能熟练使用量筒。 (4)能正确使用振荡器。 (5)能正确使用旋转蒸发仪。 (6)能正确使用容量瓶进行定容。
4. 测定	(1)气相色谱参考条件： (2)用微量注射器准确吸取 1 μL 农药标准溶液和 1 μL 样品净化液，注入气相色谱仪中，记录其保留时间（Rt）。进样顺序为 1 针标样、2 针样品、1 针标样。以保留时间定性，以峰面积与标准比较定量。	(1)掌握 1～2 种色谱柱。 (2)能按要求调整气体流速。 (3)能按照要求利用工作站设置色谱参考条件。 (4)掌握微量注射器的使用方法。 (5)能正确记录样品在色谱中的保留时间。 (6)能正确分析保留时间和峰面积。

四、数据记录及处理

(1)数据的记录　将数据记录于表 5-17 中。

表 5-17　数据记录表

序号	试样提取液体积 /mL	净化提取液 /mL	浓缩后体积 /mL	进样体积 /μL	标样质量 /ng	试样质量 /g

(2)结果计算　按下式计算蔬菜中有机磷农药残留量：

$$X_i = \frac{A_i \times V_1 \times V_3 \times E_{si} \times 1\,000}{A_{si} \times V_2 \times V_4 \times m \times 1\,000}$$

式中：X_i——i 组分有机磷农药的含量，mg/kg；

A_i——试样中 i 组分的峰面积，积分单位；

A_{si}——混合标准液中 i 组分的峰面积，积分单位；

V_1——试样提取液的总体积，mL；

V_2——净化用提取液的总体积，mL；

V_3——浓缩后的定容体积，mL；

V_4——进样体积，μL；

E_{si}——注入色谱仪中的 i 标准组分的质量，ng；

m——试样的质量，g。

计算结果保留两位有效数字。

五、技能评价

按照工作过程操作水平，由相关人员填写技能评价表（表 5-18）。

表 5-18　技能评价表

评价内容	满分值	学生自评	同伴互评	教师评价	综合评分
1. 制订工作方案					
2. 试剂与仪器准备	10				
3. 提取	20				
4. 样品测定	20				
5. 色谱分析	20				
6. 分析结果表述	15				
7. 实训报告	15				
总分					

注：综合评分＝学生自评分×20％＋同伴互评分×30％＋教师评价分×50％。

项目三　食品中兽药残留量的测定

【知识要求】

（1）掌握食品中氯毒素和克伦特罗的特点、污染食品的途径和对人体的危害；

（2）掌握食品中氯毒素和克伦特罗残留量的测定方法和原理；

（3）能够准确进行食品中氯毒素和克伦特罗残留量测定的实际操作和撰写实验报告；

（4）熟练并准确记录实验数据，会利用计算机处理实验数据。

【能力要求】

（1）正确并熟练使用设备并会分析色谱数据；

（2）掌握正相色谱和反相色谱的选择；

（3）能够正确识别质谱峰的种类；

（4）能够发现、分析和解决技能训练过程中出现的异常问题。

任务一 畜禽肉中氯霉素的测定

【知识准备】

一、概述

氯霉素(chloramphenicol chloromycetin,CAP)呈白色针状或长片状结晶,熔点150.5~151.5℃,易溶于水、醇类、丙酮、乙酸乙酯中,难溶于苯、石油醚及植物油。由于其优良的抗菌性、稳定的药性及低廉的价格,常常被用于畜牧业生产中,但研究发现氯霉素存在着严重的毒副作用,可引起再生障碍性贫血,粒状白细胞缺乏症,新生儿、早产儿灰色综合征等疾病。氯霉素可在动物性食品中残留,并通过食物链在人体内富集,严重危害人类健康,而且低浓度药物残留会诱发致病菌的耐药性,对人类的健康构成潜在威胁。因此动物源性食品中氯霉素的残留受到世界各国和地区的高度重视,近年来欧盟、美国等发达国家已相继禁止氯霉素用于动物源性食品,并明确规定氯霉素残留限量为不得检出。

二、测定方法

现行国家标准《畜禽肉中氯霉素的测定》(GB/T 9695.32)中食品中氯霉素的测定方法有气相色谱-质谱法和酶联免疫法,这里主要介绍气相色谱-质谱法。

【技能培训】

一、测定原理

样品中氯霉素用乙酸乙酯提取,脂肪用正己烷去除,经 C_{18} 净化,BSTFA+TMCS(99+1)衍生后,用 NCI 源选择 m/z 为 466 的特征离子为目标离子,在 SIM 模式下进行 GC-MS 测定。

二、试剂与材料

(1)氯霉素:标准品,纯度≥99%。

(2)甲醇:色谱纯。

(3)三氯甲烷、乙酸乙酯、无水硫酸钠、氯化钠、甲苯、三甲基氯硅烷(TMCS)。

(4)正己烷:色谱纯。

(5)丙酮:色谱纯。

(6)N,O-双三甲硅烷三氟乙酰胺(BSTFA)。

(7)甲醇溶液:甲醇+水=2+8。

(8)氯化钠溶液(40 g/L):称取 4.00 g 氯化钠,用水溶解,定容至 100 mL。

(9)甲醇-氯化钠溶液:量取甲醇溶液 20 mL、氯化钠溶液 80 mL,混匀。

(10)混合衍生剂:N,O-双三甲硅烷三氟乙酰胺+三甲基氯硅烷=99+1。

(11)氯霉素标准储备溶液($c=0.1$ mg/mL):称取氯霉素标准品 0.01 g(精确至 0.000 1 g),

用丙酮溶解并定容至 100 mL。储备液贮存在 4℃冰箱中,可使用 2 个月。

(12)氯霉素标准工作溶液:根据试验需要,用丙酮稀释标准储备溶液,配成适当浓度的标准工作溶液。

三、仪器与设备

(1)气相色谱-质谱联用仪(GC-MS)。

(2)分析天平:可准确称重至 0.000 1 g。

(3)分析天平:可准确称重至 0.01 g。

(4)离心机:5 500 r/min。

(5)涡旋仪。

(6)同相萃取装置。

(7)旋转蒸发仪。

(8)均质器。

(9)振荡器。

(10)肉类组织粉碎机。

(11)氮吹仪。

(12)具塞离心管:50 mL、10 mL。

(13)C_{18}固相萃取柱或相当者:200 mg、3 mL。

四、操作技能

1. 试样液制备

取有代表性的试样 200 g,使用适当的机械设备将试样均质。均质后的试样尽快分析,否则应密封低温贮存,防止试样变质或成分发生变化。贮存的试样在启用时,应重新混匀。

2. 提取

称取 10 g 样品(精确至 0.01 g)置于 50 mL 具塞离心管中,加入少量无水硫酸钠和 30 mL 乙酸乙酯均质 1 min,以 5 000 r/min 离心 5 min 后,用吸管吸出上层乙酸乙酯于浓缩瓶中,残渣再加入乙酸乙酯 15 mL 重复提取样品,合并提取液。提取液在 50℃ 水浴中旋转蒸发,除去乙酸乙酯,加入 1 mL 甲醇-氯化钠溶液和 4 mL 正己烷,充分振摇后,转移至 10 mL 具塞离心管中,用 1 mL 甲醇-氯化钠溶液清洗浓缩瓶,合并清洗液于 10 mL 具塞离心管中。涡旋 0.5 min,经 3 000 r/min 离心 3 min 后,用吸管吸去正己烷,加入 4 mL 正己烷重复上述操作。然后在离心管中加入 4 mL 乙酸乙酯,涡旋 1 min,经 3 000 r/min 离心 3 min 后,用吸管吸出乙酸乙酯,加入 1 mL 乙酸乙酯重复上述操作,合并乙酸乙酯于浓缩瓶中,在 50℃ 水浴中旋转浓缩至近干,用 5 mL 水溶解残渣。

3. 净化

依次用 5 mL 甲醇、5 mL 三氯甲烷、5 mL 甲醇、5 mL 水活化 C_{18} 固相萃取柱,然后加入上述步骤得到的提取液,加 5 mL 甲醇和水淋洗色谱柱,用 25 mL 甲醇洗脱于浓缩瓶中,洗脱液在 50℃ 下浓缩至近干。用 100 μL 甲醇溶解残渣,并转移至 10 mL 具塞离心管中,再用甲醇冲洗浓缩瓶,合并洗液,于 50℃ 下用氮气吹干。

4. 衍生化

于吹干的试样残渣中加入 100 μL 甲苯和 100 μL 混合衍生剂，盖紧塞后，涡旋混匀 1 min，60℃下反应 30 min，然后在 50℃下用氮气吹干，加入 1 μL 正己烷溶解残渣。

5. 标准工作液制备

配制好的标准工作液按 4 步骤进行操作。

6. 空白液制备

除不称取试样外，按 1～4 步骤进行操作。

7. 测定

(1)气相色谱-质谱法测定条件

①色谱柱：DB-5MS(30 m×0.25 mm×0.25 μm)石英毛细管柱或相当者。

②载气：氦气，纯度≥99.999%。

③流速：1.65 mL/min。

④进样口温度：250℃。

⑤进样量：1 μL。

⑥进样方式：无分流(保持 1 min)进样。

⑦柱温程序：初始 55℃，保持 1 min，以 25℃/min 速度升至 280℃，保持 6 min；NCI 源：70 eV；离子源温度：150℃；接口温度：280℃；溶剂延迟：7 min；反应气：甲烷，纯度≥99.99%。

选择离子检测：保留时间/min：12.58；目标物：CAP-TMS；检测离子 m/z：466、468、376、378。

(2)定性测定　样品测定时，如果检出的色谱峰保留时间与标准样品相一致，并且在扣除背景后的样品质谱图中，所选择的离子均出现，而且所选择的离子比与标准样品衍生物的离子比相一致(各相关离子比在相关标准品的 10% 之内)，则可判断样品中存在氯霉素。

(3)定量测定　吸取 1 μL 衍生的试样液、标准液或空白液注入气相色谱-质谱联用仪中，以 m/z 466 为定量离子，标准工作液中氯霉素的浓度为横坐标，峰面积为纵坐标，绘制标准曲线。根据试样液的峰面积，从标准曲线上查出溶液中对应的氯霉素浓度值。用标准工作曲线对试样进行定量，样品溶液中氯霉素衍生物的响应值均应在仪器测定的线性范围内。

在上述色谱条件下，氯霉素衍生物的参考保留时间为 12.58 min。氯霉素标准物质衍生物总离子流图和质谱图以及氯霉素标准物质衍生物选择离子质谱图见图 5-5、图 5-6 和图 5-7。

(4)平行试验　按以上步骤，对同一试样进行平行试验测定。

五、分析结果的表述

样品中氯霉素的含量按下式进行计算：

$$X = \frac{(c - c_0) \times V \times 10^{-3}}{m \times 10^{-3}}$$

式中：X——试样中氯霉素的含量，μg/kg；

　　c——从标准工作曲线上查得试样液中氯霉素的浓度，ng/mL；

　　c_0——从标准工作曲线上查得空白液中氯霉素的浓度，ng/mL；

　　V——试样定容体积，mL；

　　m——称取试样的质量，g。

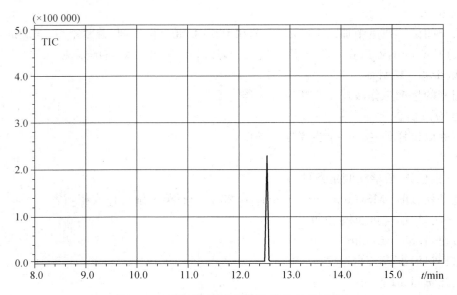

图 5-5　氯霉素标准物质衍生物的总离子流

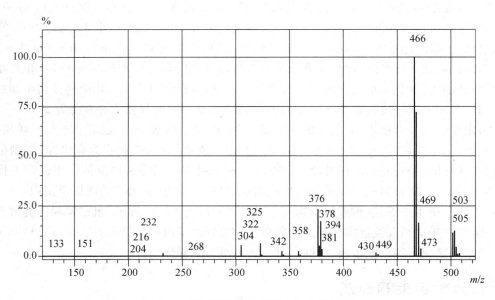

图 5-6　氯霉素标准物质衍生物的质谱图

结果取算术平均值,保留三位有效数字。

六、常见技术问题处理

(1)在重复性条件下获得的 2 次独立测定结果的绝对差值不得超过算术平均值的 10%。

(2)气相色谱-质谱法,检出限为 0.2 μg/kg。

【知识与技能检测】

1. 氯霉素的特点、危害及其污染食品的途径有哪些?

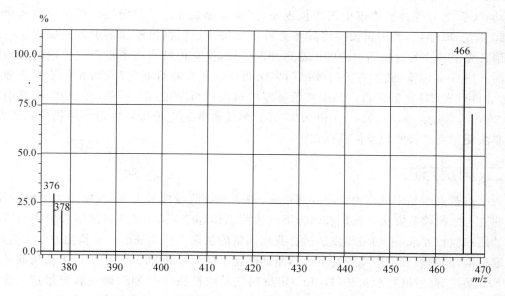

图 5-7　氯霉素标准物质衍生物的选择离子质谱图

2. 简述采用气相色谱-质谱法测定食品中氯毒素的原理。

3. 简述样品中氯霉素的提取。

4. 怎样去除样品中的脂肪？

5. 净化后的样品怎样进行衍生？

【超级链接】酶联免疫法

　　食品中氯霉素含量的测定还可以采用酶联免疫法(ELISA 筛选法)，其原理是采用间接竞争 ELISA 方法，在酶标板微孔条上包被偶联抗原，样本中残留的氯霉素和微孔条上包被的偶联抗原竞争抗氯霉素抗体，加入酶标二抗后，加入底物显色，样本吸光值与其残留物氯霉素的含量成负相关，与标准曲线比较再乘以其对应的稀释倍数，即可得出样品中氯霉素的含量。

　　酶联免疫分析法主要有双抗体夹心法、间接法、竞争法以及目前广为使用的酶联免疫试剂盒。简单介绍一下竞争法，操作步骤如下：①将特异抗体与固相载体连接，形成固相抗体，然后洗涤。②待测管中加受检标本和一定量酶标抗原的混合溶液，使之与固相抗体反应。③加底物显色，对照管中由于结合的酶标抗原最多，故颜色最深。对照管颜色深浅与待测管颜色深度之差代表受检标本抗原的量。待测管颜色越淡，表示标本中抗原含量越多。

任务二　动物性食品中克伦特罗残留量的测定

【知识准备】

一、概述

　　克伦特罗俗称"瘦肉精"，为强效选择性 β-受体激动剂，有强而持久的松弛支气管平滑肌的作用，用于治疗哮喘。人摄入残留在食品中的"瘦肉精"，会产生心跳、心慌、心悸胸闷、四肢肌肉颤动、头昏乏力等神经中枢中毒失控现象,甚至会导致死亡。其慢性特点会导致儿童性早熟。20世纪90年代,我国错误地将其作为科研成果开始以饲料添加剂引入并推广。一连串因食用含克伦特罗的食物而引起的中毒事件发生后,使克伦特罗成了世界上普遍禁用的饲料添加剂。1997年以来,我国有关行政部门多次明令禁止畜牧行业生产、销售和使用盐酸克伦特罗。FDA/WHO已制定畜产品中克伦特罗的最高残留限量:肉、肝脏、肾、脂肪和乳中分别为 $0.2 \mu g$、$0.6 \mu g$、$0.6 \mu g$、$0.2 \mu g$ 和 $0.05 \mu g$。但我国各地克伦特罗中毒事件仍然频繁发生,说明非法使用克伦特罗现象依然存在。

二、测定方法

为了对畜禽产品中的克伦特罗开展监测,加强市场监督检验力度,预防中毒事件的发生,必须建立有效的检测方法。我国在这方面的检测工作起步较晚,伴随着国际和国内对克伦特罗的禁用和监控要求,迫切需要发展适合我国国情的从筛选到确证的一套检测方法。为此,现行国家标准《动物性食品中克伦特罗残留量的测定》(GB/T 5009.192)中提出了从酶联免疫法(ELISA)筛选、高效液相色谱法(HPLC)定量到气质联机法(GC-MS)确证和定量这一套方法来满足我国动物性食品中克伦特罗残留监控的需要。本节主要介绍气相色谱-质谱法(GC-MS)。

【技能培训】

一、测定原理

固体试样剪碎,用高氯酸溶液匀浆。液体试样加入高氯酸溶液,进行超声加热提取,用异丙醇+乙酸乙酯(40+60)萃取,有机相浓缩,经弱阳离子交换柱进行分离,用乙醇+浓氨水(98+2)溶液洗脱,洗脱液浓缩,经 N,O-双三甲基硅烷三氟乙酰胺(BSTFA)衍生后于气质联用仪上进行测定。以美托洛尔为内标,定量。

二、试剂与材料

(1)克伦特罗(clenbuterol hydrochloride),纯度≥99.5%。

(2)美托洛尔(metoprolol),纯度≥99%。

(3)磷酸二氢钠、氢氧化钠、氯化钠、高氯酸、浓氨水、异丙醇、乙酸乙酯、乙醇。

(4)甲醇:HPLC级。

(5)甲苯:色谱纯。

(6)衍生剂:N,O-双三甲基硅烷三氟乙酰胺(BSTFA)。

(7)高氯酸溶液(0.1 mol/L)。

(8)氢氧化钠溶液(1 mol/L)。

(9)磷酸二氢钠缓冲液(0.1 mol/L,pH=6.0)。

(10)异丙醇+乙酸乙酯(40+60)。

(11)乙醇+浓氨水(98+2)。

(12)美托洛尔内标标准溶液:准确称取美托洛尔标准品,用甲醇溶解配成浓度为 240 mg/L 的内标储备液,贮于冰箱中,使用时用甲醇稀释成 2.4 mg/L 的内标使用液。

(13)克伦特罗标准溶液:准确称取克伦特罗标准品,用甲醇溶解配成浓度为 250 mg/L 的标准储备液,贮于冰箱中,使用时用甲醇稀释成 0.5 mg/L 的克伦特罗标准使用液。

(14)弱阳离子交换柱(LC-WCX)(3 mL)。

(15)针筒式微孔过滤膜(0.45 μm,水相)。

三、仪器与设备

(1)气相色谱-质谱联用仪(GC-MS)。

(2)磨口玻璃离心管:11.5 cm(长)×3.5 cm(内径),具塞。

(3)5 mL 玻璃离心管。

(4)超声波清洗器。

(5)酸度计。

(6)离心机。

(7)振荡器。

(8)旋转蒸发器。

(9)涡旋式混合器。

(10)恒温加热器。

(11)N_2-蒸发器。

(12)匀浆器。

四、操作技能

1. 提取

(1)肌肉、肝脏、肾脏试样　称取肌肉、肝脏或肾脏试样 10 g(精确到 0.01 g),用 20 mL 0.1 mol/L 高氯酸溶液匀浆,置于磨口玻璃离心管中;然后置于超声波清洗器中超声 20 min,取出置于 80℃水浴中加热 30 min。取出冷却后离心(4 500 r/min)15 min。倾出上清液,沉淀用 5 mL 0.1 mol/L 高氯酸溶液洗涤,再离心,将两次的上清液合并。用 1 mol/L 氢氧化钠溶液调 pH 至 9.5±0.1,若有沉淀产生,再离心(4 500 r/min)10 min,将上清液转移至磨口玻璃离心管中,加入 8 g 氯化钠,混匀,加入 25 mL 异丙醇+乙酸已酯(40+60),置于振荡器上振荡提取 20 min。提取完毕,放置 5 min(若有乳化层稍离心一下)。用吸管小心将上层有机相移至旋转蒸发瓶中,用 20 mL 异丙醇+乙酸乙酯(40+60)再重复萃取 1 次,合并有机相,于 60℃在旋转蒸发器上浓缩至近干。用 1 mL 0.1 mol/L 磷酸二氢钠缓冲液(pH 6.0)充分溶解残留物,经针筒式微孔过滤膜过滤,洗涤 3 次后完全转移至 5 mL 玻璃离心管中,并用 0.1 mol/L 磷酸二氢钠缓冲液(pH 6.0)定容至刻度。

(2)尿液试样　用移液管量取尿液 5 mL,加入 20 mL 0.1mol/L 高氯酸溶液,超声 20 min 混匀。置于 80℃水浴中加热 30 min。以下按 1(1)从"用 1 mol/L 氢氧化钠溶液调 pH 至 9.5±0.1"起开始操作。

(3)血液试样　将血液于 4 500 r/min 离心,用移液管量取上层血清 1 mL 置于 5 mL 玻璃离心管中,加入 2 mL 0.1 mol/L 高氯酸溶液,混匀,置于超声波清洗器中超声 20 min,取出置于 80℃水浴中加热 30 min。取出冷却后离心(4 500 r/min)15 min。倾出上清液,沉淀用 1 mL 0.1 mol/L 高氯酸溶液洗涤,离心(4 500 r/min)10 min,合并上清液,再重复 1 遍洗涤步骤,合并上清液。向上清液中加入约 1 g 氯化钠,加入 2 mL 异丙醇＋乙酸乙酯(40＋60),在涡旋式混合器上振荡萃取 5 min,放置 5 min(若有乳化层稍离心一下),小心移出有机相于 5 mL 玻璃离心管中,按以上萃取步骤重复萃取 2 次,合并有机相。将有机相在 N_2-蒸发器上吹干。用 1 mL 0.1 mol/L 磷酸二氢钠缓冲液(pH 6.0)充分溶解残留物,经筒式微孔过滤膜过滤完全转移至 5 mL 玻璃离心管中,并用 0.1 mol/L,磷酸二氢钠缓冲液(pH 6.0)定容至刻度。

2. 净化

依次用 10 mL 乙醇、3 mL 水、3 mL 0.1 mol/L 磷酸二氢钠缓冲液(pH 6.0),3 mL 水冲洗弱阳离子交换柱,取适量 1(1)、1(2)和 1(3)的提取液至弱阳离子交换柱上,弃去流出液,分别用 4 mL 水和 4 mL 乙醇冲洗柱子,弃去流出液,用 6 mL 乙醇＋浓氨水(98＋2)冲洗柱子,收集流出液。将流出液在 N_2-蒸发器上浓缩至干。

3. 衍生化

于净化、吹干的试样残渣中加入 100～500 μL 甲醇,50 μL 2.4 mg/L 的内标工作液,在 N_2-蒸发器上浓缩至干,迅速加入 40 μL 衍生剂(BSTFA),盖紧塞子,在涡旋式混合器上混匀 1 min,置于 75℃ 的恒温加热器中衍生 90 min。衍生反应完成后取出冷却至室温,在涡旋式混合器上混匀 30 s,置于 N_2-蒸发器上浓缩至干。加入 200 μL 甲苯,在涡旋式混合器上充分混匀,待气质联用仪进样。同时用克伦特罗标准使用液做系列同步衍生。

4. 气相色谱-质谱法测定

(1)气相色谱-质谱法测定参数

①气相色谱柱:DB-5MS 柱,30 m×0.25 mm×0.25 μm。

②载气:He;柱前压 8 psi(1 psi＝6 894.76 Pa)。

③进样口温度:240℃。

④进样量:1 μL,不分流。

⑤柱温程序:70℃ 保持 1 min,以 18℃/min 速度升至 200℃,以 5℃/min 的速度再升至 245℃,再以 25℃/min 升至 280℃并保持 2 min。

⑥EI 源:电子轰击能:70 eV;离子源温度:200℃;接口温度:285℃;溶剂延迟:12 min。

⑦EI 源检测特征质谱峰:克伦特罗 m/z 86、187、243、262;美托洛尔 m/z 72、223。

(2)测定 吸取 1 μL 衍生的试样液或标准液注入气质联用仪中,以试样峰(m/z 86,187,243,262,264,277,333)与内标峰(m/z 72,223)的相对保留时间定性,要求试样峰中至少有 3 对选择离子相对强度(与基峰的比例)不超过标准相应选择离子相对强度平均值的±20% 或 3 倍标准差。以试样峰(m/z 86)与内标峰(m/z 72)的峰面积比单点或多点校准定量。

克伦特罗标准与内标衍生后的选择性离子的总离子流图及质谱图见图 5-8 至图 5-10。

五、分析结果的表述

按内标法单点或多点校准计算试样中克伦特罗的含量,见下式:

$$X = \frac{A \times f}{m}$$

式中:X——试样中克伦特罗的含量,μg/kg(或 μg/L);

A——试样色谱峰与内标色谱峰的峰面积比值对应的克伦特罗质量,ng;

f——试样稀释倍数；

m——试样的取样量，g(或 mL)。

计算结果表示到小数点后两位。

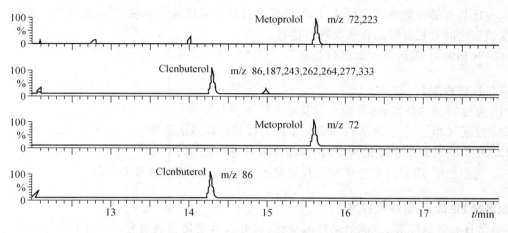

图 5-8 克伦特罗与内标衍生物的选择性离子总离子流图

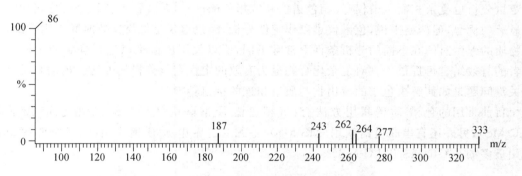

图 5-9 克伦特罗衍生物的选择离子质谱图

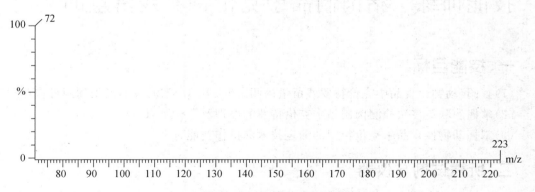

图 5-10 内标衍生物的选择离子质谱图

六、常见技术问题处理

(1)在重复性条件下获得的2次独立测定结果的绝对差值不得超过算术平均值的20%。

(2)样品提取要彻底。

(3)样品要尽可能地净化彻底,尽可能提高样品中克伦特罗含量,尽可能除去杂质。

(4)衍生时要保证样品含水量尽可能低。

(5)气相色谱-质谱条件要适当调整。

【知识与技能检测】

1. 克伦特罗的特性、污染途径以及对人体危害有哪些?

2. 简述气相色谱-质谱法检测食品中特伦特罗残留量的原理。

3. 在检测肉制品中克伦特罗时,样品是怎样进行提取净化的?

4. 气相色谱-质谱法是怎样定性和定量测定食品中克伦特罗残留量的?

【超级链接】色谱-质谱联用技术

质谱具有灵敏度高、定性效果好的特点,它可以确定化合物的相对分子质量、分子式甚至官能团。但是,一般的质谱仪只能对单一组分给出良好的定性,对混合物是无能为力的,且进行定量分析也复杂。而色谱仪(气相色谱仪和液相色谱仪)对混合物中各组分的分离和定量有着显著的优势,但严格来说,色谱仪难以作定性分析,因色谱仪是依靠保留时间来定性的,而同一物质的保留时间在不同的分析条件下常常不同,所以仅用色谱难以进行确定的定性。因此两者的有效结合可提供一种对复杂化合物最为有效的定性定量分析的方法。色谱和质谱联用的关键问题是如何解决色谱的流出物与质谱相连的接口转换。

目前常用的色谱-质谱联用方法有:气相色谱-质谱联用(GC-MS)、液相色谱-质谱联用(LC-MS),另外还有串联质谱联用(MS-MS)、毛细管区带电泳-质谱联用(CZE-MS)等。其中使用最多的是GC-MS和LC-MS。

技能训练　猪肉制品中克伦特罗残留量的测定

一、技能目标

(1)查阅《动物性食品中克伦特罗残留量的测定》(GB/T 5009.192)能正确制订作业程序。

(2)掌握酶联免疫法检测肉制品中克伦特罗的原理及操作要点。

(3)掌握动物性食品中克伦特罗的测定技术和操作技能。

二、所需试剂与仪器

按照《动物性食品中克伦特罗残留量的测定》(GB/T 5009.192)的规定,请将酶联免疫法测定肉制品中克伦特罗所需仪器设备的名称、数量、规格和试剂的名称、规格级别记录于表5-19和表5-20中。

表 5-19　工作所需全部仪器设备一览表

序号	名称	规格要求
1	酶标仪	配备 450 nm 滤光片
2		

表 5-20　工作所需全部化学试剂一览表

序号	名称	规格要求	配制方法

三、工作过程与标准要求

工作过程及标准要求见表 5-21。

表 5-21　工作过程与标准要求

工作过程	工作内容	技能标准
1. 制订工作方案	按照国家标准制订工作方案。	方案符合实际、科学合理、周密详细。
2. 试剂与仪器准备	准备并检查实训材料与仪器。	(1)准备本次实训所需的所有材料与仪器设备。 (2)试剂的配制和仪器的清洗、控干。 (3)检查设备运行是否正常。
3. 试样处理	称取猪肉试样 10 g(精确到 0.01 g),用 20 mL 0.1 mol/L 高氯酸溶液匀浆。置于磨口玻璃离心管中;然后置于超声波清洗器中超声 20 min,取出置于 80℃水浴中加热 30 min。取出冷却后离心(4 500 r/min)15 min。倾出上清液。沉淀用 5 mL 0.1 mol/L 高氯酸溶液洗涤,再离心,将 2 次上清液合并。用 1 mol/L 氢氧化钠溶液调 pH 至 9.5±0.1。若有沉淀产生,再离心 10 min 将上清液转移至磨口玻璃离心管中,加入 8 g NaCl,混匀。加入 25 mL 异丙醇+乙酸乙酯(40+60),置于振荡器上振荡提取 20 min。提取完毕,放置 5 min(若有乳化层稍离心一下)。用吸管小心将上层有机相移至旋转蒸发瓶中,用 20 mL 异丙醇+乙酸乙酯(40+60)再重复萃取 1 次,合并有机相,于 60℃在旋转蒸发器上浓缩至近干。用 1 mL 0.1 mol/L 磷酸二氢钠缓冲(pH 6.0)充分溶解残留物。经针筒式微孔过滤膜过滤,洗涤 3 次后完全转移至 5 mL 玻璃离心管中,并用 0.1 mol/L 磷酸二氢钠缓冲液(pH 6.0)定容至刻度。	(1)能正确使用磨口玻璃离心管。 (2)能熟练使用超声波清洗器。 (3)能正确使用水浴锅。 (4)能熟练使用离心机。 (5)能熟练操作 pH 值的调整。 (6)能熟练使用振荡器。 (7)能熟练使用旋转蒸发仪。 (8)能正确使用微孔过滤器。

续表 5-21

工作过程	工作内容	技能标准
4. 检测	将标准试样所用数量的孔条插入微孔架,记录标准和试样的位置,加入 100 μL 稀释后的抗体溶液到每个微孔中,充分混合并在温室孵育 15 min,将微孔架倒置在吸水纸上拍打(每行拍打 3 次),以保证完全除去孔中的液体,倒入孔中的液体。将 250 μL 蒸馏水充入孔中,再次倒入孔中液体,再重复操作 2 遍以上,加入 20 μL 的标准或处理好的试样到各自的微孔中,加入 100 μL 稀释的酶标记物,温室孵育 30 min,加入 50 μL 酶底物和 50 μL 发色试剂到微孔中,充分混合并在温室暗处孵育 15 min,加入 100 μL 反应停止液到微孔中,混合好尽快在 450 nm 波长处测量吸光度值。	(1)能熟练使用移液枪。 (2)能正确使用温室。 (3)能熟练使用分光光度计。

四、数据记录及处理

(1)数据的记录　将数据记录于表 5-22 中。

表 5-22　数据记录表

序号	试样色谱峰面积	内标色谱峰面积	试验稀释倍数	试样的取样量/g 或 mL

(2)结果计算　按下式计算猪肉制品中克伦特罗残留量:

$$X = \frac{A \times f}{m}$$

式中:X——试样中克伦特罗的含量,μg/kg(或 μg/L);

A——试样色谱峰与内标色谱峰的峰面积比值对应的克伦特罗质量,ng;

f——试样稀释倍数;

m——试样的取样量,g(或 mL)。

计算结果保留到小数点后两位。

五、技能评价

按照工作过程操作水平,由相关人员填写技能评价表(表 5-23)。

表 5-23　技能评价表

评价内容	满分值	学生自评	同伴互评	教师评价	综合评分
1. 制订工作方案	10				
2. 试剂与仪器准备	10				
3. 试样处理	20				
4. 检测	30				
5. 分析结果表述	15				
6. 实训报告	15				
总分					

注:综合评分＝学生自评分×20％＋同伴互评分×30％＋教师评价分×50％。

项目四　食品中其他有害物质的测定

【知识要求】

(1)掌握食品中苯并[a]芘的特征、污染途径和对人体的危害。

(2)掌握食品中黄曲霉毒素的特征、污染途径和对人体的危害。

(3)掌握白酒中甲醇的特性和危害。

(4)掌握食品中苯并[a]芘、黄曲霉毒素和甲醇残留量的测定方法和原理。

(5)正确记录实验数据并会处理,能够撰写出合格的实验报告。

【能力要求】

(1)能够正确对试验样品进行预处理,尤其是在测定食品中苯并[a]芘时,要对样品进行脱脂。

(2)能够正确使用脂肪提取器、荧光分光光度计、全玻璃浓缩器等高端设备,并具备简单设备维护知识。

(3)能够发现、分析和解决实训过程中遇到的基础问题。

任务一　食品中苯并[a]芘的测定

【知识准备】

一、概述

苯并[a]芘[benzo(a)pyrene]简称 B[a]P,又称 3,4-苯并芘,是一类具有明显致癌作用的有机化合物。3,4-苯并芘是一种有 5 个苯环构成的多环芳烃,目前已经检查出的 400 多种主要致癌物中,一半以上是属于多环芳烃一类的化合物。其中苯并[a]芘是一种强致癌物,常温下为无色或淡黄色针状晶体(纯品),性质稳定,熔点 179～180℃,沸点 312℃。难溶于水,微溶于乙醇、甲醇,易溶于苯、甲苯、二甲苯、氯仿、乙醚、丙酮等有机溶剂。在有机溶剂中,用波长 365 nm 紫外线照射时,可产生典型的紫色荧光。在碱性溶液中较稳定,在常温下不与浓硫酸作用,但能溶于浓硫酸;能与硝酸、氯磺酸起化学反应;日光和荧光都能使其发生光氧化作用,臭氧也可使其氧化。

苯并[a]芘是已发现的 200 多种多环芳烃中最主要的环境和食品污染物,是一种强烈的致癌物质,对机体各器官均有致癌作用。

我国食品卫生标准(GB 7104)对食品中苯并[a]芘的 MRL(μg/kg)规定见表 5-24。

表 5-24　我国食品卫生标准对食品中苯并(a)芘的 MRL 对定

食品种类	苯并[a]芘的 MRL/(μg/kg)	食品种类	苯并[a]芘的 MRL(μg/kg)
烧烤猪肉、鸭、鹅、鸡	≤5	熏鸡、熏马肉、熏牛肉	≤5
叉烧、羊肉串	≤5	熏红肠、香肠	≤5
火腿、板鸭	≤5	豆油、花生油、菜籽油、其他油	≤10
烟熏鱼	≤5	稻谷、小麦、大麦	≤5
熏猪肉(肚子、小肚)	≤5		

二、测定方法

现行国家标准《食品中苯并[a]芘的测定》(GB/T 5009.20)中规定,食品中苯并[a]芘的测定方法有荧光分光光度法、目测比色法、紫外分光光度法、高效液相色谱法、气象色谱法、薄层层析法和薄层扫描法。本节主要介绍荧光分光光度法。

【技能培训】

一、测定原理

试样先用有机溶剂提取,或经皂化后提取,再将提取液经液-液分配或色谱柱净化,然后在乙酰化滤纸上分离苯并[a]芘,因苯并[a]芘在紫外光照射下呈蓝紫色荧光斑点,将分离后有苯并[a]芘的部分滤纸剪下,用溶剂浸出后,用荧光分光光度计测荧光强度与标准比较定量。

二、试剂与材料

(1)苯、无水乙醇、丙酮:重蒸馏。

(2)二甲基甲酰胺或二甲基亚砜、乙醇(95%)、氢氧化钾。

(3)环己烷(或石油醚,沸程:30～60℃):重蒸馏或经氧化铝柱处理无荧光。

(4)无水硫酸钠:120℃烘烤 2 h 以上。

(5)层析用氧化铝:120℃活化 4 h。

(6)展开剂:95％乙醇-二氯甲烷(2：1)。

(7)乙酰化滤纸:将中速层析用滤纸剪成 30 cm×4 cm 的条状,逐条放入盛有乙酰化混合液(180 mL 苯、130 mL 乙酸酐、0.1 mL 硫酸)的 500 mL 烧杯中,使滤纸充分地接触溶液,保持溶液温度在 21℃以上,时时搅拌,反应 6 h,再放置过夜。取出滤纸条,在通风橱内吹干,再放入无水乙醇溶液中浸泡 4 h,取出后放在垫有滤纸的干净白瓷盘上,在室温内风干压平备用,一次可处理滤纸 15～18 条。

(8)硅镁型吸附剂:将 60～100 目筛孔的硅镁吸附剂经水洗 4 次(每次用水量为吸附剂质量的 4 倍),于垂融漏斗上抽滤干后,再以等量的甲醇洗(甲醇与吸附剂量克数相等),抽滤干后,吸附剂铺于干净瓷盘上,在 130℃干燥 5 h 后,装瓶贮存于干燥器内,临用前每 100 g 加 5 g 水减活,混匀并平衡 4 h 以上,最好放置过夜。

(9)苯并[a]芘标准溶液:精密称取 10.00 mg 苯并[a]芘,用苯溶解后移入 100 mL 棕色容量瓶中,并稀释至刻度,此溶液每毫升相当于苯并[a]芘 100 μg。放置冰箱中保存。

(10)苯并[a]芘标准使用液:吸取 1.00 mL 苯并[a]芘标准溶液置于 10 mL 容量瓶中,用苯稀释至刻度,同法依次用苯稀释,最后配制成每毫升相当于 1.0 μg 及 0.1 μg 苯并[a]芘两种标注使用液,放置冰箱中保存。

三、仪器与设备

(1)脂肪提取器。

(2)层析柱:内径 10～15 mm,长 350 mm,上端有内径 25 mm、长 80～100 mm 内径漏斗,下端具有活塞。

(3)层析缸(筒)。

(4)K-D 全玻璃浓缩器。

(5)紫外光灯:带有波长为 365 nm 或 254 nm 滤光片。

(6)回流皂化装置。

(7)组织捣碎机。

(8)振荡器:装有自制木架,每次可摇 6 个分液漏斗。

(9)微量注射器:25 μL、50 μL。

(10)荧光分光光度计。

四、操作技能

1. 试样提取

(1)粮食或水分少的食品　称取 40.0～60.0 g 粉碎过筛的试样,装入滤纸筒内,用 70 mL 环己烷润湿试样,接收瓶内装 6～8 g 氢氧化钾、100 mL 乙醇(95％)及 60～80 mL 环己烷,然后将脂肪提取器接好,于 90℃水浴上回流提取 6～8 h,将皂化液趁热倒入 500 mL 分液漏斗中,并将滤纸筒中的环己烷也从支管中倒入分液漏斗,用 50 mL 乙醇(95％)分 2 次洗接收瓶,将洗液合并于分液漏斗。加入 100 mL 水,振摇提取 3 min,静置分层(约需 20 min),下层液放入第二分液漏斗,再用 70 mL 环己烷振摇提取 1 次,待分层后弃去下层液,将环己烷层合并于第一分液漏斗中,并用 6～8 mL 环己烷淋洗第二分液漏斗,洗液合并。用水洗涤合并后的环己烷提取液 3 次,每次 100 mL,3 次水洗液合并于原来的第二分液漏斗中,用环己烷提取 2 次,每次 30 mL,振摇 0.5 min,分层后弃去水层液,50～60℃水浴上,减压浓缩至 40 mL,加适量无水硫酸钠脱水。

(2)植物油　称取 20.0～25.0 g 的混匀油样,用 100 mL 环己烷分次洗入 250 mL 分液漏斗中,以环己烷饱和过的二甲基甲酰胺提取 3 次,每次 40 mL。振摇 1 min,合并二甲基甲酰胺提取液,用 40 mL 经二甲基甲酰胺饱和过的环己烷提取 1 次,弃去环己烷液层。二甲基甲酰胺提取液合并于预先装有 240 mL 硫酸钠溶液(20g/L)的 500 mL 分液漏斗中,混匀,静置数分钟后,用环己烷提取 2 次,每次 100 mL,振摇 3 min,环己烷提取液合并于第一个 500 mL 分液漏斗。也可用二甲基亚砜代替二甲基甲酰胺。用 40～50℃温水洗涤环己烷提取液 2 次,每次 100 mL,振摇 0.5 min,分层后弃去水层液,收集环己烷层,于 50～60℃水浴上减压浓缩至 40 mL,加适量无水硫酸钠脱水。

(3)鱼、肉及其制品　称取 50.0～60.0 g 切碎混匀的试样,再用无水硫酸钠搅拌(试样与无水硫酸钠的比例为 1:1 或 1:2,如水分过多则需在 60℃左右先将试样烘干),装入滤纸筒内,然后将脂肪提取器接好,加入 100 mL 环己烷于 90℃水浴上回流提取 6～8 h,然后将提取液倒入 250 mL 分液漏斗中,再用 6～8 mL 环己烷淋洗滤纸筒,洗液合并于 250 mL 分液漏斗中,以下按(2)自"以环己烷饱和过的二甲基甲酰胺提取 3 次"起依法操作。

(4)蔬菜　称取 100.0 g 洗净、晾干的可食部分的蔬菜,切碎放入组织捣碎机内,加 150 mL 丙酮,捣碎 2 min。在小漏斗上加少许脱脂棉过滤,滤液移入 500 mL 分液漏斗中,残渣用 50 mL 丙酮分数次洗涤,洗液与滤液合并,加 100 mL 水和 100 mL 环己烷,振摇提取 2 min,静置分层,环己烷层转入另一 500 mL 分液漏斗中,水层再用 100 mL 环己烷分 2 次提取,环己烷提取液合并于第一个分液漏斗中,再用 250 mL 水,分 2 次振摇、洗涤,收集环己烷于 50～60℃水浴上减压浓缩至 25 mL,加适量无水硫酸钠脱水。

(5)饮料(如含二氧化碳先在温水浴上加温除去)　吸取 50.0～100.0 mL 试样于 500 mL 分液漏斗中,加 2 g 氯化钠溶解,加 50 mL 环己烷振摇 1 min,静置分层,水层分于第二个分液漏斗中,再用 50 mL 环己烷提取 1 次,合并环己烷提取液,每次用 100 mL 水振摇、洗涤 2 次,收集环己烷于 50～60℃水浴上减压浓缩至 25 mL,加适量无水硫酸钠脱水。

(6)糕点类　称取 50.0～60.0 g 磨碎试样,装于滤纸筒内,以下按(1)自"用 70 mL 环己烷湿润试样"起依法操作。在(1)、(3)～(6)各项操作中,均可用石油醚代替环己烷,但需将石油醚提取液蒸发至近干,残渣用 25 mL 环己烷溶解。

2. 净化

(1)于层析柱下端填入少许玻璃棉,先装入 5～6 cm 的氧化铝,轻轻敲管壁使氧化铝层填实、无空隙,顶面平齐,再同样装入 5～6 cm 的硅镁型吸附剂,上面再装入 5～6 cm 无水硫酸钠,用 30 mL 环己烷淋洗装好的层析柱,待环己烷液面流下至无水硫酸钠层时关闭活塞。

(2)将试样环己烷提取液倒入层析柱中,打开活塞,调节流速为 1 mL/min,必要时可用适当方法加压,待环己烷液面下降至无水硫酸钠层时,用 30 mL 苯洗脱,此时应在紫外光灯下观察,以蓝紫色荧光物质完全从氧化铝层洗下为止,如 30 mL 苯不足时,可适当增加苯量。收集苯液于 50～60℃水浴上减压浓缩至 0.1～0.5 mL(可根据试样中苯并(a)芘含量而定,应注意不可蒸干)。

3. 分离

(1)在乙酰化滤纸条上的一端 5 cm 处,用铅笔划一横线为起始线,吸取一定量净化后的浓缩液,点于滤纸条上,用电吹风从纸条背面吹冷风,使溶剂挥散,同时点 20 μL 苯并[a]芘的标准使用液(1 μg/mL),点样时斑点的直径不超过 3 mm,层析缸(筒)内盛有展开剂,滤纸条下端浸入展开剂约 1 cm,待溶剂前沿至约 20 cm 时取出阴干。

(2)在 365 nm 或 254 nm 紫外光灯下观察展开后的滤纸条用铅笔划出标准苯并[a]芘及与其同一位置的试样的蓝紫色斑点,剪下此斑点分别放入小比色管中,各加 4 mL 苯加盖,插入 50～60℃水浴中不时振摇,浸泡 15 min。

4. 测定

(1)将试样及标准斑点的苯浸出液移入荧光分光光度计的石英杯中,以 365 nm 为激发光波长,以 365～460 nm 波长进行荧光扫描,所得荧光光谱与标准苯并[a]芘的荧光光谱比较定性。

(2)与试样分析的同时做试剂空白,包括处理试样所用的全部试剂同样操作,分别读取试样、标准及试剂空白于波长 406 nm、(406＋5)nm、(406－5)nm 处的荧光强度,按基线法由下式进行计算所得的数值,为定量计算的荧光强度。

$$F = \frac{F_{406} - (F_{401} + F_{411})}{2}$$

五、分析结果的表述

试样中苯并[a]芘的含量按下式进行计算:

$$X = \frac{\dfrac{S}{F} \times (F_1 - F_2)}{m \times \dfrac{V_2}{V_1}}$$

式中:X——试样中苯并[a]芘的含量,μg/kg;

S——苯并[a]芘标准斑点的质量,μg;

F——标准的斑点浸出液荧光强度,mm;

F_1——试样斑点浸出液荧光强度,mm;

F_2——试剂空白浸出液荧光强度,mm;

V_1——试样浓缩液体积,mL;

V_2——点样体积,mL;

m——试样质量,g。

计算结果表示到一位小数。

六、常见技术问题处理

(1)在重复性条件下获得的 2 次独立测定结果的绝对差值不得超过算术平均值的 20％。

(2)乙酰化滤纸一定要用最厚的 3 号,并浸泡均匀。

(3)多环芳烃的稀释液对紫外线比较敏感,极易氧化破坏。所以整个实验要注意避光,样品浓缩、层析时要用黑布遮盖。

(4)该方法检出限:样品量为 50 g,点样量为 1 g 时为 1 ng/g。

【知识与技能检测】

1. 苯并(a)芘的特点、污染食品的途径和对人体危害有哪些?
2. 简述荧光分光光度法测定食品中苯并[a]芘的原理。
3. 乙酰化滤纸是怎样制作的? 有什么作用?
4. 简述平行试验、空白试验和对照试验的区别和联系。

【超级链接】测定结果的校正

在食品分析中常常因为系统误差使测定结果高于或低于检测对象的实际含量,即回收率不是100%,所以需要在样品测定时,用加入回收法测定回收率,再利用回收率按下式以样品的测定结果校正。

$$w = \frac{w_0}{P}$$

式中:w——样品中被测成分的质量分数;

w_0——样品中被测成分实际测得的质量分数;

P——回收率。

任务二 食品中黄曲霉毒素的测定

【知识准备】

一、概述

黄曲霉毒素是黄曲霉菌和寄生曲霉菌等产毒菌株的代谢产物,它们的基本结构均含有一个双氢呋喃环和一个氧杂萘邻酮。常见的有黄曲霉毒素 B_1、B_2、G_1、G_2、M_1 和 M_2 等。其中黄曲霉毒素 B_1 的毒性及致癌性最强,故在食品卫生监测中,主要以黄曲霉毒素 B_1 为污染指标。

黄曲霉毒素的相对分子质量是 $312\sim346$。难溶于水,易溶于油、甲醇、丙酮、氯仿等有机溶剂,但不溶于乙醚、石油醚和已烷。一般在中性及酸性溶液中较稳定,但在强酸溶液中分解迅速。其纯品为无色晶体,耐热,在一般的烹调加工温度下破坏很少,在 $280\,^{\circ}\mathrm{C}$ 发生裂解,紫外线对低浓度的黄曲霉毒素也有一定的破坏性。黄曲霉毒素有一内酯环,在水溶液中很容易与氧化剂起反应,特别是与碱性试剂反应,可部分水解为酚式化合物,所以,碱对黄曲霉毒素也有一定的破坏作用。

1995 年,世界卫生组织制定的食品中黄曲霉毒素最高限量为 15 μg/kg;美国规定人类消费食品和奶牛饲料中黄曲霉毒素最高限量不能超过 15 μg/kg;欧盟要求人类直接消费品黄曲霉毒素不超过 2 μg/kg;我国先后于 1982 年、1992 年和 1998 年对各种食品中黄曲霉毒素制定并实施了严格的强制性标准,其最高限量见表 5-25。

二、测定方法

现行国家标准《食品中黄曲霉毒素的测定》(GB/T 5009.23)中规定,食品中黄曲霉毒素的测定方法有薄层色谱法、微柱筛选法和高效液相色谱法。本节主要介绍薄层色谱法。

表 5-25 食品中黄曲霉毒素的最高限量

食品名称	最高允许限量/(μg/kg)
玉米、花生、花生油、坚果和干果(核桃、杏仁)	20(黄曲霉毒素 B_1)
玉米及花生制品(按原料折算)	20(黄曲霉毒素 B_1)
大米、其他油脂(香油、菜籽油、大豆油、葵花油、胡麻油、茶油、麻油、玉米胚芽油、米糠油、棉籽油)	10(黄曲霉毒素 B_1)
其他食品(麦类、面粉、薯干)、发酵食品(酱油、醋、豆豉、腐乳)、淀粉制品(糕点、饼干、面包、裱花蛋糕)	5(黄曲霉毒素 B_1)
牛乳及其制品(消毒牛乳、新鲜生牛乳、全脂奶粉、淡炼乳、奶油)、黄油、新鲜猪组织(肝、肾、血、瘦肉)	0.5(黄曲霉毒素 M_1)

【技能培训】

一、测定原理

试样经提取、浓缩、薄层分离后,在 365 nm 紫外光下,黄曲霉毒素 B_1、B_2 产生蓝紫色荧光,黄曲霉毒素 G_1、G_2 产生黄绿色荧光,根据其在薄层板上显示的荧光的最低检出量来定量。

二、试剂与材料

(1)三氯甲烷、甲醇、苯、乙腈、丙酮、无水乙醚或乙醚经无水硫酸钠脱水。

(2)正己烷或石油醚:沸程 30～60℃ 或 60～90℃。

以上试剂在试验时先进行一次试剂空白试验,如不干扰测定即可使用,否则需逐一进行重蒸。

(3)硅胶 G:薄层色谱用。

(4)三氟乙酸、无水硫酸钠、氯化钠。

(5)苯-乙腈混合液:量取 98 mL 苯,加 2 mL 乙腈,混匀。

(6)甲醇水溶液(55+45)、硫酸(1+3)。

(7)次氯酸钠溶液(消毒用):取 100 g 漂白粉,加入 500 mL 水,搅拌均匀。另将 80 g 工业用碳酸钠($Na_2CO_3 \cdot 10H_2O$)溶于 500 mL 温水中,再将两液混合、搅拌,澄清后过滤。此滤液含次氯酸浓度约为 25 g/L。若用漂粉精制备,则碳酸钠的量可以加倍。所得溶液的浓度约为 50 g/L。污染的玻璃仪器用 10 g/L 次氯酸钠溶液浸泡半天或用 50 g/L 次氯酸钠溶液浸泡片刻后,即可达到去毒效果。

(8)苯-乙醇-水(46+35+19)展开剂:取此比例配制的溶液置于分液漏斗中,振摇 5 min,静置过夜。将上、下层溶液分别置于具塞瓶中保存,上下层交界的溶液弃去不要。若溶液出现混浊,则在 80℃ 水浴上加热,待清晰后,即停止加热,取上层溶液作展开剂用。另取一定量的下层溶液置小皿中,再放于展开槽内。将薄层板放入展开槽内,预先饱和 10 min 后展开。

(9)黄曲霉毒素 B_1、B_2、G_1、G_2 标准溶液

①单一标准溶液(10 μg/mL)的配制:准确称取黄曲霉毒素 B_1、G_1 标准品各 1～1.2 mg,黄曲霉毒素 B_2、G_2 标准品各 0.5～0.6 mg,用苯-乙腈混合液作溶剂。先加入 2 mL 乙腈溶解

后,再用苯稀释至 100 mL,分别得到黄曲霉毒素 B_1、G_1 和 B_2、G_2 标准溶液,避光,置于 4℃ 冰箱保存。该系列标准溶液约为 10 $\mu g/mL$。用紫外分光光度计测此系列标准溶液的最大吸收峰的波长及该波长的吸光度值。

结果计算:黄曲霉毒素 B_1、B_2、G_1、G_2 标准溶液的浓度按下式进行计算:

$$X_i = \frac{A_i \times M_i \times 1\,000 \times F}{E_i}$$

式中:X_i——黄曲霉毒素 B_1、B_2、G_1、G_2 标准溶液的浓度,$\mu g/mL$;

A_i——测得的吸光度值;

F——使用仪器的校正因素;

M_i——黄曲霉毒素 B_1、B_2、G_1、和 G_2 的相对分子质量;

E_i——黄曲霉毒素 B_1、B_2、G_1、G_2 在苯-乙腈混合液中的摩尔消光系数。

根据计算,用苯-乙腈混合液调到标准溶液浓度恰为 10.0 $\mu g/mL$,并用分光光度计核对其浓度。

②纯度的测定:取 5 μL 10 $\mu g/mL$ 黄曲霉毒素 B_1、B_2、G_1、G_2 标准溶液,滴加于涂层厚度 0.25 mm 的硅胶 G 薄层板上,用甲醇-三氯甲烷(4+96)与丙酮-三氯甲烷(8+92)展开剂展开,在紫外光灯下观察荧光的产生,应符合以下条件:在展开后,只有单一的荧光点,无其他杂质荧光点;原点上没有任何残留的荧光物质。

黄曲霉毒素 B_1、B_2、G_1、G_2 的分子质量及用苯-乙腈作溶剂时的最大吸收峰的波长及摩尔消光系数见表 5-26。

表 5-26　黄曲霉毒素的分子质量、最大吸收峰波长及摩尔消光系数

黄曲霉毒素名称	最大吸收峰波长/nm	摩尔消光系数	相对分子质量
B_1	346	19 800	312
B_2	348	20 900	314
G_1	353	17 100	328
G_2	354	18 200	330

③各标准使用液:以下各标准液均用苯-乙腈混合液配制。

黄曲霉毒素混合标准使用液 I:每毫升相当于 0.2 μg 黄曲霉毒素 B_1、G_1 及 0.1 μg 黄曲霉毒素 B_2、G_2,作定位用。

黄曲霉毒素混合标准使用液 II:每毫升相当于 0.04 μg 黄曲霉毒素 B_1、G_1 及 0.02 μg 黄曲霉毒素 B_2、G_2,作最低检出量用。

三、仪器与设备

(1)小型粉碎机。

(2)样筛。

(3)电动振荡器。

(4)全玻璃浓缩器。

(5)玻璃板:5 cm×20 cm。

（6）薄层板涂布器。

（7）展开槽：内长 25 cm、宽 6 cm、高 4 cm。

（8）紫外光灯：100～125 W，带有波长 365 nm 滤光片。

（9）微量注射器或血色素吸管。

四、操作技能

1. 采样

大量取样，并将大量试样粉碎，混合均匀。

2. 提取

（1）玉米、大米、麦类、面粉、薯干、豆类、花生、花生酱等

①甲法　称取 20.00 g 粉碎过筛试样（面粉、花生酱不需粉碎），置于 250 mL 具塞锥形瓶中，加 30 mL 正己烷或石油醚和 100 mL 甲醇水溶液，在瓶塞上涂上一层水，盖严防漏。振荡 30 min，静置片刻，以叠成折叠式的快速定性滤纸过滤于分液漏斗中，待下层甲醇水溶液分清后，放出甲醇水溶液于另一具塞锥形瓶内。取 20.00 mL 甲醇水溶液（相当于 4 g 试样）置于另一 125 mL 分液漏斗中，加 20 mL 三氯甲烷，振摇 2 min，静置分层，如出现乳化现象可滴加甲醇促使分层。放出三氯甲烷层，经盛有约 10 g 预先用三氯甲烷湿润的无水硫酸钠的定量慢速滤纸过滤于 50 mL 蒸发皿中，再加 5 mL 三氯甲烷于分液漏斗中，重复振摇提取，三氯甲烷层一并滤于蒸发皿中，最后用少量三氯甲烷洗过滤器，洗液并于蒸发皿中。将蒸发皿放在通风柜于 65℃ 水浴上通风挥干，然后放在冰盒上冷却 2～3 min 后，准确加入 1 mL 苯-乙腈混合液（或将三氯甲烷用浓缩蒸馏器减压吹气蒸干后，准确加入 1 mL 苯-乙腈混合液）。用带橡皮头的滴管的管尖将残渣充分混合，若有苯的结晶析出，将蒸发皿从冰盒上取出，继续溶解、混合，晶体即消失，再用此滴管吸取上清液转移于 2 mL 具塞试管中。

②乙法（限于玉米、大米、小麦及其制品）　称取 20.00 g 粉碎过筛试样于 250 mL 具塞锥形瓶中，用滴管滴加约 6 mL 水，使试样湿润，准确加入 60 mL 三氯甲烷，振荡 30 min，加 12 g 无水硫酸钠，振摇后，静置 30 min，用叠成折叠式的快速定性滤纸过滤于 100 mL 具塞锥形瓶中。取 12 mL 滤液（相当 4 g 试样）于蒸发皿中，在 65℃ 水浴上通风挥干，准确加入 1 mL 苯-乙腈混合液，以下按 2(1) 中①自"用带橡皮头的滴管的管尖将残渣充分混合"起依法操作。

（2）花生油、香油、菜油等　称取 4.00 g 试样置于小烧杯中，用 20 mL 正己烷或石油醚将试样移于 125 mL 分液漏斗中。用 20 mL 甲醇水溶液分次洗烧杯，洗液一并移入分液漏斗中，振摇 2 min，静置分层后，将下层甲醇水溶液移入第二个分液漏斗中，再用 5 mL 甲醇水溶液重复振摇提取 1 次，提取液一并移入第二个分液漏斗中，在第二个分液漏斗中加入 20 mL 三氯甲烷，以下按 2(1) 中①自"振摇 2 min，静置分层"起依法操作。

（3）酱油、醋　称取 10.00 g 试样于小烧杯中，为防止提取时乳化，加 0.4 g 氯化钠，移入分液漏斗中，用 15 mL 三氯甲烷分次洗涤烧杯，洗液并入分液漏斗中。以下按 2(1) 中①自"振摇 2 min，静置分层"起依法操作，最后加入 2.5 mL 苯-乙腈混合液，此溶液每毫升相当于 4 g 试样。或称取 10.00 g 试样，置于分液漏斗中，再加 12 mL 甲醇（以酱油体积代替水，故甲醇与水的体积比仍约为 55＋45），用 20 mL 三氯甲烷提取，以下按 2(1) 中①自"振摇 2 min，静置分层"起依法操作。最后加入 2.5 mL 苯-乙腈混合液。此溶液每毫升相当于 4 g 试样。

（4）干酱类（包括豆豉、腐乳制品）　称取 20.00 g 研磨均匀的试样，置于 250 mL 具塞锥形

瓶中,加入 20 mL 正己烷或石油醚与 50 mL 甲醇水溶液。振荡 30 min,静置片刻,以叠成折叠式快速定性滤纸过滤,滤液静置分层后,取 24 mL 甲醇水层(相当 8 g 试样,其中包括 8 g 干酱类本身约含有 4 mL 水的体积在内)于分液漏斗中,加入 20 mL 三氯甲烷,以下按 2(1)中①自"振摇 2 min,静置分层"起依法操作。最后加入 2 mL 苯-乙腈混合液。此溶液每毫升相当于 4 g 试样。

(5)发酵酒类 同(3)处理方法,但不加氯化钠。

3. 测定

(1)单向展开法

①薄层板的制备 称取约 3 g 硅胶 G,加相当于硅胶量 2~3 倍的水,用力研磨 1~2 min 至成糊状后立即倒于涂布器内,推成 5 cm×20 cm,厚度约 0.25 mm 的薄层板 3 块。在空气中干燥约 15 min 后,在 100℃ 活化 2 h,取出,放干燥器中保存。一般可保存 2~3 d,若放置时间较长,可再活化后使用。

②点样 将薄层板边缘附着的吸附剂刮净,在距薄层板下端 3 cm 的基线上用微量注射器或血色素吸管滴加样液。一块板可滴加 4 个点,点距边缘和点间距约为 1 cm,点直径约 3 mm。在同一块板上滴加点的大小应一致,滴加时可用吹风机用冷风边吹边加。滴加试样如下:

第一点:10 μL 黄曲霉毒素混合标准使用液Ⅱ。

第二点:20 μL 样液。

第三点:20 μL 样液+10 μL 黄曲霉毒素混合标准使用液Ⅱ。

第四点:20 μL 样液+10 μL 黄曲霉毒素混合标准使用液Ⅰ。

③展开与观察 黄曲霉毒素 B_1、B_2、G_1、G_2 的比移值依次排列为 $B_1 > B_2 > G_1 > G_2$。

在展开槽内加 10 mL 无水乙醚,预展 12 cm,取出挥干,再于另一展开槽内加 10 mL 丙酮-三氯甲烷(8+92),展开 10~12 cm,取出。在紫外光灯下观察结果:由于样液点上加滴黄曲霉毒素混合标准使用液Ⅰ或Ⅱ,可使黄曲霉毒素 B_1、B_2、G_1、G_2 分别与样液中的黄曲霉毒素 B_1、B_2、G_1、G_2 荧光点重叠。如样液为阴性,薄层板上的第三点中黄曲霉毒素 B_1、B_2、G_1、G_2 依次为 0.000 4 μg、0.000 2 μg、0.000 4 μg、0.000 2 μg,可用作检查在样液内黄曲霉毒素 B_1、B_2、G_1、G_2 的最低检出量是否正常出现。如为阳性,则起定位作用。薄层板上的第四点中黄曲霉毒素 B_1、B_2、G_1、G_2 依次为 0.002 μg、0.001 μg、0.002 μg、0.001 μg,主要起定位作用;若第二点在与黄曲霉毒素 B_1、B_2 的相应位置上无蓝紫色荧光点,或在与黄曲霉毒素 G_1、G_2 的相应位置上无黄绿色荧光点,表示试样中黄曲霉毒素 B_1、G_1 含量在 5 μg/kg 以下,黄曲霉毒素 B_2、G_2 含量在 2.5 μg/kg 以下;如在相应位置上有以上荧光点,则需进行确证试验。

④确证试验 黄曲霉毒素与三氟乙酸反应产生衍生物,只限于 B_1 和 G_1;B_2 和 G_2 与三氟乙酸不起反应。B_1 和 G_1 的衍生物比移值为 $B_1 > G_1$。于薄层板左边依次滴加两个点。

第一点:10 μL 黄曲霉毒素混合标准使用液Ⅱ。

第二点:20 μL 样液。

于以上两点各加三氟乙酸 1 小滴盖于其上,反应 5 min 后,用吹风机吹热风 2 min,使热风吹到薄层板上的温度不高于 40℃。再于薄层板上滴加以下两个点。

第三点:10 μL 黄曲霉毒素混合标准使用液Ⅱ。

第四点:20 μL 样液。

再展开(同 3(1)),在紫外光灯下观察样液是否产生与黄曲霉毒素 B_1 或 G_1 标准点相同的衍生物,未加三氟乙酸的三、四两点,可依次作为样液与标准的衍生物空白对照;黄曲霉毒素 B_2 和 G_2 的确证试验,可用苯-乙醇-水(46+35+19)展开,若标准点与样液点出现重叠,即可确定。在展开的薄层板上喷以硫酸(1+3),黄曲霉毒素 B_1、B_2、G_1、G_2 都变为黄色荧光。

⑤稀释定量　样液中黄曲霉毒素 B_1、B_2、G_1、G_2 荧光点的荧光强度如分别与黄霉毒素 B_1、B_2、G_1、G_2 标准点的最低检出量(B_1、G_1 为 0.000 4 μg,B_2、G_2 为 0.000 2 μg)的荧光强度一致,则试样中黄曲霉毒素 B_1、G_1 含量为 5 μg/kg,B_2、G_2 含量为 2.5 μg/kg。如样液中任何一种黄曲霉毒素的荧光强度比其最低检出量强,则需逐一进行定量,直至样液点的荧光强度与最低检出量点的荧光强度一致为止。滴加试样如下:

第一点:10 μL 黄曲霉毒素混合标准使用液Ⅱ。

第二点:根据情况滴加 10 μL 样液。

第三点:根据情况滴加 15 μL 样液。

第四点:根据情况滴加 20 μL 样液。

(2)双向展开法

①滴加两点法　取薄层板 3 块,在距下端 3 cm 基线上滴加黄曲霉毒素标准使用液与样液。即在 3 块板的距左边缘 0.8~1 cm 处各滴加 10 μL 黄曲霉毒素混合标准使用液Ⅱ,在距左边缘 2.8~3.0 cm 处各滴加 20 μL 样液,然后在第二板的样液点上加滴 10 μL 黄曲霉毒素混合标准使用液Ⅱ;在第三板上的样液点上加滴 10 μL 黄曲霉毒素混合标准使用液Ⅰ。在展开槽内的长边置一玻璃支架,加 10 mL 无水乙醇,将上述点好的薄层板靠标准点的长边置于展开槽内展开,展至板端后,取出挥干,或根据情况需要时可再重复展开 1~2 次。挥干的薄层板以丙酮-三氯甲烷(8+92)展开至 10~12 cm 为止。丙酮与三氯甲烷的比例根据不同条件自行调节。在紫外光灯下观察第一、二板,若第二板的第二点在黄曲霉毒素 B_1、B_2、G_1、G_2 标准点的相应处出现最低检出量,而第一板在与第二板的相同位置上未出现荧光点,则试样中黄曲霉毒素 B_1、G_1 含量在 5 μg/kg 以下,B_2、G_2 的含量在 2.5 μg/kg 以下;若第一板在与第二板的相同位置上各出现荧光点,则将第一板与第三板比较,看第三板上第二点与第一板上第二点的相同位置的荧光点是否各与其黄曲霉毒素 B_1、B_2、G_1、G_2 标准点重叠,如果重叠,再进行所需的确证试验。黄曲霉毒素 B_1、G_1 的确证试验:取薄层板两块,于第四、第五两板距左边缘 0.8~1 cm 处各滴加 10 μL 黄曲霉毒素混合标准使用液Ⅱ及 1 滴三氟乙酸,距左边缘 2.8~3 cm 处,第四板滴加 20 μL 样液及 1 滴三氟乙酸;第五板滴加 20 μL 样液、10 μL 黄曲霉毒素混合标准使用液Ⅱ及 1 滴三氟乙酸。展开方法同 3(2)中的横向展开与纵向展开,观察样液点是否各产生与其黄曲霉毒素 B_1 或 G_1 标准点重叠的衍生物。观察时,可将第一板作为样液的衍生物空白板。如样液黄曲霉毒素 B_1、B_2、G_1、G_2 含量高时,则将样液稀释后按 3(1)中④作确证试验;如黄曲霉毒素 B_1、B_2、G_1、G_2 含量低时,稀释倍数小,在定量的纵向展开板上仍有杂质干扰,影响结果的判断,可将样液再做双向展开法测定,以确定含量。

②滴加一点法　取薄层板 3 块,在距下端 3 cm 基线上滴加黄曲霉毒素 B_1、B_2、G_1、G_2 标准使用液与样液。即在 3 块板距左边缘 0.8~1 cm 处各滴加 20 μL 样液,在第二板的点上加滴 10 μL 黄曲霉毒素混合标准使用液Ⅱ,在第三板的点上加滴 10 μL 黄曲霉毒素混合标准使用液Ⅰ。展开同 3(2)中的横向展开与纵向展开。在紫外光灯下观察第一、二板,如第二板出现最低检出量的黄曲霉毒素混合标准使用液Ⅱ标准点,而第一板与其相同位置上未出现荧光

点，试样中黄曲霉毒素 B_1、B_2、G_1、G_2 含量在 $5\ \mu g/kg$ 以下。如第一板在与第二板黄曲霉毒素混合标准使用液Ⅱ相同位置上出现荧光点，则将第一板与第三板比较，看第三板上与第一板相同位置的荧光点是否与黄曲霉毒素混合标准使用液Ⅰ标准点重叠，如果重叠再进行以下确证试验。另取两板，于距左边缘 $0.8\sim1\ cm$ 处，第四板滴加 $20\ \mu L$ 样液、1 滴三氟乙酸；第五板滴加 $20\ \mu L$ 样液、$10\ \mu L$ 黄曲霉毒素混合标准使用液Ⅱ及 1 滴三氟乙酸。展开方法同 3(2)中的横向展开与纵向展开。再将以上两板在紫外光灯下观察，以确定样液点是否产生与黄曲霉毒素混合标准使用液Ⅱ标准点重叠的衍生物，观察时可将第一板作为样液的衍生物空白板。经过以上确证试验定为阳性后，再进行稀释定量，如含黄曲霉毒素 B_1、B_2、G_1、G_2 低，不需稀释或稀释倍数小，杂质荧光仍有严重干扰，可根据样液中黄曲霉毒素 B_1、B_2、G_1、G_2 荧光的强弱，直接用双向展开法定量。

五、分析结果的表述

试样中黄曲霉毒素 B_1、B_2、G_1、G_2 的含量按下式进行计算：

$$X = 0.000\ 4 \times \frac{V_1 \times D \times 1\ 000}{V_2 \times m}$$

式中：X——试样中黄曲霉毒素 B_1、B_2、G_1、G_2 的含量，$\mu g/kg$；

$\quad V_1$——加入苯-乙腈混合液的体积，mL；

$\quad V_2$——出现最低荧光时滴加样液的体积，mL；

$\quad D$——样液的总稀释倍数；

$\quad m$——加入苯-乙腈混合液溶解时相当试样的质量，g；

$0.000\ 4$——黄曲霉毒素 B_1、B_2、G_1、G_2 的最低检出量，μg。

结果表示到测定值的整数位。

六、常见技术问题处理

(1)取样的过程中要取具有代表性的试样，因此采样应注意以下几点：

①根据规定采取有代表性试样。

②对局部发霉变质的试样检验时，应单独取样。

③每份分析测定用的试样应从大样经粗碎与连续多次用四分法缩减至 $0.5\sim1\ kg$，然后全部粉碎。粮食试样全部通过 20 目筛，混匀。花生试样全部通过 10 目筛，混匀。或将好、坏分别测定，再计算其含量。花生油和花生酱等试样不需制备，但取样时应搅拌均匀。必要时，每批试样可采取 3 份大样作试样制备及分析测定用，以观察所采试样是否具有一定的代表性。

(2)正己烷、甲醇、水提取法，提取时若出现乳化现象，可加入少量的无水硫酸钠，目的是增加甲醇、水与正己烷之间的密度差，同时，硫酸钠电离后的离子可以中和乳化液滴表面的电荷，破坏乳化层。

(3)方法中所用试剂不得出现荧光干扰物质。用做展开剂的乙醚和三氯甲烷不应含有氧化性的氧化物(或过氧化物)，否则会使黄曲霉毒素 B_1 受到破坏而降低灵敏度。

检查方法：取 $25\ mL$ 溶剂，加入 $5\ mL$ 碘化钾溶液($100\ g/L$)，振荡，如果碘化钾层变为黄色，则该试剂不能使用。

（4）如果样品中有荧光杂质干扰，测定时，可将已展开的薄层板倒置于无水乙醚中饱和展开，杂质可被赶回原点一端，黄曲霉毒素斑点留在原处不动，从而便于判断观察。

（5）本方法在薄层板上黄曲霉毒素的最低检出量为 0.000 4 μg，检出限为 5 $\mu g/kg$。

【知识与技能检测】

1. 黄曲霉毒素的特性、污染食物的途径和对人体的危害有哪些？

2. 简述薄层色谱法测定食品中黄曲霉毒素的原理。

3. 在黄曲霉毒素测定的过程中，怎样校正仪器？

4. 简答双向展开法和单向展开法的异同点。

5. 采样时，怎样做才能最可能采取到具有代表性的样品？

【超级链接】红外光谱分析技术

红外光谱（infrared spectrometry，IR）是一种选择性吸收光谱，通常是指有机物分子在一定波长红外线的照射下，选择性地吸收其中某些频率的光能后，用红外光谱仪记录所得到的吸收谱带。红外光谱法主要研究在振动中伴随有偶极矩变化的化合物。除了单原子和同核分子外，几乎所有的有机化合物在红外光区均有吸收。红外吸收带的波长位置与吸收谱带的强度反映了分子结构上的特点，可以用来鉴定未知物的结构或确定其化学基团；而吸收谱带的吸收强度与分子组成或化学基团的含量有关，可用以进行定量分析和纯度鉴定。由于红外光谱分析特征性强，对气体、液体、固体试样都可测定，并具有试样量少，分析速度快，不破坏试样的特点，因此，红外光谱法常用于鉴定化合物和测定分子结构，并进行定性和定量分析。

红外光谱的基本原理是：把分子中每一个振动频率归属于分子中一定的键或基团，最简单的分子振动称为简谐振动，振动频率与原子间键能呈正相关，与质量呈负相关，此时为基频吸收。实际分子中有原子间相互作用的影响及转动的影响使得吸收谱带变宽、位移。相同的化学键或基团在不同的分子构型中，他们的振动频率改变不大，这一频率称为某一键或基团的特征振动频率，其吸收谱带称为特征吸收谱带。连续波长的红外线经试样后，由于物质的分子对红外线的选择性吸收，在原来连续谱带上某些波长的红外线强度降低，得到红外吸收光谱图。红外光谱吸收峰与分子及分子中各基团的不同的振动形式相对应，从吸收峰的位置和强度，可得到此种分子的定性及定量的数据，就可以确定分子中不同的键或基团，确定其分子结构。

任务三　白酒中甲醇的测定

【知识准备】

一、概述

甲醇和乙醇在色泽与味觉上没有差异，酒中微量甲醇可引起人体慢性损害，高剂量时可引起人体急性中毒。以果胶含量较高的原料酿制的酒中甲醇含量较高时，如薯干、薯蔓、薯皮、麸皮、谷糠中果胶含量均较高。此外，蒸煮原料温度过高、时间过长以及使用含果胶多的糖化剂也能增加成品中甲醇含量。

甲醇进入人体后分解缓慢,有蓄积作用。少量甲醇也容易引起中毒。一般饮用后数小时即可发生昏晕、沉睡、全身无力、头痛、视觉模糊、恶心呕吐、腹痛、呼吸困难,随即知觉丧失,数小时至数日后失明。甲醇最突出的毒性是对视神经的作用,中毒剂量随个体差异变化,一般 $7 \sim 8$ mL 纯甲醇可引起失明,$30 \sim 100$ mL 即可致死,甲醇在体内氧化的产物甲醛毒性更胜过甲醇。我国发生多次大范围酒类中毒,酒中甲醇含量在 $2.4 \sim 41.1$ g/100 mL。因此,蒸馏酒必须严格控制甲醇含量。我国卫生标准规定,以薯干为原料的酒甲醇不得超过 0.12 g/L,以谷类为原料的酒甲醇不得超过 0.04 g/L。

二、测定方法

现行国家标准《白酒中甲醇的测定》(GB/T 5009.48)中规定,蒸馏酒中甲醇含量的测定通常采用品红-亚硫酸比色法。

【技能培训】

一、测定原理

蒸馏酒中甲醇在磷酸溶液中,可被高锰酸钾氧化成甲醛,过量的高锰酸钾及在反应中产生的二氧化锰,可用硫酸-草酸溶液除去。甲醛与品红亚硫酸作用生成蓝紫色化合物,与标准系列比较即可得出甲醇含量。

二、试剂与材料

(1)高锰酸钾-磷酸溶液:称取 3 g 高锰酸钾,加入 15 mL 磷酸(85%)与 70 mL 水的混合液中,溶解后加水至 100 mL。贮于棕色瓶内,防止氧化力下降,保存时间不宜过长。

(2)草酸-硫酸溶液:称取 5 g 无水草酸($H_2C_2O_4$)或 7 g 含 2 分子结晶水的草酸($H_2C_2O_4 \cdot 2H_2O$),溶于硫酸(1+1)中至 100 mL。

(3)品红-亚硫酸溶液:称取 0.1 g 碱性品红研细后,分次加入共 60 mL 80℃的水,边加入水边研磨使其溶解。用滴管吸取上层溶液滤于 100 mL 容量瓶中,冷却后加 10 mL 亚硫酸钠溶液(100g/L),1 mL 盐酸,再加水至刻度,充分混匀,放置过夜。如溶液有颜色,可加少量活性炭搅拌后过滤,贮于棕色瓶中,置暗处保存,溶液呈红色时应弃去重新配制。

(4)甲醇标准溶液:称取 1.000 g 甲醇,置于 100 mL 容量瓶中,加水稀释至刻度,此溶液每毫升相当于 10.0 mg 甲醇,置低温保存。

(5)甲醇标准使用液:吸取 10.0 mL 甲醇标准溶液,置于 100 mL 容量瓶中,加水稀释至刻度。再取 25.0 mL 稀释液置于 50 mL 容量瓶中,加水至刻度,该溶液每毫升相当于 0.50 mg 甲醇。

(6)无甲醇的乙醇溶液:取 0.3 mL 按操作方法检查,不应显色。如显色需进行处理。取 300 mL 乙醇(95%),加高锰酸钾少许,蒸馏,收集馏出液。在馏出液中加入硝酸银溶液(取 1g 硝酸银溶于少量水中)和氢氧化钠溶液(取 1.5 g 氢氧化钠溶于少量水中),摇匀,取上清液蒸馏,弃去最初 50 mL 馏出液,收集中间馏出液约 200 mL,用酒精比重计测其浓度,然后加水配成无甲醇的乙醇(体积分数为 60%)。

(7)亚硫酸钠溶液(100 g/L)。

三、仪器与设备

分光光度计。

四、操作技能

根据试样中乙醇浓度适当取样(乙醇浓度:30％,取 1.0 mL;40％,取 0.80 mL;50％,取 0.60 mL;60％,取 0.50 mL),置于 25 mL 具塞比色管中。吸取 0、0.10 mL、0.20 mL、0.40 mL、0.60 mL、0.80 mL、1.00 mL 甲醇标准使用液(相当 0、0.05 mg、0.10 mg、0.20 mg、0.30 mg、0.40 mg、0.50 mg 甲醇)分别置于 25 mL 具塞比色管中,并加入 0.5 mL 无甲醇的乙醇(体积分数为 60％)。于试样管及标准管中各加水至 5 mL,再依次各加 2 mL 高锰酸钾-磷酸溶液,混匀,放置 10 min,各加 2 mL 草酸-硫酸溶液。混匀使之褪色,再各加 5 mL 品红-亚硫酸溶液,混匀,于 20℃ 以上静置 0.5 h,用 2 cm 比色杯,以零管调节零点,于波长 590 nm 处测吸光度,绘制标准曲线比较,或与标准系列目测比较。

五、分析结果的表述

试样中甲醇的含量按下式进行计算:

$$X = \frac{m}{V \times 1\,000}$$

式中:X——试样中甲醇的含量,g/100 mL;

　　　m——甲醇标准使用液中甲醇的质量,mg;

　　　V——试样体积,mL。

计算结果保留两位有效数字。

六、常见技术问题处理

(1)在重复性条件下获得的 2 次独立测定结果的绝对差值不得超过算术平均值的:含量≥0.10 g/100 mL 为≤15％;含量<0.10 g/100 mL 为≤20％。

(2)如果样品中混有色素,必须经过蒸馏后再取样测定。方法是:吸取 100 mL 样品于 250 mL 或 500 mL 全玻璃蒸馏器中,加 50 mL 水,再加入玻璃珠数粒,蒸馏,用 100 mL 蒸馏瓶收集流出液 100 mL。

(3)本法不是甲醇氧化成甲醛的特有反应,一些高级挥发性物质也能呈现颜色反应。但是,在含有一定量硫酸的溶液中,其他醛类所产生的颜色反应,在一定时间之内可以褪色,而甲醛所显示的蓝紫色很稳定,24 h 之内不褪色,所以可以消除干扰。

(4)乙醇含量影响显色。乙醇含量低,显色灵敏度高,以 5％ 的体积分数量最为适宜(以比色管中乙醇含量计),可增减其样品体积。

(5)必须按操作掌握时间,不能提早比色,以便其他产生干扰的醛类所形成的有色物质有足够的时间褪色。

【知识与技能检测】

1. 甲醇特性、污染食品途径和对人体危害有哪些?

2. 简述气相色谱法测定白酒中甲醇的原理。

3. 简述高锰酸钾-磷酸溶液和无甲醇的乙醇溶液的作用。

4. 简述分光光度计的操作步骤。

5. 本实验过程中,对品红结晶研磨后再称量有什么具体要求?

【超级链接】气相色谱法在食品分析中的应用

1. 气体分析

水果和蔬菜在采后储藏过程中,进行着有氧和厌氧呼吸,特别是在气调法储藏盒催熟过程中,顶部空间的 O_2、CO_2、乙烯等气体和乙醛、乙醇和水分的浓度都在不断变化。气相色谱分析是检测这些成分含量变化的有力手段。

2. 单糖分析

单糖是非挥发性的化合物,因此气相色谱分析并非单糖测定的首选方法,但是,在鉴定杂多糖的过程中,水解后,那些相对含量很低的单糖,难以被高效液相色谱的示差折光检测器检出。气相色谱的 FID 检测器对单糖衍生物有很低的检出限,能够胜任上述任务。

3. 脂肪酸分析

气相色谱是脂肪酸最有力的分析手段。游离脂肪酸可以采用 FFAP(改性的 PEG-20M)色谱柱直接分析,但受色谱柱最高使用温度的限制,对含碳数高的不饱和脂肪酸样品(如菜籽油中芥酸)来说,一般还是建议通过酯化反应,分析脂肪酸甲酯,FFAP 可以分离 18 种脂肪酸甲酯。

4. 氨基酸分析

在液相色谱测定氨基酸技术成熟之前,氨基酸分析是采用气相色谱方法。首先,无水条件下,氨基酸分子中的羧基被丁醇盐酸酯化,除尽酯化试剂后,用三氟乙酸酐酰化氨基,得到的衍生物经毛细管柱分离,用 FID 或 ECD 检测。

两步衍生化反应条件要求严格,操作复杂。与当今 HPLC 分析氨基酸的方法比,GC 没有任何优势可言,现在已经很少使用。

5. 香精香料分析

香料中含有大量挥发性的有机化合物,化学组成非常复杂,用蒸馏法或溶剂提取法分离这些呈香化合物得到香精。气相色谱技术,包括 GC-FTIR、GC-MS、GC-O(气相色谱-嗅觉测量法)非常适合对这些复杂的混合物进行定性定量分析。

6. 农药残留分析

农药是一种复杂的有机化合物,在食品样品中含量低,通常只有 $10^{-12} \sim 10^{-6}$ g,有的仅以代谢产物存在,干扰性强。目前在我国,一系列国家标准和行业标准中,均使用气相色谱法检测农药残留。

技能训练　白酒中甲醇含量的测定

一、技能目标

(1)查阅《蒸馏酒及其配制酒》(GB 2757)及《蒸馏酒及配制酒卫生标准的分析方法》(GB/

T 5009.48)能正确制订作业程序。

(2)掌握外标法定量的原理及气相色谱仪(火焰离子化检测器 FID)的使用方法。

二、所需试剂与仪器

按照《蒸馏酒及配制酒卫生标准的分析方法》(GB/T 5009.48)的规定,请将甲醇测定所需仪器设备的名称、数量、规格和试剂的名称、规格级别记录于表 5-27 和表 5-28 中。

表 5-27 工作所需全部仪器设备一览表

序号	名称	规格要求
1	气相色谱仪	
2		

表 5-28 工作所需全部化学试剂一览表

序号	名称	规格要求	配制方法

三、工作过程与标准要求

工作过程及标准要求见表 5-29。

表 5-29 工作过程与标准要求

工作过程	工作内容	技能标准
1. 准备工作	准备并检查实训材料与仪器。	(1)准备本次实训所需的所有材料与仪器设备。 (2)试剂的配制和仪器的清洗、控干。 (3)检查设备运行是否正常。
2. 标准溶液的配制	用体积分数为 60% 的乙醇水溶液为溶剂,分别配制浓度为 0.1~0.6 g/L 的甲醇标准溶液。	(1)能正确配置各种标准溶液。 (2)掌握 1~2 种称量方法。
3. 色谱条件	色谱柱:长 2 m,内径 4 mm,玻璃柱式不锈钢柱;固定相:GDX-102(60~80 目);载气(N_2)流速:40 mL/min;氢气(H_2)流速:40 mL/min,空气流速:450 mL/min;进样量:0.5 μL;柱温:170℃;检测器温度:190℃;汽化室温度:190℃。	(1)能正确设置不同的色谱条件。 (2)掌握色谱图分析方法。 (3)掌握色谱仪的保养方法。
4. 操作	通载气,启动仪器,设定以上温度条件。待温度升至所需值时,打开氢气和空气,点燃 FID(点火时,H_2 的流量可大些),缓缓调节 N_2、H_2 及空气的流量,至信噪比较佳时为止。待基线平稳后即可进样分析。	(1)能熟练开关仪器。 (2)能正确编辑仪器操作程序。 (3)能正确利用仪器的自动化。 (4)能正确判断打火声音。 (5)能正确判断基线的平稳性。

续表 5-29

工作过程	工作内容	技能标准
5. 测定	在操作步骤 4 中的色谱条件下进 0.5 L 标准溶液,得到色谱图,记录甲醇的保留时间。在相同条件下进白酒样品 0.5 L,得到色谱图,根据保留时间确定甲醇峰。	(1)能正确进样。 (2)能正确识别样品在色谱中的保留时间。 (3)能正确识别样品的峰面值。

四、数据记录及处理

(1)数据的记录　将数据记录于表 5-30 中。

表 5-30　数据记录表

序号	甲醇标准使用液中甲醇质量/mg	试样体积/mL

(2)结果计算　按下式计算白酒中甲醇含量:

$$X = \frac{m}{V \times 1\ 000}$$

式中:X——试样中甲醇的含量,g/100 mL;

m——甲醇标准使用液中甲醇的质量,mg;

V——试样体积,mL。

计算结果保留两位有效数字。

五、技能评价

按照工作过程操作水平,由相关人员填写技能评价表(表 5-31)。

表 5-31　技能评价表

评价内容	满分值	学生自评	同伴互评	教师评价	综合评分
准备工作	10				
标准溶液的配制	10				
色谱条件	20				
操作	20				
测定	10				
分析结果表述	15				
技能报告	15				
总分					

注:综合评分=学生自评分×20%+同伴互评分×30%+教师评价分×50%。

模块六　综合实训

【模块提要】　本模块结合企业和相关检验岗位的实际需求,主要介绍了肉与肉制品检验、乳与乳制品检验、葡萄酒质量检验三个方面的综合实训内容,教学过程中可根据实际情况任选其一开展实训。

【学习目标】　通过本模块的学习,要求学生了解相关产品分析检验的质量标准及一般程序,掌握相关检验项目的测定原理和方法,进一步熟练食品感官检验、理化检验等检验技术的综合应用,培养学生解决实际问题的能力。

综合实训项目一　肉及肉制品检验

一、实训目标

(1)了解肉及肉制品的质量标准和各项理化指标。
(2)了解并掌握肉及肉制品的检验项目和方法。
(3)培养学生综合运用基本原理、基本技能,独立完成项目(产品)检测任务的能力。

二、实训任务

1. 实训项目任务布置
(1)项目任务　肉与肉制品检验。
(2)任务要求　掌握肉与肉制品的分析检验方法。
2. 任务分配与组织
(1)每4~6人一小组,民主推荐/自愿选出组长。
(2)预习实训指导书,收集查阅有关肉与肉制品检验的国家标准,结合实际情况选择测定方法,拟定检验计划。

三、教师指导

(一)实训资料

(1)钱志伟.食品分析实训指导书.河南农业职业学院校本教材,2009
(2)国家质量监督检验检疫总局产品质量监督司.食品质量安全市场准入审查指南(肉制品、罐头食品分册).北京:中国标准出版社,2003
(3)食品卫生检验方法　理化部分.北京:中国标准出版社,2003

（4）中国标准出版社第一编辑室．中国食品工业标准汇编．各卷．北京：中国标准出版社，2005

（5）无锡轻工业大学，天津轻工业大学．食品分析．北京：中国轻工业出版社，2005

（6）尹凯丹，张奇志．食品理化分析．北京：化学工业出版社，2010

（7）王喜萍．食品分析．北京：中国农业出版社，2005

（8）张晓鸣．食品感官评定．北京：中国轻工业出版社，2008

（9）徐英岚．无机与分析化学．北京：中国农业出版社，2006

（10）GB 18394—2001　畜禽肉水分限量

（11）GB/T 9695.19—2008　肉与肉制品　取样方法

（12）GB/T 9695.11—2008　肉与肉制品　氮含量测定

（13）GB/T 9695.7—2008　肉与肉制品　总脂肪含量测定

（14）GB/T 9695.1—2008　肉与肉制品　游离脂肪含量测定

（15）GB/T 9695.18—2008　肉与肉制品　总灰分测定

（16）GB/T 9695.31—2008　肉制品　总糖含量测定

（17）GB/T 9695.14—2008　肉制品　淀粉含量测定

（18）GB/T 9695.15—2008　肉与肉制品　水分含量测定

（19）食品伙伴网：http：//www.foodmate.net

（20）标准分享网：http：//www.bzfxw.com

（21）标准技术网：htttp：//www.bzjsw.com

（二）实训要点讲解

1．肉与肉制品取样方法

（1）适用范围　只适用于肉与肉制品中理化检验的取样，不适用于以微生物检验为目的的取样。

（2）取样设备和容器　①直接接触样品的容器材料应防水防油。②容器应满足取样量和样品形状的要求。③取样设备应清洁、干燥，不得影响样品的气味、风味和成分组成。④使用玻璃器皿要防止破损。

（3）取样程序

①取样的一般原则　所取样品应尽可能有代表性；应抽取同一批次统一规格的产品；取样量应满足分析的要求，不得少于分析取样、复验和留样备查的总量。

②鲜肉的取样　从3～5片胴体或同规格的分割肉上取若干小块混合为一份样品，每份样品为500～1 500 g。

③冻肉的取样　成堆产品：在堆放空间的四角和中间设采样点，每点从上、中、下三层取若干小块混为一份样品，每份样品为500～1 500 g。包装冻肉：随机取3～5包混合，总量不得少于1 000 g。

④肉制品的取样　每件500 g以上的产品，随机从3～5件上取若干小块混合，共500～1 500 g；每件500 g以下的产品，随机取3～5件混合，总量不得少于1 000 g；小块碎肉，从堆放平面的四角和中间取样混合，共500～1 500 g。

（4）样品的包装和标识　装实验室样品的容器应由取样人员封口并贴上封条或标签。标签应至少标注以下信息：取样人员和取样单位名称；取样地点和日期；样品的名称、等级和规格;样品特性;样品的商品代码和批号。

（5）样品的运输和贮存 ①取样后尽快将样品送至实验室。②运输过程须保证样品完好加封。③运输过程中需保证样品没受损或发生变化。④样品到实验室后尽快分析处理,易腐易变质样品应置冰箱或特殊条件下贮存,保证不影响分析结果。

（6）取样报告 取样人员取样时应填写取样报告,内容包括:实验室样品标签所要求的信息;被取样单位名称和负责人姓名;生产日期;产品数量;取样数量;取样方法等。可能的情况下,还应包括取样目的、会对样品造成影响的气温和空气湿度等包装环境和运输环境,及其他相关事宜。

2. 肉与肉制品的理化检测

（1）畜禽肉（鲜冻猪肉、鸡肉、牛肉、羊肉）水分限量及检测按 GB 18394 执行。

（2）肉与肉制品水分含量测定:抽样方法按 GB/T 9695.19 规定的方法取样,分析方法按 GB/T 9695.15 执行。

（3）肉与肉制品氮含量测定:抽样方法按 GB/T 9695.19 规定的方法取样,分析方法按 GB/T 9695.11 执行。

（4）肉与肉制品总脂肪含量测定按 GB/T 9695.7 执行。

（5）肉与肉制品中游离脂肪含量测定按 GB/T 9695.1 执行。

（6）肉与肉制品中总灰分的测定按 GB/T 9695.18 执行。

（7）肉制品中总糖含量测定按 GB/T 9695.31 执行。

（8）肉制品中淀粉含量测定参照 GB/T 9695.14 执行。

四、学生实训

（一）实训计划制订

按照教师指导及实训资料,结合实际情况制订实训计划。计划的形式可以采用表格形式（表 6-1）。

（二）实训材料准备

按照实训计划,准备实训所需的所有材料及仪器、设备、工具等记录于表 6-2 中。

表 6-1 综合实训计划单

综合实训 1	肉及肉制品检验		学时	
计划方式	学生计划,教师引导			
序号	实施步骤			使用资源
制订计划说明				
计划评价	班级		第 组	组长签字
	教师签字			日 期
	评语:			

表 6-2　材料、工具清单

项目	序号	名称	作用	数量	型号	使用前	使用后
所用设备							
所用材料							
所用工具							
试剂							
班级							

（三）实训实施与操作

实训实施见表 6-3。

表 6-3　实施单

综合实训 1	肉及肉制品检验		学时	
实施方式	教师指导、学生独立完成			
序号	实施步骤		使用资源	

实施说明：

班级		第　　组	组长签字	
教师签字			日　期	

五、实训检查及评价

实训检查及评价见表 6-4 和表 6-5。

表 6-4　检查单

序号	检查项目	检查标准	学生自检	教师检查
检查评价	班　级	第　　组	组长签字	
	教师签字	日　期		
	评语：			

表 6-5　评价单

评价类别	项目	子项目	个人评价	组内互评	教师评价
专业能力（60%）	计划（20%）	计划可执行度（10%）			
		仪器材料、工具设备安排（10%）			
	实施（25%）	工作步骤执行性（10%）			
		操作过程规范性（10%）			
		使用仪器、设备规范性（5%）			

续表 6-5

评价类别	项目	子项目	个人评价	组内互评	教师评价
专业能力 （60%）	检查（5%）	全面性、准确性（3%）			
		异常情况排除（2%）			
	结果（10%）	实训结果正确性与准确性（10%）			
社会能力 （20%）	团结协作 （10%）	小组成员合作良好（5%）			
		对小组的贡献（5%）			
	敬业精神 （10%）	学习纪律性（5%）			
		爱岗敬业、吃苦耐劳精神（5%）			
方法能力 （20%）	计划能力 （10%）	考虑全面（5%）			
		细致有序（5%）			
	实施能力 （10%）	方法正确（5%）			
		选择合理（5%）			
评价评语	班级		姓名		学号		总评	
	教师签字		第　　组	组长签字		日期	
	评语：						

六、实训思考

（1）本次实训你最大的收获是什么？

（2）本次实训你成功方面有哪些？不足方面有哪些？如何改进？

综合实训项目二　乳及乳制品检验

一、实训目标

（1）了解乳及乳制品的质量标准。

（2）了解并掌握乳及乳制品主要检验项目和检验方法。

（3）培养学生综合运用基本原理、基本技能，独立完成项目（产品）检测任务的能力。

二、实训任务

1. 实训项目任务布置

（1）项目任务　乳及乳制品检验。

（2）任务要求　掌握乳与乳制品的分析检验方法。

2.任务分配与组织

(1)每4～6人一小组,民主推荐/自愿选出组长。

(2)预习实训指导书,收集查阅有关乳及乳制品检验的国家标准,结合实际情况选择测定方法,拟定检验计划。

三、教师指导

(一)实训资料

(1)钱志伟.食品分析实训指导书.河南农业职业学院校本教材,2009

(2)孔保华.乳品科学与技术.哈尔滨:东北农业大学出版社,2006

(3)食品卫生检验方法:理化部分.北京:中国标准出版社,2003

(4)中国标准出版社第一编辑室.中国食品工业标准汇编.各卷.北京:中国标准出版社,2005

(5)无锡轻工业大学,天津轻工业大学.食品分析.北京:中国轻工业出版社,2005

(6)尹凯丹,张奇志.食品理化分析.北京:化学工业出版社,2010

(7)王喜萍.食品分析.北京:中国农业出版社,2005

(8)张晓鸣.食品感官评定.北京:中国轻工业出版社,2008

(9)徐英岚.无机与分析化学.北京:中国农业出版社,2006

(10)GB 19301 食品安全国家标准　生乳

(11)GB 19302 食品安全国家标准　发酵乳

(12)GB 19644 食品安全国家标准　乳粉

(13)GB 13102 食品安全国家标准　炼乳

(14)GB 19646 食品安全国家标准　稀奶油、奶油和无水奶油

(15)GB 54133 食品安全国家标准　婴幼儿食品和乳品中脂肪的测定

(16)GB 50095 食品安全国家标准　食品中蛋白质的测定

(17)GB 541339 食品安全国家标准　乳和乳制品中非脂乳固体的测定

(18)GB 541334 食品安全国家标准　乳和乳制品酸度的测定

(19)食品伙伴网:http://www.foodmate.net

(20)标准分享网:http://www.bzfxw.com

(21)标准技术网:http://www.bzjsw.com

(二)实训要点讲解

1.乳及乳制品感官检验

(1)生乳的感官要求及检验方法　见表6-6。

表6-6　生乳的感官要求及检验方法

项目	要求	检验方法
色泽	呈乳白色或微黄色。	取适量试样置于50 mL烧杯中,在自然光下观察色泽和组织状态。闻其气味,用温开水漱口,品尝滋味。
滋味、气味	具有乳固有的香味,无异味	
组织状态	呈均匀一致液体,无凝块、无沉淀、无正常视力可见异物。	

（2）乳粉的感官要求及检验方法　见表6-7。

表 6-7　乳粉感官要求及检验方法

项　目	要　求		检验方法
	乳　粉	调制乳粉	
色泽	呈均匀一致的乳黄色。	具有应有的色泽。	取适量试样置于 50 mL 烧杯中,在自然光下观察色泽和组织状态。闻其气味,用温开水漱口,品尝滋味。
滋味、气味	具有纯正的乳香味。	具有应有的滋味、气味。	
组织状态	干燥均匀的粉末。		

（3）发酵乳感官要求及检验方法　见表6-8。

表 6-8　发酵乳感官要求及检验方法

项　目	要　求		检验方法
	发酵乳	风味发酵乳	
色泽	色泽均匀一致,呈乳白色或微黄色。	具有与添加成分相符的色泽。	取适量试样置于 50 mL 烧杯中,在自然光下观察色泽和组织状态。闻其气味,用温开水漱口,品尝滋味。
滋味、气味	具有发酵乳特有的滋味、气味。	具有与添加成分相符的滋味和气味。	
组织状态	组织细腻、均匀,允许有少量乳清析出;风味发酵乳具有添加成分特有的组织状态。		

2. 乳及乳制品的理化检测

（1）生乳理化指标检测按 GB 5413 执行。

（2）乳及乳制品中蛋白质含量的测定按 GB 5009.5 执行。

（3）乳及乳制品中非脂乳固体的测定。测定原理是先分别测定出乳及乳制品中的总固体含量、脂肪含量(如添加了蔗糖等非乳成分含量,也应扣除),再用总固体减去脂肪和蔗糖等非乳成分含量,即为非脂乳固体。具体测定方法按 GB 5413.39 执行。

（4）乳和乳制品酸度的测定按 GB 5413.34 执行。

（5）乳和乳制品杂质度的测定按 GB 5413.30 执行。

四、学生实训

（一）实训计划制订

按照教师指导及实训资料,结合实际情况制订实训计划。计划单见表6-9。

表 6-9 综合实训计划单

综合实训 2	乳及乳制品检验		学 时	
计划方式	学生计划,教师引导			
序 号	实施步骤		使用资源	
制订计划说明				
计划评价	班 级		第 组	组长签字	
	教师签字		日 期	
	评语:			

(二)实训材料准备

按照实训计划,准备实训所需的所有材料及仪器、设备、工具等记录于表 6-10 中。

表 6-10 材料、工具清单

项目	序号	名称	作用	数量	型号	使用前	使用后
所用设备							
所用材料							
所用工具							
试剂							
班级							

(三)实训实施与操作

实训实施见表 6-11。

表 6-11 实施单

综合实训 2	乳及乳制品检验		学 时	
实施方式	教师指导、学生独立完成			
序 号	实施步骤		使用资源	
实施说明:				
班 级		第 组	组长签字	
教师签字			日 期	

五、实训检查及评价

实训检查及评价见表 6-12 和表 6-13。

表 6-12　检查单

序号	检查项目	检查标准	学生自检	教师检查
检查评价	班级		第　　组	组长签字	
	教师签字		日　期		
	评语：				

表 6-13　评价单

评价类别	项目	子项目	个人评价	组内互评	教师评价
专业能力 （60%）	计划 （20%）	计划可执行度（10%）			
		仪器材料、工具设备安排（10%）			
	实施 （25%）	工作步骤执行性（10%）			
		操作过程规范性（10%）			
		使用仪器、设备规范性（5%）			
	检查 （5%）	全面性、准确性（3%）			
		异常情况排除（2%）			
	结果（10%）	实训结果正确性与准确性（10%）			
社会能力 （20%）	团结协作 （10%）	小组成员合作良好（5%）			
		对小组的贡献（5%）			
	敬业精神 （10%）	学习纪律性（5%）			
		爱岗敬业、吃苦耐劳精神（5%）			
方法能力 （20%）	计划能力 （10%）	考虑全面（5%）			
		细致有序（5%）			
	实施能力 （10%）	方法正确（5%）			
		选择合理（5%）			
评价评语	班级		姓名		学号	总评
	教师签字		第　　组	组长签字		日期
	评语：					

六、实训思考

（1）本次实训你最大的收获是什么？

（2）本次实训你成功方面有哪些？不足方面有哪些？如何改进？

综合实训项目三　葡萄酒质量检验

一、实训目标

(1)了解葡萄酒的质量标准。

(2)了解并掌握葡萄酒的主要检验项目和检验方法。

(3)培养学生综合运用基本原理、基本技能,独立完成项目(产品)检测任务的能力。

二、实训任务

1. 实训项目任务布置

(1)项目任务　葡萄酒质量检验。

(2)任务要求　掌握葡萄酒质量检验项目和分析检验方法。

2. 任务分配与组织

(1)每 4～6 人一小组,民主推荐/自愿选出组长。

(2)预习实训指导书,收集查阅有关葡萄酒的相关国家标准,结合实际情况选择测定方法,拟定检验计划。

三、教师指导

(一)实训资料

(1)钱志伟.食品分析实训指导书.河南农业职业学院校本教材,2009

(2)王传荣.发酵食品生产技术.北京:科学出版社,2006

(3)葛向阳,田焕章,梁运祥.酿造学.北京:高等教育出版社,2006

(4)李华.葡萄酒酿造与质量控制.天津:天津大学出版社,1990

(5)李华.现代葡萄酒工艺学.西安:陕西人民出版社,2003

(6)朱宝镛等.葡萄酒工业手册.北京:中国轻工业出版社,1995

(7)高年发.葡萄酒生产技术.北京:化学工业出版社,2005

(8)GB 15037 葡萄酒

(9)GB 15038 葡萄酒、果酒通用分析方法

(10)GB 2758 发酵酒卫生标准

(11)GB/T 4789.25 食品卫生微生物检验　酒类检验

(12)GB/T 5009.12 食品安全国家标准　食品中铅的测定

(13)GB/T 5009.29 食品中山梨酸钾、苯甲酸钠的测定

(14)食品伙伴网:http://www.foodmate.net

(15)标准分享网:http://www.bzfxw.com

(16)标准技术网:http://www.bzjsw.com

（二）实训要点讲解

1. 葡萄酒感官质量标准

（1）葡萄酒的感官要求　见表 6-14。

表 6-14　葡萄酒的感官要求

项　　目			要　　求
外观	色泽	白葡萄酒	近似无色、微黄带绿、浅黄、禾秆黄、金黄色。
		红葡萄酒	紫红、深红、宝石红、红微带棕色、棕红色。
		桃红葡萄酒	桃红、淡玫瑰红、浅红色。
	澄清程度		澄清，有光泽，无明显悬浮物（使用软木塞封口的酒允许有少量软木渣，瓶装超过一年的葡萄酒允许有少量沉淀）。
	起泡程度		起泡葡萄酒注入杯中时，应有细微的串珠状气泡升起，并有一定的持续性。
香气与滋味	香气		具有纯正、优雅、怡悦、和谐的果香和酒香，陈酿型的葡萄酒还应具有陈酿香或橡木香。
	滋味	干、半干葡萄酒	具有纯正、优雅、爽怡的口味和悦人的果香味，酒体完整。
		半甜、甜葡萄酒	具有甘甜醇厚的口味和陈酿的酒香味，酒体丰满。
		起泡葡萄酒	具有优美醇正、和谐悦人的口味和发酵起泡酒特有香味，有杀口力。
典型性			具有标示的葡萄品种及产品类型应有的特征和风格。

注：特种葡萄酒按相应的产品标准执行。

（2）葡萄酒的理化要求　见表 6-15。

表 6-15　葡萄酒的理化要求

项　　目			要　　求
酒精度[a]（20℃）（体积分数）/（%）			≥7.0
总糖[d]（以葡萄糖计）/（g/L）	平静葡萄酒	干葡萄酒[b]	≤4.0
		半干葡萄酒[c]	4.1～12.0
		半甜葡萄酒	12.1～45.0
		甜葡萄酒	≥45.1
	高泡葡萄酒	天然型高泡葡萄酒	≤12.0（允许差为3.0）
		绝干型高泡葡萄酒	12.1～17.0（允许差为3.0）
		干型高泡葡萄酒	17.1～32.0（允许差为3.0）
		半干型高泡葡萄酒	32.1～50.0
		甜型高泡葡萄酒	≥50.1

续表 6-15

项　目		要　求
干浸出物/(g/L)	白葡萄酒	≥16.0
	桃红葡萄酒	≥17.0
	红葡萄酒	≥18.0
挥发酸(以乙酸计)/(g/L)		≤1.2
柠檬酸/(g/L)	干、半干、半甜葡萄酒	≤1.0
	甜葡萄酒	≤2.0
二氧化碳(20℃)/MPa	低泡葡萄酒	<250 mL/瓶	0.05～0.29
		≥250 mL/瓶	0.05～0.34
	高泡葡萄酒	<250 mL/瓶	≥0.30
		≥250 mL/瓶	≥0.35
铁/(mg/L)		≤8.0
铜/(mg/L)		≤1.0
甲醇/(mg/L)	白、桃红葡萄酒	≤250
	红葡萄酒	≤400
苯甲酸或苯甲酸钠(以苯甲酸计)/(mg/L)		≤50
山梨酸或山梨酸钾(以山梨酸计)/(mg/L)		≤200

注:总酸不作要求,以实测值表示(以酒石酸计)/(g/L)。

a. 酒精度标签标示值与实测值不得超过±1.0%(体积分数)。

b. 当总糖与总酸(以酒石酸计)的差值小于或等于 2.0 g/L 时,含糖最高为 9.0 g/L。

c. 当总糖与总酸(以酒石酸计)的差值小于或等于 2.0 g/L 时,含糖最高为 18.0 g/L。

d. 低泡葡萄酒总糖的要求同平静葡萄酒。

(3)葡萄酒的卫生指标要求　见表 6-16。

表 6-16　葡萄酒卫生指标

项　目	指　标
总二氧化硫(SO_2)/(mg/L)	≤250
铅(Pb)/(mg/L)	≤0.2
菌落总数/(cfu/mL)	≤50
大肠菌群/(MPN/100 mL)	≤3
肠道致病菌(沙门氏菌、志贺氏菌、金黄色葡萄球菌)	不得检出

2. 葡萄酒的感官检查

(1)外观　在适宜光线(非直射阳光)下,以手持杯底或用手握住玻璃杯柱,举杯齐眉,用眼观察杯中酒的色泽、透明度与澄清程度。有无沉淀及悬浮物;起泡和加气起泡葡萄酒要观察起泡情况,作好详细记录。

(2)香气　先在静止状态下多次用鼻嗅香,然后将酒杯捧握手掌之中,使酒微微加温,并摇动酒杯,使杯中酒样分布于杯壁上。慢慢地将酒杯置于鼻孔下方,嗅闻其挥发香气,分辨果香、酒香或有否其他异香,写出评语。

(3)滋味 喝入少量样品于口中,尽量均匀分布于味觉区,仔细品尝,有了明确印象后咽下,再体会口感后味,记录口感特征。

(4)典型性 根据外观、香气、滋味的特点综合分析,评定其类型、风格及典型性的强弱程度,写出结论意见(或评分)。

3. 葡萄酒感官分级评价描述

(1)优级品 具有该产品应有的色泽,自然、悦目、澄清(透明)、有光泽;具有纯正、浓郁、优雅和谐的果香(酒香),诸香协调,口感细腻、舒顺、酒体丰满、完整、回味绵长,具该产品应有的怡人的风格。

(2)优良品 具有该产品的色泽;澄清透明,无明显悬浮物,具有纯正和谐的果香(酒香),口感纯正,较舒顺,较完整,优雅,回味较长,具该良好的风格。

(3)合格品 与该产品应有的色泽略有不同,缺少自然感,允许有少量沉淀,具有该产品应有的气味,无异味,口感尚平衡,欠协调、完整,无明显缺陷。

(4)不合格品 与该产品应有的色泽明显不符,严重失光或浑浊,有明显异香、异味,酒体寡淡、不协调缺,或有其他明显的缺陷(除色泽外,只要有其中一条,则判为不合格品)。

(5)劣质品 不具备应有的特征。

4. 葡萄酒的理化分析

(1)葡萄酒酒精度的测定按 GB/T 15038 执行。

(2)葡萄酒总糖和还原糖的测定按 GB/T 5009.7 执行。

(3)葡萄酒干浸出物的测定。用密度瓶法测定样品或蒸出酒精后的样品的密度,然后用其密度值查密度-总浸出物含量对照表,求得总浸出物的含量。在从中减去总糖的含量,即得干浸出物的含量。具体测定方法按 GB 15038 执行。

(4)葡萄酒总酸、二氧化硫及二氧化碳等检测项目的测定按 GB 15038 执行。

(5)苯甲酸、山梨酸的测定按 GB/T 5009.29,铅的测定按 GB/T 5009.12 执行。

四、学生实训

(一)实训计划制订

按照教师指导及实训资料,结合实际情况制订实训计划。计划单见表6-17。

表 6-17 综合实训计划单

综合实训3	葡萄酒质量检验		学时	
计划方式	学生计划,教师引导			
序号	实施步骤			使用资源
制订计划说明				
计划评价	班 级		第 组	组长签字	
	教师签字		日 期	
	评语:			

（二）实训材料准备

按照实训计划，准备实训所需的所有材料及仪器、设备、工具等记录于表 6-18 中。

表 6-18　材料、工具清单

项目	序号	名称	作用	数量	型号	使用前	使用后
所用设备							
所用材料							
所用工具							
试剂							
班级							

（三）实训实施与操作

实训实施见表 6-19。

表 6-19　实施单

综合实训 3	葡萄酒质量检验		学时	
实施方式	教师指导、学生独立完成			
序号	实施步骤		使用资源	
实施说明：				
班级		第　　组	组长签字	
教师签字		日　期		

五、实训检查及评价

实训检查及评价见表 6-20 和表 6-21。

表 6-20　检查单

序号	检查项目	检查标准	学生自检	教师检查
检查评价	班级	第　　组	组长签字	
	教师签字	日　期		
	评语：			

表 6-21　评价单

评价类别	项目	子项目	个人评价	组内互评	教师评价
专业能力 （60%）	计划 （20%）	计划可执行度（10%）			
		仪器材料、工具设备安排（10%）			

续表 6-21

评价类别	项目	子项目	个人评价	组内互评	教师评价
专业能力 (60%)	实施 (25%)	工作步骤执行性(10%)			
		操作过程规范性(10%)			
		使用仪器、设备规范性(5%)			
	检查 (5%)	全面性、准确性(3%)			
		异常情况排除(2%)			
	结果(10%)	实训结果正确性与准确性(10%)			
社会能力 (20%)	团结协作 (10%)	小组成员合作良好(5%)			
		对小组的贡献(5%)			
	敬业精神 (10%)	学习纪律性(5%)			
		爱岗敬业、吃苦耐劳精神(5%)			
方法能力 (20%)	计划能力 (10%)	考虑全面(5%)			
		细致有序(5%)			
	实施能力 (10%)	方法正确(5%)			
		选择合理(5%)			
评价评语	班级		姓名	学号	总评
	教师签字	第 组	组长签字	日期	
	评语：				

六、实训思考

(1)本次实训你最大的收获是什么?

(2)本次实训你成功方面有哪些? 不足方面有哪些? 如何改进?

附　录

附表1　观测糖锤度温度浓度换算表（标准温度20℃）

观　测　糖　锤　度

温度低于20℃时读数应减之数

温度/℃	0	1	2	3	4	5	6	7	8	9	10	11	12	13	14	15	16	17	18	19	20	21	22	23	24	25	30
0	0.30	0.34	0.36	0.41	0.45	0.49	0.52	0.55	0.59	0.62	0.65	0.67	0.70	0.72	0.75	0.77	0.79	0.82	0.84	0.87	0.89	0.91	0.93	0.95	0.97	0.99	1.08
5	0.36	0.38	0.40	0.43	0.45	0.47	0.49	0.51	0.52	0.54	0.56	0.58	0.60	0.61	0.63	0.65	0.67	0.68	0.70	0.71	0.73	0.74	0.75	0.76	0.77	0.80	0.86
10	0.32	0.33	0.34	0.36	0.37	0.38	0.39	0.40	0.41	0.42	0.43	0.44	0.45	0.46	0.47	0.48	0.49	0.50	0.50	0.51	0.52	0.53	0.54	0.55	0.56	0.57	0.60
1/2	0.31	0.32	0.33	0.34	0.35	0.36	0.37	0.38	0.39	0.40	0.41	0.42	0.43	0.44	0.45	0.46	0.47	0.48	0.48	0.49	0.50	0.51	0.52	0.52	0.53	0.54	0.57
11	0.31	0.31	0.32	0.33	0.33	0.35	0.36	0.37	0.38	0.39	0.40	0.41	0.42	0.42	0.44	0.44	0.45	0.46	0.46	0.47	0.48	0.49	0.49	0.50	0.50	0.51	0.55
1/2	0.30	0.31	0.31	0.32	0.32	0.33	0.35	0.35	0.36	0.37	0.38	0.39	0.40	0.40	0.42	0.42	0.43	0.43	0.44	0.44	0.45	0.46	0.46	0.47	0.47	0.48	0.52
12	0.29	0.30	0.30	0.31	0.31	0.32	0.33	0.34	0.34	0.35	0.36	0.37	0.38	0.38	0.39	0.40	0.40	0.41	0.41	0.42	0.42	0.44	0.44	0.45	0.45	0.46	0.50
1/2	0.27	0.28	0.28	0.29	0.29	0.30	0.31	0.32	0.32	0.33	0.34	0.34	0.35	0.35	0.36	0.37	0.38	0.38	0.39	0.39	0.40	0.41	0.41	0.42	0.42	0.43	0.47
13	0.26	0.27	0.28	0.28	0.28	0.29	0.30	0.30	0.31	0.31	0.32	0.32	0.33	0.33	0.34	0.35	0.36	0.36	0.37	0.37	0.38	0.39	0.40	0.40	0.40	0.41	0.44
1/2	0.25	0.25	0.26	0.26	0.26	0.27	0.28	0.27	0.28	0.28	0.29	0.30	0.31	0.32	0.32	0.33	0.34	0.34	0.35	0.35	0.36	0.36	0.37	0.37	0.38	0.38	0.41
14	0.24	0.24	0.24	0.24	0.25	0.26	0.26	0.27	0.27	0.28	0.29	0.29	0.30	0.30	0.31	0.31	0.32	0.32	0.33	0.33	0.34	0.34	0.35	0.35	0.36	0.36	0.38
1/2	0.22	0.22	0.22	0.22	0.23	0.24	0.24	0.25	0.25	0.26	0.26	0.26	0.27	0.27	0.28	0.28	0.29	0.29	0.30	0.30	0.31	0.31	0.32	0.32	0.33	0.33	0.35
15	0.20	0.20	0.20	0.20	0.21	0.22	0.22	0.23	0.23	0.23	0.24	0.24	0.25	0.25	0.26	0.26	0.26	0.27	0.27	0.28	0.28	0.28	0.29	0.29	0.30	0.30	0.32
1/2	0.18	0.18	0.18	0.18	0.19	0.20	0.20	0.21	0.21	0.22	0.22	0.22	0.23	0.23	0.23	0.24	0.24	0.24	0.25	0.25	0.25	0.25	0.26	0.26	0.27	0.27	0.29
16	0.17	0.17	0.17	0.18	0.18	0.18	0.18	0.19	0.19	0.20	0.20	0.20	0.21	0.21	0.21	0.22	0.22	0.22	0.23	0.23	0.23	0.23	0.24	0.24	0.25	0.25	0.26

续附表1

观测锤度（温度低于20℃时读数应减之数）

温度/°C	0	1	2	3	4	5	6	7	8	9	10	11	12	13	14	15	16	17	18	19	20	21	22	23	24	25	30
1/2	0.15	0.15	0.15	0.16	0.16	0.16	0.16	0.16	0.17	0.17	0.17	0.17	0.18	0.18	0.19	0.19	0.19	0.19	0.20	0.20	0.20	0.20	0.21	0.21	0.22	0.22	0.23
17	0.13	0.13	0.13	0.14	0.14	0.14	0.14	0.14	0.15	0.15	0.15	0.15	0.16	0.16	0.16	0.16	0.16	0.17	0.17	0.17	0.17	0.18	0.18	0.18	0.19	0.19	0.20
1/2	0.11	0.11	0.11	0.12	0.12	0.12	0.12	0.12	0.12	0.12	0.13	0.13	0.13	0.13	0.13	0.13	0.14	0.14	0.15	0.15	0.15	0.15	0.16	0.16	0.16	0.16	0.16
18	0.09	0.09	0.09	0.10	0.10	0.10	0.10	0.10	0.10	0.10	0.10	0.10	0.11	0.11	0.11	0.11	0.11	0.12	0.12	0.12	0.12	0.12	0.12	0.13	0.13	0.13	0.13
1/2	0.07	0.07	0.07	0.07	0.07	0.07	0.07	0.07	0.08	0.08	0.08	0.08	0.08	0.08	0.08	0.08	0.09	0.09	0.09	0.09	0.09	0.09	0.09	0.09	0.09	0.09	0.10
19	0.05	0.05	0.05	0.05	0.05	0.05	0.05	0.05	0.05	0.05	0.05	0.05	0.06	0.06	0.06	0.06	0.06	0.06	0.06	0.06	0.06	0.06	0.06	0.06	0.06	0.06	0.07
1/2	0.03	0.03	0.03	0.03	0.03	0.03	0.03	0.03	0.03	0.03	0.03	0.03	0.03	0.03	0.03	0.03	0.03	0.03	0.03	0.03	0.03	0.03	0.03	0.03	0.03	0.03	0.04
20	0	0	0	0	0	0	0	0	0	0	0	0	0	0	0	0	0	0	0	0	0	0	0	0	0	0	0
1/2	0.02	0.02	0.02	0.03	0.03	0.03	0.03	0.03	0.03	0.03	0.03	0.03	0.03	0.03	0.03	0.03	0.03	0.03	0.03	0.03	0.03	0.03	0.03	0.04	0.04	0.04	0.04
21	0.04	0.04	0.04	0.05	0.05	0.05	0.05	0.05	0.06	0.06	0.06	0.06	0.06	0.06	0.06	0.06	0.06	0.06	0.06	0.06	0.06	0.06	0.06	0.07	0.07	0.07	0.07
1/2	0.07	0.07	0.07	0.08	0.08	0.08	0.08	0.08	0.09	0.09	0.09	0.09	0.09	0.09	0.09	0.09	0.10	0.10	0.10	0.10	0.10	0.10	0.11	0.11	0.11	0.11	0.11
22	0.10	0.10	0.10	0.10	0.10	0.10	0.10	0.10	0.11	0.11	0.11	0.11	0.11	0.11	0.11	0.11	0.12	0.12	0.12	0.12	0.12	0.12	0.12	0.13	0.13	0.13	0.14
1/2	0.13	0.13	0.13	0.13	0.13	0.13	0.13	0.13	0.14	0.15	0.15	0.15	0.15	0.16	0.16	0.16	0.16	0.16	0.16	0.17	0.17	0.17	0.17	0.17	0.17	0.17	0.18
23	0.16	0.16	0.16	0.16	0.16	0.16	0.16	0.16	0.17	0.17	0.17	0.17	0.17	0.17	0.17	0.17	0.18	0.18	0.19	0.19	0.19	0.20	0.20	0.20	0.20	0.20	0.21
1/2	0.19	0.19	0.19	0.19	0.19	0.19	0.19	0.20	0.20	0.20	0.21	0.21	0.21	0.21	0.22	0.22	0.22	0.22	0.23	0.23	0.23	0.23	0.24	0.24	0.24	0.24	0.25
24	0.21	0.21	0.22	0.24	0.24	0.25	0.25	0.26	0.26	0.27	0.27	0.27	0.27	0.28	0.28	0.28	0.28	0.29	0.29	0.29	0.29	0.30	0.30	0.31	0.31	0.31	0.32
1/2	0.24	0.24	0.24	0.25	0.25	0.25	0.26	0.26	0.28	0.28	0.28	0.28	0.30	0.30	0.31	0.31	0.31	0.32	0.32	0.32	0.32	0.33	0.33	0.34	0.34	0.34	0.35
25	0.27	0.27	0.28	0.28	0.28	0.28	0.29	0.29	0.30	0.30	0.30	0.30	0.31	0.31	0.31	0.31	0.32	0.32	0.32	0.33	0.33	0.33	0.33	0.34	0.34	0.34	0.35
1/2	0.30	0.30	0.31	0.31	0.31	0.31	0.31	0.31	0.33	0.33	0.33	0.33	0.36	0.36	0.36	0.36	0.36	0.37	0.37	0.37	0.37	0.38	0.38	0.39	0.39	0.39	0.39
26	0.33	0.33	0.33	0.34	0.34	0.34	0.34	0.35	0.35	0.36	0.36	0.36	0.36	0.37	0.37	0.38	0.38	0.39	0.39	0.40	0.40	0.40	0.40	0.40	0.40	0.40	0.42

续附表1

温度高于 20℃时读数应加之数

温度/℃	观 测 锤 度																										
	0	1	2	3	4	5	6	7	8	9	10	11	12	13	14	15	16	17	18	19	20	21	22	23	24	25	30
1/2	0.37	0.37	0.37	0.38	0.38	0.38	0.38	0.38	0.39	0.39	0.39	0.39	0.40	0.40	0.41	0.41	0.41	0.42	0.42	0.43	0.43	0.43	0.43	0.44	0.44	0.44	0.46
27	0.40	0.40	0.40	0.41	0.41	0.41	0.41	0.41	0.42	0.42	0.42	0.42	0.43	0.43	0.43	0.44	0.44	0.45	0.45	0.46	0.46	0.46	0.47	0.47	0.48	0.48	0.50
1/2	0.43	0.43	0.43	0.44	0.44	0.44	0.44	0.45	0.45	0.46	0.46	0.46	0.47	0.47	0.47	0.48	0.48	0.49	0.49	0.50	0.50	0.50	0.51	0.51	0.52	0.52	0.54
28	0.46	0.46	0.46	0.47	0.47	0.47	0.47	0.48	0.48	0.49	0.49	0.49	0.50	0.50	0.51	0.51	0.52	0.52	0.53	0.53	0.54	0.54	0.55	0.55	0.56	0.56	0.58
1/2	0.50	0.50	0.50	0.51	0.51	0.51	0.51	0.52	0.52	0.53	0.53	0.53	0.54	0.54	0.55	0.55	0.56	0.56	0.57	0.57	0.58	0.58	0.59	0.59	0.60	0.60	0.62
29	0.54	0.54	0.54	0.55	0.55	0.55	0.55	0.55	0.56	0.56	0.56	0.57	0.57	0.58	0.58	0.59	0.59	0.60	0.60	0.61	0.61	0.61	0.62	0.62	0.63	0.63	0.66
1/2	0.58	0.58	0.58	0.59	0.59	0.59	0.59	0.59	0.60	0.60	0.60	0.61	0.61	0.62	0.62	0.63	0.63	0.64	0.64	0.65	0.65	0.65	0.66	0.66	0.67	0.67	0.70
30	0.61	0.61	0.61	0.62	0.62	0.62	0.62	0.62	0.63	0.63	0.64	0.64	0.64	0.65	0.65	0.66	0.66	0.67	0.67	0.68	0.68	0.68	0.69	0.69	0.70	0.70	0.73
1/2	0.65	0.65	0.65	0.66	0.66	0.66	0.66	0.66	0.67	0.67	0.68	0.68	0.68	0.69	0.69	0.70	0.70	0.71	0.71	0.72	0.72	0.73	0.73	0.74	0.74	0.75	0.78
31	0.69	0.69	0.69	0.70	0.70	0.70	0.70	0.70	0.71	0.71	0.71	0.72	0.72	0.73	0.73	0.74	0.74	0.75	0.75	0.76	0.76	0.77	0.77	0.78	0.78	0.79	0.82
1/2	0.73	0.73	0.73	0.74	0.74	0.74	0.74	0.74	0.75	0.75	0.75	0.76	0.76	0.77	0.77	0.78	0.78	0.79	0.80	0.80	0.81	0.81	0.82	0.82	0.83	0.83	0.86
32	0.76	0.76	0.77	0.77	0.78	0.78	0.78	0.78	0.79	0.79	0.79	0.80	0.80	0.81	0.81	0.82	0.83	0.83	0.84	0.84	0.85	0.85	0.86	0.86	0.87	0.87	0.90
1/2	0.80	0.80	0.81	0.81	0.82	0.82	0.82	0.83	0.83	0.83	0.83	0.84	0.84	0.85	0.85	0.86	0.86	0.87	0.88	0.88	0.89	0.90	0.90	0.91	0.91	0.92	0.95
33	0.84	0.84	0.85	0.85	0.85	0.85	0.85	0.86	0.86	0.86	0.87	0.87	0.88	0.88	0.89	0.90	0.90	0.91	0.92	0.92	0.93	0.94	0.94	0.95	0.95	0.96	0.99
1/2	0.88	0.88	0.88	0.89	0.89	0.89	0.89	0.90	0.90	0.90	0.90	0.91	0.92	0.92	0.93	0.94	0.94	0.95	0.96	0.97	0.98	0.98	0.99	0.99	1.00	1.00	1.03
34	0.91	0.91	0.92	0.92	0.93	0.93	0.93	0.93	0.94	0.94	0.95	0.95	0.96	0.96	0.97	0.98	0.99	1.00	1.00	1.01	1.02	1.02	1.03	1.03	1.04	1.04	1.07
1/2	0.95	0.95	0.96	0.96	0.97	0.97	0.97	0.97	0.98	0.98	0.98	0.99	0.99	1.00	1.01	1.02	1.03	1.04	1.04	1.05	1.06	1.07	1.07	1.08	1.08	1.09	1.12
35	0.99	0.99	1.00	1.00	1.01	1.01	1.01	1.01	1.02	1.02	1.02	1.03	1.04	1.05	1.05	1.06	1.07	1.08	1.08	1.09	1.10	1.11	1.11	1.12	1.12	1.13	1.16
40	1.42	1.43	1.43	1.44	1.44	1.45	1.45	1.46	1.47	1.47	1.47	1.48	1.49	1.50	1.50	1.51	1.52	1.53	1.53	1.54	1.54	1.55	1.55	1.56	1.57	1.57	1.62

附表2 相当于氧化亚铜质量的葡萄糖、果糖、乳糖、转化糖质量表 mg

氧化亚铜	葡萄糖	果糖	乳糖(含水)	转化糖	氧化亚铜	葡萄糖	果糖	乳糖(含水)	转化糖
11.3	4.6	5.1	7.7	5.2	56.3	24.1	26.5	38.3	25.5
12.4	5.1	5.6	8.5	5.7	57.4	24.6	27.1	39.1	26.0
13.5	5.6	6.1	9.3	6.2	58.5	25.1	27.6	39.8	26.5
14.6	6.0	6.7	10.0	6.7	59.7	25.6	28.2	40.6	27.0
15.8	6.5	7.2	10.8	7.2	60.8	26.1	28.7	41.4	27.6
16.9	7.0	7.7	11.5	7.7	61.9	26.5	29.2	42.1	28.1
18.0	7.5	8.3	12.3	8.2	63.0	27.0	29.8	42.9	28.6
19.1	8.0	8.8	13.1	8.7	64.2	27.5	30.3	43.7	29.1
20.3	8.5	9.3	13.8	9.2	65.3	28.0	30.9	44.4	29.6
21.4	8.9	9.9	14.6	9.7	66.4	28.5	31.4	45.2	30.1
22.5	9.4	10.4	15.4	10.2	67.6	29.0	31.9	46.0	30.6
23.6	9.9	10.9	16.1	10.7	68.7	29.5	32.5	46.7	31.2
24.8	10.4	11.5	16.9	11.2	69.8	30.0	33.0	47.5	31.7
25.9	10.9	12.0	17.7	11.7	70.9	30.5	33.6	48.3	32.2
27.0	11.4	12.5	18.4	12.3	72.1	31.0	34.1	49.0	32.7
28.1	11.9	13.1	19.2	12.8	73.2	31.5	34.7	49.8	33.2
29.3	12.3	13.6	19.9	13.3	74.3	32.0	35.2	50.6	33.7
30.4	12.8	14.2	20.7	13.8	75.4	32.5	35.8	51.3	34.3
31.5	13.3	14.7	21.5	14.3	76.6	33.0	36.3	52.1	34.8
32.6	13.8	15.2	22.2	14.8	77.7	33.5	36.8	52.9	35.3
33.8	14.3	15.8	23.0	15.3	78.8	34.0	37.4	53.6	35.8
34.9	14.8	16.3	23.8	15.8	79.9	34.5	37.9	54.4	36.3
36.0	15.3	16.8	24.5	16.3	81.1	35.0	38.5	55.2	36.8
37.2	15.7	17.4	25.3	16.8	82.2	35.5	39.0	55.9	37.4
38.3	16.2	17.9	26.1	17.3	83.3	36.0	39.6	56.7	37.9
39.4	16.7	18.4	26.8	17.8	84.4	36.5	40.1	57.5	38.4
40.5	17.2	19.0	27.6	18.3	85.6	37.0	40.7	58.2	38.9
41.7	17.7	19.5	28.4	18.9	86.7	37.5	41.2	59.0	39.4
42.8	18.2	20.1	29.1	19.4	87.8	38.0	41.7	59.8	40.0
43.9	18.7	20.6	29.9	19.9	88.9	38.5	42.3	60.5	40.5
45.0	19.2	21.1	30.6	20.4	90.1	39.0	42.8	61.3	41.0
46.2	19.7	21.7	31.4	20.9	91.2	39.5	43.4	62.1	41.5
47.3	20.1	22.2	32.2	21.4	92.3	40.0	43.9	62.8	42.0
48.4	20.6	22.8	32.9	21.9	93.4	40.5	44.5	63.6	42.6
49.5	21.1	23.3	33.7	22.4	94.6	41.0	45.0	64.4	43.1
50.7	21.6	23.8	34.5	22.9	95.7	41.5	45.6	65.1	43.6
51.8	22.1	24.4	35.2	23.5	96.8	42.0	46.1	65.9	44.1
52.9	22.6	24.9	36.0	24.0	97.9	42.5	46.7	66.7	44.7
54.0	23.1	25.4	36.8	24.5	99.1	43.0	47.2	67.4	45.2
55.2	23.6	26.0	37.5	25.0	100.2	43.5	47.8	68.2	45.7

续附表2

氧化亚铜	葡萄糖	果糖	乳糖（含水）	转化糖	氧化亚铜	葡萄糖	果糖	乳糖（含水）	转化糖
101.3	44.0	48.3	69.0	46.2	146.4	64.3	70.4	99.8	67.4
102.5	44.5	48.9	69.7	46.7	147.5	64.9	71.0	100.6	67.9
103.6	45.0	49.4	70.5	47.3	148.6	65.4	71.6	101.3	68.4
104.7	45.5	50.0	71.3	47.8	149.7	65.9	72.1	102.1	69.0
105.8	46.0	50.5	72.1	48.3	150.9	66.4	72.7	102.9	69.5
107.0	46.5	51.1	72.8	48.8	152.0	66.9	73.2	103.6	70.0
108.1	47.0	51.6	73.6	49.4	153.1	67.4	73.8	104.4	70.6
109.2	47.5	52.2	74.4	49.9	154.2	68.0	74.3	105.2	71.1
110.3	48.0	52.7	75.1	50.4	155.4	68.5	74.9	106.0	71.6
111.5	48.5	53.3	75.9	50.9	156.5	69.0	75.5	106.7	72.2
112.6	49.0	53.8	76.7	51.5	157.6	69.5	76.0	107.5	72.7
113.7	49.5	54.4	77.4	52.0	158.7	70.0	76.6	108.3	73.2
114.8	50.0	54.9	78.2	52.5	159.9	70.5	77.1	109.0	73.8
116.0	50.6	55.5	79.0	53.0	161.0	71.1	77.7	109.8	74.3
117.1	51.1	56.0	79.7	53.6	162.1	71.6	78.3	110.6	74.9
118.2	51.6	56.6	80.5	54.1	163.2	72.1	78.8	111.4	75.4
119.3	52.1	57.1	81.3	54.6	164.4	72.6	79.4	112.1	75.9
120.5	52.6	57.7	82.1	55.2	165.5	73.1	80.0	112.9	76.5
121.6	53.1	58.2	82.8	55.7	166.6	73.7	80.5	113.7	77.0
122.7	53.6	58.8	83.6	56.2	167.8	74.2	81.1	114.4	77.6
123.8	54.1	59.3	84.4	56.7	168.9	74.7	81.6	115.2	78.1
125.0	54.6	59.9	85.1	57.3	170.0	75.2	82.2	116.0	78.6
126.1	55.1	60.4	85.9	57.8	171.1	75.7	82.8	116.8	79.2
127.2	55.6	61.0	86.7	58.3	172.3	76.3	83.3	117.5	79.7
128.3	56.1	61.6	87.4	58.9	173.4	76.8	83.9	118.3	80.3
129.5	56.7	62.1	88.2	59.4	174.5	77.3	84.4	119.1	80.8
130.6	57.2	62.7	89.0	59.9	175.6	77.8	85.0	119.9	81.3
131.7	57.7	63.2	89.8	60.4	176.8	78.3	85.6	120.6	81.9
132.8	58.2	63.8	90.5	61.0	177.9	78.9	86.1	121.4	82.4
134.0	58.7	64.3	91.3	61.5	179.0	79.4	86.7	122.2	83.0
135.1	59.2	64.9	92.1	62.0	180.1	79.9	87.3	122.9	83.5
136.2	59.7	65.4	92.8	62.6	181.3	80.4	87.8	123.7	84.0
137.4	60.2	66.0	93.6	63.1	182.4	81.0	88.4	124.5	84.6
138.5	60.7	66.5	94.4	63.6	183.5	81.5	89.0	125.3	85.1
139.6	61.3	67.1	95.2	64.2	184.5	82.0	89.5	126.0	85.7
140.7	61.8	67.7	95.9	64.7	185.8	82.5	90.1	126.8	86.2
141.9	62.3	68.2	96.7	65.2	186.9	83.1	90.6	127.6	86.8
143.0	62.8	68.8	97.5	65.8	188.0	83.6	91.2	128.4	87.3
144.1	63.3	69.3	98.2	66.3	189.1	84.1	91.8	129.1	87.8
145.2	63.8	69.9	99.0	66.8	190.3	84.6	92.3	129.9	88.4

续附表 2

氧化亚铜	葡萄糖	果糖	乳糖（含水）	转化糖	氧化亚铜	葡萄糖	果糖	乳糖（含水）	转化糖
191.4	85.2	92.9	130.7	88.9	236.4	106.5	115.7	161.7	110.9
192.5	85.7	93.5	131.5	89.5	237.6	107.0	116.3	162.5	111.5
193.6	86.2	94.0	132.2	90.0	238.7	107.5	116.9	163.3	112.1
194.8	86.7	94.6	133.0	90.6	239.8	108.1	117.5	164.0	112.6
195.9	87.3	95.2	133.8	91.1	240.9	108.6	118.0	164.8	113.2
197.0	87.8	95.7	134.6	91.7	242.1	109.2	118.6	165.6	113.7
198.1	88.3	96.3	135.3	92.2	243.1	109.7	119.2	166.4	114.3
199.3	88.9	96.9	136.1	92.8	244.3	110.2	119.8	167.1	114.9
200.4	89.4	97.4	136.9	93.3	245.4	110.8	120.3	167.9	115.4
201.5	89.9	98.0	137.7	93.8	246.6	111.3	120.9	168.7	116.0
202.7	90.4	98.6	138.4	94.4	247.7	111.9	121.5	169.5	116.5
203.8	91.0	99.2	139.2	94.9	248.8	112.4	122.1	170.3	117.1
204.9	91.5	99.7	140.0	95.5	249.9	112.9	122.6	171.0	117.6
206.0	92.0	100.3	140.8	96.0	251.1	113.5	123.2	171.8	118.2
207.2	92.6	100.9	141.5	96.6	252.2	114.0	123.8	172.6	118.8
208.3	93.1	101.4	142.3	97.1	253.3	114.6	124.4	173.4	119.3
209.4	93.6	102.0	143.1	97.7	254.4	115.1	125.0	174.2	119.9
210.5	94.2	102.6	143.9	98.2	255.6	115.7	125.5	174.9	120.4
211.7	94.7	103.1	144.6	98.8	256.7	116.2	126.1	175.7	121.0
212.8	95.2	103.7	145.4	99.3	257.8	116.7	126.7	176.5	121.6
213.9	95.7	104.3	146.2	99.9	258.9	117.3	127.3	177.3	122.1
215.0	96.3	104.8	147.0	100.4	260.1	117.8	127.9	178.1	122.7
216.2	96.8	105.4	147.7	101.0	261.2	118.4	128.4	178.8	123.3
217.3	97.3	106.0	148.5	101.5	262.3	118.9	129.0	179.6	123.8
218.4	97.9	106.6	149.3	102.1	263.4	119.5	129.6	180.4	124.4
219.5	98.4	107.1	150.1	102.6	264.6	120.0	130.2	181.2	124.9
220.7	98.9	107.7	150.8	103.2	265.7	120.6	130.8	181.9	125.5
221.8	99.5	108.3	151.6	103.7	266.8	121.1	131.3	182.7	126.1
222.9	100.0	108.8	152.4	104.3	268.0	121.7	131.9	183.5	126.6
224.0	100.5	109.4	153.2	104.8	269.1	122.2	132.5	184.3	127.2
225.2	101.1	110.0	153.9	105.4	270.2	122.7	133.1	185.1	127.8
226.3	101.6	110.6	154.7	106.0	271.3	123.3	133.7	185.8	128.3
227.4	102.2	111.1	155.5	106.5	272.5	123.8	134.2	186.6	128.9
228.5	102.7	111.7	156.3	107.1	273.6	124.4	134.8	187.4	129.5
229.7	103.2	112.3	157.0	107.6	274.7	124.9	135.4	188.2	130.0
230.8	103.8	112.9	157.8	108.2	275.8	125.5	136.0	189.0	130.6
231.9	104.3	113.4	158.6	108.7	277.0	126.0	136.6	189.7	131.2
233.1	104.8	114.0	159.4	109.3	278.1	126.6	137.2	190.5	131.7
234.2	105.4	114.6	160.2	109.8	279.2	127.1	137.7	191.3	132.3
235.3	105.9	115.2	160.9	110.4	280.3	127.7	138.3	192.1	132.9

续附表 2

氧化亚铜	葡萄糖	果糖	乳糖(含水)	转化糖	氧化亚铜	葡萄糖	果糖	乳糖(含水)	转化糖
281.5	128.2	138.9	192.9	133.4	326.5	150.5	162.5	224.1	156.4
282.6	128.8	139.5	193.6	134.0	327.6	151.1	163.1	224.9	157.0
283.7	129.3	140.1	194.4	134.6	328.7	151.7	163.7	225.7	157.5
284.8	129.9	140.7	195.2	135.1	329.9	152.2	164.3	226.5	158.1
286.0	130.4	141.3	196.0	135.7	331.0	152.8	164.9	227.3	158.7
287.1	131.0	141.8	196.8	136.3	332.1	153.4	165.4	228.0	159.3
288.2	131.6	142.4	197.5	136.8	333.3	153.9	166.0	228.8	159.9
289.3	132.1	143.0	198.3	137.4	334.4	154.5	166.6	229.6	160.5
290.5	132.7	143.6	199.1	138.0	335.5	155.1	167.2	230.4	161.0
291.6	133.2	144.2	199.9	138.6	336.6	155.6	167.8	231.2	161.6
292.7	133.8	144.8	200.7	139.1	337.8	156.2	168.4	232.0	162.2
293.8	134.3	145.4	201.4	139.7	338.9	156.8	169.0	232.7	162.8
295.0	134.9	145.9	202.2	140.3	340.0	157.3	169.6	233.5	163.4
296.1	135.4	146.5	203.0	140.8	341.1	157.9	170.2	234.3	164.0
297.2	136.0	147.1	203.8	141.4	342.3	158.5	170.8	235.1	164.5
298.3	136.5	147.7	204.6	142.0	343.4	159.0	171.4	235.9	165.1
299.5	137.1	148.3	205.3	142.6	344.5	159.6	172.0	236.7	165.7
300.6	137.7	148.9	206.1	143.1	345.6	160.2	172.6	237.4	166.3
301.7	138.2	149.5	206.9	143.7	346.8	160.7	173.2	238.2	166.9
302.9	138.8	150.1	207.7	144.3	347.9	161.3	173.8	239.0	167.5
304.0	139.3	150.6	208.5	144.8	349.0	161.9	174.4	239.8	168.0
305.1	139.9	151.2	209.2	145.4	350.1	162.5	175.0	240.6	168.6
306.2	140.4	151.8	210.0	146.0	351.3	163.0	175.6	241.4	169.2
307.4	141.0	152.4	210.8	146.6	352.4	163.6	176.2	242.2	169.8
308.5	141.6	153.0	211.6	147.1	353.5	164.2	176.8	243.0	170.4
309.6	142.1	153.6	212.4	147.7	354.6	164.7	177.4	243.7	171.0
310.7	142.7	154.2	213.2	148.3	355.8	165.3	178.0	244.5	171.6
311.9	143.2	154.8	214.0	148.9	356.9	165.9	178.6	245.3	172.2
313.0	143.8	155.4	214.7	149.4	358.0	166.5	179.2	246.1	172.8
314.1	144.4	156.0	215.5	150.0	359.1	167.0	179.8	246.9	173.3
315.2	144.9	156.5	216.3	150.6	360.3	167.6	180.4	247.7	173.9
316.4	145.5	157.1	217.1	151.2	361.4	168.2	181.0	248.5	174.5
317.5	146.0	157.7	217.9	151.8	362.5	168.8	181.6	249.2	175.1
318.6	146.6	158.3	218.7	152.3	363.6	169.3	182.2	250.0	175.7
319.7	147.2	158.9	219.4	152.9	364.8	169.9	182.8	250.8	176.3
320.9	147.7	159.5	220.2	153.5	365.9	170.5	183.4	251.6	176.9
322.0	148.3	160.1	221.0	154.1	367.0	171.1	184.0	252.4	177.5
323.1	148.8	160.7	221.8	154.6	368.2	171.6	184.6	253.2	178.1
324.2	149.4	161.3	222.6	155.2	369.3	172.2	185.2	253.9	178.7
325.4	150.0	161.9	223.3	155.8	370.4	172.8	185.8	254.7	179.2

续附表2

氧化亚铜	葡萄糖	果糖	乳糖（含水）	转化糖	氧化亚铜	葡萄糖	果糖	乳糖（含水）	转化糖
371.5	173.4	186.4	255.5	179.8	416.6	196.8	210.8	287.1	203.8
372.7	173.9	187.0	256.3	180.4	417.7	197.4	211.4	287.9	204.4
373.8	174.5	187.6	257.1	181.0	418.8	198.0	212.0	288.7	205.0
374.9	175.1	188.2	257.9	181.6	419.9	198.5	212.6	289.5	205.7
376.0	175.7	188.8	258.7	182.2	421.1	199.1	213.3	290.3	206.3
377.2	176.3	189.4	259.4	182.8	422.2	199.7	213.9	291.1	206.9
378.3	176.8	190.1	260.2	183.4	423.3	200.3	214.5	291.9	207.5
379.4	177.4	190.7	261.0	184.0	424.4	200.9	215.1	292.7	208.1
380.5	178.0	191.3	261.8	184.6	425.6	201.5	215.7	293.5	208.7
381.7	178.6	191.9	262.6	185.2	426.7	202.1	216.3	294.3	209.3
382.8	179.2	192.5	263.4	185.8	427.8	202.7	217.0	295.0	209.9
383.9	179.7	193.1	264.2	186.4	428.9	203.3	217.6	295.8	210.5
385.0	180.3	193.7	265.0	187.0	430.1	203.9	218.2	296.6	211.1
386.2	180.9	194.3	265.8	187.6	431.2	204.5	218.8	297.4	211.8
387.3	181.5	194.9	266.6	188.2	432.3	205.1	219.5	298.2	212.4
388.4	182.1	195.5	267.4	188.8	433.5	205.7	220.1	299.0	213.0
389.5	182.7	196.1	268.1	189.4	434.6	206.3	220.7	299.8	213.6
390.7	183.2	196.7	268.9	190.0	435.7	206.9	221.3	300.6	214.2
391.8	183.8	197.3	269.7	190.6	436.8	207.5	221.9	301.4	214.8
392.9	184.4	197.9	270.5	191.2	438.0	208.1	222.6	302.2	215.4
394.0	185.0	198.5	271.3	191.8	439.1	208.7	223.2	303.0	216.0
395.2	185.6	199.2	272.1	192.4	440.2	209.3	223.8	303.8	216.7
396.3	186.2	199.8	272.9	193.0	441.3	209.9	224.4	304.6	217.3
397.4	186.8	200.4	273.7	193.6	442.5	210.5	225.1	305.4	217.9
398.5	187.3	201.0	274.4	194.2	443.6	211.1	225.7	306.2	218.5
399.7	187.9	201.6	275.2	194.8	444.7	211.7	226.3	307.0	219.1
400.8	188.5	202.2	276.0	195.4	445.8	212.3	226.9	307.8	219.8
401.9	189.1	202.8	276.8	196.0	447.0	212.9	227.6	308.6	220.4
403.1	189.7	203.4	277.6	196.6	448.1	213.5	228.2	309.4	221.0
404.2	190.3	204.0	278.4	197.2	449.2	214.1	228.8	310.2	221.6
405.3	190.9	204.7	279.2	197.8	450.3	214.7	229.4	311.0	222.2
406.4	191.5	205.3	280.0	198.4	451.5	215.3	230.1	311.8	222.9
407.6	192.0	205.9	280.8	199.0	452.6	215.9	230.7	312.6	223.5
408.7	192.6	206.5	281.6	199.6	453.7	216.5	231.3	313.4	224.1
409.8	193.2	207.1	282.4	200.2	454.8	217.1	232.0	314.2	224.7
410.9	193.8	207.7	283.2	200.8	456.0	217.8	232.6	315.0	225.4
412.1	194.4	208.3	284.0	201.4	457.1	218.4	233.2	315.9	226.0
413.2	195.0	209.0	284.8	202.0	458.2	219.0	233.9	316.7	226.6
414.3	195.6	209.6	285.6	202.6	459.3	219.6	234.5	317.5	227.2
415.4	196.2	210.2	286.3	203.2	460.5	220.2	235.1	318.3	227.9

续附表2

氧化亚铜	葡萄糖	果糖	乳糖(含水)	转化糖	氧化亚铜	葡萄糖	果糖	乳糖(含水)	转化糖
461.6	220.8	235.8	319.1	228.5	476.2	228.8	244.3	329.9	236.8
462.7	221.4	236.4	319.9	229.1	477.4	229.5	244.9	330.8	237.5
463.8	222.0	237.1	320.7	229.7	478.5	230.1	245.6	331.7	238.1
465.0	222.6	237.7	321.6	230.4	479.6	230.7	246.3	332.6	238.8
466.1	223.3	238.4	322.4	231.0	480.7	231.4	247.0	333.5	239.5
467.2	223.9	239.0	323.2	231.7	481.9	232.0	247.8	334.4	240.2
468.4	224.5	239.7	324.0	232.3	483.0	232.7	248.5	335.3	240.8
469.5	225.1	240.3	324.9	232.9	484.1	233.3	249.2	336.3	241.5
470.6	225.7	241.0	325.7	233.6	485.2	234.0	250.0	337.3	242.3
471.7	226.3	241.6	326.5	234.2	486.4	234.7	250.8	338.3	243.0
472.9	227.0	242.2	327.4	234.8	487.5	235.3	251.6	339.4	243.8
474.0	227.6	242.9	328.2	235.5	488.6	236.1	252.7	340.7	244.7
475.1	228.2	243.6	329.1	236.1	489.7	236.9	253.7	342.0	245.8

注:摘自中华人民共和国国家标准《食品卫生检验方法》理化部分(一)P52～56。

附表3 乳糖及转化糖因数表(10 mL 费林氏液)

滴定量/mL	乳糖/mg	转化糖/mg	滴定量/mL	乳糖/mg	转化糖/mg
15	68.3	50.5	33	67.8	51.7
16	68.2	50.6	34	67.9	51.7
17	68.2	50.7	35	67.9	51.8
18	68.1	50.8	36	67.9	51.8
19	68.1	50.8	37	67.9	51.9
20	68.0	50.9	38	67.9	51.9
21	68.0	51.0	39	67.9	52.0
22	68.0	51.0	40	67.9	52.0
23	67.9	51.1	41	68.0	52.1
24	67.9	51.2	42	68.0	52.1
25	67.9	51.2	43	68.0	52.2
26	67.9	51.3	44	68.0	52.2
27	67.8	51.4	45	68.1	52.3
28	67.8	51.4	46	68.1	52.3
29	67.8	51.5	47	68.2	52.4
30	67.8	51.5	48	68.2	52.4
31	67.8	51.6	49	68.2	52.5
32	67.8	51.6	50	68.3	52.5

参考文献

[1] 吴谋成. 食品分析与感官评定. 北京:中国农业出版社,2002.

[2] 孟宏昌. 食品分析. 北京:化学工业出版社,2007.

[3] 朱克永. 食品检测技术. 北京:科学出版社,2004.

[4] 彭珊珊. 食品分析检测及其实训教程. 北京:中国轻工业出版社,2011.

[5] 张英. 食品理化与微生物检测实验. 北京:中国轻工业出版社,2004.

[6] 靳敏,夏玉宇. 食品分析检验技术. 北京:化学工业出版社,2003.

[7] 张水华. 食品分析. 北京:中国轻工业出版社. 2011.

[8] 侯曼玲. 食品分析. 北京:化学工业出版社,2004.

[9] 穆华荣,于淑萍. 食品分析. 北京:化学工业出版社,2004.

[10] 孙平. 食品分析. 北京:化学工业出版社,2005.

[11] 李京东,余奇飞,刘丽红. 食品分析与检验技术. 北京:化学工业出版社,2011.

[12] 王叔淳. 食品卫生检验技术手册. 3版. 北京:化学工业出版社,2002.

[13] 王秉栋. 食品卫生检验手册. 上海:上海科学出版社,2003.

[14] 张永华. 食品分析. 北京:中国轻工业出版社,2004.

[15] 曾寿瀛. 现代乳与乳制品加工技术. 北京:中国农业出版社,2003.

[16] 尹凯丹,张奇志. 食品理化分析. 北京:化学工业出版社,2010.

[17] 孟先军. 食品检验工(职业技能培训教材). 北京:中国农业出版社,2005.

[18] 刘绍. 食品分析与检验. 武汉:华中科技大学出版社. 2011.

[19] 黄高明. 食品检验工. 北京:机械工业出版社,2006.

[20] 俞一夫. 食品分析技术. 北京:中国轻工出版社,2009.

[21] 梁运霞. 动物源食品毒理学基础及检验. 北京:中国农业出版社,2004.

[22] 王喜萍. 食品分析. 北京:中国农业出版社,2006.

[23] 姜黎. 食品理化检验与分析. 天津:天津大学出版社,2010.

[24] 中国标准出版社第一编辑室. 中国食品工业标准汇编. 各卷. 北京:中国标准出版社,2005.

[25] 中华人民共和国国家标准. 食品卫生检验方法:理化部分. 北京:中国标准出版社,2003.

[26] 高向阳. 食品分析与检验. 北京:中国计量出版社,2006.

[27] 刘长虹. 食品分析及实验. 北京:化学工业出版社,2006.

[28] 岳可芬. 基础化学实验:3 物理化学实验. 北京:科学出版社,2011.

[29] 王晓英,顾宗珠,史先振. 食品分析技术. 武汉:华中科技大学出版社,2010.

[30] 曾鸽鸣,李庆宏. 化验员必备知识与技能. 北京:化学工业出版社,2011.

[31] GB/T 6682—2008 分析实验室用水规格和试验方法. 北京:中国标准出版社,2008.

[32] GB/T 601—2002 化学试剂 标准滴定溶液的制备.北京:中国标准出版社,2002.

[33] GB/T 603—2002 化学试剂 试验方法中所用制剂及制品的制备.北京:中国标准出版社,2002.

[34] GB 15346—1994 化学试剂 包装及标志.北京:中国标准出版社,1994.

[35] GB/T 27404—2008 实验室质量控制规范 食品理化检测.北京:中国标准出版社,2008.